Einführung in die Wahrscheinlichkeitstheorie

Stefan Tappe

Einführung in die Wahrscheinlichkeitstheorie

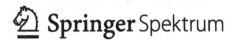
Springer Spektrum

Stefan Tappe
Institut für Mathematische Stochastik
Leibniz Universität Hannover
Hannover, Deutschland

ISBN 978-3-642-37543-9   ISBN 978-3-642-37544-6   (eBook)
DOI 10.1007/978-3-642-37544-6

Die Deutsche Nationalbibliothek verzeichnet diese Publikation in der Deutschen Nationalbibliografie; detaillierte bibliografische Daten sind im Internet über http://dnb.d-nb.de abrufbar.

Springer Spektrum
© Springer-Verlag Berlin Heidelberg 2013

Planung und Lektorat: Dr. Andreas Rüdinger, Anja Groth
Redaktion: Maren Klingelhöfer
Zeichnungen: Marco Daniel
Einbandentwurf: S. V

Gedruckt auf säurefreiem und chlorfrei gebleichtem Papier

Springer Spektrum ist eine Marke von Springer DE. Springer DE ist Teil der Fachverlagsgruppe Springer Science+Business Media
www.springer-spektrum.de

*Ich widme dieses Buch meiner Frau Claudia
und meinem Vater Hans-Jörn, in großer Liebe
und Dankbarkeit*

Stefan Tappe

Vorwort

Das vorliegende Buch richtet sich an alle Studierenden der Mathematik, die begleitende Literatur zu ihrer ersten Stochastik-Vorlesung suchen. Mein Ziel ist, eine leicht lesbare und gründliche Einführung in die Wahrscheinlichkeitstheorie zu bieten, die durch zahlreiche Abbildungen und Beispiele illustriert wird. Damit möchte ich einen ergänzenden Beitrag zur bereits bestehenden Literatur auf diesem Gebiet leisten, der Studierenden einen leichten Einstieg in die Wahrscheinlichkeitstheorie ermöglichen soll. An deutschsprachigen Werken zur Wahrscheinlichkeitstheorie seien hierbei die Bücher [Ban89; Bau02; DH04; GS77; Geo09; Hen12; Hes09; Irl05; Kle08; Kre05; Kri63; Kus11; Sch11; Sch98; Vog70; Wen08] erwähnt, und aus der englischsprachigen Literatur beispielsweise die Bücher [JP04; Kar93; Shi96].

Die wichtigsten der in diesem Buch benötigten Resultate aus der Analysis und der linearen Algebra sind in zwei Anhängen zusammengefasst. Die Maßtheorie, die ein unerlässliches Hilfsmittel der Wahrscheinlichkeitstheorie darstellt, fängt verhältnismäßig spät an und beschränkt sich auf die für dieses Buch relevanten Resultate. Der interessierte Leser kann ausführliche Darstellungen zur Maß- und Integrationstheorie in der einschlägigen Literatur, wie etwa [Bau92; Beh87; Els11; Flo81] finden.

Dieses Buch ist aus einer Vorlesung hervorgegangen, die ich im Sommersemester 2012 an der Leibniz Universität Hannover gehalten habe. Bei der Vorlesungsvorbereitung sind vor allem die Bücher [JP04] und [Els11] eine wertvolle Hilfe gewesen. Das Buch [SS88] hat einige Anregungen für illustrierende Beispiele gegeben.

Gerne ergreife ich die Gelegenheit, allen zu danken, die mich während der Entstehung dieses Manuskriptes unterstützt haben. Ganz besonders danke ich Florian Modler, der sich die Zeit genommen hat, das Buch Probe zu lesen und beim Entwurf einiger Abbildungen sowie mit dem Textsatzsystem LaTeX behilflich zu sein. Einen besonderen Dank möchte ich außerdem Hans-Jörn Tappe und Wilhelm Müller für ihre Unterstützung mit dem Textsatzsystem LaTeX und Yasmin Flores für den Entwurf einiger Abbildungen aussprechen. Ebenfalls sehr herzlich danke ich den Mitarbeitern des Springer Spektrum-Verlages, vor allem Anja Groth und Dr. Andreas Rüdinger, für die gute Zusammenarbeit. Die Anmerkungen von Herrn Dr. Rüdinger haben mir geholfen, die Präsentation des Buches zu verbessern.

Hannover, April 2013   Stefan Tappe

Inhaltsverzeichnis

Symbolverzeichnis

$\mathbb{1}_A$	Indikatorfunktion einer Menge A
A^c	Komplementärmenge $\Omega \setminus A$
$A \subset B$	A ist Teilmenge von B
$A \cup B$	Vereinigung zweier Mengen A und B
$A \cap B$	Durchschnitt zweier Mengen A und B
$A \setminus B$	Differenz zweier Mengen A und B
$\mathcal{B}(\mathbb{R})$	Borel'sche σ-Algebraüber $\mathbb{R}$
$\mathcal{B}(\overline{\mathbb{R}})$	Borel'sche σ-Algebra über $\overline{\mathbb{R}}$
$\mathcal{B}(\mathbb{R}^n)$	Borel'sche σ-Algebra über $\mathbb{R}^n$
$\mathrm{Ber}(p)$	Bernoulli-Verteilung
$\mathrm{Bi}(n,p)$	Binomialverteilung
$\mathbb{C}$	Menge der komplexen Zahlen
$\mathrm{Cau}(\mu,\lambda)$	Cauchy-Verteilung
χ_n^2	Chi-Quadrat-Verteilung mit n Freiheitsgraden
$\mathrm{Cov}(X,Y)$	Kovarianz von X und Y
δ_μ	Dirac-Verteilung im Punkte μ
$\Delta(a,b)$	Dreiecksverteilung
$\mathbb{E}[X]$	Erwartungswert einer Zufallsvariablen X
$\mathcal{E} \otimes \mathcal{G}$	Produkt σ-Algebra
$\mathrm{Exp}(\lambda)$	Exponentialverteilung
$\mathcal{F}\mu$	Fouriertransformierte von μ
$\Gamma(\alpha,\lambda)$	Gammaverteilung
$\mathrm{Geo}(p)$	geometrische Verteilung
$\mathrm{grad}\, f$	Gradient
H_f	Hesse-Matrix
$\mathrm{Im}\, X$	Imaginärteil einer komplexen Zufallsvariaben X
$\mathrm{Int}\, M$	Inneres einer Menge M
$\mathcal{L}^1$	Raum der integrierbaren Zufallsvariablen
$\mathcal{L}^2$	Raum der quadratintegrierbaren Zufallsvariablen
λ	Lebesgue-Maß auf $(\mathbb{R}, \mathcal{B}(\mathbb{R}))$
λ^n	Lebesgue-Maß auf $(\mathbb{R}^n, \mathcal{B}(\mathbb{R}^n))$

$\mathrm{Lap}(\mu, \lambda)$	Laplace-Verteilung
$\mathrm{LN}(\mu, \sigma^2)$	logarithmische Normalverteilung
$\mu * \nu$	Faltung zweier Wahrscheinlichkeitsmaße μ und ν
$\mu \otimes \nu$	Produktmaß
$\overline{M}$	Abschluss einer Menge M
$\mathcal{M}(\mathcal{C})$	von einem Mengensysten $\mathcal{C}$ erzeugte monotone Klasse
$\mathbb{N}$	Menge der natürlichen Zahlen $\{1, 2, 3, \dots\}$
$\mathbb{N}_0$	Menge der natürlichen Zahlen $\{0, 1, 2, 3, \dots\}$
$n!$	Fakultät $1 \cdot \dots \cdot n$
$\binom{n}{k}$	Binomialkoeffizient
$\mathrm{N}(\mu, \sigma^2)$	Normalverteilung
$\mathrm{N}(\mu, \Sigma^2)$	mehrdimensionale Normalverteilung
$\mathrm{NB}(n, p)$	negative Binomialverteilung
$(\Omega, \mathcal{F}, \mathbb{P})$	Wahrscheinlichkeitsraum
φ_X	charakteristische Funktion von X
∂M	Rand einer Menge M
$\mathbb{P}(A)$	Wahrscheinlichkeit eines Ereignisses $A \in \mathcal{F}$
$\mathbb{P}(A \mid B)$	bedingte Wahrscheinlichkeit von A unter B
$\mathbb{P}^X$	Verteilung einer Zufallsvariablen X
$\mathfrak{P}(\Omega)$	Potenzmenge von Ω
$\mathrm{Pois}(\lambda)$	Poisson-Verteilung
$\mathbb{Q}$	Menge der rationalen Zahlen
$Q^\top$	transponierte Matrix
$\rho_{X,Y}$	Korrelationskoeffizient von X und Y
$\mathbb{R}$	Menge der reellen Zahlen
$\mathbb{R}_+$	Menge der nichtnegativen reellen Zahlen $[0, \infty)$
$\overline{\mathbb{R}}$	$\mathbb{R} \cup \{-\infty, \infty\}$
$\mathrm{Ray}(\sigma^2)$	Rayleigh-Verteilung
$\mathrm{Re}\, X$	Realteil einer komplexen Zufallsvariaben X
$\sigma(\mathcal{G})$	von einem Mengensysten $\mathcal{G}$ erzeugte σ-Algebra
$\sigma(X)$	von einer Zufallsvariablen X erzeugte σ-Algebra
Σ_X^2	Kovarianzmatrix eines Zufallsvektors X
$\mathcal{T}$	terminale σ-Algebra
$\mathrm{UC}(a, b)$	Gleichverteilung
$\mathrm{UD}(E)$	diskrete Gleichverteilung
$\mathrm{Var}[X]$	Varianz einer Zufallsvariablen X
$\|x\|$	euklidische Norm im $\mathbb{R}^n$
$\langle x, y \rangle$	euklidisches Skalarprodukt im $\mathbb{R}^n$
$X^{-1}(B)$	Urbild einer Menge B
$|X|$	Betrag einer Zufallsvariaben X
$X \wedge Y$	Minimum von X und Y

$X \vee Y$ Maximum von X und Y

X^+ Positivteil einer Zufallsvariablen X

X^- Negativteil einer Zufallsvariablen X

$X_n \xrightarrow{\text{f.s.}} X$ fast sichere Konvergenz

$X_n \xrightarrow{\mathcal{L}^p} X$ Konvergenz im p-ten Mittel

$X_n \xrightarrow{\mathbb{P}} X$ stochastische Konvergenz

$X_n \xrightarrow{\mathcal{D}} X$ Konvergenz in Verteilung

$\text{WB}(\alpha, \lambda)$ Weibull-Verteilung

ζ Zählmaß

Einleitung

1

Die Wahrscheinlichkeitstheorie beschäftigt sich mit der mathematischen Beschreibung von zufälligen Ereignissen, also von Ereignissen, deren Ausgang nicht mit Sicherheit vorhergesagt werden kann. Hierbei geht es vor allem darum, Gesetzmäßigkeiten, die wir bei der Ausführung zufälliger Experimente im täglichen Leben beobachten können, im Rahmen einer geeigneten mathematischen Modellierung zu beweisen. Auf zwei dieser erwähnten Gesetzmäßigkeiten werden wir nun näher zu sprechen kommen:

(1) Wir werfen eine faire Münze sehr oft hintereinander und sehen dabei Wappen als „Erfolg" und Zahl als „Misserfolg" an. Wiederholen wir dieses Experiment sehr oft und zählen die relative Anzahl an Erfolgen – also die Zahl der Erfolge geteilt durch die Anzahl der Münzwürfe – so sehen wir, dass sich diese relative Anzahl im Laufe der Zeit bei $\frac{1}{2}$ einpendelt. Dies erkennen wir in Abb. 1.1, wo die relativen Erfolge bei einer Serie von 1000 Münzwürfen eingezeichnet sind.

Dies ist kein Zufall, sondern dahinter steckt das *Gesetz der großen Zahlen*, das wir in diesem Buch kennenlernen werden. Mathematisch können wir das mehrfache Werfen einer fairen Münze durch eine Folge $(X_n)_{n \in \mathbb{N}}$ von Zufallsvariablen, die unabhängig und identisch verteilt sind, modellieren. Die Kernaussage des Gesetzes der großen Zahlen ist dann, dass die Folge der arithmetischen Mittel

$$\frac{X_1 + \cdots + X_n}{n}$$

gegen den Erwartungswert $\mathbb{E}[X_1]$ konvergiert. Was eine Zufallsvariable ist, wie dessen Erwartungswert definiert ist, und in welchem Sinne die Konvergenz stattfindet, auf all dies werden wir im Verlauf des Buches eingehen.

(2) Wir verbleiben beim häufigen Werfen einer fairen Münze und sind nun an der absoluten Anzahl an Erfolgen interessiert. Mathematisch bedeutet dies, dass wir die Verteilung der Summe $S_n := X_1 + \cdots + X_n$ für große $n \in \mathbb{N}$ herausfinden möchten. Dazu führen

S. Tappe, *Einführung in die Wahrscheinlichkeitstheorie*,
DOI: 10.1007/978-3-642-37544-6_1, © Springer-Verlag Berlin Heidelberg 2013

Abb. 1.1 Die relativen
Erfolge bei einer Serie von
1000 Münzwürfen

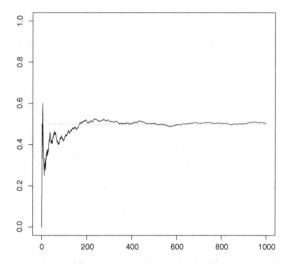

Abb. 1.2 Histogramm der
standardisierten Häufig-
keiten beim wiederholten
Werfen einer fairen Münze

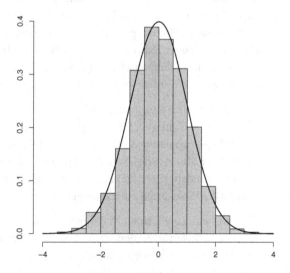

wir zunächst eine affine Transformation durch, die bewirkt, dass die transformierten Summen S_n den Erwartungswert 0 und die Varianz 1 haben. Die Varianz ist hierbei die mittlere quadratische Abweichung vom Erwartungswert. Führen wir nun das Werfen einer fairen Münze sehr oft hintereinander durch und tragen die Häufigkeiten der beobachteten Werte in ein Histogramm ein, so erhalten wir ein Bild wie in Abb. 1.2. In Abb. 1.2 haben wir auch die Gauß'sche Glockenkurve eingezeichnet. Dies ist die Funktion

$$f : \mathbb{R} \to \mathbb{R}, \quad f(x) = \frac{1}{\sqrt{2\pi}} \exp\left(-\frac{x^2}{2}\right).$$

Wir stellen fest, dass sich die beobachteten Häufigkeiten in Abb. 1.2 der Gauß'schen Glockenkurve annähern. Auch dies ist kein Zufall, sondern dahinter steckt der *Satz von Moivre-Laplace*, den wir in diesem Buch ebenfalls kennenlernen werden. Er hat die Konsequenz, dass die Summe S_n für große $n \in \mathbb{N}$ approximativ normalverteilt ist, also zur Familie der Normalverteilungen $N(\mu, \sigma^2)$ gehört, wobei μ den Erwartungswert und σ^2 die Varianz bezeichnet. Erstaunlicherweise gilt diese Gesetzmäßigkeit sogar dann, wenn wir für die Zufallsvariable X_1 *irgendeine* Verteilung mit endlicher Varianz annehmen, und zwar besagt der *zentrale Grenzwertsatz*, dass die Summe S_n für große $n \in \mathbb{N}$ nach wie vor approximativ normalverteilt ist – unabhängig von der Wahl der Verteilung von X_1. Mit anderen Worten, ohne dass wir die Verteilung von X_1 kennen, wissen wir für große $n \in \mathbb{N}$ näherungsweise die Verteilung der Summe S_n. Die einzigen Kenngrößen, die hierbei geschätzt werden müssen, sind der Erwartungswert μ und die Varianz σ^2.

Zum Beweis der gerade präsentierten Gesetzmäßigkeiten brauchen wir einen geeigneten mathematischen Zugang zur Modellierung von zufälligen Ereignissen. Hierbei ist das Konzept eines *Wahrscheinlichkeitsraumes* grundlegend. Ein Wahrscheinlichkeitsraum besteht aus drei Komponenten $(\Omega, \mathcal{F}, \mathbb{P})$, dem Grundraum Ω, der σ-Algebra $\mathcal{F}$ und dem Wahrscheinlichkeitsmaß $\mathbb{P}$. Auf diese drei Komponenten werden wir nun genauer eingehen:

(1) Ω ist der *Grundraum*; der Raum aller möglichen Szenarien, die wir bei unserer Modellierung berücksichtigen möchten. Rein mathematisch gesehen ist Ω eine Menge.

(2) $\mathcal{F}$ ist das System aller möglichen Ereignisse. Mathematisch gesehen ist ein Ereignis A eine Teilmenge des Grundraums Ω, das heißt $A \subset \Omega$. Somit ist $\mathcal{F}$ ein System von Teilmengen von Ω, was wir kurz durch $\mathcal{F} \subset \mathfrak{P}(\Omega)$ ausdrücken können. Hierbei bezeichnet $\mathfrak{P}(\Omega)$ die Potenzmenge von Ω, also das Mengensystem aller Teilmengen von Ω. Es folgen einige Beispiele für Ereignisse:
   - Der Grundraum Ω ist das mit Sicherheit eintretende Ereignis.
   - Die leere Menge $\emptyset$ ist das unmögliche Ereignis.
   - Für jedes $\omega \in \Omega$ ist $\{\omega\}$ ein Ereignis; ein sogenanntes Elementarereignis.
   Sind $A, B \in \mathcal{F}$ zwei Ereignisse, so können wir weitere Ereignisse einführen:
   - das Gegenereignis $A^c := \Omega \setminus A$,
   - das Ereignis „A oder B" gegeben durch die Vereinigung $A \cup B$,
   - das Ereignis „A und B" gegeben durch den Schnitt $A \cap B$.
   Nun ist bei einem beliebigen Mengensystem $\mathcal{F}$ nicht gesagt, dass diese neuen Ereignisse wieder in $\mathcal{F}$ liegen. Da dies aber für die Modellierung von zufälligen Ereignissen zweckmäßig ist, werden wir dies axiomatisch fordern. In diesem Sinne werden wir das Mengensystem $\mathcal{F}$ eine *Algebra* nennen, falls gilt:
   - $\Omega, \emptyset \in \mathcal{F}$.
   - Für jedes Ereignis $A \in \mathcal{F}$ gilt $A^c \in \mathcal{F}$.
   - Für zwei beliebige Ereignisse $A, B \in \mathcal{F}$ gilt $A \cup B \in \mathcal{F}$ und $A \cap B \in \mathcal{F}$.

Dies ist für unsere Zwecke noch nicht ganz ausreichend. Im Hinblick auf die angekündigten Grenzwertsätze sind wir etwa an dem Ereignis interessiert, ob eine Folge $(X_n)_{n\in\mathbb{N}}$ von Zufallsvariablen konvergiert. Ein solches Ereignis setzt sich nicht aus endlich, sondern aus abzählbar vielen Ereignissen zusammen, und dies motiviert das Konzept der σ-*Algebra*. Wir nennen das Mengensystem $\mathcal{F}$ eine σ-Algebra, falls gilt:

- $\Omega, \emptyset \in \mathcal{F}$.
- Für jedes Ereignis $A \in \mathcal{F}$ gilt $A^c \in \mathcal{F}$.
- Für jede Folge $(A_n)_{n\in\mathbb{N}} \subset \mathcal{F}$ gilt $\bigcup_{n\in\mathbb{N}} A_n \in \mathcal{F}$ und $\bigcap_{n\in\mathbb{N}} A_n \in \mathcal{F}$.

(3) $\mathbb{P}$ ist das *Wahrscheinlichkeitsmaß*, das jedem Ereignis $A \in \mathcal{F}$ eine Wahrscheinlichkeit zuordnet. Hierbei bedeutet $\mathbb{P}(A) = 0$, dass die Wahrscheinlichkeit des Eintretens von A bei 0 % liegt, und $\mathbb{P}(A) = 1$ bedeutet, dass die Wahrscheinlichkeit des Eintretens von A bei 100 % liegt. Mathematisch gesehen ist ein Wahrscheinlichkeitsmaß also eine Funktion $\mathbb{P} : \mathcal{F} \to [0, 1]$. Intuitiv sollte für ein Ereignis $A \in \mathcal{F}$ gelten, dass

$$\mathbb{P}(A) \approx \frac{H_n(A)}{n} \quad \text{für große } n \in \mathbb{N},$$

wobei $H_n(A)$ die absolute Häufigkeit des Eintretens von A bei n Beobachtungen bezeichnet. Daraus wird ersichtlich, dass das Wahrscheinlichkeitsmaß $\mathbb{P}$ folgende Eigenschaften haben sollte:

- $\mathbb{P}(\Omega) = 1$.
- Für zwei disjunkte Ereignisse $A, B \in \mathcal{F}$ gilt

$$\mathbb{P}(A \cup B) = \mathbb{P}(A) + \mathbb{P}(B).$$

Da bei der σ-Algebra $\mathcal{F}$ auch die Vereinigung abzählbar vieler Ereignisse wieder in $\mathcal{F}$ liegt, ist es naheliegend, diese Eigenschaften wie folgt zu erweitern:

- $\mathbb{P}(\Omega) = 1$.
- Für jede Folge $(A_n)_{n\in\mathbb{N}} \subset \mathcal{F}$ von paarweise disjunkten Ereignissen gilt

$$\mathbb{P}\left(\bigcup_{n\in\mathbb{N}} A_n \right) = \sum_{n\in\mathbb{N}} \mathbb{P}(A_n).$$

Dies sind die Eigenschaften eines Wahrscheinlichkeitsmaßes, die auch die Axiome von Kolmogorov genannt werden.

Wahrscheinlichkeitsräume werden wir ausführlich in Kap. 2 studieren. Dort werden wir auch den Begriff der *Unabhängigkeit* von zwei Ereignissen $A, B \in \mathcal{F}$ kennenlernen, und zwar wird sich herausstellen, dass die Produktformel

$$\mathbb{P}(A \cap B) = \mathbb{P}(A) \cdot \mathbb{P}(B)$$

eine gute mathematische Beschreibung der Unabhängigkeit liefert.

Anschließend wird ein wichtiges Anliegen die Einführung des *Erwartungswertes* $\mathbb{E}[X]$ einer Zufallsvariablen X sein. In Kap. 3 werden wir dies für diskrete Zufallsvariablen und in Kap. 4 für absolutstetige Zufallsvariablen tun. Diskrete Verteilungen können durch sogenannte stochastische Vektoren und absolutstetige Verteilungen durch sogenannte Dichten beschrieben werden. Da der Erwartungswert von $h(X)$ für eine zusätzliche Funktion h der Wert sein soll, den $h(X)$ im Mittel annimmt, werden wir für eine diskrete Zufallsvariable X den Erwartungswert definieren durch

$$\mathbb{E}[h(X)] := \sum_{k \in E} h(k) \cdot \pi(k),$$

wobei π den zugehörigen stochastischen Vektor bezeichnet. Analog werden wir für eine absolutstetige Zufallsvariable X den Erwartungswert definieren durch

$$\mathbb{E}[h(X)] := \int_{-\infty}^{\infty} h(x) \cdot f(x) dx,$$

wobei f die zugehörige Dichte bezeichnet.

In Kap. 5 werden wir eine vollständige Charakterisierung sämtlicher Wahrscheinlichkeitsmaße auf der reellen Achse mit Hilfe von Verteilungsfunktionen angeben. Die technischen Beweise der Sätze 5.8 und 5.13 dürfen hierbei beim ersten Lesen übersprungen werden.

In Kap. 6 geht es dann um eine allgemeine Definition des Erwartungswertes $\mathbb{E}[X]$, der die beiden oben erwähnten Begriffe verallgemeinert. Hierbei darf der Leser die technischen Beweise aus den Abschn. 6.3 und 6.4 beim ersten Lesen überspringen.

In Kap. 7 werden wir – in Anlehnung an die oben vorgestellte Produktformel – die Unabhängigkeit von Zufallsvariablen einführen. Es wird sich dabei ein enger Zusammenhang mit Produktmaßen ergeben. Die Beweise aus den Abschn. 7.1 und 7.2 dürfen beim ersten Lesen übersprungen werden.

In Kap. 8 werden wir untersuchen, wie sich die Dichten von absolutstetigen Zufallsvariablen unter Transformationen ändern, und unsere Ergebnisse an mehreren Beispielen illustrieren.

In Kap. 9 werden wir die charakteristische Funktion einer Zufallsvariablen bzw. die Fouriertransformierte einer Verteilung kennenlernen. Dies ist eine wichtige Transformation, die es gestattet, bestimmte wahrscheinlichkeitstheoretische Probleme einfacher in den Griff zu bekommen. Wir werden hiervon insbesondere beim Beweis des zentralen Grenzwertsatzes Gebrauch machen.

In Kap. 10 werden wir uns mit geeigneten Konvergenzarten von Zufallsvariablen und Wahrscheinlichkeitsmaßen beschäftigen. Dies ist erforderlich, da im Hinblick auf die zu beweisenden Grenzwertsätze das klassische Konzept der punktweisen Konvergenz nutzlos ist. Wählen wir etwa für die Modellierung einer Serie von Münzwürfen den Wahrscheinlichkeitsraum $\Omega = \{0, 1\}^{\mathbb{N}}$ und definieren die Folge $(X_n)_{n \in \mathbb{N}}$ durch $X_n(\omega) = \omega_n$, dann gilt offensichtlich nicht

$$\frac{X_1(\omega) + \cdots + X_n(\omega)}{n} \to \mathbb{E}[X_1] \quad \text{für jedes } \omega \in \Omega.$$

Dies werden wir jedoch durch die Einführung anderer Konvergenzkonzepte beheben können. Die zum Teil recht technischen Beweise aus Abschn. 10.2 dürfen beim ersten Lesen übersprungen werden.

In Kap. 11 werden wir dann soweit sein, dass wir die angekündigten Grenzwertsätze beweisen können. Zuerst werden wir mehrere Varianten des Gesetzes der großen Zahlen zeigen. Anschließend werden wir den zentralen Grenzwertsatz beweisen, der als Korollar den Satz von Moivre-Laplace liefern wird. Als weiteres Resultat werden wir den Grenzwertsatz von Poisson vorstellen.

Schließlich werden wir uns in Kap. 12 mit Gauß'schen Zufallsvektoren befassen, die normalverteilte Zufallsvariablen auf mehrere Dimensionen verallgemeinern. Zum Abschluss werden wir eine mehrdimensionale Version des zentralen Grenzwertsatzes beweisen.

In Anhang A werden wir die benötigten Resultate aus der Analysis und in Anhang B die benötigten Resultate aus der linearen Algebra zusammenstellen.

Grundbegriffe

2

In diesem Kapitel werden wir die drei Komponenten eines Wahrscheinlichkeitsraumes $(\Omega, \mathcal{F}, \mathbb{P})$ formal einführen. Insbesondere werden wir die σ-Algebra $\mathcal{F}$ und das Wahrscheinlichkeitsmaß $\mathbb{P}$ näher untersuchen. Anschließend beschäftigen wir uns mit bedingten Wahrscheinlichkeiten und der Unabhängigkeit von Ereignissen.

2.1 Messbare Räume

In diesem Abschnitt sei Ω eine beliebige Menge. Wie in Kap. 1 erläutert, bezeichnet Ω die Menge aller möglichen Elementarereignisse bei der Durchführung eines zufälligen Experimentes.

Wir sind daran interessiert, Ereignisse zu modellieren. Wie in Kap. 1 dargelegt, sind Ereignisse mathematisch gesehen Teilmengen von Ω. Wir werden im Folgenden geeignete Systeme von Ereignissen einführen.

Wir bezeichnen mit $\mathfrak{P}(\Omega)$ die Potenzmenge von Ω, also das Mengensystem aller Teilmengen von Ω. Eine Teilmenge $\mathcal{F} \subset \mathfrak{P}(\Omega)$ der Potenzmenge nennen wir auch ein Mengensystem über Ω. Für eine beliebige Teilmenge $A \subset \Omega$ bezeichnen wir mit $A^c := \Omega \setminus A$ die Komplementärmenge.

Definition 2.1
Ein Mengensystem $\mathcal{F} \subset \mathfrak{P}(\Omega)$ heißt eine *Algebra* über Ω, falls gilt:
(A1) $\Omega \in \mathcal{F}$.
(A2) Für jedes Ereignis $A \in \mathcal{F}$ gilt $A^c \in \mathcal{F}$.
(A3) Für zwei beliebige Ereignisse $A, B \in \mathcal{F}$ gilt $A \cup B \in \mathcal{F}$.

S. Tappe, *Einführung in die Wahrscheinlichkeitstheorie*,
DOI: 10.1007/978-3-642-37544-6_2, © Springer-Verlag Berlin Heidelberg 2013

Zum Beweis der folgenden Resultate erinnern wir an die De Morgan'schen Gesetze:

Lemma 2.2 *(De Morgan'sche Gesetze) Es sei I eine beliebige Indexmenge. Weiterhin sei $A_i \subset \Omega, i \in I$ eine Familie von Teilmengen von Ω. Dann gilt*

$$\left(\bigcup_{i \in I} A_i\right)^c = \bigcap_{i \in I} A_i^c \quad und \quad \left(\bigcap_{i \in I} A_i\right)^c = \bigcup_{i \in I} A_i^c.$$

▶ **Beweis** Es sei $\omega \in \Omega$ ein beliebiges Element. Dann gilt

$$\omega \in \left(\bigcup_{i \in I} A_i\right)^c \quad \Leftrightarrow \quad \text{Es gilt nicht: } \omega \in A_i \text{ für ein } i \in I.$$

$$\Leftrightarrow \quad \text{Es gilt: } \omega \notin A_i \text{ für alle } i \in I.$$

$$\Leftrightarrow \quad \omega \in \bigcap_{i \in I} A_i^c.$$

Analog erhalten wir folgende äquivalente Aussagen:

$$\omega \in \left(\bigcap_{i \in I} A_i\right)^c \quad \Leftrightarrow \quad \text{Es gilt nicht: } \omega \in A_i \text{ für alle } i \in I.$$

$$\Leftrightarrow \quad \text{Es gilt: } \omega \notin A_i \text{ für ein } i \in I.$$

$$\Leftrightarrow \quad \omega \in \bigcup_{i \in I} A_i^c.$$

Damit sind die De Morgan'schen Gesetze bewiesen.   q.e.d.

Das folgende Resultat ist eine Konsequenz aus den De Morgan'schen Gesetzen.

Lemma 2.3 *Es sei $\mathcal{F}$ eine Algebra über Ω. Dann gelten zusätzlich folgende Eigenschaften:*

(A4) *$\emptyset \in \mathcal{F}$.*
(A5) *Für zwei beliebige Ereignisse $A, B \in \mathcal{F}$ gilt $A \cap B \in \mathcal{F}$.*
(A6) *Für zwei beliebige Ereignisse $A, B \in \mathcal{F}$ gilt $A \setminus B \in \mathcal{F}$.*

▶ **Beweis**

(A4) Nach den Axiomen (A1) und (A2) aus Definition 2.1 gilt $\emptyset = \Omega^c \in \mathcal{F}$.
(A5) Nach Axiomen (A2) und (A3) aus Definition 2.1 und den De Morgan'schen Gesetzen (Lemma 2.2) gilt

$$A \cap B = (A^c \cup B^c)^c \in \mathcal{F}.$$

(A6) Nach Axiom (A2) und der gerade bewiesenen Eigenschaft (A5) gilt

$$A \setminus B = A \cap B^c \in \mathcal{F}.$$

q.e.d.

Eine Algebra $\mathcal{F}$ enthält also das sicher eintretende Ereignis Ω und das unmögliche Ereignis $\emptyset$. Für ein beliebiges Ereignis A ist auch das Gegenereignis A^c in der Algebra enthalten und für zwei Ereignisse A, B sind auch die Ereignisse „A oder B" und „A und B" in der Algebra enthalten.

Bemerkung 2.4 *Es sei $\mathcal{F}$ eine Algebra über Ω. Per Induktion können wir uns leicht vergewissern, dass für endlich viele Ereignisse $A_1, \ldots, A_n \in \mathcal{F}$ gilt:*

(A7) $A_1 \cup \ldots \cup A_n \in \mathcal{F}$.
(A8) $A_1 \cap \ldots \cap A_n \in \mathcal{F}$.

Wie in Kap. 1 erläutert, ist das Konzept der Algebra – etwa im Hinblick auf die Grenzwertsätze in Kap. 11 – ein zu schwaches Konzept. Für die rigorose Durchführung der Theorie benötigen wir, dass nicht nur für endlich viele, sondern sogar für abzählbar viele Ereignisse die Vereinigung und der Schnitt wieder in dem Mengensystem liegen. Dies führt auf das Konzept der σ-*Algebra*:

Definition 2.5
Ein Mengensystem $\mathcal{F} \subset \mathfrak{P}(\Omega)$ heißt eine σ-*Algebra* über Ω, falls gilt:
(σ1) $\Omega \in \mathcal{F}$.
(σ2) Für jedes Ereignis $A \in \mathcal{F}$ gilt $A^c \in \mathcal{F}$.
(σ3) Für jede Folge $(A_n)_{n \in \mathbb{N}} \subset \mathcal{F}$ gilt $\bigcup_{n \in \mathbb{N}} A_n \in \mathcal{F}$.

Offensichtlich ist jede σ-Algebra auch eine Algebra. Aus den De Morgan'schen Gesetzen erhalten wir folgende zusätzliche Eigenschaft.

Lemma 2.6 *Es sei $\mathcal{F}$ eine σ-Algebra über Ω. Für jede Folge $(A_n)_{n \in \mathbb{N}} \subset \mathcal{F}$ gilt $\bigcap_{n \in \mathbb{N}} A_n \in \mathcal{F}$.*

▶ **Beweis** Nach den De Morgan'schen Gesetzen (Lemma 2.2) gilt

$$\bigcap_{n \in \mathbb{N}} A_n = \left(\bigcup_{n \in \mathbb{N}} A_n^c \right)^c \in \mathcal{F},$$

womit die Behauptung bewiesen ist.

q.e.d.

Definition 2.7
Ist $\mathcal{F}$ eine σ-Algebra über Ω, so nennen wir $(\Omega, \mathcal{F})$ einen *messbaren Raum*.

Wir betrachten einige Beispiele von Algebren und σ-Algebren. Die Tatsache, dass es sich bei (a)–(c) tatsächlich um σ-Algebren handelt, folgt durch Nachweis der Axiome ($\sigma 1$)–($\sigma 3$) aus Definition 2.5.

▶ **Beispiel 1**

(a) Die Potenzmenge $\mathcal{F} = \mathfrak{P}(\Omega)$ ist eine σ-Algebra über Ω.
(b) Das Mengensystem $\mathcal{F} = \{\Omega, \emptyset\}$ ist eine σ-Algebra über Ω; wir sprechen von der *trivialen σ-Algebra*.
(c) Für jede Teilmenge $A \subset \Omega$ ist $\mathcal{F} = \{\Omega, A, A^c, \emptyset\}$ eine σ-Algebra über Ω.
(d) Über $\Omega = \mathbb{R}$ ist das Mengensystem

$$\mathcal{F} = \{A \subset \mathbb{R} : A \text{ oder } A^c \text{ ist endlich}\}$$

eine Algebra, jedoch keine σ-Algebra. In der Tat, dass es sich hierbei um eine Algebra handelt, haben wir schnell durch Nachweis der Axiome (A1)–(A3) aus Definition 2.1 gezeigt. Um zu beweisen, dass $\mathcal{F}$ keine σ-Algebra ist, wählen wir die Folge $(A_n)_{n\in\mathbb{N}} \subset \mathcal{F}$ durch $A_n := \{n\}$. Dann gilt $\bigcup_{n\in\mathbb{N}} A_n = \mathbb{N} \notin \mathcal{F}$, da weder $\mathbb{N}$ noch $\mathbb{R} \setminus \mathbb{N}$ endliche Mengen sind.

Als Nächstes werden wir die von einem Mengensystem erzeugte σ-Algebra einführen. Dazu legen wir folgenden Hilfssatz bereit, der besagt, dass ein beliebiger Schnitt von σ-Algebren wieder eine σ-Algebra ist.

Lemma 2.8 *Es seien I eine beliebige Indexmenge und $(\mathcal{F}_i)_{i\in I}$ eine Familie von σ-Algebren über Ω. Dann ist $\mathcal{F} := \bigcap_{i\in I} \mathcal{F}_i$ auch eine σ-Algebra über Ω.*

▶ **Beweis** Wir haben die Axiome ($\sigma 1$)–($\sigma 3$) aus Definition 2.5 nachzuweisen:

($\sigma 1$) Für jedes $i \in I$ gilt $\Omega \in \mathcal{F}_i$, und damit $\Omega \in \bigcap_{i\in I} \mathcal{F}_i = \mathcal{F}$.
($\sigma 2$) Es sei $A \in \mathcal{F}$ beliebig. Dann gilt $A \in \mathcal{F}_i$ für jedes $i \in I$. Es folgt $A^c \in \mathcal{F}_i$ für jedes $i \in I$, und damit $A^c \in \bigcap_{i\in I} \mathcal{F}_i = \mathcal{F}$.
($\sigma 3$) Es sei $(A_n)_{n\in\mathbb{N}} \subset \mathcal{F}$ eine beliebige Folge von Ereignissen. Dann gilt $(A_n)_{n\in\mathbb{N}} \subset \mathcal{F}_i$ für jedes $i \in I$. Es folgt $\bigcup_{n\in\mathbb{N}} A_n \in \mathcal{F}_i$ für jedes $i \in I$, und damit $\bigcup_{n\in\mathbb{N}} A_n \in \bigcap_{i\in I} \mathcal{F}_i = \mathcal{F}$.

                                                                                    q.e.d.

Definition 2.9
Es sei $\mathcal{G} \subset \mathfrak{P}(\Omega)$ ein Mengensystem. Dann heißt

$$\sigma(\mathcal{G}) := \bigcap_{\substack{\mathcal{H} \supset \mathcal{G} \\ \mathcal{H} \text{ ist } \sigma\text{-Algebra}}} \mathcal{H}$$

die *von $\mathcal{G}$ erzeugte σ-Algebra*.

Das Mengensystem $\sigma(\mathcal{G})$ ist tatsächlich stets eine σ-Algebra über Ω, wie sich aus Lemma 2.8 ergibt. Sie ist die kleinste σ-Algebra über Ω, die das Mengensystem $\mathcal{G}$ umfasst. Das Mengensystem $\mathcal{G}$ wird auch ein *Erzeugendensystem* von $\sigma(\mathcal{G})$ genannt.

Bemerkung 2.10 *Eine ähnliche Situation haben wir in der linearen Algebra vorliegen, wo wir für einen Vektorraum V und eine Teilmenge $X \subset V$ mit $\langle X \rangle$ den von X erzeugten Unterraum bezeichnen. Wie bei Erzeugendensystemen für Vektorräume sind auch Erzeugendensysteme für σ-Algebren nicht eindeutig bestimmt. Dazu werden wir in Abschn. 5.2, wo wir Erzeugendensysteme für die in Abschn. 4.1 einzuführende Borel'sche σ-Algebra kennenlernen werden, mehr erfahren.*

Die folgenden Regeln für die Erzeugung von σ-Algebren werden sich später als nützlich erweisen. Sie sind unmittelbare Konsequenzen aus Definition 2.9.

Satz 2.11

Es gelten folgende Aussagen:
(a) *Für jede σ-Algebra $\mathcal{F}$ über Ω gilt $\sigma(\mathcal{F}) = \mathcal{F}$.*
(b) *Für zwei Mengensysteme $\mathcal{G}, \mathcal{H}$ über Ω mit $\mathcal{G} \subset \mathcal{H}$ gilt $\sigma(\mathcal{G}) \subset \sigma(\mathcal{H})$.*

▶ **Beispiel 2** Für jede Teilmenge $A \subset \Omega$ gilt $\sigma(\{A\}) = \{\Omega, A, A^c, \emptyset\}$. Diese σ-Algebra war uns bereits in Beispiel 1 begegnet.

Definition 2.12

Es seien E eine Menge und $X : \Omega \to E$ eine Abbildung. Für eine Menge $B \subset E$ bezeichnet die Menge

$$X^{-1}(B) := \{X \in B\} := \{\omega \in \Omega : X(\omega) \in B\}.$$

das *Urbild* von B unter X.

Das folgende Hilfsresultat können wir uns durch einfache mengentheoretische Überlegungen klarmachen.

Lemma 2.13 *Es seien E eine Menge und $X : \Omega \to E$ eine Abbildung. Dann gelten folgende Aussagen:*

(a) *Es gilt $X^{-1}(E) = \Omega$ und $X^{-1}(\emptyset) = \emptyset$.*
(b) *Für jede Teilmenge $B \subset E$ gilt $X^{-1}(B^c) = X^{-1}(B)^c$.*
(c) *Für eine beliebige Indexmenge I und eine Familie $(B_i)_{i \in I}$ von Teilmengen aus E gilt*

$$X^{-1}\left(\bigcup_{i \in I} B_i\right) = \bigcup_{i \in I} X^{-1}(B_i) \quad und \quad X^{-1}\left(\bigcap_{i \in I} B_i\right) = \bigcap_{i \in I} X^{-1}(B_i).$$

(d) *Für zwei Teilmengen $B, C \subset E$ gilt $X^{-1}(C \setminus B) = X^{-1}(C) \setminus X^{-1}(B)$.*
(e) *Für zwei Teilmengen $B, C \subset E$ mit $B \subset C$ gilt $X^{-1}(B) \subset X^{-1}(C)$.*

Definition 2.14
Es seien $(E, \mathcal{E})$ ein messbarer Raum und $X : \Omega \to E$ eine Abbildung. Dann heißt das Mengensystem

$$\sigma(X) := X^{-1}(\mathcal{E}) := \{X^{-1}(B) : B \in \mathcal{E}\}$$

die *von X erzeugte σ-Algebra.*

Hierbei handelt es sich in der Tat um eine σ-Algebra über Ω, wie das folgende Resultat zeigt.

Satz 2.15
Es seien $(E, \mathcal{E})$ ein messbarer Raum und $X : \Omega \to E$ eine Abbildung. Dann ist das Mengensystem $\sigma(X)$ eine σ-Algebra über Ω.

▶ **Beweis** Zum Beweis der Eigenschaften $(\sigma 1)$–$(\sigma 3)$ aus Definition 2.5 werden wir auf Lemma 2.13 zurückgreifen:

$(\sigma 1)$ Es gilt $E \in \mathcal{E}$, und darum $\Omega = X^{-1}(E) \in \sigma(X)$.
$(\sigma 2)$ Für jede Teilmenge $B \in \mathcal{E}$ gilt $B^c \in \mathcal{E}$, und darum

$$X^{-1}(B)^c = X^{-1}(B^c) \in \sigma(X).$$

$(\sigma 3)$ Für eine Familie $(B_n)_{n \in \mathbb{N}} \subset \mathcal{E}$ gilt $\bigcup_{n \in \mathbb{N}} B_n \in \mathcal{E}$, und darum

$$\bigcup_{n \in \mathbb{N}} X^{-1}(B_n) = X^{-1}\left(\bigcup_{n \in \mathbb{N}} B_n \right) \in \sigma(X).$$

q.e.d.

2.2 Wahrscheinlichkeitsmaße

In diesem Abschnitt sei $(\Omega, \mathcal{F})$ ein messbarer Raum. Damit haben wir ein System von Ereignissen, die bei Ausführung eines zufälligen Experimentes eintreten können, vorliegen. Als Nächstes möchten wir jedem Ereignis $A \in \mathcal{F}$ eine Wahrscheinlichkeit zuordnen. Mathematisch bedeutet dies, dass wir eine geeignete Funktion $\mathbb{P} : \mathcal{F} \to [0, 1]$ einführen.

Definition 2.16

(a) Zwei Teilmengen $A, B \subset \Omega$ heißen *disjunkt*, falls $A \cap B = \emptyset$.

(b) Es sei I eine beliebige Indexmenge. Dann heißen Teilmengen $(A_i)_{i \in I}$ von Ω *paarweise disjunkt*, falls $A_i \cap A_j = \emptyset$ für alle $i, j \in I$ mit $i \neq j$.

Definition 2.17 (Endlich-additive Mengenfunktion)

Eine *endlich-additive Mengenfunktion* auf $(\Omega, \mathcal{F})$ ist eine Funktion $\mathbb{P} : \mathcal{F} \to [0, 1]$ mit folgenden Eigenschaften:

(P1) $\mathbb{P}(\Omega) = 1$.

(P2) Für zwei disjunkte Ereignisse $A, B \in \mathcal{F}$ gilt

$$\mathbb{P}(A \cup B) = \mathbb{P}(A) + \mathbb{P}(B).$$

Also wird dem sicher eintretenden Ereignis Ω die Wahrscheinlichkeit 100 % zugeordnet. Sind $A_1, \ldots, A_n \in \mathcal{F}$ endlich viele paarweise disjunkte Ereignisse, so folgt per Induktion

$$\mathbb{P}\left(\bigcup_{i=1}^{n} A_i \right) = \sum_{i=1}^{n} \mathbb{P}(A_i).$$

Dies erklärt, warum wir von einer *endlich-additiven* Mengenfunktion sprechen.

Ferner bemerken wir, dass wir eine endlich-additive Mengenfunktion auch dann problemlos einführen können, wenn $\mathcal{F}$ bloß eine Algebra anstatt eine σ-Algebra über Ω ist.

Satz 2.18

Es sei $\mathbb{P}$ eine endlich-additive Mengenfunktion auf $(\Omega, \mathcal{F})$. Dann gelten folgende Aussagen:

(a) *Für zwei beliebige Ereignisse $A, B \in \mathcal{F}$ gilt*

$$\mathbb{P}(A \cup B) = \mathbb{P}(A) + \mathbb{P}(B) - \mathbb{P}(A \cap B).$$

(b) *Für zwei beliebige Ereignisse $A, B \in \mathcal{F}$ mit $A \subset B$ gilt*

$$\mathbb{P}(A) = \mathbb{P}(B) - \mathbb{P}(B \setminus A).$$

Insbesondere gilt $\mathbb{P}(A) \leq \mathbb{P}(B)$.

(c) *Für zwei beliebige Ereignisse $A, B \in \mathcal{F}$ gilt*

$$\mathbb{P}(A \cap B^c) = \mathbb{P}(A) - \mathbb{P}(A \cap B).$$

(d) *Für jedes Ereignis $A \in \mathcal{F}$ gilt $\mathbb{P}(A) = 1 - \mathbb{P}(A^c)$.*

(e) *Es gilt $\mathbb{P}(\emptyset) = 0$.*

▶ **Beweis**

(a) Die Ereignisse A und $B \setminus (A \cap B)$ sind disjunkt mit $A \cup B = A \cup (B \setminus (A \cap B))$. Es folgt

$$\mathbb{P}(A \cup B) = \mathbb{P}(A) + \mathbb{P}(B \setminus (A \cap B)).$$

Weiterhin sind die Ereignisse $A \cap B$ und $B \setminus (A \cap B)$ disjunkt mit $B = (A \cap B) \cup (B \setminus (A \cap B))$, so dass folgt

$$\mathbb{P}(B) = \mathbb{P}(A \cap B) + \mathbb{P}(B \setminus (A \cap B)).$$

Insgesamt erhalten wir die behauptete Identität.

(b) Wegen $A \subset B$ gilt $A = A \cap B$. Außerdem sind die Ereignisse $A \cap B$ und $A^c \cap B$ disjunkt mit $B = (A \cap B) \cup (A^c \cap B)$. Hieraus folgt

$$\mathbb{P}(B) = \mathbb{P}((A \cap B) \cup (A^c \cap B)) = \mathbb{P}(A \cap B) + \mathbb{P}(A^c \cap B)$$
$$= \mathbb{P}(A) + \mathbb{P}(B \setminus A),$$

woraus wir durch Umstellen die behauptete Identität erhalten.

(c) Die Ereignisse $A \cap B$ und $A \cap B^c$ sind disjunkt mit $A = (A \cap B) \cup (A \cap B^c)$. Es folgt

$$\mathbb{P}(A) = \mathbb{P}(A \cap B) + \mathbb{P}(A \cap B^c).$$

Durch Umstellen folgt die behauptete Identität.

(d) Diese Behauptung folgt aus Teil (b) mit $B = \Omega$.

(e) Diese Behauptung folgt aus Teil (d) mit $A = \emptyset$.

q.e.d.

Korollar 2.19 (Subadditivität)

Es sei $\mathbb{P}$ eine endlich-additive Mengenfunktion auf $(\Omega, \mathcal{F})$. Für zwei beliebige Ereignisse $A, B \in \mathcal{F}$ gilt dann

$$\mathbb{P}(A \cup B) \leq \mathbb{P}(A) + \mathbb{P}(B).$$

▶ **Beweis** Dies ist eine unmittelbare Konsequenz aus Satz 2.18, Teil (a).   q.e.d.

Die Eigenschaft aus Korollar 2.19 bezeichnen wir als *Subadditivität* einer endlich-additiven Mengenfunktion $\mathbb{P}$. Per Induktion folgt, dass

$$\mathbb{P}\left(\bigcup_{i=1}^{n} A_i\right) \leq \sum_{i=1}^{n} \mathbb{P}(A_i)$$

für endlich viele Mengen $A_1, \ldots, A_n \in \mathcal{F}$.

Definition 2.20 (Wahrscheinlichkeitsmaß)
Ein *Wahrscheinlichkeitsmaß* auf $(\Omega, \mathcal{F})$ ist eine Funktion $\mathbb{P} : \mathcal{F} \to [0, 1]$ mit folgenden Eigenschaften:
(W1) $\mathbb{P}(\Omega) = 1$.
(W2) Für jede Folge $(A_n)_{n \in \mathbb{N}} \subset \mathcal{F}$ von paarweise disjunkten Ereignissen gilt

$$\mathbb{P}\left(\bigcup_{n \in \mathbb{N}} A_n\right) = \sum_{n \in \mathbb{N}} \mathbb{P}(A_n).$$

Die Eigenschaft (W2) wird die σ-*Additivität* eines Wahrscheinlichkeitsmaßes genannt. Wir benutzen das Symbol $\sum_{n \in \mathbb{N}}$, da die Reihe im Falle der Konvergenz auch gleich unbedingt konvergiert, was aus Korollar A.5 von Anhang A.1 folgt.

Offensichtlich ist jedes Wahrscheinlichkeitsmaß auch eine endlich-additive Mengenfunktion.

Definition 2.21
Ist $\mathbb{P}$ ein Wahrscheinlichkeitsmaß auf $(\Omega, \mathcal{F})$, so heißt $(\Omega, \mathcal{F}, \mathbb{P})$ ein *Wahrscheinlichkeitsraum*.

Wir werden nun die endlich-additiven Mengenfunktionen charakterisieren, die zugleich Wahrscheinlichkeitsmaße sind. Zu diesem Zweck legen wir folgende Definition bereit:

Definition 2.22
Es sei $(A_n)_{n \in \mathbb{N}}$ eine Folge von Teilmengen aus Ω.
(a) Die Folge $(A_n)_{n \in \mathbb{N}}$ heißt *aufsteigend*, falls $A_n \subset A_{n+1}$ für alle $n \in \mathbb{N}$.
(b) Die Folge $(A_n)_{n \in \mathbb{N}}$ heißt *absteigend*, falls $A_{n+1} \subset A_n$ für alle $n \in \mathbb{N}$.
(c) Wir sagen, dass die Folge $(A_n)_{n \in \mathbb{N}}$ *von unten gegen eine Menge* $A \subset \Omega$ *konvergiert*, und schreiben $A_n \uparrow A$, falls $(A_n)_{n \in \mathbb{N}}$ aufsteigend ist mit $A = \bigcup_{n \in \mathbb{N}} A_n$.
(d) Wir sagen, dass die Folge $(A_n)_{n \in \mathbb{N}}$ *von oben gegen eine Menge* $A \subset \Omega$ *konvergiert*, und schreiben $A_n \downarrow A$, falls $(A_n)_{n \in \mathbb{N}}$ absteigend ist mit $A = \bigcap_{n \in \mathbb{N}} A_n$.

Hierbei ist hervorzuheben, dass für zwei Teilmengen $A, B \subset \Omega$ die Inklusion $A \subset B$ beinhaltet, dass $A = B$ gelten darf.

Der folgende Satz liefert eine Charakterisierung aller endlich-additiven Mengenfunktionen, die sogar Wahrscheinlichkeitsmaße sind.

Satz 2.23

Es sei $\mathbb{P}$ eine endlich-additive Mengenfunktion auf $(\Omega, \mathcal{F})$. Dann sind folgende Aussagen äquivalent:

(i) *$\mathbb{P}$ ist eine Wahrscheinlichkeitsmaß.*

(ii) *Für jede absteigende Folge $(A_n)_{n \in \mathbb{N}} \subset \mathcal{F}$ mit $A_n \downarrow \emptyset$ gilt $\mathbb{P}(A_n) \to 0$.*

(iii) *Für jede absteigende Folge $(A_n)_{n \in \mathbb{N}} \subset \mathcal{F}$ mit $A_n \downarrow A$ für ein $A \in \mathcal{F}$ gilt $\mathbb{P}(A_n) \to \mathbb{P}(A)$.*

(iv) *Für jede aufsteigende Folge $(A_n)_{n \in \mathbb{N}} \subset \mathcal{F}$ mit $A_n \uparrow \Omega$ gilt $\mathbb{P}(A_n) \to 1$.*

(v) *Für jede aufsteigende Folge $(A_n)_{n \in \mathbb{N}} \subset \mathcal{F}$ mit $A_n \uparrow A$ für ein $A \in \mathcal{F}$ gilt $\mathbb{P}(A_n) \to \mathbb{P}(A)$.*

▶ **Beweis** Zunächst werden wir die Äquivalenzen (ii) ⇔ (iv) ⇔ (v) ⇔ (iii) beweisen.

(v) ⇒ (iv): Diese Implikation folgt wegen $\mathbb{P}(\Omega) = 1$.

(iii) ⇒ (v): Es sei $(A_n)_{n \in \mathbb{N}} \subset \mathcal{F}$ eine Folge von Ereignissen mit $A_n \uparrow A$ für ein $A \in \mathcal{F}$. Dann gilt $A_n^c \downarrow A^c$, und mit Satz 2.18 erhalten wir

$$1 - \mathbb{P}(A_n) = \mathbb{P}(A_n^c) \to \mathbb{P}(A^c) = 1 - \mathbb{P}(A),$$

so dass folgt $\mathbb{P}(A_n) \to \mathbb{P}(A)$.

Völlig analog beweisen wir die Implikationen (v) ⇒ (iii), (ii) ⇒ (iv) und (iv) ⇒ (ii).

(iv) ⇒ (v): Es sei $(A_n)_{n \in \mathbb{N}} \subset \mathcal{F}$ eine Folge von Ereignissen mit $A_n \uparrow A$ für ein $A \in \mathcal{F}$. Wir definieren die Folge $(B_n)_{n \in \mathbb{N}} \subset \mathcal{F}$ durch $B_n := A_n \cup A^c$. Dann gilt $B_n \uparrow \Omega$, und nach Voraussetzung folgt $\mathbb{P}(B_n) \to 1$. Für jedes $n \in \mathbb{N}$ sind die Ereignisse A_n und A^c disjunkt, da $A_n \subset A$ gilt. Hieraus folgt

$$\mathbb{P}(A_n) + \mathbb{P}(A^c) = \mathbb{P}(A_n \cup A^c) = \mathbb{P}(B_n) \to 1,$$

und mit Satz 2.18 erhalten wir $\mathbb{P}(A_n) \to 1 - \mathbb{P}(A^c) = \mathbb{P}(A)$.

Damit bleibt die noch fehlende Äquivalenz (i) ⇔ (v) nachzuweisen.

(v) ⇒ (i): Wir haben Eigenschaft (W2) aus Definition 2.20 nachzuweisen. Dazu sei $(A_n)_{n \in \mathbb{N}} \subset \mathcal{F}$ eine Folge von paarweise disjunkten Ereignissen. Wir definieren die Folge $(B_n)_{n \in \mathbb{N}} \subset \mathcal{F}$ und das Ereignis $B \in \mathcal{F}$ durch $B_n := \bigcup_{k=1}^{n} A_k$ und $B := \bigcup_{k \in \mathbb{N}} A_k$. Dann gilt $B_n \uparrow B$, und nach Voraussetzung folgt $\mathbb{P}(B_n) \to \mathbb{P}(B)$. Wegen der endlichen Additivität von $\mathbb{P}$ erhalten wir

$$\mathbb{P}\left(\bigcup_{n\in\mathbb{N}} A_n\right) = \mathbb{P}(B) = \lim_{n\to\infty} \mathbb{P}(B_n) = \lim_{n\to\infty} \mathbb{P}\left(\bigcup_{k=1}^{n} A_k\right)$$

$$= \lim_{n\to\infty} \sum_{k=1}^{n} \mathbb{P}(A_k) = \sum_{n\in\mathbb{N}} \mathbb{P}(A_n).$$

(i) $\Rightarrow$ (v): Es sei $(A_n)_{n\in\mathbb{N}} \subset \mathcal{F}$ eine Folge von Ereignissen mit $A_n \uparrow A$ für ein $A \in \mathcal{F}$. Wir definieren die Folge $(B_n)_{n\in\mathbb{N}} \subset \mathcal{F}$ durch $B_1 := A_1$ und

$$B_n := A_n \setminus \left(\bigcup_{k=1}^{n-1} A_k\right) \quad \text{für } n \geq 2.$$

Dann besteht $(B_n)_{n\in\mathbb{N}} \subset \mathcal{F}$ aus paarweise disjunkten Ereignissen, es gilt $A_n = \bigcup_{k=1}^{n} B_k$ für $n \in \mathbb{N}$ und $A = \bigcup_{n\in\mathbb{N}} B_n$. Wegen der σ-Additivität von $\mathbb{P}$ folgt

$$\mathbb{P}(A) = \mathbb{P}\left(\bigcup_{n\in\mathbb{N}} B_n\right) = \sum_{n\in\mathbb{N}} \mathbb{P}(B_n) = \lim_{n\to\infty} \sum_{k=1}^{n} \mathbb{P}(B_k)$$

$$= \lim_{n\to\infty} \mathbb{P}\left(\bigcup_{k=1}^{n} B_k\right) = \lim_{n\to\infty} \mathbb{P}(A_n).$$

Somit erhalten wir $\mathbb{P}(A_n) \to \mathbb{P}(A)$. q.e.d.

Die äquivalenten Eigenschaften aus Satz 2.23 bezeichnen wir auch als *Stetigkeit* eines Wahrscheinlichkeitsmaßes $\mathbb{P}$.

Bemerkung 2.24 *Aus Satz 2.18, Teil (b) folgt, dass die reellen Zahlenfolgen $(\mathbb{P}(A_n))_{n\in\mathbb{N}}$ in (ii), (iii) monoton fallend und in (iv), (v) monoton wachsend sind.*

Für den Rest dieses Abschnittes sei $(\Omega, \mathcal{F}, \mathbb{P})$ ein Wahrscheinlichkeitsraum. Wir sammeln noch einige nützliche Resultate, die später ihre Anwendung finden werden.

Satz 2.25 (σ-Subadditivität)
Für jede Folge $(A_n)_{n\in\mathbb{N}} \subset \mathcal{F}$ von Ereignissen gilt

$$\mathbb{P}\left(\bigcup_{n\in\mathbb{N}} A_n\right) \leq \sum_{n\in\mathbb{N}} \mathbb{P}(A_n).$$

▶ **Beweis** Es gilt $\bigcup_{n=1}^{k} A_n \uparrow \bigcup_{n\in\mathbb{N}} A_n$ für $k \to \infty$. Mit Korollar 2.19 und Satz 2.23 folgt

$$\mathbb{P}\left(\bigcup_{n\in\mathbb{N}} A_n\right) = \lim_{n\to\infty} \mathbb{P}\left(\bigcup_{k=1}^{n} A_k\right) \leq \lim_{n\to\infty} \sum_{k=1}^{n} \mathbb{P}(A_k) = \sum_{n\in\mathbb{N}} \mathbb{P}(A_n),$$

was den Beweis beendet. q.e.d.

Die Eigenschaft aus Satz 2.25 bezeichnen wir als σ-*Subadditivität* eines Wahrscheinlichkeitsmaßes $\mathbb{P}$.

Satz 2.26
Für jede Folge $(A_n)_{n\in\mathbb{N}} \subset \mathcal{F}$ von paarweise disjunkten Ereignissen ist $(\mathbb{P}(A_n))_{n\in\mathbb{N}}$ eine Nullfolge.

▶ **Beweis** Die Reihe $\sum_{n\in\mathbb{N}} \mathbb{P}(A_n)$ konvergiert, da nach Satz 2.18 gilt

$$\sum_{n\in\mathbb{N}} \mathbb{P}(A_n) = \mathbb{P}\left(\bigcup_{n\in\mathbb{N}} A_n\right) \leq \mathbb{P}(\Omega) = 1.$$

Also ist $(\mathbb{P}(A_n))_{n\in\mathbb{N}}$ eine Nullfolge.   q.e.d.

Satz 2.27
Es seien I eine Indexmenge und $(A_i)_{i\in I} \subset \mathcal{F}$ paarweise disjunkte Ereignisse mit $\mathbb{P}(A_i) > 0$ für alle $i \in I$. Dann ist I höchstens abzählbar.

▶ **Beweis** Es genügt zu zeigen, dass für jedes $n \in \mathbb{N}$ die Indexmenge

$$I_n := \left\{ i \in I : \mathbb{P}(A_i) \geq \frac{1}{n} \right\}$$

endlich ist. Wäre im Gegenteil eine der Mengen I_n unendlich, dann würde eine Folge $(i_k)_{k\in\mathbb{N}} \subset I_n$ existieren, für die die Folge $(\mathbb{P}(A_{i_k}))_{k\in\mathbb{N}}$ nach Satz 2.26 eine Nullfolge sein müsste, was der Definition der Menge I_n widerspricht.   q.e.d.

2.3   Bedingte Wahrscheinlichkeiten und Unabhängigkeit

In diesem Abschnitt werden wir die Begriffe der bedingten Wahrscheinlichkeit und der Unabhängigkeit von Ereignissen einführen und einige grundlegende Sätze hierzu vorstellen.

Es sei $(\Omega, \mathcal{F}, \mathbb{P})$ ein Wahrscheinlichkeitsraum. Wie in Kap. 1 erläutert, gilt für die Wahrscheinlichkeit eines Ereignis $A \in \mathcal{F}$ intuitiv

$$\mathbb{P}(A) \approx \frac{H_n(A)}{n} \quad \text{für große } n \in \mathbb{N},$$

wobei $H_n(A)$ die absolute Häufigkeit des Eintretens von A bei n Beobachtungen bezeichnet.

Nun sei $B \in \mathcal{F}$ ein weiteres Ereignis. $\mathbb{P}(A \mid B)$ bezeichne die Wahrscheinlichkeit des Eintretens von A unter der Bedingung, dass das Ereignis B eingetreten ist. Intuitiv sollte dann gelten

$$\mathbb{P}(A \mid B) \approx \frac{H_n(A \cap B)}{H_n(B)} \quad \text{für große } n \in \mathbb{N}.$$

Wir berücksichtigen also nur solche Beobachtungen, bei denen das Ereignis B eintritt. Dies führt zu folgender Definition:

Definition 2.28
Es seien $A, B \in \mathcal{F}$ Ereignisse mit $\mathbb{P}(B) > 0$. Die *bedingte Wahrscheinlichkeit von A unter B* ist definiert durch

$$\mathbb{P}(A \mid B) := \frac{\mathbb{P}(A \cap B)}{\mathbb{P}(B)}.$$

Nun ist es naheliegend, zwei Ereignisse A und B als *unabhängig* zu bezeichnen, falls $\mathbb{P}(A \mid B) = \mathbb{P}(A)$. Der Nachteil einer solchen Definition wäre, dass wir $\mathbb{P}(B) > 0$ voraussetzen müssten. Diese Einschränkung können wir leicht umgehen, indem wir $\mathbb{P}(A \mid B) = \mathbb{P}(A)$ in die Gleichung von Definition 2.28 einsetzen und beide Seiten mit $\mathbb{P}(B)$ multiplizieren. Dies führt auf folgende Definition:

Definition 2.29
Zwei Ereignisse $A, B \in \mathcal{F}$ heißen *unabhängig*, falls

$$\mathbb{P}(A \cap B) = \mathbb{P}(A) \cdot \mathbb{P}(B).$$

Die Unabhängigkeit zweier Ereignisse wird also durch die Produktformel aus Definition 2.29 eingeführt. In der Tat verallgemeinert dies unsere ursprüngliche Idee zur Definition der Unabhängigkeit, wie das folgende Resultat zeigt:

Satz 2.30
Es seien $A, B \in \mathcal{F}$ zwei Ereignisse mit $\mathbb{P}(B) > 0$. Dann sind A und B unabhängig genau dann, wenn $\mathbb{P}(A \mid B) = \mathbb{P}(A)$.

▶ **Beweis** Elementare Umformungen zeigen die folgenden Äquivalenzen:

$$\mathbb{P}(A \cap B) = \mathbb{P}(A) \cdot \mathbb{P}(B) \quad \Leftrightarrow \quad \frac{\mathbb{P}(A \cap B)}{\mathbb{P}(B)} = \mathbb{P}(A) \quad \Leftrightarrow \quad \mathbb{P}(A \mid B) = \mathbb{P}(A).$$

Damit ist der Satz bewiesen. q.e.d.

▶ **Beispiel 3** Wir modellieren ein Kartenspiel mit 52 Karten durch den Grundraum $\Omega =$ {Kreuz-As, ..., Karo-2}, die σ-Algebra $\mathcal{F} = \mathfrak{P}(\Omega)$ und das Wahrscheinlichkeitsmaß $\mathbb{P}$ gegeben durch

$$\mathbb{P}(A) = \frac{|A|}{52}, \quad A \in \mathcal{F}.$$

Jede Karte wird also mit derselben Wahrscheinlichkeit gezogen. Wir bezeichnen mit A das Ereignis, dass eine Kreuz-Karte gezogen wird, und mit B das Ereignis, dass ein Bube gezogen wird, das heißt

$$A = \{\text{Kreuz-As}, \dots, \text{Kreuz-2}\},$$

$$B = \{\text{Kreuz-Bube}, \dots, \text{Karo-Bube}\}.$$

Intuitiv sollten die Ereignisse A und B unabhängig sein. Wir werden nun zeigen, dass dies im Sinne unserer formalen Definition 2.29 tatsächlich der Fall ist. Die Menge $A \cap B$ beschreibt das Ereignis, dass ein Kreuz-Bube gezogen wird, das heißt

$$A \cap B = \{\text{Kreuz-Bube}\}.$$

Wir erhalten $\mathbb{P}(A) = \frac{13}{52}$, $\mathbb{P}(B) = \frac{4}{52}$ und $\mathbb{P}(A \cap B) = \frac{1}{52}$. Also gilt die Produktformel

$$\mathbb{P}(A \cap B) = \mathbb{P}(A) \cdot \mathbb{P}(B).$$

Dies zeigt, dass die Ereignisse A und B unabhängig sind.

Satz 2.31

Es seien $A, B \in \mathcal{F}$ zwei unabhängige Ereignisse. Dann sind auch die Ereignisse A und B^c unabhängig.

▶ **Beweis** Mit Satz 2.18 folgt

$$\mathbb{P}(A \cap B^c) = \mathbb{P}(A) - \mathbb{P}(A \cap B) = \mathbb{P}(A) - \mathbb{P}(A) \cdot \mathbb{P}(B)$$
$$= \mathbb{P}(A) \cdot (1 - \mathbb{P}(B)) = \mathbb{P}(A) \cdot \mathbb{P}(B^c).$$

Also sind die Ereignisse A und B^c unabhängig.   q.e.d.

Wir möchten nun den Begriff der Unabhängigkeit auf eine beliebige Familie von Ereignissen übertragen. Eine naheliegende Idee ist, die Produktformel aus Definition 2.29 in geeigneter Weise zu erweitern. Dies führt zu den beiden Konzepten der *paarweisen* und der *vollständigen* Unabhängigkeit:

Definition 2.32

Es seien I eine beliebige Indexmenge und $(A_i)_{i \in I} \subset \mathcal{F}$ eine Familie von Ereignissen.

(a) Die Familie $(A_i)_{i \in I}$ heißt *paarweise unabhängig*, falls für alle $i, j \in I$ mit $i \neq j$ die Ereignisse A_i und A_j unabhängig sind, das heißt, es gilt

$$\mathbb{P}(A_i \cap A_j) = \mathbb{P}(A_i) \cdot \mathbb{P}(A_j).$$

(b) Die Familie $(A_i)_{i \in I}$ heißt *vollständig unabhängig*, falls für jede endliche Teilmenge $J \subset I$ gilt

$$\mathbb{P}\left(\bigcap_{j \in J} A_j \right) = \prod_{j \in J} \mathbb{P}(A_j).$$

Offensichtlich ist jede vollständig unabhängige Familie von Ereignissen auch paarweise unabhängig. Umgekehrt braucht eine paarweise unabhängige Familie nicht vollständig unabhängig zu sein, wie das folgende Beispiel zeigt:

▶ **Beispiel 4** Es seien $\Omega = \{1, 2, 3, 4\}$, $\mathcal{F} = \mathfrak{P}(\Omega)$ und das Wahrscheinlichkeitsmaß $\mathbb{P}$ gegeben durch

$$\mathbb{P}(A) = \frac{|A|}{4}, \quad A \in \mathcal{F}.$$

Dann sind die Ereignisse $A = \{1, 2\}$, $B = \{1, 3\}$ und $C = \{2, 3\}$ paarweise unabhängig, denn es gilt

$$\mathbb{P}(A \cap B) = \mathbb{P}(\{1\}) = \frac{1}{4} = \frac{1}{2} \cdot \frac{1}{2} = \mathbb{P}(A) \cdot \mathbb{P}(B),$$

$$\mathbb{P}(A \cap C) = \mathbb{P}(\{2\}) = \frac{1}{4} = \frac{1}{2} \cdot \frac{1}{2} = \mathbb{P}(A) \cdot \mathbb{P}(C),$$

$$\mathbb{P}(B \cap C) = \mathbb{P}(\{3\}) = \frac{1}{4} = \frac{1}{2} \cdot \frac{1}{2} = \mathbb{P}(B) \cdot \mathbb{P}(C).$$

Die Ereignisse A, B, C sind jedoch nicht vollständig unabhängig, da

$$\mathbb{P}(A \cap B \cap C) = \mathbb{P}(\emptyset) = 0 \neq \frac{1}{8} = \frac{1}{2} \cdot \frac{1}{2} \cdot \frac{1}{2} = \mathbb{P}(A) \cdot \mathbb{P}(B) \cdot \mathbb{P}(C).$$

Ist eine Familie $(A_i)_{i \in I}$ vollständig unabhängig, so werden wir sie im Folgenden auch kurz als *unabhängig* bezeichnen. Das folgende Resultat verallgemeinert Satz 2.31.

Satz 2.33

Es seien $A_1, \ldots, A_n \in \mathcal{F}$ unabhängige Ereignisse. Dann sind für jedes $k \in \{0, \ldots, n\}$ auch die Ereignisse $A_1^c, \ldots, A_k^c, A_{k+1}, \ldots, A_n$ unabhängig.

▶ **Beweis** Wir führen den Beweis per Induktion nach k. Die Behauptung ist klar für $k = 0$. Nun nehmen wir an, dass für ein $k \in \{0, \ldots, n-1\}$ die Ereignisse $A_1^c, \ldots, A_k^c, A_{k+1}, \ldots, A_n$ unabhängig sind. Es sei $J \subset \{1, \ldots, n\}$ eine beliebige Indexmenge. Mit Satz 2.18 folgt

$$
\mathbb{P}\left(\bigcap_{\substack{j=1 \\ j \in J}}^{k+1} A_j^c \cap \bigcap_{\substack{j=k+2 \\ j \in J}}^{n} A_j \right) = \mathbb{P}\left(\bigcap_{\substack{j=1 \\ j \in J}}^{k} A_j^c \cap A_{k+1}^c \cap \bigcap_{\substack{j=k+2 \\ j \in J}}^{n} A_j \right)
$$

$$
= \mathbb{P}\left(\bigcap_{\substack{j=1 \\ j \in J}}^{k} A_j^c \cap \bigcap_{\substack{j=k+2 \\ j \in J}}^{n} A_j \right) - \mathbb{P}\left(\bigcap_{\substack{j=1 \\ j \in J}}^{k} A_j^c \cap A_{k+1} \cap \bigcap_{\substack{j=k+2 \\ j \in J}}^{n} A_j \right)
$$

$$
= \prod_{\substack{j=1 \\ j \in J}}^{k} \mathbb{P}(A_j^c) \cdot \prod_{\substack{j=k+2 \\ j \in J}}^{n} \mathbb{P}(A_j) - \prod_{\substack{j=1 \\ j \in J}}^{k} \mathbb{P}(A_j^c) \cdot \mathbb{P}(A_{k+1}) \cdot \prod_{\substack{j=k+2 \\ j \in J}}^{n} \mathbb{P}(A_j)
$$

$$
= \prod_{\substack{j=1 \\ j \in J}}^{k} \mathbb{P}(A_j^c) \cdot (1 - \mathbb{P}(A_{k+1})) \cdot \prod_{\substack{j=k+2 \\ j \in J}}^{n} \mathbb{P}(A_j) = \prod_{\substack{j=1 \\ j \in J}}^{k+1} \mathbb{P}(A_j^c) \cdot \prod_{\substack{j=k+2 \\ j \in J}}^{n} \mathbb{P}(A_i).
$$

Also sind auch die Ereignisse $A_1^c, \ldots, A_{k+1}^c, A_{k+2}, \ldots, A_n$ unabhängig. q.e.d.

Satz 2.34

Es seien I eine beliebige Indexmenge und $(A_i)_{i \in I}$ unabhängige Ereignisse. Weiterhin seien $J_1, \ldots, J_n, K_1, \ldots, K_m \subset I$ paarweise disjunkte, endliche Teilmengen. Dann sind auch die Ereignisse

$$
\bigcap_{j \in J_1} A_j, \ldots, \bigcap_{j \in J_n} A_j, \bigcup_{k \in K_1} A_k, \ldots, \bigcup_{k \in K_m} A_k
$$

unabhängig.

▶ **Beweis** Es seien $J := J_1 \cup \ldots \cup J_n$ and $K := K_1 \cup \ldots \cup K_m$. Nach Satz 2.33 sind auch die Ereignisse $(A_j)_{j \in J}$, $(A_k^c)_{k \in K}$ unabhängig. Es seien $J_1', \ldots, J_{n'}' \subset J$ und $K_1', \ldots, K_{m'}' \subset K$ beliebige paarweise disjunkte Ereignisse. Mit den De Morgan'schen Gesetzen (Lemma 2.2) folgt

$$\mathbb{P}\left(\left(\bigcap_{j\in J'_1} A_j\right)\cap\ldots\cap\left(\bigcap_{j\in J'_{n'}} A_j\right)\cap\left(\bigcup_{k\in K'_1} A_k\right)^c\cap\ldots\cap\left(\bigcup_{k\in K'_{m'}} A_k\right)^c\right)$$

$$=\mathbb{P}\left(\left(\bigcap_{j\in J'_1} A_j\right)\cap\ldots\cap\left(\bigcap_{j\in J'_{n'}} A_j\right)\cap\left(\bigcap_{k\in K'_1} A_k^c\right)\cap\ldots\cap\left(\bigcap_{k\in K'_{m'}} A_k^c\right)\right)$$

$$=\prod_{j\in J'_1}\mathbb{P}(A_j)\cdot\ldots\cdot\prod_{j\in J'_{n'}}\mathbb{P}(A_j)\cdot\prod_{k\in K'_1}\mathbb{P}(A_k^c)\cdot\ldots\cdot\prod_{k\in K'_{m'}}\mathbb{P}(A_k^c).$$

Wegen der Unabhängigkeit der Ereignisse $(A_j)_{j\in J}$, $(A_k^c)_{k\in K}$ erhalten wir weiter

$$\mathbb{P}\left(\left(\bigcap_{j\in J'_1} A_j\right)\cap\ldots\cap\left(\bigcap_{j\in J'_{n'}} A_j\right)\cap\left(\bigcup_{k\in K'_1} A_k\right)^c\cap\ldots\cap\left(\bigcup_{k\in K'_{m'}} A_k\right)^c\right)$$

$$=\mathbb{P}\left(\bigcap_{j\in J'_1} A_j\right)\cdot\ldots\cdot\mathbb{P}\left(\bigcap_{j\in J'_{n'}} A_j\right)\cdot\mathbb{P}\left(\bigcap_{k\in K'_1} A_k^c\right)\cdot\ldots\cdot\mathbb{P}\left(\bigcap_{k\in K'_{m'}} A_k^c\right)$$

$$=\mathbb{P}\left(\bigcap_{j\in J'_1} A_j\right)\cdot\ldots\cdot\mathbb{P}\left(\bigcap_{j\in J'_{n'}} A_j\right)\cdot\mathbb{P}\left(\left(\bigcup_{k\in K'_1} A_k\right)^c\right)\cdot\ldots\cdot\mathbb{P}\left(\left(\bigcup_{k\in K'_{m'}} A_k\right)^c\right).$$

Damit haben wir gezeigt, dass die Ereignisse

$$\bigcap_{j\in J_1} A_j,\ldots,\bigcap_{j\in J_n} A_j,\left(\bigcup_{k\in K_1} A_k\right)^c,\ldots,\left(\bigcup_{k\in K_m} A_k\right)^c$$

unabhängig sind. Die behauptete Unabhängigkeit folgt nun aus Satz 2.33.   q.e.d.

Wir betrachten nun ein Beispiel:

▶ **Beispiel 5** Ein elektrisches Netzwerk sei aus Teilnetzwerken N_1 bis N_5 wie in Abb. 2.1 zusammengestellt. Sämtliche Teilnetzwerke können unabhängig voneinander mit den Wahrscheinlichkeiten 20 %, 50 %, 50 %, 20 % und 40 % ausfallen. Wir sind an der Wahrscheinlichkeit für den Ausfall des Gesamtnetzwerkes interessiert.

Wir lösen diese Aufgabe zunächst allgemein und bezeichnen mit α_i, $i=1,\ldots,5$ die einzelnen Ausfallwahrscheinlichkeiten. Weiterhin bezeichnen wir mit A_i, $i=1,\ldots,5$ das Ereignis, dass Netzwerk N_i ausfällt, und mit

$$A=(A_1\cup(A_2\cap A_3))\cap(A_4\cup A_5)$$

Abb. 2.1 Netzwerk mit den Teilnetzwerken N_1 bis N_5

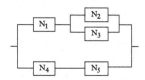

das Ereignis, dass das Gesamtnetzwerk ausfällt. Nach Satz 2.34 sind die Ereignisse A_1, $A_2 \cap A_3$ und $A_4 \cup A_5$ unabhängig. Eine weitere Anwendung von Satz 2.34 ergibt, dass die Ereignisse $A_1 \cup (A_2 \cap A_3)$ und $A_4 \cup A_5$ unabhängig sind. Zusammen mit Satz 2.18 erhalten wir

$$
\begin{aligned}
\mathbb{P}(A) &= \mathbb{P}(A_1 \cup (A_2 \cap A_3)) \cdot \mathbb{P}(A_4 \cup A_5) \\
&= \big(\mathbb{P}(A_1) + \mathbb{P}(A_2 \cap A_3) - \mathbb{P}(A_1 \cap A_2 \cap A_3)\big) \\
&\quad \cdot \big(\mathbb{P}(A_4) + \mathbb{P}(A_5) - \mathbb{P}(A_4 \cap A_5)\big) \\
&= (\alpha_1 + \alpha_2\alpha_3 - \alpha_1\alpha_2\alpha_3)(\alpha_4 + \alpha_5 - \alpha_4\alpha_5).
\end{aligned}
$$

Nun setzen wir die Ausfallwahrscheinlichkeiten

$$
\alpha_1 = \frac{2}{10}, \quad \alpha_2 = \frac{5}{10}, \quad \alpha_3 = \frac{5}{10}, \quad \alpha_4 = \frac{2}{10} \quad \text{und} \quad \alpha_5 = \frac{4}{10}
$$

ein und erhalten $\mathbb{P}(A) = 0{,}208$. Das Gesamtnetzwerk fällt also mit einer Wahrscheinlichkeit von 20, 8 % aus.

Wir werden nun auf den in Definition 2.28 eingeführten Begriff der bedingten Wahrscheinlichkeit näher eingehen.

Satz 2.35

Es sei $B \in \mathcal{F}$ ein Ereignis mit $\mathbb{P}(B) > 0$. Dann ist die Funktion

$$
\mathbb{P}^B : \mathcal{F} \to [0, 1], \quad \mathbb{P}^B(A) := \mathbb{P}(A \mid B)
$$

ein weiteres Wahrscheinlichkeitsmaß auf $(\Omega, \mathcal{F})$.

▶ **Beweis** Wir weisen die beiden Eigenschaften (W1) und (W2) eines Wahrscheinlichkeitsmaßes aus Definition 2.20 nach:

(W1) Es gilt

$$
\mathbb{P}^B(\Omega) = \mathbb{P}(\Omega \mid B) = \frac{\mathbb{P}(\Omega \cap B)}{\mathbb{P}(B)} = \frac{\mathbb{P}(B)}{\mathbb{P}(B)} = 1.
$$

(W2) Es sei $(A_n)_{n \in \mathbb{N}} \subset \mathcal{F}$ eine Folge von paarweise disjunkten Ereignissen. Dann ist auch $(A_n \cap B)_{n \in \mathbb{N}} \subset \mathcal{F}$ eine Folge von paarweise disjunkten Ereignissen, und wir erhalten

$$\mathbb{P}^B\left(\bigcup_{n\in\mathbb{N}} A_n\right) = \mathbb{P}\left(\bigcup_{n\in\mathbb{N}} A_n \,\middle|\, B\right) = \frac{\mathbb{P}((\bigcup_{n\in\mathbb{N}} A_n)\cap B)}{\mathbb{P}(B)}$$

$$= \frac{1}{\mathbb{P}(B)}\mathbb{P}\left(\bigcup_{n\in\mathbb{N}}(A_n\cap B)\right) = \frac{1}{\mathbb{P}(B)}\sum_{n\in\mathbb{N}}\mathbb{P}(A_n\cap B) = \sum_{n\in\mathbb{N}}\frac{\mathbb{P}(A_n\cap B)}{\mathbb{P}(B)}$$

$$= \sum_{n\in\mathbb{N}}\mathbb{P}(A_n\,|\,B) = \sum_{n\in\mathbb{N}}\mathbb{P}^B(A_n).$$

q.e.d.

Es seien $A_1, \ldots, A_n \in \mathcal{F}$ endlich viele Ereignisse. Wir sind an der Wahrscheinlichkeit dafür interessiert, dass jedes dieser Ereignisse bei der Durchführung eines zufälligen Experimentes eintritt, also an $\mathbb{P}(A_1\cap\ldots\cap A_n)$. Sind diese Ereignisse unabhängig, so erhalten wir mit der Produktformel

$$\mathbb{P}(A_1\cap\ldots\cap A_n) = \mathbb{P}(A_1)\cdot\ldots\cdot\mathbb{P}(A_n).$$

In der allgemeinen Situation können wir die gesuchte Wahrscheinlichkeit wie folgt berechnen:

Satz 2.36 (Multiplikationsregel)
Es seien $A_1, \ldots, A_n \in \mathcal{F}$ Ereignisse mit $\mathbb{P}(A_1\cap\ldots\cap A_{n-1}) > 0$ für ein $n \geq 2$. Dann gilt

$$\mathbb{P}(A_1\cap\ldots\cap A_n) = \mathbb{P}(A_1)\cdot\mathbb{P}(A_2\,|\,A_1)\cdot\mathbb{P}(A_3\,|\,A_1\cap A_2)$$
$$\cdot\ldots\cdot\mathbb{P}(A_n\,|\,A_1\cap\ldots\cap A_{n-1}).$$

▶ **Beweis** Wir beweisen die Multiplikationsregel durch Induktion über n. Die Aussage stimmt für $n = 2$, da

$$\mathbb{P}(A_1\cap A_2) = \mathbb{P}(A_1)\cdot\mathbb{P}(A_2\,|\,A_1).$$

Der Induktionsschritt $n \to n + 1$ ergibt sich durch die Rechnung

$$\mathbb{P}(A_1\cap\ldots\cap A_n\cap A_{n+1}) = \mathbb{P}((A_1\cap\ldots\cap A_n)\cap A_{n+1})$$
$$= \mathbb{P}(A_1\cap\ldots\cap A_n)\cdot\mathbb{P}(A_{n+1}\,|\,A_1\cap\ldots\cap A_n)$$
$$= \mathbb{P}(A_1)\cdot\mathbb{P}(A_2\,|\,A_1)\cdot\mathbb{P}(A_3\,|\,A_1\cap A_2)\cdot\ldots\cdot\mathbb{P}(A_n\,|\,A_1\cap\ldots\cap A_{n-1})$$
$$\cdot\mathbb{P}(A_{n+1}\,|\,A_1\cap\ldots\cap A_n),$$

die den Beweis abschließt. q.e.d.

Definition 2.37

Es sei I eine höchstens abzählbare Indexmenge. Eine Familie $(B_i)_{i \in I} \subset \mathcal{F}$ von paarweise disjunkten Mengen mit $\mathbb{P}(B_i) > 0$, $i \in I$ und $\Omega = \bigcup_{i \in I} B_i$ heißt eine *Partition von Ω* (Abb. 2.2).

Satz 2.38 (Satz von der totalen Wahrscheinlichkeit)

Es sei $(B_i)_{i \in I} \subset \mathcal{F}$ eine Partition von Ω. Dann gilt für jedes Ereignis $A \in \mathcal{F}$ die Identität

$$\mathbb{P}(A) = \sum_{i \in I} \mathbb{P}(A \mid B_i) \cdot \mathbb{P}(B_i).$$

▶ **Beweis** Die Familie $(A \cap B_i)_{i \in I} \subset \mathcal{F}$ besteht aus paarweise disjunkten Ereignissen. Also folgt

$$\mathbb{P}(A) = \mathbb{P}(A \cap \Omega) = \mathbb{P}\left(A \cap \left(\bigcup_{i \in I} B_i\right)\right) = \mathbb{P}\left(\bigcup_{i \in I}(A \cap B_i)\right)$$

$$= \sum_{i \in I} \mathbb{P}(A \cap B_i) = \sum_{i \in I} \mathbb{P}(A \mid B_i) \cdot \mathbb{P}(B_i).$$

Damit ist der Satz von der totalen Wahrscheinlichkeit bewiesen.　　　　　　　　　　q.e.d.

Satz 2.39 (Satz von Bayes)

Es seien $A \in \mathcal{F}$ ein Ereignis mit $\mathbb{P}(A) > 0$ und $(B_i)_{i \in I} \subset \mathcal{F}$ eine Partition von Ω. Dann gilt für jedes $i \in I$ die Identität

$$\mathbb{P}(B_i \mid A) = \frac{\mathbb{P}(A \mid B_i) \cdot \mathbb{P}(B_i)}{\sum_{k \in I} \mathbb{P}(A \mid B_k) \cdot \mathbb{P}(B_k)}.$$

▶ **Beweis** Nach dem Satz von der totalen Wahrscheinlichkeit (Satz 2.38) gilt

$$\mathbb{P}(B_i \mid A) = \frac{\mathbb{P}(B_i \cap A)}{\mathbb{P}(A)} = \frac{\mathbb{P}(A \mid B_i) \cdot \mathbb{P}(B_i)}{\mathbb{P}(A)} = \frac{\mathbb{P}(A \mid B_i) \cdot \mathbb{P}(B_i)}{\sum_{k \in I} \mathbb{P}(A \mid B_k) \cdot \mathbb{P}(B_k)}.$$

Damit ist der Satz von Bayes bewiesen.　　　　　　　　　　　　　　　　　q.e.d.

▶ **Beispiel 6** In einer Bevölkerung sind durchschnittlich $0,1\,\%$ aller Personen an Tuberkulose erkrankt. Ein medizinischer Test zur Tuberkuloseerkennung zeigt in $95\,\%$ aller Fälle

Abb. 2.2 Visualisierung
der Mengen im Satz von der
totalen Wahrscheinlichkeit

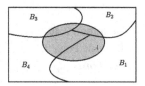

eine vorliegende Erkrankung an; bei Gesunden zeigt der Test in 4 % aller Fälle aber irrtümlich eine Erkrankung an. Wir sind an folgenden beiden Fragen interessiert:

(a) Aus der Bevölkerung wird eine Person zufällig ausgewählt. Mit welcher Wahrscheinlichkeit reagiert sie bei dem Test positiv?
(b) Jetzt betrachten wir eine Person, die auf den Test positiv reagiert. Mit welcher Wahrscheinlichkeit hat sie tatsächlich Tuberkulose?

Zur Lösung bezeichnen wir mit A das Ereignis, dass die Person auf den Test positiv reagiert, und mit B das Ereignis, dass die Person tuberkulosekrank ist. Dann gilt

$$\mathbb{P}(B) = \frac{1}{1000}, \quad \mathbb{P}(A \mid B) = \frac{95}{100}, \quad \mathbb{P}(A \mid B^c) = \frac{4}{100}.$$

(a) Nach dem Satz von der totalen Wahrscheinlichkeit (Satz 2.38) gilt

$$\mathbb{P}(A) = \mathbb{P}(A \mid B) \cdot \mathbb{P}(B) + \mathbb{P}(A \mid B^c) \cdot \mathbb{P}(B^c) \approx 0{,}04091.$$

Die Wahrscheinlichkeit, dass eine zufällig ausgewählte Person auf den Test positiv reagiert, liegt also bei etwa 4 %.

(b) Nach dem Satz von Bayes (Satz 2.39) gilt

$$\mathbb{P}(B \mid A) = \frac{\mathbb{P}(A \mid B) \cdot \mathbb{P}(B)}{\mathbb{P}(A \mid B) \cdot \mathbb{P}(B) + \mathbb{P}(A \mid B^c) \cdot \mathbb{P}(B^c)}$$
$$= \frac{\mathbb{P}(A \mid B) \cdot \mathbb{P}(B)}{\mathbb{P}(A)} \approx 0{,}02322.$$

Die Wahrscheinlichkeit, dass die Person tatsächlich Tuberkulose hat, liegt also bei etwa 2 %.

2.4 Das Lemma von Borel-Cantelli

In diesem Abschnitt befassen wir uns mit dem Lemma von Borel-Cantelli. Dieses Resultat macht eine Aussage über die Wahrscheinlichkeit des Ereignisses, dass von einer Folge von Ereignissen unendlich viele auftreten. Es sei $(\Omega, \mathcal{F}, \mathbb{P})$ ein Wahrscheinlichkeitsraum.

Definition 2.40

Für eine Folge $(A_n)_{n \in \mathbb{N}} \subset \mathcal{F}$ von Ereignissen definieren wir den *Limes inferior* und den *Limes superior* durch

$$\liminf_{n \to \infty} A_n := \bigcup_{n=1}^{\infty} \bigcap_{m \geq n} A_m \quad \text{und} \quad \limsup_{n \to \infty} A_n := \bigcap_{n=1}^{\infty} \bigcup_{m \geq n} A_m.$$

Für alle $\omega \in \Omega$ gilt, dass

$$\omega \in \liminf_{n \to \infty} A_n \quad \Leftrightarrow \quad \text{Es existiert ein } n \in \mathbb{N}, \text{ so dass } \omega \in A_m \text{ für alle } m \geq n$$

$$\Leftrightarrow \quad \omega \in A_n \text{ für alle bis auf endlich viele } n \in \mathbb{N},$$

$$\omega \in \limsup_{n \to \infty} A_n \quad \Leftrightarrow \quad \text{Für alle } n \in \mathbb{N} \text{ existiert ein } m \geq n \text{ mit } \omega \in A_m$$

$$\Leftrightarrow \quad \omega \in A_n \text{ für unendlich viele } n \in \mathbb{N},$$

das heißt, der Limes inferior steht für das Ereignis, dass alle bis auf endlich viele der A_n eintreten, und der Limes superior steht für das Ereignis, dass unendlich viele der A_n eintreten.

Lemma 2.41 *Es sei* $(A_n)_{n \in \mathbb{N}} \subset \mathcal{F}$ *eine Folge von Ereignissen. Dann gilt*

$$\liminf_{n \to \infty} A_n \in \mathcal{F}, \quad \limsup_{n \to \infty} A_n \in \mathcal{F} \quad \text{und} \quad \liminf_{n \to \infty} A_n \subset \limsup_{n \to \infty} A_n.$$

▶ **Beweis** Da abzählbare Vereinigungen und Schnitte von Mengen aus der σ-Algebra $\mathcal{F}$ wieder in $\mathcal{F}$ liegen, gilt

$$\liminf_{n \to \infty} A_n = \bigcup_{n=1}^{\infty} \underbrace{\underbrace{\bigcap_{m \geq n} A_m}_{\in \mathcal{F}}}_{\in \mathcal{F}} \in \mathcal{F} \quad \text{und} \quad \limsup_{n \to \infty} A_n = \bigcap_{n=1}^{\infty} \underbrace{\underbrace{\bigcup_{m \geq n} A_m}_{\in \mathcal{F}}}_{\in \mathcal{F}} \in \mathcal{F}.$$

Außerdem gilt für ein beliebiges $\omega \in \Omega$, dass

$$\omega \in \liminf_{n \to \infty} A_n \quad \Leftrightarrow \quad \omega \in A_n \text{ für alle bis auf endlich viele } n \in \mathbb{N}$$

$$\Rightarrow \quad \omega \in A_n \text{ für unendlich viele } n \in \mathbb{N}$$

$$\Leftrightarrow \quad \omega \in \limsup_{n \to \infty} A_n,$$

womit die behauptete Inklusion bewiesen ist.   q.e.d.

> **Satz 2.42 (Lemma von Borel-Cantelli)**
> *Es sei $(A_n)_{n \in \mathbb{N}} \subset \mathcal{F}$ eine Folge von Ereignissen. Dann gelten folgende Aussagen:*
> (a) *Ist $\sum_{n \in \mathbb{N}} \mathbb{P}(A_n) < \infty$, dann gilt $\mathbb{P}(\limsup_{n \to \infty} A_n) = 0$.*
> (b) *Sind die Ereignisse $(A_n)_{n \in \mathbb{N}}$ unabhängig und ist $\mathbb{P}(\limsup_{n \to \infty} A_n) = 0$, dann gilt $\sum_{n \in \mathbb{N}} \mathbb{P}(A_n) < \infty$.*

▶ **Beweis**

(a) Für jedes $k \in \mathbb{N}$ gilt

$$\limsup_{n \to \infty} A_n = \bigcap_{n=1}^{\infty} \bigcup_{m \geq n} A_m \subset \bigcup_{m \geq k} A_m.$$

Wegen Satz 2.18 und der σ-Subadditivität des Wahrscheinlichkeitsmaßes $\mathbb{P}$ (Satz 2.28) folgt

$$\mathbb{P}\left(\limsup_{n \to \infty} A_n\right) \leq \mathbb{P}\left(\bigcup_{m=k}^{\infty} A_m\right) \leq \sum_{m=k}^{\infty} \mathbb{P}(A_m) \to 0 \quad \text{für } k \to \infty,$$

und damit $\mathbb{P}(\limsup_{n \to \infty} A_n) = 0$.

(b) Wegen der Stetigkeit des Wahrscheinlichkeitsmaßes $\mathbb{P}$ (Satz 2.23) und der von Satz 2.33 gelieferten Unabhängigkeit gilt

$$0 = \mathbb{P}\left(\limsup_{n \to \infty} A_n\right) = \mathbb{P}\left(\bigcap_{n=1}^{\infty} \bigcup_{m \geq n} A_m\right) = \lim_{n \to \infty} \mathbb{P}\left(\bigcup_{m \geq n} A_m\right)$$

$$= \lim_{n \to \infty} \lim_{k \to \infty} \mathbb{P}\left(\bigcup_{m=n}^{k} A_m\right) = \lim_{n \to \infty} \lim_{k \to \infty} \left(1 - \mathbb{P}\left(\bigcap_{m=n}^{k} A_m^c\right)\right)$$

$$= 1 - \lim_{n \to \infty} \lim_{k \to \infty} \prod_{m=n}^{k} \mathbb{P}(A_m^c) = 1 - \lim_{n \to \infty} \lim_{k \to \infty} \prod_{m=n}^{k} (1 - \mathbb{P}(A_m)).$$

Daraus folgern wir

$$\lim_{n \to \infty} \lim_{k \to \infty} \prod_{m=n}^{k} (1 - \mathbb{P}(A_m)) = 1$$

und erhalten wegen der Stetigkeit der Logarithmusfunktion

$$0 = \ln(1) = \ln \left(\lim_{n \to \infty} \lim_{k \to \infty} \prod_{m=n}^{k} (1 - \mathbb{P}(A_m)) \right)$$

$$= \lim_{n \to \infty} \lim_{k \to \infty} \ln \left(\prod_{m=n}^{k} (1 - \mathbb{P}(A_m)) \right) = \lim_{n \to \infty} \lim_{k \to \infty} \sum_{m=n}^{k} \ln(1 - \mathbb{P}(A_m))$$

$$= \lim_{n \to \infty} \sum_{m=n}^{\infty} \ln(1 - \mathbb{P}(A_m)).$$

Also ist die Reihe $\sum_{n \in \mathbb{N}} \ln(1 - \mathbb{P}(A_n))$ absolut konvergent, und wegen der Ungleichung

$$x \leq |\ln(1 - x)| \quad \text{für alle } x \in [0, 1]$$

erhalten wir

$$\sum_{n \in \mathbb{N}} \mathbb{P}(A_n) \leq \sum_{n \in \mathbb{N}} |\ln(1 - \mathbb{P}(A_n))| < \infty.$$

Dies beendet den Beweis des Lemmas von Borel-Cantelli.

q.e.d.

Diskrete Verteilungen und Zufallsvariablen

3

In diesem Kapitel werden wir diskrete Verteilungen einführen und mehrere Beispiele präsentieren. Für die daraus abgeleiteten diskreten Zufallsvariablen werden wir den Erwartungswert und die Varianz definieren und deren Berechnung an einigen Beispielen illustrieren.

3.1   Diskrete Verteilungen

Unser Ziel in diesem Abschnitt ist das Studium diskreter Verteilungen, wofür der Begriff des stochastischen Vektors grundlegend sein wird. Wir erinnern uns daran, dass eine Menge E *höchstens abzählbar* genannt wird, wenn sie endlich oder abzählbar ist.

Definition 3.1

Ein Wahrscheinlichkeitsmaß μ auf einem messbaren Raum $(E, \mathcal{E})$ heißt eine *diskrete Verteilung*, falls die Menge E höchstens abzählbar und die σ-Algebra die Potenzmenge $\mathcal{E} = \mathfrak{P}(E)$ ist.

Im Folgenden sei also E eine höchstens abzählbare Menge, versehen mit der Potenzmenge $\mathcal{E} = \mathfrak{P}(E)$ als σ-Algebra.

Definition 3.2

Eine Funktion $\pi : E \to [0, 1]$ heißt ein *stochastischer Vektor*, falls gilt:
(a) $\pi \geq 0$ (das heißt $\pi(k) \geq 0$ für alle $k \in E$).
(b) $\sum_{k \in E} \pi(k) = 1$.

S. Tappe, *Einführung in die Wahrscheinlichkeitstheorie*,
DOI: 10.1007/978-3-642-37544-6_3, © Springer-Verlag Berlin Heidelberg 2013

Satz 3.3

Es sei μ eine diskrete Verteilung auf $(E, \mathcal{E})$. Dann ist die Funktion

$$\pi : E \to [0, 1], \quad \pi(k) := \mu(\{k\})$$

ein stochastischer Vektor auf E.

▶ **Beweis** Wir verifizieren die beiden Eigenschaften aus Definition 3.2:

(a) Für jedes $k \in E$ gilt $\pi(k) = \mu(\{k\}) \geq 0$, und somit $\pi \geq 0$.

(b) Wegen der σ-Additivität des Wahrscheinlichkeitsmaßes μ gilt

$$\sum_{k \in E} \pi(k) = \sum_{k \in E} \mu(\{k\}) = \mu\left(\bigcup_{k \in E} \{k\}\right) = \mu(E) = 1.$$

q.e.d.

Satz 3.4

Es sei $\pi : E \to [0, 1]$ ein stochastischer Vektor. Dann existiert genau eine diskrete Verteilung μ auf $(E, \mathcal{E})$ mit

$$\pi(k) = \mu(\{k\}) \quad f\ddot{u}r \quad alle \ k \in E.$$

Sie ist gegeben durch

$$\mu : \mathcal{E} \to [0, 1], \quad \mu(B) := \sum_{k \in B} \pi(k).$$

▶ **Beweis** Als Erstes zeigen wir, dass μ eine diskrete Verteilung auf $(E, \mathcal{E})$ ist. Dazu verifizieren wir die beiden Eigenschaften (W1) und (W2) eines Wahrscheinlichkeitsmaßes aus Definition 2.20:

(W1) Es gilt $\mu(E) = \sum_{k \in E} \pi(k) = 1$.

(W2) Es sei $(B_n)_{n \in \mathbb{N}} \subset \mathcal{E}$ eine Folge paarweise disjunkter Ereignisse. Wir setzen $B := \bigcup_{n \in \mathbb{N}} B_n$. Wegen der unbedingten Konvergenz der Reihe gilt

$$\mu\left(\bigcup_{n \in \mathbb{N}} B_n\right) = \mu(B) = \sum_{k \in B} \pi(k) = \sum_{n \in \mathbb{N}} \sum_{k \in B_n} \pi(k) = \sum_{n \in \mathbb{N}} \mu(B_n).$$

Es bleibt die Eindeutigkeit nachzuweisen. Dazu sei ν eine weitere diskrete Verteilung auf $(E, \mathcal{E})$ mit $\pi(k) = \nu(\{k\})$ für alle $k \in E$. Für jede Teilmenge $B \subset E$ gilt dann

$$\mu(B) = \sum_{k \in B} \mu(\{k\}) = \sum_{k \in B} \pi(k) = \sum_{k \in B} \nu(\{k\}) = \nu(B),$$

und damit $\mu = \nu$. q.e.d.

Die Sätze 3.3 und 3.4 zeigen, dass eine Bijektion zwischen allen diskreten Verteilungen auf $(E, \mathcal{E})$ und allen stochastischen Vektoren auf E besteht. Zur Definition diskreter Verteilungen genügt also die Angabe eines stochastischen Vektors π. Die zugehörige diskrete Verteilung μ ist dann durch die Darstellung aus Satz 3.4 gegeben. Es folgen einige Beispiele:

▶ **Beispiel 7** Es seien E eine höchstens abzählbare Menge und $k \in E$ beliebig. Dann ist die Funktion

$$\pi : E \to [0, 1], \quad \pi(j) = \begin{cases} 1, & j = k \\ 0, & j \neq k \end{cases}$$

ein stochastischer Vektor.

Definition 3.5

Wir sprechen von einer *Dirac-Verteilung* im Punkte k und bezeichnen diese mit δ_k.

Es handelt sich hierbei um ein Experiment, dessen Ausgang k schon vorher bekannt ist.

▶ **Beispiel 8** Auf einer n-elementigen Menge E ist die Funktion

$$\pi : E \to [0, 1], \quad \pi(k) = \frac{1}{n}$$

ein stochastischer Vektor.

Definition 3.6

Wir sprechen von einer *diskreten Gleichverteilung* (oder einem *Laplace-Experiment*) auf E und bezeichnen diese mit UD(E).

Mit einer diskreten Gleichverteilung können wir beispielsweise das Werfen einer idealen Münze (mit $\pi(k) = \frac{1}{2}$), das Würfeln eines idealen Würfels (mit $\pi(k) = \frac{1}{6}$) oder das Ziehen aus einem Kartenspiel mit 52 Karten (mit $\pi(k) = \frac{1}{52}$) beschreiben. Die Bezeichnung UD kommt von „uniform distribution".

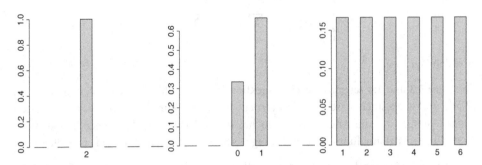

Abb. 3.1 Die stochastischen Vektoren der Dirac-Verteilung δ_2, der Bernoulli-Verteilung $\mathrm{Ber}(\frac{2}{3})$ und der diskreten Gleichverteilung $\mathrm{UD}(\{1, 2, 3, 4, 5, 6\})$

▶ **Beispiel 9** Auf der Menge $E = \{0, 1\}$ ist für jedes $p \in (0, 1)$ die Funktion

$$\pi : \{0, 1\} \to [0, 1], \quad \pi(0) = 1 - p \text{ und } \pi(1) = p$$

ein stochastischer Vektor (Abb. 3.1).

Definition 3.7
Wir sprechen von einer *Bernoulli-Verteilung* mit Parameter p und bezeichnen diese mit $\mathrm{Ber}(p)$.

Mit einer Bernoulli-Verteilung modellieren wir ein zufälliges Experiment mit den beiden Ausgängen 1 für „Erfolg" und 0 für „Misserfolg". Der „Erfolg" tritt hierbei mit Wahrscheinlichkeit p und der Misserfolg mit Wahrscheinlichkeit $1 - p$ ein. Ein solches zufälliges Experiment bezeichnen wir als *Bernoulli-Experiment*.

▶ **Beispiel 10** Auf der Menge $E = \{0, 1, \ldots, n\}$ ist für jedes $p \in (0, 1)$ die Funktion

$$\pi : \{0, 1, \ldots, n\} \to [0, 1], \quad \pi(k) = \binom{n}{k} p^k (1 - p)^{n-k}$$

ein stochastischer Vektor (Abb. 3.2).

▶ **Beweis** Wir setzen $q := 1 - p$. Mit dem binomischen Lehrsatz (Satz A.7 aus Anhang A.1) folgt

$$\sum_{k=0}^{n} \pi(k) = \sum_{k=0}^{n} \binom{n}{k} p^k q^{n-k} = (p + q)^n = 1.$$

Also ist π ein stochastischer Vektor.   q.e.d.

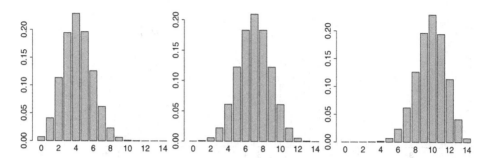

Abb. 3.2 Die stochastischen Vektoren der Binomialverteilungen Bi(15, p) für die Parameter $p = \frac{3}{10}, \frac{1}{2}, \frac{7}{10}$

Definition 3.8
Wir sprechen von einer *Binomialverteilung* mit Parametern n und p, und bezeichnen diese mit Bi(n, p).

Jedes $\pi(k)$ ist die Wahrscheinlichkeit für k Erfolge bei n unabhängigen Bernoulli-Experimenten; dies werden wir in Abschn. 7.5 beweisen.

Bemerkung 3.9 *Es gilt* Bi(1, p) = Ber(p), *das heißt, die Bernoulli-Verteilung ist ein Spezialfall der Binomialverteilung.*

▶ **Beispiel 11** Auf der Menge $E = \mathbb{N}_0$ ist für jedes $p \in (0, 1)$ die Funktion

$$\pi : \mathbb{N}_0 \to [0, 1], \quad \pi(k) = (1 - p)^k p$$

ein stochastischer Vektor (Abb. 3.3).

▶ **Beweis** Wir setzen $q := 1 - p$. Mit der geometrischen Reihe (Satz A.12 aus Anhang A.1) folgt

$$\sum_{k=0}^{\infty} \pi(k) = p \sum_{k=0}^{\infty} q^k = p \cdot \frac{1}{1 - q} = 1.$$

Also ist π ein stochastischer Vektor. q.e.d.

Definition 3.10
Wir sprechen von einer *geometrischen Verteilung* mit Parameter p, und bezeichnen diese mit Geo(p).

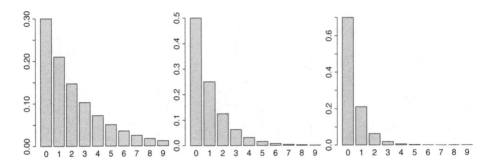

Abb. 3.3 Die stochastischen Vektoren der geometrischen Verteilungen Geo(p) für die Parameter $p = \frac{3}{10}, \frac{1}{2}, \frac{7}{10}$

Jedes $\pi(k)$ ist die Wahrscheinlichkeit dafür, dass bei unabhängigen Bernoulli-Experimenten k Fehlversuche vor dem ersten Erfolg auftreten; dies werden wir in Abschn. 7.5 beweisen. Eine weitere Eigenschaft ist die Gedächtnislosigkeit der geometrischen Verteilung, die wir in Satz 3.19 kennenlernen werden.

▶ **Beispiel 12** Auf der Menge $E = \mathbb{N}_0$ ist für alle $p \in (0, 1)$ und $n \in \mathbb{N}$ die Funktion

$$\pi : \mathbb{N}_0 \to [0, 1], \quad \pi(k) = \binom{n + k - 1}{k}(1 - p)^k p^n$$

ein stochastischer Vektor.

▶ **Beweis** Wir setzen $q := 1 - p$. Mit Satz A.10 aus Anhang A.1 und der binomischen Reihe (Satz A.9 aus Anhang A.1) folgt

$$\sum_{k=0}^{\infty} \pi(k) = p^n \sum_{k=0}^{\infty} \binom{n + k - 1}{k} q^k = p^n \sum_{k=0}^{\infty} \binom{-n}{k}(-q)^k$$
$$= p^n(1 - q)^{-n} = 1.$$

Also ist π ein stochastischer Vektor.   q.e.d.

Definition 3.11

Wir sprechen von einer *negativen Binomialverteilung* bzw. *Pascal-Verteilung* mit Parametern n und p und bezeichnen diese mit NB(n, p).

Jedes $\pi(k)$ ist die Wahrscheinlichkeit dafür, dass bei unabhängigen Bernoulli-Experimenten k Fehlversuche vor den ersten n Erfolgen auftreten; dies werden wir in Abschn. 7.5 beweisen.

Bemerkung 3.12 *Es gilt* $\mathrm{NB}(1, p) = \mathrm{Geo}(p)$, *das heißt, die geometrische Verteilung ist ein Spezialfall der negativen Binomialverteilung.*

▶ **Beispiel 13** Es seien $N, M, n \in \mathbb{N}$ mit $M \leq N$ und $n \leq N$. Auf der Menge $E = \{0, 1, \ldots, n\}$ ist die Funktion

$$\pi : \{0, 1, \ldots, n\} \to [0, 1], \quad \pi(k) = \frac{\binom{M}{k}\binom{N-M}{n-k}}{\binom{N}{n}}$$

ein stochastischer Vektor.

▶ **Beweis** Unter Benutzung von Satz A.8 aus Anhang A.1 gilt

$$\sum_{k=0}^{n} \pi(k) = \frac{1}{\binom{N}{n}} \sum_{k=0}^{n} \binom{M}{k}\binom{N-M}{n-k} = \frac{\binom{M+N-M}{n}}{\binom{N}{n}} = 1.$$

Also ist π ein stochastischer Vektor. q.e.d.

Definition 3.13
Wir sprechen von einer *hypergeometrischen Verteilung* mit Parametern N, M, n, und bezeichnen diese mit $\mathrm{HyG}(N, M, n)$.

In einer Urne mit N Kugeln liegen M schwarze und $N - M$ weiße Kugeln. Dann bezeichnet $\pi(k)$ die Wahrscheinlichkeit dafür, dass k schwarze Kugeln bei n-mal Ziehen ohne Zurücklegen auftreten.

▶ **Beispiel 14** Auf der Menge $E = \mathbb{N}_0$ ist für jedes $\lambda > 0$ die Funktion

$$\pi : \mathbb{N}_0 \to [0, 1], \quad \pi(k) = e^{-\lambda}\frac{\lambda^k}{k!}$$

ein stochastischer Vektor (Abb. 3.4).

▶ **Beweis** Mit der Exponentialreihe (Satz A.14 aus Anhang A.1) folgt

$$\sum_{k=0}^{\infty} \pi(k) = e^{-\lambda} \sum_{k=0}^{\infty} \frac{\lambda^k}{k!} = e^{-\lambda} \cdot e^{\lambda} = 1.$$

Also ist π ein stochastischer Vektor. q.e.d.

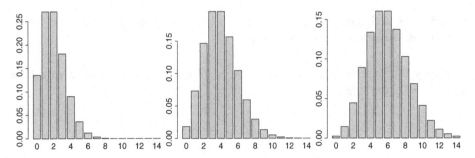

Abb. 3.4   Die stochastischen Vektoren der Poisson-Verteilungen Pois(λ) für $\lambda = 2, 4, 6$

Definition 3.14
Wir sprechen von einer *Poisson-Verteilung* mit Parameter λ und bezeichnen diese mit Pois(λ).

Der Grenzwertsatz von Poisson aus Abschn. 11.3 wird zeigen, dass die Binomialverteilung Bi(n, p) für große $n \in \mathbb{N}$ und kleine $p \in (0, 1)$ gut durch die Poisson-Verteilung Pois(np) approximiert werden kann. Dies ist eine nützliche Erkenntnis, da die bei der Binomialverteilung auftretenden Binomialkoeffizienten $\binom{n}{k}$ für große $n \in \mathbb{N}$ sehr mühselig zu berechnen sind.

▶ **Beispiel 15**   Auf der Menge $E = \mathbb{N}$ ist für jedes $\alpha > 0$ die Funktion

$$\pi : \mathbb{N} \to [0, 1], \quad \pi(k) = \frac{1}{\zeta(\alpha + 1)} \cdot \frac{1}{k^{\alpha+1}}$$

ein stochastischer Vektor.

▶ **Beweis**   Mit der Reihe für die Riemann'sche Zetafunktion (Satz A.15 aus Anhang A.1) gilt

$$\sum_{k=1}^{\infty} \pi(k) = \frac{1}{\zeta(\alpha + 1)} \sum_{k=1}^{\infty} \frac{1}{k^{\alpha+1}} = \frac{1}{\zeta(\alpha + 1)} \cdot \zeta(\alpha + 1) = 1.$$

Also ist π ein stochastischer Vektor.   q.e.d.

Definition 3.15
Wir sprechen von einer *Zetaverteilung* mit Parameter α, und bezeichnen diese mit Zeta(α).

3.2 Diskrete Zufallsvariablen und ihr Erwartungswert

In diesem Abschnitt werden wir diskrete Zufallsvariablen einführen und zeigen, wie deren Erwartungswert und Varianz gebildet werden. Im Folgenden sei $(\Omega, \mathcal{F}, \mathbb{P})$ ein Wahrscheinlichkeitsraum.

Definition 3.16

Eine Funktion $X : \Omega \to \mathbb{R}$ heißt eine *diskrete Zufallsvariable*, falls gilt:
(a) Das Bild $E := X(\Omega)$ ist höchstens abzählbar.
(b) $X^{-1}(\mathcal{E}) \subset \mathcal{F}$, wobei $\mathcal{E} := \mathfrak{P}(E)$ die Potenzmenge von E bezeichnet. Mit anderen Worten, es gilt $X^{-1}(B) \in \mathcal{F}$ für jede Teilmenge $B \subset E$.

Die zweite Eigenschaft aus Definition 3.16 wird auch die *Messbarkeit* der diskreten Zufallsvariablen X genannt. Sie ist bei der folgenden Definition 3.17 der *Verteilung* von X von Bedeutung.

Im Folgenden sei X eine diskrete Zufallsvariable. Wir definieren den messbaren Raum $(E, \mathcal{E})$ durch $E := X(\Omega)$ und $\mathcal{E} := \mathfrak{P}(E)$.

Definition 3.17

Wir nennen die Funktion

$$\mathbb{P}^X : \mathcal{E} \to [0, 1], \quad \mathbb{P}^X(B) := \mathbb{P}(X \in B)$$

die *Verteilung von X*.

Hierbei benutzen wir die abkürzende Schreibweise $\mathbb{P}(X \in B)$ für $\mathbb{P}(\{X \in B\})$. Dank der Messbarkeit von X gilt $\{X \in B\} \in \mathcal{F}$, so dass die Wahrscheinlichkeit dieses Ereignisses unter dem Wahrscheinlichkeitsmaß $\mathbb{P}$ existiert.

Satz 3.18
Die Funktion $\mathbb{P}^X$ ist eine diskrete Verteilung auf $(E, \mathcal{E})$.

▶ **Beweis** Wir haben die beiden Eigenschaften (W1) und (W2) eines Wahrscheinlichkeitsmaßes aus Definition 2.20 zu verifizieren:

(W1) Es gilt $\mathbb{P}^X(E) = \mathbb{P}(X \in E) = \mathbb{P}(\Omega) = 1$.
(W2) Es sei $(B_n)_{n \in \mathbb{N}} \subset \mathcal{E}$ eine Familie von paarweise disjunkten Mengen. Dann sind auch die Ereignisse $(\{X \in B_n\})_{n \in \mathbb{N}}$ paarweise disjunkt, und wegen der σ-Additivität von $\mathbb{P}$ folgt

$$\mathbb{P}^X\left(\bigcup_{n\in\mathbb{N}} B_n\right) = \mathbb{P}\left(X \in \bigcup_{n\in\mathbb{N}} B_n\right) = \mathbb{P}\left(\bigcup_{n\in\mathbb{N}} \{X \in B_n\}\right)$$

$$= \sum_{n\in\mathbb{N}} \mathbb{P}(X \in B_n) = \sum_{n\in\mathbb{N}} \mathbb{P}^X(B_n).$$

q.e.d.

Ist $\mu = \mathbb{P}^X$ für eine diskrete Verteilung μ auf $(E, \mathcal{E})$, so schreiben wir auch $X \sim \mu$. Ist beispielsweise $\mathbb{P}^X$ eine Poisson-Verteilung mit Parameter λ, das heißt

$$\mathbb{P}(X = k) = e^{-\lambda}\frac{\lambda^k}{k!} \quad \text{für alle } k \in \mathbb{N}_0,$$

dann schreiben wir $X \sim \text{Pois}(\lambda)$.

Die folgende Eigenschaft geometrisch verteilter Zufallsvariablen wird als die *Gedächtnislosigkeit* der geometrischen Verteilung bezeichnet:

Satz 3.19

Es sei $X \sim \text{Geo}(p)$ eine geometrisch verteilte Zufallsvariable. Dann gilt

$$\mathbb{P}(X \geq j + k \,|\, X \geq j) = \mathbb{P}(X \geq k) \quad \text{für alle } j, k \in \mathbb{N}_0.$$

▶ **Beweis** Wir setzen $q := 1 - p$. Mit der geometrischen Summenformel (Satz A.11 aus Anhang A.1) erhalten wir für jedes $j \in \mathbb{N}_0$ die Identität

$$\mathbb{P}(X \geq j) = 1 - \mathbb{P}(X < j) = 1 - \sum_{k=0}^{j-1} \mathbb{P}(X = k) = 1 - p\sum_{k=0}^{j-1} q^k$$

$$= 1 - p \cdot \frac{1 - q^j}{1 - q} = q^j = (1 - p)^j.$$

Für beliebige $j, k \in \mathbb{N}_0$ folgt somit

$$\mathbb{P}(X \geq j + k \,|\, X \geq j) = \frac{\mathbb{P}(X \geq j + k)}{\mathbb{P}(X \geq j)} = \frac{(1 - p)^{j+k}}{(1 - p)^j}$$

$$= (1 - p)^k = \mathbb{P}(X \geq k),$$

was den Beweis abschließt. q.e.d.

Im Folgenden sei π der zu $\mathbb{P}^X$ gehörige stochastische Vektor, das heißt

$$\pi(k) = \mathbb{P}(X = k) \quad \text{für alle } k \in E.$$

Es sei $h : E \to \mathbb{R}$ eine reellwertige Funktion. Wir werden nun den *Erwartungswert* $\mathbb{E}[h(X)]$ der diskreten Zufallsvariablen $h(X)$ definieren. Intuitiv sollte der Erwartungswert die reelle Zahl sein, die $h(X)$ „im Mittel" annimmt; es sollte also gelten

$$\mathbb{E}[h(X)] \approx \frac{1}{n} \sum_{k \in E} h(k) \cdot H_n(X = k) \quad \text{für große } n \in \mathbb{N},$$

wobei $H_n(X = k)$ die absolute Häufigkeit dafür ist, dass bei n Beobachtungen die Zufallsvariable X den Wert k annimmt. Da außerdem

$$\pi(k) = \mathbb{P}(X = k) \approx \frac{H_n(X = k)}{n} \quad \text{für große } n \in \mathbb{N},$$

motiviert dies folgende Definition:

Definition 3.20
Wir definieren den *Erwartungswert* von $h(X)$ durch

$$\mathbb{E}[h(X)] := \sum_{k \in E} h(k) \cdot \pi(k),$$

sofern die Reihe auf der rechten Seite absolut konvergiert. In diesem Fall sagen wir, dass der Erwartungswert von $h(X)$ existiert.

Existiert der Erwartungswert von X, so setzen wir $\mu_X := \mathbb{E}[X]$.

Definition 3.21
Es sei X eine diskrete Zufallsvariable, so dass die Erwartungswerte von X und von $(X - \mu_X)^2$ existieren.
(a) Wir definieren die *Varianz* von X durch

$$\mathrm{Var}[X] := \sigma_X^2 := \mathbb{E}[(X - \mu_X)^2].$$

(b) Wir nennen σ_X die *Standardabweichung* von X.
In diesem Fall sagen wir auch, dass die Varianz von X existiert.

Die Varianz σ_X^2 ist ein Maß für die mittlere quadratische Abweichung einer Zufallsvariablen X von ihrem Erwartungswert. Sie ist häufig einfacher zu berechnen und zu handhaben als die mittlere absolute Abweichung $\mathbb{E}[|X - \mu_X|]$.

Satz 3.22

Es sei X eine diskrete Zufallsvariable, so dass die Erwartungswerte von X und X^2 existieren. Dann existiert auch die Varianz von X, und es gilt

$$\mathrm{Var}[X] = \mathbb{E}[X^2] - \mathbb{E}[X]^2.$$

▶ **Beweis** Da die Erwartungswerte von X und X^2 existieren, gilt

$$\mathbb{E}[X] = \sum_{k \in E} k \cdot \pi(k) \quad \text{und} \quad \mathbb{E}[X^2] = \sum_{k \in E} k^2 \cdot \pi(k),$$

wobei beide Reihen absolut konvergieren. Damit erhalten wir

$$\mathrm{Var}[X] = \mathbb{E}[(X - \mu_X)^2] = \sum_{k \in E} (k - \mu_X)^2 \cdot \pi(k)$$

$$= \sum_{k \in E} k^2 \cdot \pi(k) - 2\mu_X \sum_{k \in E} k \cdot \pi(k) + \mu_X^2 \sum_{k \in E} \pi(k)$$

$$= \mathbb{E}[X^2] - 2\mathbb{E}[X]^2 + \mathbb{E}[X]^2 = \mathbb{E}[X^2] - \mathbb{E}[X]^2,$$

wobei die Reihe absolut konvergiert. Folglich existiert die Varianz von X, und es gilt die behauptete Identität.   q.e.d.

Satz 3.23

Es sei X eine diskrete Zufallsvariable, so dass die Erwartungswerte von X und $X(X-1)$ existieren. Dann existiert auch die Varianz von X, und es gilt

$$\mathrm{Var}[X] = \mathbb{E}[X(X-1)] + \mathbb{E}[X] - \mathbb{E}[X]^2.$$

▶ **Beweis** Da die Erwartungswerte von X und $X(X-1)$ existieren, gilt

$$\mathbb{E}[X] = \sum_{k \in E} k \cdot \pi(k) \quad \text{und} \quad \mathbb{E}[X(X-1)] = \sum_{k \in E} k(k-1) \cdot \pi(k),$$

wobei beide Reihen absolut konvergieren. Damit erhalten wir

$$\mathrm{Var}[X] = \mathbb{E}[(X - \mu_X)^2] = \sum_{k \in E} (k - \mu_X)^2 \cdot \pi(k)$$

$$= \sum_{k \in E} k^2 \cdot \pi(k) - 2\mu_X \sum_{k \in E} k \cdot \pi(k) + \mu_X^2 \sum_{k \in E} \pi(k)$$

$$= \sum_{k \in E} k(k-1) \cdot \pi(k) + \sum_{k \in E} k \cdot \pi(k) - 2\mathbb{E}[X]^2 + \mathbb{E}[X]^2$$

$$= \mathbb{E}[X(X-1)] + \mathbb{E}[X] - \mathbb{E}[X]^2,$$

wobei die Reihe absolut konvergiert. Folglich existiert die Varianz von X, und es gilt die behauptete Identität. \hfill q.e.d.

Wir betrachten nun einige Beispiele, in denen wir Erwartungswert und Varianz von Zufallsvariablen berechnen.

▶ **Beispiel 16** Für eine Dirac-verteile Zufallsvariable $X \sim \delta_\mu$ mit $\mu \in \mathbb{R}$ gilt

$$\mathbb{E}[X] = \mu \quad \text{und} \quad \text{Var}[X] = 0.$$

▶ **Beweis** Einfache Rechnungen zeigen

$$\mathbb{E}[X] = \mu \cdot \pi(\mu) = \mu \cdot 1 = \mu \quad \text{und} \quad \text{Var}[X] = \mathbb{E}[(X-\mu)^2] = 0 \cdot \pi(\mu) = 0,$$

womit beide Identitäten bewiesen sind. \hfill q.e.d.

▶ **Beispiel 17** Für eine Bernoulli-verteilte Zufallsvariable $X \sim \text{Ber}(p)$ gilt

$$\mathbb{E}[X] = p \quad \text{und} \quad \text{Var}[X] = p(1-p).$$

▶ **Beweis** Eine einfache Rechnung zeigt

$$\mathbb{E}[X] = 0 \cdot \pi(0) + 1 \cdot \pi(1) = 0 \cdot (1-p) + 1 \cdot p = p.$$

Völlig analog erhalten wir

$$\mathbb{E}[X^2] = 0 \cdot \pi(0) + 1 \cdot \pi(1) = p.$$

Eine Anwendung von Satz 3.22 liefert also

$$\text{Var}[X] = \mathbb{E}[X^2] - \mathbb{E}[X]^2 = p - p^2 = p(1-p).$$

Damit sind beide Identitäten gezeigt. \hfill q.e.d.

Beispiel 17 zeigt insbesondere, dass die Varianz einer Bernoulli-verteilten Zufallsvariablen für $p = \frac{1}{2}$ maximal ist.

▶ **Beispiel 18** Für eine diskret gleichverteilte Zufallsvariable $X \sim \text{UD}(\{1, \ldots, n\})$ gilt

$$\mathbb{E}[X] = \frac{n+1}{2} \quad \text{und} \quad \text{Var}[X] = \frac{n^2-1}{12}.$$

▶ **Beweis** Nach den Gauß'schen Summenformeln (Satz A.6 aus Anhang A.1) gilt

$$\mathbb{E}[X] = \sum_{k=1}^{n} k \cdot \pi(k) = \frac{1}{n} \sum_{k=1}^{n} k = \frac{1}{n} \cdot \frac{n(n+1)}{2} = \frac{n+1}{2}$$

und

$$\mathbb{E}[X^2] = \sum_{k=1}^{n} k^2 \cdot \pi(k) = \frac{1}{n} \sum_{k=1}^{n} k^2 = \frac{1}{n} \cdot \frac{n(n+1)(2n+1)}{6} = \frac{(n+1)(2n+1)}{6}.$$

Mit Satz 3.22 erhalten wir also

$$\mathrm{Var}[X] = \mathbb{E}[X^2] - \mathbb{E}[X]^2 = \frac{(n+1)(2n+1)}{6} - \left(\frac{n+1}{2}\right)^2$$

$$= \frac{2(2n^2+3n+1) - 3(n^2+2n+1)}{12} = \frac{n^2-1}{12},$$

was den Beweis abschließt.   q.e.d.

▶ **Beispiel 19**   Für eine Poisson-verteilte Zufallsvariable $X \sim \mathrm{Pois}(\lambda)$ gilt

$$\mathbb{E}[X] = \lambda \quad \text{und} \quad \mathrm{Var}[X] = \lambda.$$

▶ **Beweis**   Mit der Exponentialreihe (Satz A.14 aus Anhang A.1) folgt

$$\mathbb{E}[X] = \sum_{k=0}^{\infty} k \cdot \pi(k) = \sum_{k=1}^{\infty} k e^{-\lambda} \frac{\lambda^k}{k!} = \lambda e^{-\lambda} \sum_{k=1}^{\infty} \frac{\lambda^{k-1}}{(k-1)!}$$

$$= \lambda e^{-\lambda} \sum_{k=0}^{\infty} \frac{\lambda^k}{k!} = \lambda e^{-\lambda} e^{\lambda} = \lambda.$$

Eine analoge Rechnung zeigt

$$\mathbb{E}[X(X-1)] = \sum_{k=0}^{\infty} k(k-1) \cdot \pi(k) = \sum_{k=2}^{\infty} k(k-1) e^{-\lambda} \frac{\lambda^k}{k!} = \lambda^2 e^{-\lambda} \sum_{k=2}^{\infty} \frac{\lambda^{k-2}}{(k-2)!}$$

$$= \lambda^2 e^{-\lambda} \sum_{k=0}^{\infty} \frac{\lambda^k}{k!} = \lambda^2 e^{-\lambda} e^{\lambda} = \lambda^2.$$

Mit Satz 3.23 folgt also

$$\mathrm{Var}[X] = \mathbb{E}[X(X-1)] + \mathbb{E}[X] - \mathbb{E}[X]^2 = \lambda^2 + \lambda - \lambda^2 = \lambda,$$

was den Beweis abschließt.   q.e.d.

▶ **Beispiel 20** Für eine geometrisch verteilte Zufallsvariable $X \sim \text{Geo}(p)$ gilt

$$\mathbb{E}[X] = \frac{1-p}{p} \quad \text{und} \quad \text{Var}[X] = \frac{1-p}{p^2}.$$

▶ **Beweis** Wir setzen $q = 1 - p$. Mit Satz A.13 aus Anhang A.1 gilt

$$\mathbb{E}[X] = \sum_{k=0}^{\infty} k \cdot \pi(k) = \sum_{k=1}^{\infty} kpq^k = pq \sum_{k=1}^{\infty} kq^{k-1} = pq \cdot \frac{1}{(1-q)^2} = \frac{pq}{p^2} = \frac{q}{p}.$$

und

$$\mathbb{E}[X(X-1)] = \sum_{k=0}^{\infty} k(k-1) \cdot \pi(k) = \sum_{k=2}^{\infty} k(k-1)pq^k = pq^2 \sum_{k=2}^{\infty} k(k-1)q^{k-2}$$

$$= pq^2 \cdot \frac{2}{(1-q)^3} = \frac{2pq^2}{p^3} = \frac{2q^2}{p^2}.$$

Mit Satz 3.23 folgt also

$$\text{Var}[X] = \mathbb{E}[X(X-1)] + \mathbb{E}[X] - \mathbb{E}[X]^2 = \frac{2q^2}{p^2} + \frac{q}{p} - \frac{q^2}{p^2} = \frac{q^2}{p^2} + \frac{q}{p}$$

$$= \frac{q^2 + pq}{p^2} = \frac{q(p+q)}{p^2} = \frac{q}{p^2},$$

womit die behaupteten Identitäten bewiesen sind.   q.e.d.

▶ **Beispiel 21** Es sei $X \sim \text{Zeta}(\alpha)$ eine zetaverteilte Zufallsvariable.

(a) Ist $\alpha > 1$, dann existiert der Erwartungswert von X, und es gilt

$$\mathbb{E}[X] = \frac{\zeta(\alpha)}{\zeta(\alpha + 1)}.$$

(b) Ist $\alpha > 2$, dann existiert die Varianz von X, und es gilt

$$\text{Var}[X] = \frac{\zeta(\alpha - 1)}{\zeta(\alpha + 1)} - \left(\frac{\zeta(\alpha)}{\zeta(\alpha + 1)}\right)^2.$$

▶ **Beweis** Für beide Aussagen werden wir die Reihendarstellung der Riemann'schen Zetafunktion (Satz A.15 aus Anhang A.1) benutzen.

(a) Für $\alpha > 1$ erhalten wir

$$\mathbb{E}[X] = \sum_{k=1}^{\infty} k \cdot \pi(k) = \frac{1}{\zeta(\alpha+1)} \sum_{k=1}^{\infty} \frac{k}{k^{\alpha+1}} = \frac{1}{\zeta(\alpha+1)} \sum_{k=1}^{\infty} \frac{1}{k^\alpha} = \frac{\zeta(\alpha)}{\zeta(\alpha+1)}.$$

Also existiert der Erwartungswert von X, und es gilt die behauptete Identität.

(b) Für $\alpha > 2$ erhalten wir

$$\mathbb{E}[X^2] = \sum_{k=1}^{\infty} k^2 \cdot \pi(k) = \frac{1}{\zeta(\alpha + 1)} \sum_{k=1}^{\infty} \frac{k^2}{k^{\alpha+1}}$$

$$= \frac{1}{\zeta(\alpha + 1)} \sum_{k=1}^{\infty} \frac{1}{k^{\alpha-1}} = \frac{\zeta(\alpha - 1)}{\zeta(\alpha + 1)}.$$

Folglich existiert der Erwartungswert von X^2. Nach Satz 3.22 existiert die Varianz von X, und es gilt

$$\mathrm{Var}[X] = \mathbb{E}[X^2] - \mathbb{E}[X]^2 = \frac{\zeta(\alpha - 1)}{\zeta(\alpha + 1)} - \left(\frac{\zeta(\alpha)}{\zeta(\alpha + 1)} \right)^2.$$

q.e.d.

Absolutstetige Verteilungen und Zufallsvariablen

4

In diesem Kapitel werden wir absolutstetige Verteilungen, eine spezielle Klasse von Verteilungen auf der reellen Achse, einführen und mehrere Beispiele präsentieren. Für die daraus abgeleiteten absolutstetigen Zufallsvariablen werden wir den Erwartungswert und die Varianz definieren und deren Berechnung an einigen Beispielen illustrieren. Um absolutstetige Verteilungen sauber einzuführen, benötigen wir eine geeignete σ-Algebra auf den reellen Zahlen. Eine solche ist durch die Borel'sche σ-Algebra, die wir im ersten Abschnitt dieses Kapitels einführen werden, gegeben.

4.1 Die Borel'sche σ-Algebra

Wie zu Beginn dieses Kapitels erläutert, sind wir an Wahrscheinlichkeitsmaßen auf der reellen Achse $\mathbb{R}$ interessiert. Der folgende Satz zeigt, dass die Potenzmenge $\mathfrak{P}(\mathbb{R})$ als σ-Algebra im Allgemeinen zu groß ist:

> **Satz 4.1**
>
> *Es existiert kein Wahrscheinlichkeitsmaß μ auf $(\mathbb{R}, \mathfrak{P}(\mathbb{R}))$, so dass*
>
> $$\mu((a, b)) = b - a \quad \text{für alle } 0 \leq a \leq b \leq 1.$$

Mit anderen Worten, die Gleichverteilung $\mathrm{UC}(0, 1)$ im Sinne unserer späteren Definition 4.8 existiert nicht auf $(\mathbb{R}, \mathfrak{P}(\mathbb{R}))$. Die Gültigkeit von Satz 4.1 hat mit dem sogenannten *Maßproblem* zu tun. Beim Maßproblem ist eine „Maßfunktion" $\mu : \mathfrak{P}(\mathbb{R}^p) \to [0, \infty]$ mit folgenden Eigenschaften gesucht:

(a) $\mu([0, 1]^p) = 1$.

S. Tappe, *Einführung in die Wahrscheinlichkeitstheorie*,
DOI: 10.1007/978-3-642-37544-6_4, © Springer-Verlag Berlin Heidelberg 2013

(b) Für jede Folge $(A_n)_{n \in \mathbb{N}} \subset \mathfrak{P}(\mathbb{R}^p)$ von paarweise disjunkten Mengen gilt

$$\mu\left(\bigcup_{n \in \mathbb{N}} A_n\right) = \sum_{n \in \mathbb{N}} \mu(A_n).$$

(c) Für jede Bewegung $\beta : \mathbb{R}^p \to \mathbb{R}^p$ und alle $A \subset \mathbb{R}^p$ gilt $\mu(\beta(A)) = \mu(A)$.

Die letzte Eigenschaft wird als *Bewegungsinvarianz* bezeichnet. Hierbei ist eine Bewegung $\beta : \mathbb{R}^p \to \mathbb{R}^p$ eine Abbildung mit

$$\|\beta(x) - \beta(y)\| = \|x - y\| \quad \text{für alle } x, y \in \mathbb{R}^p.$$

Die Unlösbarkeit des Maßproblems im Fall $p = 1$ ist erstmals von G. Vitali im Jahre 1905 gezeigt worden; der Beweis benötigt das Auswahlaxiom. Der Satz von Vitali ist 1924 durch den Satz von Banach und Tarski weiter verschärft worden. Für weitere Details sei der interessierte Leser etwa auf [Els11, Kap. I.1] verwiesen.

Der Satz 4.1 lehrt uns, dass wir eine kleinere, aber immer noch genügend reichhaltige σ-Algebra über $\mathbb{R}$ benötigen. Eine solche ist durch die *Borel'sche σ-Algebra* gegeben, die wir nun definieren werden. Für die topologischen Grundbegriffe reeller Teilmengen verweisen wir auf Anhang A.4.

> **Definition 4.2**
> Die *Borel'sche σ-Algebra* über $\mathbb{R}$ ist definiert durch $\mathcal{B}(\mathbb{R}) := \sigma(\mathcal{O})$, wobei $\mathcal{O}$ das System der offenen Teilmengen von $\mathbb{R}$ bezeichnet.

Hierbei haben wir auf Definition 2.9 zurückgegriffen. Die Borel'sche σ-Algebra ist also die kleinste σ-Algebra über $\mathbb{R}$, die alle offenen Teilmengen umfasst. Eine Menge $B \in \mathcal{B}(\mathbb{R})$ bezeichnen wir als *Borel-Menge*. Wir sammeln einige wichtige Beispiele für Borel-Mengen:

> **Satz 4.3**
> *Es gelten folgende Aussagen:*
> (a) *Jede offene Menge O ist eine Borel-Menge.*
> (b) *Jede abgeschlossene Menge A ist eine Borel-Menge.*
> (c) *Jede kompakte Menge K ist eine Borel-Menge.*
> (d) *Jede höchstens abzählbare Menge ist eine Borel-Menge.*
> (e) *Intervalle der Form $(a, b), [a, b], (a, b], [a, b)$ mit $a < b$ sind Borel-Mengen.*
> (f) *Intervalle der Form $(-\infty, a), (-\infty, a], (a, \infty), [a, \infty)$ mit $a \in \mathbb{R}$ sind Borel-Mengen.*

▶ **Beweis** Da die Borel'sche σ-Algebra von dem System offener Teilmengen von $\mathbb{R}$ erzeugt wird, ist jede offene Menge O eine Borel-Menge. Damit sind auch Intervalle der Form (a, b),

$(-\infty, a)$, (a, ∞) Borel-Mengen. Für eine abgeschlossene Menge A ist das Komplement A^c offen, und damit gilt $A \in \mathcal{B}(\mathbb{R})$. Insbesondere sind Intervalle der Form $[a, b]$, $(-\infty, a]$, $[a, \infty)$ und jede kompakte Menge K Borel-Mengen. Folglich ist jede einpunktige Menge $\{x\}$ und damit auch jede höchstens abzählbare Menge $\bigcup_{n \in \mathbb{N}} \{x_n\}$ eine Borel-Menge. Halboffene Intervalle der Form $(a, b]$, $[a, b)$ haben die Darstellungen

$$(a, b] = \bigcup_{n \in \mathbb{N}} \left[a + \frac{1}{n}, b \right] \quad \text{und} \quad [a, b) = \bigcup_{n \in \mathbb{N}} \left[a, b - \frac{1}{n} \right],$$

und folglich handelt es sich auch hierbei um Borel-Mengen. q.e.d.

4.2 Absolutstetige Verteilungen

Unser Ziel in diesem Abschnitt ist das Studium absolutstetiger Verteilungen, wofür der Begriff der Dichte grundlegend sein wird.

Definition 4.4
Eine Riemann-integrierbare Funktion $f : \mathbb{R} \to \mathbb{R}$ heißt eine *Dichte*, falls gilt:
(a) $f \geq 0$ (das heißt $f(x) \geq 0$ für alle $x \in \mathbb{R}$).
(b) $\int_{-\infty}^{\infty} f(x) dx = 1$.

Der Leser beachte die Analogie zur Definition eines stochastischen Vektors; der wesentliche Unterschied zwischen den Definitionen 3.2 und 4.4 besteht darin, dass ein Integral anstatt einer Summe verwendet wird.

Satz 4.5
Es sei $f : \mathbb{R} \to \mathbb{R}$ eine Dichte. Dann existiert genau ein Wahrscheinlichkeitsmaß μ auf $(\mathbb{R}, \mathcal{B}(\mathbb{R}))$, so dass

$$\mu((-\infty, x]) = \int_{-\infty}^{x} f(y) dy \quad \text{für alle } x \in \mathbb{R}.$$

Zur leichteren Lesbarkeit möchten wir an dieser Stelle auf den Beweis von Satz 4.5 verzichten. Er wird sich aus unseren späteren Resultaten in Kap. 5 ergeben.

Definition 4.6
Ein Wahrscheinlichkeitsmaß μ wie in Satz 4.5 nennen wir eine *absolutstetige Verteilung mit Dichte f*.

Das folgende Resultat zeigt, wie wir für eine absolutstetige Verteilung μ mit Dichte f die Wahrscheinlichkeiten einiger typischer Borel-Mengen berechnen können:

Satz 4.7

Es sei μ eine absolutstetige Verteilung auf $(\mathbb{R}, \mathcal{B}(\mathbb{R}))$ mit Dichte f. Dann gelten folgende Aussagen:

(a) *Für jedes $a \in \mathbb{R}$ gilt*

$$\mu((-\infty, a]) = \mu((-\infty, a)) = \int_{-\infty}^{a} f(x)dx.$$

(b) *Für jedes $a \in \mathbb{R}$ gilt*

$$\mu((a, \infty)) = \mu([a, \infty)) = \int_{a}^{\infty} f(x)dx.$$

(c) *Für jedes $a \in \mathbb{R}$ gilt*

$$\mu(\{a\}) = 0.$$

(d) *Für alle $a, b \in \mathbb{R}$ mit $a < b$ gilt*

$$\mu((a, b)) = \mu([a, b]) = \mu((a, b]) = \mu([a, b)) = \int_{a}^{b} f(x)dx.$$

▶ **Beweis**   Wir werden im Beweis mehrfach von den Rechenregeln aus Satz 2.18 Gebrauch machen.

(a) Nach Definition 4.6 gilt

$$\mu((-\infty, a]) = \int_{-\infty}^{a} f(x)dx.$$

Außerdem gilt $(-\infty, a - \frac{1}{n}] \uparrow (-\infty, a)$ für $n \to \infty$. Wegen der Stetigkeit des Wahrscheinlichkeitsmaßes μ (Satz 2.23) folgt

$$\mu((-\infty, a)) = \lim_{n \to \infty} \mu\left(\left(-\infty, a - \frac{1}{n}\right]\right)$$
$$= \lim_{n \to \infty} \int_{-\infty}^{a - \frac{1}{n}} f(x)dx = \int_{-\infty}^{a} f(x)dx.$$

(b) Es gilt $(a, \infty) = \mathbb{R} \setminus (-\infty, a]$. Nach Teil (a) folgt

$$\mu((a, \infty)) = 1 - \mu((-\infty, a]) = \int_{-\infty}^{\infty} f(x)dx - \int_{-\infty}^{a} f(x)dx = \int_{a}^{\infty} f(x)dx.$$

Weiterhin gilt $[a, \infty) = \mathbb{R} \setminus (-\infty, a)$. Völlig analog erhalten wir

$$\mu([a, \infty)) = 1 - \mu((-\infty, a)) = \int_{-\infty}^{\infty} f(x)dx - \int_{-\infty}^{a} f(x)dx = \int_{a}^{\infty} f(x)dx.$$

(c) Es gilt $\{a\} = (-\infty, a] \setminus (-\infty, a)$. Nach Teil (a) folgt

$$\mu(\{a\}) = \mu((-\infty, a]) - \mu((-\infty, a)) = 0.$$

(d) Es gilt $(a, b] = (-\infty, b] \setminus (-\infty, a]$. Nach Teil (a) folgt

$$\mu((a, b]) = \mu((-\infty, b]) - \mu((-\infty, a])$$
$$= \int_{-\infty}^{b} f(x)dx - \int_{-\infty}^{a} f(x)dx = \int_{a}^{b} f(x)dx.$$

Weiterhin beachten wir, dass

$$(a, b) = (a, b] \setminus \{b\}, \quad [a, b] = (a, b] \cup \{a\} \quad \text{und} \quad [a, b) = (a, b) \cup \{a\}.$$

Die restlichen Identitäten ergeben sich also aus Teil (c) (Abb. 4.1).   q.e.d.

Wie Satz 4.7 zeigt, gilt für einige Borel-Mengen $B \in \mathcal{B}(\mathbb{R})$ die Identität

$$\mu(B) = \int_{B} f(x)dx,$$

was als Analogie zu Satz 3.4 gesehen werden kann. Allerdings können wir mit dem augenblicklich verwendeten Riemann-Integral eine solche Identität nicht für jede Borel-Menge $B \in \mathcal{B}(\mathbb{R})$ erzielen, da etwa die Dirichlet-Funktion

$$\mathbb{1}_{\mathbb{Q}}(x) = \begin{cases} 1, & x \in \mathbb{Q} \\ 0, & x \notin \mathbb{Q} \end{cases}$$

nicht Riemann-integrierbar ist. Mit Hilfe des Lebesgue-Integrals werden wir in Abschn. 6.8 eine allgemeinere Definition absolutstetiger Verteilungen präsentieren. Für die Zwecke des

Abb. 4.1 Die Wahrscheinlichkeit $\mu([-1, 2])$ eines Wahrscheinlichkeitsmaßes mit der gezeichneten Dichte

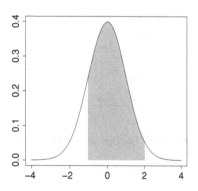

aktuellen Kapitels ist die uns vorliegende Definition jedoch vollkommen ausreichend.

Es folgen einige Beispiele von absolutstetigen Verteilungen:

▶ **Beispiel 22** Für $a, b \in \mathbb{R}$ mit $a < b$ ist die Funktion

$$f : \mathbb{R} \to \mathbb{R}, \quad f(x) = \begin{cases} \frac{1}{b-a}, & x \in (a, b) \\ 0, & \text{sonst} \end{cases}$$

eine Dichte (Abb. 4.2).

▶ **Beweis** Eine einfache Rechnung zeigt

$$\int_{-\infty}^{\infty} f(x)dx = \int_a^b \frac{1}{b-a}dx = 1.$$

Also ist f eine Dichte.   q.e.d.

> **Definition 4.8**
> Wir sprechen von einer *Gleichverteilung* auf dem Intervall (a, b) und bezeichnen diese mit $\mathrm{UC}(a, b)$.

Bei der Gleichverteilung $\mathrm{UC}(a, b)$ besitzen Teilintervalle derselben Länge die gleiche Wahrscheinlichkeit.

▶ **Beispiel 23** Für $a, b, c \in \mathbb{R}$ mit $a < b$ und $a \leq c \leq b$ ist die Funktion

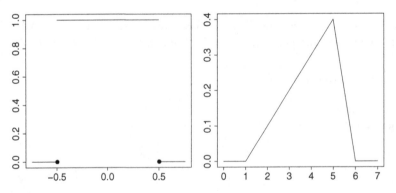

Abb. 4.2 Die Dichten der Gleichverteilung $\mathrm{UC}(-\frac{1}{2}, \frac{1}{2})$ und der Dreiecksverteilung $\Delta(1, 5, 6)$

$$f : \mathbb{R} \to \mathbb{R}, \quad f(x) = \begin{cases} \frac{2(x-a)}{(b-a)(c-a)}, & x \in (a, c] \\ \frac{2(b-x)}{(b-a)(b-c)}, & x \in (c, b] \\ 0, & \text{sonst} \end{cases}$$

eine Dichte.

▶ **Beweis** Eine einfache Rechnung zeigt

$$\int_{-\infty}^{\infty} f(x) dx = \int_{a}^{c} \frac{2(x-a)}{(b-a)(c-a)} dx + \int_{c}^{b} \frac{2(b-x)}{(b-a)(b-c)} dx$$

$$= \frac{(x-a)^2}{(b-a)(c-a)} \bigg|_{x=a}^{x=c} - \frac{(b-x)^2}{(b-a)(b-c)} \bigg|_{x=c}^{x=b}$$

$$= \frac{(c-a)^2}{(b-a)(c-a)} + \frac{(b-c)^2}{(b-a)(b-c)}$$

$$= \frac{c-a}{b-a} + \frac{b-c}{b-a} = \frac{b-a}{b-a} = 1.$$

Also ist f eine Dichte.   q.e.d.

Definition 4.9
Wir sprechen von einer *Dreiecksverteilung* oder *Simpson-Verteilung* auf dem Intervall (a, b) mit Mittelpunkt c und bezeichnen diese mit $\Delta(a, c, b)$.

Wir betrachten einige Spezialfälle der Dreiecksverteilung:

• Ist c der Mittelpunkt des Intervalls (a, b), das heißt $c = \frac{a+b}{2}$, so ist die Dichte gegeben durch

$$f : \mathbb{R} \to \mathbb{R}, \quad f(x) = \begin{cases} \frac{4(x-a)}{(b-a)^2}, & x \in (a, \frac{a+b}{2}], \\ \frac{4(b-x)}{(b-a)^2}, & x \in (\frac{a+b}{2}, b], \\ 0, & \text{sonst.} \end{cases}$$

In diesem Fall verwenden wir die Bezeichnung $\Delta(a, b)$.

• Ist c der linke Endpunkt des Intervalls (a, b), das heißt $c = a$, so ist die Dichte gegeben durch

$$f : \mathbb{R} \to \mathbb{R}, \quad f(x) = \begin{cases} \frac{2(b-x)}{(b-a)^2}, & x \in (a, b], \\ 0, & \text{sonst.} \end{cases}$$

In diesem Fall verwenden wir die Bezeichnung $\Delta_\ell(a, b)$.

• Ist c der rechte Endpunkt des Intervalls (a, b), das heißt $c = b$, so ist die Dichte gegeben durch

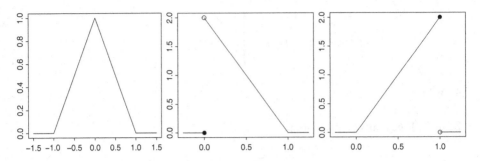

Abb. 4.3 Die Dichten der Dreiecksverteilungen $\Delta(-1, 1)$, $\Delta_\ell(0, 1)$ und $\Delta_r(0, 1)$

$$f : \mathbb{R} \to \mathbb{R}, \quad f(x) = \begin{cases} \frac{2(x-a)}{(b-a)^2}, & x \in (a, b], \\ 0, & \text{sonst.} \end{cases}$$

In diesem Fall verwenden wir die Bezeichnung $\Delta_r(a, b)$ (Abb. 4.3).

Wie wir in Abschn. 8.2 sehen werden, hat die Summe zweier unabhängiger gleichverteilter Zufallsvariablen eine Dreiecksverteilung.

▶ **Beispiel 24** Für $\mu \in \mathbb{R}$ und $\sigma^2 > 0$ ist die Funktion

$$f : \mathbb{R} \to \mathbb{R}, \quad f(x) = \frac{1}{\sqrt{2\pi\sigma^2}} \exp\left(-\frac{(x-\mu)^2}{2\sigma^2}\right)$$

eine Dichte (Abb. 4.4).

▶ **Beweis** Eine einfache Rechnung zeigt, dass

$$\left(\int_{-\infty}^{\infty} \exp\left(-\frac{x^2}{2\sigma^2}\right) dx\right)^2$$
$$= \left(\int_{-\infty}^{\infty} \exp\left(-\frac{x^2}{2\sigma^2}\right) dx\right) \cdot \left(\int_{-\infty}^{\infty} \exp\left(-\frac{y^2}{2\sigma^2}\right) dy\right)$$
$$= \int_{-\infty}^{\infty} \int_{-\infty}^{\infty} \exp\left(-\frac{x^2 + y^2}{2\sigma^2}\right) dx dy.$$

Durch den Übergang zu Polarkoordinaten (Satz A.29 aus Anhang A.3) erhalten wir

$$\left(\int_{-\infty}^{\infty} \exp\left(-\frac{x^2}{2\sigma^2}\right) dx\right)^2 = \int_0^{2\pi} \int_0^{\infty} \exp\left(-\frac{(r\cos\varphi)^2 + (r\sin\varphi)^2}{2\sigma^2}\right) r dr d\varphi$$
$$= \int_0^{2\pi} \int_0^{\infty} \exp\left(\frac{-r^2}{2\sigma^2}\right) r dr d\varphi = 2\pi \int_0^{\infty} r \exp\left(\frac{-r^2}{2\sigma^2}\right) dr$$
$$= -2\pi\sigma^2 \exp\left(\frac{-r^2}{2\sigma^2}\right)\bigg|_{r=0}^{r=\infty} = 2\pi\sigma^2.$$

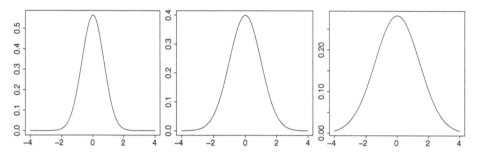

Abb. 4.4 Die Dichten der Normalverteilungen $N(0, \sigma^2)$ für $\sigma^2 = \frac{1}{2}, 1, 2$

Daraus folgern wir, dass

$$\int_{-\infty}^{\infty} f(x)dx = \frac{1}{\sqrt{2\pi\sigma^2}} \int_{-\infty}^{\infty} \exp\left(-\frac{x^2}{2\sigma^2}\right) dx = 1.$$

Also ist f eine Dichte.   q.e.d.

Definition 4.10

(a) Wir sprechen von einer *Normalverteilung* mit Parametern μ, σ^2 und bezeichnen diese mit $N(\mu, \sigma^2)$.

(b) Wir bezeichnen $N(0, 1)$ als *Standardnormalverteilung*. Sie hat die Dichte

$$f : \mathbb{R} \to \mathbb{R}, \quad f(x) = \frac{1}{\sqrt{2\pi}} \exp\left(-\frac{x^2}{2}\right).$$

Die fundamentale Bedeutung der Normalverteilung – insbesondere der Standardnormalverteilung $N(0, 1)$ – werden wir in Abschn. 11.2 beim zentralen Grenzwertsatz sehen. Dieser zeigt, dass die Summe mehrerer unabhängiger gleichverteilter Zufallsvariablen mit endlicher Varianz näherungsweise normalverteilt ist.

▶ **Beispiel 25** Für $\mu \in \mathbb{R}$ und $\sigma^2 > 0$ sei $g : \mathbb{R} \to \mathbb{R}$ die Dichte einer Normalverteilung mit diesen Parametern. Dann ist die Funktion

$$f : \mathbb{R} \to \mathbb{R}, \quad f(x) = \begin{cases} \frac{1}{x} g(\ln x), & x > 0 \\ 0, & x \leq 0 \end{cases}$$

eine Dichte (Abb. 4.5).

▶ **Beweis** Für die Funktion

$$\varphi : (0, \infty) \to \mathbb{R}, \quad \varphi(x) = \ln x$$

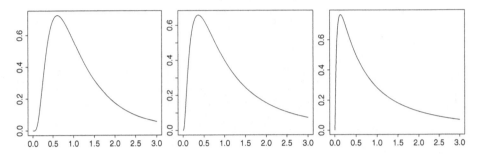

Abb. 4.5 Die Dichten der logarithmischen Normalverteilungen $LN(0, \sigma^2)$ für die Parameter $\sigma^2 = \frac{1}{2}, 1, 2$

gilt $\varphi'(x) = \frac{1}{x}$, und deshalb folgt mit der Substitutionsregel (Satz A.23 aus Anhang A.2), dass

$$\int_{-\infty}^{\infty} f(x)dx = \int_{0}^{\infty} g(\ln x) \cdot \frac{1}{x}dx = \int_{-\infty}^{\infty} g(t)dt = 1.$$

Also ist f eine Dichte.   q.e.d.

Definition 4.11

Wir sprechen von einer *logarithmischen Normalverteilung* mit Parametern μ, σ^2 und bezeichnen diese mit $LN(\mu, \sigma^2)$.

Wie wir in Abschn. 8.1 sehen werden, hat der Logarithmus einer logarithmisch normalverteilten Zufallsvariablen eine Normalverteilung. Dies erklärt die Bezeichnung „logarithmische Normalverteilung".

▶ **Beispiel 26** Für jedes $\lambda > 0$ ist die Funktion

$$f : \mathbb{R} \to \mathbb{R}, \quad f(x) = \begin{cases} \lambda e^{-\lambda x}, & x \geq 0 \\ 0, & x < 0 \end{cases}$$

eine Dichte (Abb. 4.6).

▶ **Beweis** Eine einfache Rechnung zeigt

$$\int_{-\infty}^{\infty} f(x)dx = \int_{0}^{\infty} \lambda e^{-\lambda x}dx = -e^{-\lambda x}\Big|_{x=0}^{x=\infty} = 1.$$

Also ist f eine Dichte.   q.e.d.

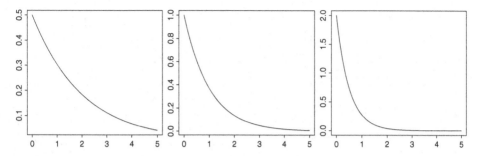

Abb. 4.6 Die Dichten der Exponentialverteilungen Exp(λ) für $\lambda = \frac{1}{2}, 1, 2$

Definition 4.12

Wir sprechen von einer *Exponentialverteilung* mit Parameter λ und bezeichnen diese mit Exp(λ).

Die Exponentialverteilung wird häufig für die Modellierung von Lebenszeiten elektronischer Bauteile oder Geräte benutzt. Eine die Exponentialverteilung kennzeichnende Eigenschaft ist ihre Gedächtnislosigkeit, die wir in Satz 4.23 kennenlernen werden.

▶ **Beispiel 27** Für $\mu \in \mathbb{R}$ und $\lambda > 0$ ist die Funktion

$$f : \mathbb{R} \to \mathbb{R}, \quad f(x) = \frac{\lambda}{2} e^{-\lambda|x-\mu|}$$

eine Dichte (Abb. 4.7).

▶ **Beweis** Eine einfache Integration zeigt, dass

$$\int_{-\infty}^{\infty} f(x)dx = \int_{-\infty}^{\mu} \frac{\lambda}{2} e^{-\lambda|x-\mu|} dx + \int_{\mu}^{\infty} \frac{\lambda}{2} e^{-\lambda|x-\mu|} dx = 2 \int_{0}^{\infty} \frac{\lambda}{2} e^{-\lambda x} dx$$

$$= \int_{0}^{\infty} \lambda e^{-\lambda x} dx = 1.$$

Also ist f eine Dichte.   q.e.d.

Definition 4.13

(a) Wir sprechen von einer *Laplace-Verteilung* oder *Doppelexponentialverteilung* mit Parametern μ, λ und bezeichnen diese mit Lap(μ, λ).

(b) Wir bezeichnen Lap(0, 1) als *Standard-Laplace-Verteilung*. Sie hat die Dichte

$$f : \mathbb{R} \to \mathbb{R}, \quad f(x) = \frac{1}{2} e^{-|x|}.$$

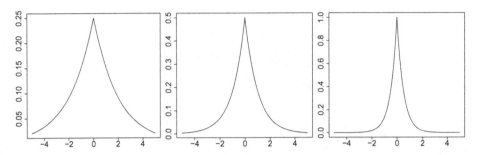

Abb. 4.7 Die Dichten der Laplace-Verteilungen Lap$(0, \lambda)$ für $\lambda = \frac{1}{2}, 1, 2$

Wie wir in Abschn. 8.2 sehen werden, hat die Differenz zweier unabhängiger exponential-verteilter Zufallsvariablen eine Laplace-Verteilung.

Wir werden nun eine die Exponentialverteilung verallgemeinernde Familie von Vertei-lungen kennenlernen. Dazu erinnern wir an die in Anhang A.2 definierte Gammafunktion.

▶ **Beispiel 28** Für $\alpha, \lambda > 0$ ist die Funktion

$$f : \mathbb{R} \to \mathbb{R}, \quad f(x) = \begin{cases} \frac{\lambda^\alpha}{\Gamma(\alpha)} x^{\alpha-1} e^{-\lambda x}, & x > 0 \\ 0, & x \leq 0 \end{cases}$$

eine Dichte.

▶ **Beweis** Für die Funktion

$$\varphi : (0, \infty) \to (0, \infty), \quad \varphi(t) = \frac{t}{\lambda}$$

gilt $\varphi'(t) = \frac{1}{\lambda}$, und deshalb folgt mit der Substitutionsregel (Satz A.23 aus Anhang A.2), dass

$$\int_{-\infty}^{\infty} f(x)dx = \frac{\lambda^\alpha}{\Gamma(\alpha)} \int_0^\infty x^{\alpha-1} e^{-\lambda x} dx = \frac{\lambda^\alpha}{\Gamma(\alpha)} \int_0^\infty \left(\frac{t}{\lambda}\right)^{\alpha-1} e^{-t} \cdot \frac{1}{\lambda} dt$$

$$= \frac{1}{\Gamma(\alpha)} \int_0^\infty t^{\alpha-1} e^{-t} dt = 1.$$

Die letzte Gleichheit folgt aus der Definition der Gammafunktion, die am Ende von Anhang A.2 zu finden ist. Wir folgern, dass f eine Dichte ist.   q.e.d.

Definition 4.14

(a) Wir sprechen von einer *Gammaverteilung* mit Parametern α, λ und bezeichnen diese mit $\Gamma(\alpha, \lambda)$.

(b) Wir nennen $\Gamma(\alpha, 1)$ auch eine *Standard-Gammaverteilung*.

(c) Für $n \in \mathbb{N}$ nennen wir $\chi_n^2 := \Gamma(\frac{n}{2}, \frac{1}{2})$ eine *Chi-Quadrat-Verteilung* mit n Freiheitsgraden (Abb. 4.8).

Wie wir in Abschn. 9.3 sehen werden, hat die Summe der Quadrate von n unabhängigen standardnormalverteilten Zufallsvariablen eine Chi-Quadrat-Verteilung mit n Freiheitsgraden.

▶ **Beispiel 29** Für $\alpha, \lambda > 0$ ist die Funktion

$$f : \mathbb{R} \to \mathbb{R}, \quad f(x) = \begin{cases} \alpha \lambda^\alpha x^{\alpha-1} \exp(-(\lambda x)^\alpha), & x > 0 \\ 0, & x \leq 0 \end{cases}$$

eine Dichte.

▶ **Beweis** Für die Funktion

$$\varphi : (0, \infty) \to (0, \infty), \quad \varphi(t) = t^{1/\alpha}$$

erhalten wir die Ableitung

$$\varphi'(t) = \frac{1}{\alpha} t^{(1/\alpha)-1} = \frac{1}{\alpha} t^{-(\alpha-1)/\alpha},$$

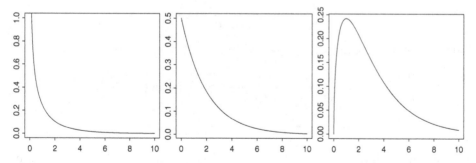

Abb. 4.8 Die Dichten der Chi-Quadrat-Verteilungen χ_n^2 für $n = 1, 2, 3$

und deshalb folgt mit der Substitutionsregel (Satz A.23 aus Anhang A.2), dass

$$\int_{-\infty}^{\infty} f(x)dx = \alpha\lambda^{\alpha} \int_{0}^{\infty} x^{\alpha-1} \exp(-(\lambda x)^{\alpha})dx$$

$$= \alpha\lambda^{\alpha} \int_{0}^{\infty} t^{(\alpha-1)/\alpha} \exp(-\lambda^{\alpha}t) \cdot \frac{1}{\alpha} t^{-(\alpha-1)/\alpha} dt$$

$$= \lambda^{\alpha} \int_{0}^{\infty} \exp(-\lambda^{\alpha}t)dt = 1.$$

Also ist f eine Dichte.   q.e.d.

Definition 4.15

Wir sprechen von einer *Weibull-Verteilung* mit Parametern α, λ und bezeichnen diese mit $WB(\alpha, \lambda)$.

Bemerkung 4.16 *Für jedes $\lambda > 0$ gilt $\mathrm{Exp}(\lambda) = \Gamma(1, \lambda) = WB(1, \lambda)$. Die Exponential-verteilung ist also sowohl ein Spezialfall der Gammaverteilung als auch ein Spezialfall der Weibull-Verteilung. Insbesondere gilt $\chi_2^2 = \mathrm{Exp}(\frac{1}{2})$.*

▶ **Beispiel 30**   Für $\mu \in \mathbb{R}$ und $\lambda > 0$ ist die Funktion

$$f : \mathbb{R} \to \mathbb{R}, \quad f(x) = \frac{1}{\lambda\pi} \cdot \frac{1}{1 + (\frac{x-\mu}{\lambda})^2} = \frac{1}{\pi} \cdot \frac{\lambda}{\lambda^2 + (x - \mu)^2}.$$

eine Dichte (Abb. 4.9).

▶ **Beweis**   Die Arkustangensfunktion hat die Ableitung

$$\frac{d}{dx} \arctan x = \frac{1}{1 + x^2}, \quad x \in \mathbb{R}.$$

Damit folgt durch eine einfache Integration, dass

$$\int_{-\infty}^{\infty} f(x)dx = \frac{1}{\lambda\pi} \int_{-\infty}^{\infty} \frac{1}{1 + (\frac{x-\mu}{\lambda})^2} dx = \frac{1}{\pi} \arctan\left(\frac{x - \mu}{\lambda}\right)\Big|_{x=-\infty}^{x=\infty}$$

$$= \frac{1}{\pi}\left(\frac{\pi}{2} + \frac{\pi}{2}\right) = 1.$$

Also ist f eine Dichte.   q.e.d.

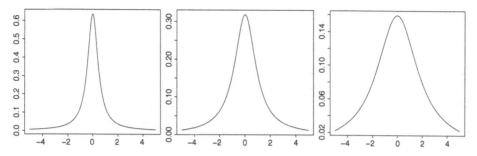

Abb. 4.9 Die Dichten der Cauchy-Verteilungen Cau$(0, \lambda)$ für $\lambda = \frac{1}{2}, 1, 2$

Definition 4.17

(a) Wir sprechen von einer *Cauchy-Verteilung* mit Parametern μ, λ und bezeichnen diese mit Cau(μ, λ).

(b) Wir bezeichnen Cau$(0, 1)$ als *Standard-Cauchy-Verteilung*. Sie hat die Dichte

$$f : \mathbb{R} \to \mathbb{R}, \quad f(x) = \frac{1}{\pi} \cdot \frac{1}{1 + x^2}.$$

Wie wir in Abschn. 8.2 sehen werden, hat der Quotient zweier unabhängiger normalverteilter Zufallsvariablen eine Cauchy-Verteilung.

▶ **Beispiel 31** Für $\sigma^2 > 0$ ist die Funktion

$$f : \mathbb{R} \to \mathbb{R}, \quad f(x) = \begin{cases} \frac{x}{\sigma^2} \exp(-\frac{x^2}{2\sigma^2}), & x \geq 0 \\ 0, & x < 0 \end{cases}$$

eine Dichte (Abb. 4.10).

▶ **Beweis** Eine einfache Integration zeigt, dass

$$\int_{-\infty}^{\infty} f(x)dx = \int_{0}^{\infty} \frac{x}{\sigma^2} \exp\left(-\frac{x^2}{2\sigma^2}\right) dx = -\exp\left(-\frac{x^2}{2\sigma^2}\right)\Big|_{x=0}^{x=\infty} = 1.$$

Also ist f eine Dichte. q.e.d.

Definition 4.18

Wir sprechen von einer *Rayleigh-Verteilung* mit Parameter σ^2 und bezeichnen diese mit Ray(σ^2).

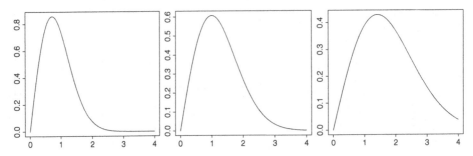

Abb. 4.10   Die Dichten der Rayleigh-Verteilungen $\mathrm{Ray}(\sigma^2)$ für $\sigma^2 = \frac{1}{2}, 1, 2$

Wie wir in Abschn. 8.2 sehen werden, hat die euklidische Norm zweier unabhängiger normalverteilter Zufallsvariablen eine Rayleigh-Verteilung.

4.3   Absolutstetige Zufallsvariablen und ihr Erwartungswert

In diesem Abschnitt werden wir absolutstetige Zufallsvariablen einführen und zeigen, wie deren Erwartungswert und Varianz gebildet werden. Im Folgenden sei $(\Omega, \mathcal{F}, \mathbb{P})$ ein Wahrscheinlichkeitsraum.

Definition 4.19
Eine Funktion $X : \Omega \to \mathbb{R}$ heißt eine *Zufallsvariable*, falls $X^{-1}(\mathcal{B}(\mathbb{R})) \subset \mathcal{F}$, das heißt $X^{-1}(B) \in \mathcal{F}$ für jede Borel-Menge $B \in \mathcal{B}(\mathbb{R})$.

Die Eigenschaft aus Definition 4.19 wird auch die *Messbarkeit* der Zufallsvariablen X genannt. Sie ist bei der folgenden Definition 4.20 der *Verteilung* von X von Bedeutung.

Definition 4.20
Für eine Zufallsvariable X nennen wir die Funktion

$$\mathbb{P}^X : \mathcal{B}(\mathbb{R}) \to [0, 1], \quad \mathbb{P}^X(B) := \mathbb{P}(X \in B)$$

die *Verteilung von X*.

Wie in Abschn. 3.2 benutzen wir die abkürzende Schreibweise $\mathbb{P}(X \in B)$ für $\mathbb{P}(\{X \in B\})$. Dank der Messbarkeit von X gilt $\{X \in B\} \in \mathcal{F}$, so dass die Wahrscheinlichkeit dieses Ereignisses unter dem Wahrscheinlichkeitsmaß $\mathbb{P}$ existiert.

Lemma 4.21 *Für jede Zufallsvariable X ist die Verteilung $\mathbb{P}^X$ ein Wahrscheinlichkeitsmaß auf $(\mathbb{R}, \mathcal{B}(\mathbb{R}))$.*

▶ **Beweis** Wir haben die beiden Eigenschaften (W1) und (W2) eines Wahrscheinlichkeitsmaßes aus Definition 2.20 zu verifizieren:

(W1) Es gilt $\mathbb{P}^X(\mathbb{R}) = \mathbb{P}(X \in \mathbb{R}) = \mathbb{P}(\Omega) = 1$.

(W2) Es sei $(B_n)_{n \in \mathbb{N}} \subset \mathcal{B}(\mathbb{R})$ eine Familie von paarweise disjunkten Ereignissen. Dann sind auch die Ereignisse $(\{X \in B_n\})_{n \in \mathbb{N}}$ paarweise disjunkt, und wegen der σ-Additivität von $\mathbb{P}$ folgt

$$\mathbb{P}^X\left(\bigcup_{n \in \mathbb{N}} B_n\right) = \mathbb{P}\left(X \in \bigcup_{n \in \mathbb{N}} B_n\right) = \mathbb{P}\left(\bigcup_{n \in \mathbb{N}} \{X \in B_n\}\right)$$
$$= \sum_{n \in \mathbb{N}} \mathbb{P}(X \in B_n) = \sum_{n \in \mathbb{N}} \mathbb{P}^X(B_n).$$

q.e.d.

Definition 4.22
Eine Zufallsvariable X heißt *absolutstetig mit Dichte f*, falls ihre Verteilung $\mathbb{P}^X$ absolutstetig mit Dichte f ist.

Ist $\mu = \mathbb{P}^X$ für eine absolutstetige Verteilung μ auf $(\mathbb{R}, \mathcal{B}(\mathbb{R}))$, so schreiben wir auch $X \sim \mu$. Ist beispielsweise $\mathbb{P}^X$ eine Standardnormalverteilung, das heißt

$$\mathbb{P}(X \leq x) = \frac{1}{\sqrt{2\pi}} \int_{-\infty}^{x} \exp\left(-\frac{y^2}{2}\right) dy \quad \text{für alle } x \in \mathbb{R},$$

dann schreiben wir $X \sim N(0, 1)$.

Die folgende Eigenschaft exponentialverteilter Zufallsvariablen wird als die *Gedächtnislosigkeit* der Exponentialverteilung bezeichnet:

Satz 4.23
Es sei $X \sim \text{Exp}(\lambda)$ eine exponentialverteilte Zufallsvariable. Dann gilt

$$\mathbb{P}(X \geq s + t \mid X \geq s) = \mathbb{P}(X \geq t) \quad \text{für alle } s, t \in \mathbb{R}_+.$$

▶ **Beweis** Für jedes $t \in \mathbb{R}_+$ gilt

$$\mathbb{P}(X \geq t) = \int_{t}^{\infty} \lambda e^{-\lambda x} dx = -e^{-\lambda x}\Big|_{x=t}^{x=\infty} = e^{-\lambda t}.$$

Für beliebige $s, t \in \mathbb{R}_+$ folgt somit

$$\mathbb{P}(X \geq s + t \mid X \geq s) = \frac{\mathbb{P}(X \geq s + t)}{\mathbb{P}(X \geq s)} = \frac{e^{-\lambda(s+t)}}{e^{-\lambda s}} = e^{-\lambda t} = \mathbb{P}(X \geq t),$$

was den Beweis abschließt.   q.e.d.

Es seien $h : \mathbb{R} \to \mathbb{R}$ eine reellwertige Funktion und X eine absolutstetige Zufallsvariable mit Dichte f. In Analogie zu Definition 3.20 führen wir den *Erwartungswert* von $h(X)$ wie folgt ein:

Definition 4.24
Wir definieren den *Erwartungswert von $h(X)$* durch

$$\mathbb{E}[h(X)] := \int_{-\infty}^{\infty} h(x) \cdot f(x) dx,$$

sofern das uneigentliche Riemann-Integral auf der rechten Seite existiert. In diesem Fall sagen wir, dass der Erwartungswert von $h(X)$ existiert.

Existiert der Erwartungswert von X, so setzen wir $\mu_X := \mathbb{E}[X]$.

Definition 4.25
Es sei X eine absolutstetige Zufallsvariable, so dass die Erwartungswerte von X und von $(X - \mu_X)^2$ existieren.
(a) Wir definieren die *Varianz von X* durch

$$\sigma_X^2 := \mathrm{Var}[X] := \mathbb{E}[(X - \mu_X)^2].$$

(b) Wir nennen σ_X die *Standardabweichung von X*.
In diesem Fall sagen wir auch, dass die Varianz von X existiert.

Wir präsentieren nun zwei Rechenregeln für das Rechnen mit Varianzen, die analog zu denen aus Abschn. 3.2 für diskrete Zufallsvariablen sind.

Satz 4.26
Es sei X eine absolutstetige Zufallsvariable, so dass die Erwartungswerte von X und X^2 existieren. Dann existiert auch die Varianz von X, und es gilt

$$\mathrm{Var}[X] = \mathbb{E}[X^2] - \mathbb{E}[X]^2.$$

▶ **Beweis** Da die Erwartungswerte von X und X^2 existieren, gilt

$$\mathbb{E}[X] = \int_{-\infty}^{\infty} x \cdot f(x)dx \quad \text{und} \quad \mathbb{E}[X^2] = \int_{-\infty}^{\infty} x^2 \cdot f(x)dx,$$

wobei beide Integranden uneigentlich Riemann-integrierbar sind. Damit erhalten wir

$$\begin{aligned}
\text{Var}[X] = \mathbb{E}[(X - \mu_X)^2] &= \int_{-\infty}^{\infty} (x - \mu_X)^2 \cdot f(x)dx \\
&= \int_{-\infty}^{\infty} x^2 \cdot f(x)dx - 2\mu_X \int_{-\infty}^{\infty} x \cdot f(x)dx + \mu_X^2 \int_{-\infty}^{\infty} f(x)dx \\
&= \mathbb{E}[X^2] - 2\mathbb{E}[X]^2 + \mathbb{E}[X]^2 = \mathbb{E}[X^2] - \mathbb{E}[X]^2,
\end{aligned}$$

wobei der Integrand uneigentlich Riemann-integrierbar ist. Folglich existiert die Varianz von X, und es gilt die behauptete Identität.   q.e.d.

Satz 4.27

Es sei X eine absolutstetige Zufallsvariable, so dass die Erwartungswerte von X und $X(X - 1)$ existieren. Dann existiert auch die Varianz von X, und es gilt

$$\text{Var}[X] = \mathbb{E}[X(X - 1)] + \mathbb{E}[X] - \mathbb{E}[X]^2.$$

▶ **Beweis** Da die Erwartungswerte von X und $X(X - 1)$ existieren, gilt

$$\mathbb{E}[X] = \int_{-\infty}^{\infty} x \cdot f(x)dx \quad \text{und} \quad \mathbb{E}[X(X - 1)] = \int_{-\infty}^{\infty} x(x - 1) \cdot f(x)dx,$$

wobei beide Integranden uneigentlich Riemann-integrierbar sind. Damit erhalten wir

$$\begin{aligned}
\text{Var}[X] = \mathbb{E}[(X - \mu_X)^2] &= \int_{-\infty}^{\infty} (x - \mu_X)^2 \cdot f(x)dx \\
&= \int_{-\infty}^{\infty} x^2 \cdot f(x)dx - 2\mu_X \int_{-\infty}^{\infty} x \cdot f(x)dx + \mu_X^2 \int_{-\infty}^{\infty} f(x)dx \\
&= \int_{-\infty}^{\infty} x(x - 1) \cdot f(x)dx + \int_{-\infty}^{\infty} x \cdot f(x)dx - 2\mathbb{E}[X]^2 + \mathbb{E}[X]^2 \\
&= \mathbb{E}[X(X - 1)] + \mathbb{E}[X] - \mathbb{E}[X]^2,
\end{aligned}$$

wobei der Integrand uneigentlich Riemann-integrierbar ist. Folglich existiert die Varianz von X, und es gilt die behauptete Identität.   q.e.d.

Wir erinnern daran, dass eine Funktion $f : \mathbb{R} \to \mathbb{R}$ eine *gerade* Funktion genannt wird, falls $f(x) = f(-x)$ für alle $x \in \mathbb{R}$.

> **Satz 4.28**
> *Es sei X eine absolutstetige Zufallsvariable mit gerader Dichte f, so dass die Erwartungswerte von X und X^2 existieren. Dann gilt*
>
> $$\mathbb{E}[X] = 0 \quad und \quad \mathrm{Var}[X] = \mathbb{E}[X^2].$$

▶ **Beweis** Da die Dichte f gerade ist, gilt

$$\mathbb{E}[X] = \int_{-\infty}^{\infty} x \cdot f(x)dx = 0,$$

und mit Satz 4.26 folgt $\mathrm{Var}[X] = \mathbb{E}[X^2]$.　　　　　　　　　　　　　　　q.e.d.

Wir betrachten nun einige Beispiele, in denen wir Erwartungswert und Varianz von Zufallsvariablen berechnen.

▶ **Beispiel 32** Für eine gleichverteilte Zufallsvariable $X \sim \mathrm{UC}(-1, 1)$ gilt

$$\mathbb{E}[X] = 0 \quad und \quad \mathrm{Var}[X] = \frac{1}{3}.$$

▶ **Beweis** Die Dichte von X ist gegeben durch die gerade Funktion

$$f : \mathbb{R} \to \mathbb{R}, \quad f(x) = \begin{cases} \frac{1}{2}, & x \in (-1, 1), \\ 0, & \text{sonst.} \end{cases}$$

Nach Satz 4.28 folgt $\mathbb{E}[X] = 0$ und

$$\mathrm{Var}[X] = \mathbb{E}[X^2] = \int_{-\infty}^{\infty} x^2 \cdot f(x)dx = \frac{1}{2} \int_{-1}^{1} x^2 dx = \frac{x^3}{6}\Big|_{x=-1}^{x=1} = \frac{1}{6} + \frac{1}{6} = \frac{1}{3},$$

was den Beweis abschließt.　　　　　　　　　　　　　　　　　　　　q.e.d.

▶ **Beispiel 33** Für eine Standard-gammaverteilte Zufallsvariable $X \sim \Gamma(\alpha, 1)$ gilt

$$\mathbb{E}[X^n] = \frac{\Gamma(\alpha + n)}{\Gamma(\alpha)} \quad \text{für jedes } n \in \mathbb{N}.$$

Insbesondere erhalten wir

$$\mathbb{E}[X] = \alpha \quad und \quad \mathrm{Var}[X] = \alpha.$$

▶ **Beweis**   Die Dichte von X ist gegeben durch

$$f : \mathbb{R} \to \mathbb{R}, \quad f(x) = \begin{cases} \frac{1}{\Gamma(\alpha)} x^{\alpha-1} e^{-x}, & x > 0, \\ 0, & x \leq 0. \end{cases}$$

Für jedes $n \in \mathbb{N}$ gilt also

$$\mathbb{E}[X^n] = \int_{-\infty}^{\infty} x^n \cdot f(x) dx = \frac{1}{\Gamma(\alpha)} \int_0^{\infty} x^n x^{\alpha-1} e^{-x} dx$$

$$= \frac{1}{\Gamma(\alpha)} \int_0^{\infty} x^{\alpha+n-1} e^{-x} dx = \frac{\Gamma(\alpha+n)}{\Gamma(\alpha)}.$$

Mit Satz A.25 aus Anhang A.2 folgen die Identitäten

$$\mathbb{E}[X] = \frac{\Gamma(\alpha+1)}{\Gamma(\alpha)} = \frac{\alpha \Gamma(\alpha)}{\Gamma(\alpha)} = \alpha,$$

$$\mathbb{E}[X^2] = \frac{\Gamma(\alpha+2)}{\Gamma(\alpha)} = \frac{(\alpha+1)\Gamma(\alpha+1)}{\Gamma(\alpha)} = \frac{\alpha(\alpha+1)\Gamma(\alpha)}{\Gamma(\alpha)} = \alpha(\alpha+1).$$

Nun wenden wir Satz 4.26 an und erhalten

$$\mathrm{Var}[X] = \mathbb{E}[X^2] - \mathbb{E}[X]^2 = \alpha(\alpha+1) - \alpha^2 = \alpha,$$

was den Beweis abschließt.   q.e.d.

▶ **Beispiel 34**   Für eine standardnormalverteilte Zufallsvariable $X \sim \mathrm{N}(0,1)$ gilt

$$\mathbb{E}[X] = 0 \quad \text{und} \quad \mathrm{Var}[X] = 1.$$

▶ **Beweis**   Die Dichte von X ist gegeben durch die gerade Funktion

$$f : \mathbb{R} \to \mathbb{R}, \quad f(x) = \frac{1}{\sqrt{2\pi}} \exp\left(-\frac{x^2}{2}\right).$$

Nach Satz 4.28 folgt $\mathbb{E}[X] = 0$, und mit partieller Integration (Satz A.22 aus Anhang A.2), und da $f'(x) = -xf(x)$, erhalten wir

$$\mathrm{Var}[X] = \mathbb{E}[X^2] = \int_{-\infty}^{\infty} x^2 \cdot f(x) dx = \int_{-\infty}^{\infty} x \cdot xf(x) dx$$

$$= -xf(x)\Big|_{x=-\infty}^{x=\infty} + \int_{-\infty}^{\infty} f(x) dx = 0 + 1 = 1.$$

Dies beendet den Beweis.   q.e.d.

Verteilungen auf der reellen Achse

Das Ziel dieses Kapitels ist eine vollständige Charakterisierung sämtlicher Wahrscheinlich-keitsmaße auf der reellen Achse. Wir werden sehen, dass eine Bijektion zwischen diesen Wahrscheinlichkeitsmaßen und sogenannten Verteilungsfunktionen besteht. Weiterhin werden wir zeigen, wie sich die diskreten und absolutstetigen Verteilungen aus den früheren Kapiteln in diese Charakterisierung einfügen. Um eine saubere Ausführung der Beweise dieses Kapitels zu gewährleisten, werden wir mit einem Abschnitt über die generelle Konstruktion von Wahrscheinlichkeitsmaßen beginnen. Die technischen Beweise der Sätze 5.8 und 5.13 dürfen beim ersten Lesen übersprungen werden.

5.1   Konstruktion von Wahrscheinlichkeitsmaßen

In diesem Abschnitt werden wir einen Fortsetzungs- und Eindeutigkeitssatz für Wahr-scheinlichkeitsmaße vorstellen. Im Folgenden sei $(E, \mathcal{E})$ ein messbarer Raum.

> **Definition 5.1**
> Es sei $\mathcal{E}_0$ eine Algebra über E. Ein *Prämaß* auf $(E, \mathcal{E}_0)$ ist eine Funktion $\mu_0 : \mathcal{E}_0 \to [0, 1]$ mit folgenden Eigenschaften:
> (a) $\mu_0(E) = 1$.
> (b) Für jede Folge $(A_n)_{n \in \mathbb{N}} \subset \mathcal{E}_0$ von paarweise disjunkten Ereignissen mit $\bigcup_{n \in \mathbb{N}} A_n \in \mathcal{E}_0$ gilt
> $$\mu_0\left(\bigcup_{n \in \mathbb{N}} A_n\right) = \sum_{n \in \mathbb{N}} \mu_0(A_n).$$

Für ein Prämaß gelten sämtliche in Abschn. 2.2 bewiesenen Resultate. Der einzige wesent-liche Unterschied besteht darin, dass wir bei der σ-Additivität in (b) zusätzlich annehmen

S. Tappe, *Einführung in die Wahrscheinlichkeitstheorie*,
DOI: 10.1007/978-3-642-37544-6_5, © Springer-Verlag Berlin Heidelberg 2013

müssen, dass die Gesamtvereinigung $\bigcup_{n\in\mathbb{N}} A_n$ auch in der Algebra $\mathcal{E}_0$ liegt. Dies spielt für die Beweise keine Rolle, so dass diese wortwörtlich durchgehen.

Das zentrale Resultat dieses Abschnittes ist der folgende Fortsetzungs- und Eindeutigkeitssatz.

Satz 5.2 (Fortsetzungs- und Eindeutigkeitssatz für Wahrscheinlichkeitsmaße)

Es sei $\mathcal{E}_0$ ein Algebra über E, so dass $\mathcal{E} = \sigma(\mathcal{E}_0)$. Dann existiert zu jedem Prämaß μ_0 auf $(E, \mathcal{E}_0)$ ein eindeutig bestimmtes Wahrscheinlichkeitsmaß μ auf $(E, \mathcal{E})$ mit $\mu|_{\mathcal{E}_0} = \mu_0$.

Zur Konstruktion eines Wahrscheinlichkeitsmaßes auf $(E, \mathcal{E})$ genügt es also, ein Prämaß auf einer Algebra $\mathcal{E}_0$, die die σ-Algebra $\mathcal{E}$ erzeugt, zu bestimmen. Satz 5.2 sichert uns dann zu, dass dieses Prämaß in eindeutiger Weise zu einem Wahrscheinlichkeitsmaß auf $(E, \mathcal{E})$ forgesetzt werden kann.

Die Existenzaussage aus Satz 5.2 beruht auf dem *Fortsetzungssatz von Carathéodory*, dessen Beweis fortgeschrittene maßtheoretische Grundlagen benötigt. Wir werden uns daher auf die Eindeutigkeitsaussage konzentrieren und verweisen den interessierten Leser auf ein Lehrbuch über Maß- und Integrationstheorie, wie beispielsweise [Els11].

Definition 5.3

Ein Mengensystem $\mathcal{C} \subset \mathfrak{P}(E)$ heißt $\cap$-*stabil*, falls

$$A \cap B \in \mathcal{C} \quad \text{für alle } A, B \in \mathcal{C}.$$

Definition 5.4

Ein Mengensystem $\mathcal{C} \subset \mathfrak{P}(E)$ heißt eine *monotone Klasse* über E, falls gilt:

(M1) Für jede aufsteigende Folge $(A_n)_{n\in\mathbb{N}} \subset \mathcal{C}$ von Ereignissen ist

$$\bigcup_{n\in\mathbb{N}} A_n \in \mathcal{C}.$$

(M2) Für alle $A, B \in \mathcal{C}$ mit $A \subset B$ ist $B \setminus A \in \mathcal{C}$.

Offensichtlich ist jede σ-Algebra eine $\cap$-stabile monotone Klasse.

Als Nächstes werden wir die von einem Mengensystem erzeugte monotone Klasse einführen. Dazu legen wir folgenden Hilfssatz bereit.

Lemma 5.5 *Es seien I eine beliebige Indexmenge und $(\mathcal{H}_i)_{i\in I}$ eine Familie von monotonen Klassen über E. Dann ist $\mathcal{H} := \bigcap_{i\in I} \mathcal{H}_i$ auch eine monotone Klasse über E.*

▶ **Beweis** Wir haben die beiden Axiome (M1) und (M2) einer monotonen Klasse aus Definition 5.4 nachzuweisen:

(M1) Es sei $(A_n)_{n \in \mathbb{N}} \subset \mathcal{H}$ eine aufsteigende Folge von Ereignissen. Dann gilt $(A_n)_{n \in \mathbb{N}} \subset \mathcal{H}_i$ für jedes $i \in I$. Es folgt $\bigcup_{n \in \mathbb{N}} A_n \in \mathcal{H}_i$ für jedes $i \in I$, und damit $\bigcup_{n \in \mathbb{N}} A_n \in \bigcap_{i \in I} \mathcal{H}_i = \mathcal{H}$.

(M2) Es seien $A, B \in \mathcal{H}$ mit $A \subset B$ beliebig. Dann gilt $A, B \in \mathcal{H}_i$ für jedes $i \in I$. Es folgt $B \setminus A \in \mathcal{H}_i$ für jedes $i \in I$, und damit $B \setminus A \in \bigcap_{i \in I} \mathcal{H}_i = \mathcal{H}$.

q.e.d.

Definition 5.6

Es sei $\mathcal{C} \subset \mathfrak{P}(E)$ ein Mengensystem. Dann heißt

$$\mathcal{M}(\mathcal{C}) := \bigcap_{\substack{B \supset C \\ B \text{ ist monotone Klasse}}} B$$

die *von $\mathcal{C}$ erzeugte monotone Klasse.*

Das Mengensystem $\mathcal{M}(\mathcal{C})$ ist tatsächlich stets eine monotone Klasse über E, wie sich aus Lemma 5.5 ergibt. Sie ist die kleinste monotone Klasse über E, die das Mengensystem $\mathcal{C}$ umfasst. Das Mengensystem $\mathcal{C}$ wird auch ein *Erzeugendensystem* von $\mathcal{M}(\mathcal{C})$ genannt.

Die folgenden Regeln für die Erzeugung von monotonen Klassen werden sich später als nützlich erweisen. Sie sind unmittelbare Konsequenzen aus Definition 5.4.

Satz 5.7 *Es gelten folgende Aussagen:*
(a) *Für jede monotone Klasse $\mathcal{H}$ über E ist $\mathcal{M}(\mathcal{H}) = \mathcal{H}$.*
(b) *Für zwei Mengensysteme $\mathcal{C}, \mathcal{D}$ über E mit $\mathcal{C} \subset \mathcal{D}$ ist $\mathcal{M}(\mathcal{C}) \subset \mathcal{M}(\mathcal{D})$.*

Der folgende Satz über monotone Klassen wirkt auf den ersten Blick sehr abstrakt. Tatsächlich wird er sich aber für viele Beweise als sehr nützlich erweisen. Eine erste Anwendung wird der Beweis der Eindeutigkeitsaussage aus Satz 5.2 sein.

Satz 5.8

Es sei $\mathcal{C} \subset \mathfrak{P}(E)$ ein $\cap$-stabiles Mengensystem mit $E \in \mathcal{C}$. Dann gilt $\mathcal{M}(\mathcal{C}) = \sigma(\mathcal{C})$.

▶ **Beweis** Da jede σ-Algebra auch eine monotone Klasse ist, gilt

$$\mathcal{M}(\mathcal{C}) = \bigcap_{\substack{B \supset C \\ B \text{ ist monotone Klasse}}} B \subset \bigcap_{\substack{B \supset C \\ B \text{ ist } \sigma - \text{Algebra}}} B = \sigma(\mathcal{C}),$$

denn auf der rechten Seite wird der Schnitt über weniger Mengen als auf der linken Seite gebildet. Also gilt $\mathcal{M}(\mathcal{C}) \subset \sigma(\mathcal{C})$, und es bleibt die umgekehrte Inklusion zu zeigen.

Für die Inklusion $\sigma(\mathcal{C}) \subset \mathcal{M}(\mathcal{C})$ zeigen wir, dass $\mathcal{M}(\mathcal{C})$ eine σ-Algebra ist. Wir definieren das Mengensystem

$$\mathcal{M}_B := \{C \in \mathcal{M}(\mathcal{C}) : B \cap C \in \mathcal{M}(\mathcal{C})\} \quad \text{für } B \in \mathcal{M}(\mathcal{C}).$$

Per Konstruktion gilt $\mathcal{M}_B \subset \mathcal{M}(\mathcal{C})$. Außerdem ist $\mathcal{M}_B$ eine monotone Klasse; dazu haben wir die beiden Eigenschaften (M1) und (M2) aus Definition 5.4 nachzuweisen:

(M1) Es sei $(C_n)_{n \in \mathbb{N}} \subset \mathcal{M}_B$ eine aufsteigende Folge von Mengen. Dann ist die Folge $(B \cap C_n)_{n \in \mathbb{N}} \subset \mathcal{M}(\mathcal{C})$ ebenfalls aufsteigend. Für $C := \bigcup_{n \in \mathbb{N}} C_n$ folgt $C \in \mathcal{M}(\mathcal{C})$ und

$$B \cap C = B \cap \left(\bigcup_{n \in \mathbb{N}} C_n \right) = \bigcup_{n \in \mathbb{N}} (B \cap C_n) \in \mathcal{M}(\mathcal{C}),$$

und damit $C \in \mathcal{M}_B$.

(M2) Für $C, D \in \mathcal{M}_B$ mit $C \subset D$ gilt $B \cap C \in \mathcal{M}(\mathcal{C}), B \cap D \in \mathcal{M}(\mathcal{C})$ und $B \cap C \subset B \cap D$. Es folgt $D \setminus C \in \mathcal{M}(\mathcal{C})$ und

$$B \cap (D \setminus C) = (B \cap D) \setminus (B \cap C) \in \mathcal{M}(\mathcal{C}),$$

und damit $D \setminus C \in \mathcal{M}_B$.

Also ist $\mathcal{M}_B$ in der Tat eine monotone Klasse. Als nächstes zeigen wir, dass

$$\mathcal{M}(\mathcal{C}) = \mathcal{M}_B \quad \text{für alle } B \in \mathcal{M}(\mathcal{C}).$$

Dies beweisen wir in zwei Schritten:

(a) Zunächst sei $B \in \mathcal{C}$ beliebig. Für jedes $C \in \mathcal{C}$ gilt $B \cap C \in \mathcal{C} \subset \mathcal{M}(\mathcal{C})$, also $C \in \mathcal{M}_B$. Es folgt $\mathcal{C} \subset \mathcal{M}_B$, und damit $\mathcal{M}(\mathcal{C}) \subset \mathcal{M}_B$.

(b) Nun sei $B \in \mathcal{M}(\mathcal{C})$ beliebig. Für jedes $C \in \mathcal{C}$ gilt nach dem gerade gezeigten $B \in \mathcal{M}_C$, das heißt $B \cap C \in \mathcal{M}(\mathcal{C})$. Es folgt $C \in \mathcal{M}_B$. Also gilt $\mathcal{C} \subset \mathcal{M}_B$, und damit $\mathcal{M}(\mathcal{C}) \subset \mathcal{M}_B$.

Die monotone Klasse $\mathcal{M}(\mathcal{C})$ ist $\cap$-stabil. In der Tat, für $B, C \in \mathcal{M}(\mathcal{C})$ gilt $C \in \mathcal{M}_B$, und damit $B \cap C \in \mathcal{M}(\mathcal{C})$. Nun zeigen wir – wie angekündigt – dass $\mathcal{M}(\mathcal{C})$ eine σ-Algebra ist, indem wir die drei Eigenschaften $(\sigma 1)$–$(\sigma 3)$ aus Definition 2.5 nachweisen:

$(\sigma 1)$ Nach Voraussetzung gilt $E \in \mathcal{C} \subset \mathcal{M}(\mathcal{C})$.

$(\sigma 2)$ Für jedes $A \in \mathcal{M}(\mathcal{C})$ gilt $A \subset E$. Wegen $E \in \mathcal{M}(\mathcal{C})$ folgt $A^c = E \setminus A \in \mathcal{M}(\mathcal{C})$.

$(\sigma 3)$ Es sei $(A_n)_{n \in \mathbb{N}} \subset \mathcal{M}(\mathcal{C})$ eine Folge von Mengen. Wir definieren die aufsteigende Folge von Mengen $(B_n)_{n \in \mathbb{N}} \subset \mathfrak{P}(E)$ durch $B_n := \bigcup_{i=1}^{n} A_i$. Die monotone Klasse $\mathcal{M}(\mathcal{C})$ ist $\cap$-stabil, wie wir vorhin gezeigt haben. Da wir außerdem gerade gezeigt haben, dass $\mathcal{M}(\mathcal{C})$ abgeschlossen gegenüber Komplementbildung ist, folgt für jedes $n \in \mathbb{N}$ nach den De Morgan'schen Gesetzen (Lemma 2.2), dass

$$B_n = \bigcup_{i=1}^{n} A_i = \left(\bigcap_{i=1}^{n} A_i^c \right)^c \in \mathcal{M}(\mathcal{C}).$$

Da $\mathcal{M}(\mathcal{C})$ eine monotone Klasse ist, folgt hieraus

$$\bigcup_{n \in \mathbb{N}} A_n = \bigcup_{n \in \mathbb{N}} B_n \in \mathcal{M}(\mathcal{C}).$$

Also ist $\mathcal{M}(\mathcal{C})$ eine σ-Algebra über E, die das Mengensystem $\mathcal{C}$ umfasst. Da $\sigma(\mathcal{C})$ die kleinste σ-Algebra ist, die $\mathcal{C}$ umfasst, folgern wir die Inklusion $\sigma(\mathcal{C}) \subset \mathcal{M}(\mathcal{C})$. q.e.d.

Nun kommen wir zum angekündigten Beweis der Eindeutigkeitsaussage aus Satz 5.2.

Satz 5.9 (Eindeutigkeitssatz für Wahrscheinlichkeitsmaße)
Es seien μ und ν zwei Wahrscheinlichkeitsmaße auf $(E, \mathcal{E})$, und es sei $\mathcal{C} \subset \mathcal{E}$ ein $\cap$-stabiles Mengensystem mit $\mathcal{E} = \sigma(\mathcal{C})$ und $\mu|_{\mathcal{C}} = \nu|_{\mathcal{C}}$. Dann gilt $\mu = \nu$.

▶ **Beweis** Wir definieren das Mengensystem $\mathcal{C}' := \mathcal{C} \cup \{E\}$. Wegen $\mu(E) = \nu(E) = 1$ ist $\mathcal{C}'$ ein $\cap$-stabiles Mengensystem mit $E \in \mathcal{C}'$ und $\mu|_{\mathcal{C}'} = \nu|_{\mathcal{C}'}$. Weiterhin definieren wir das Mengensystem $\mathcal{B} \subset \mathcal{E}$ durch

$$\mathcal{B} := \{A \in \mathcal{E} : \mu(A) = \nu(A)\}.$$

Dann gilt $\mathcal{C}' \subset \mathcal{B}$. Außerdem ist $\mathcal{B}$ eine monotone Klasse über E, wie wir durch Nachweis der beiden Eigenschaften (M1) und (M2) aus Definition 5.4 bestätigen:

(M1) Für jede aufsteigende Folge $(A_n)_{n \in \mathbb{N}} \subset \mathcal{B}$ erhalten wir mit Satz 2.23 die Identitäten

$$\mu\left(\bigcup_{n \in \mathbb{N}} A_n \right) = \lim_{n \to \infty} \mu(A_n) = \lim_{n \to \infty} \nu(A_n) = \nu\left(\bigcup_{n \in \mathbb{N}} A_n \right),$$

und damit $\bigcup_{n \in \mathbb{N}} A_n \in \mathcal{B}$.

(M2) Für alle $A, B \in \mathcal{B}$ mit $A \subset B$ erhalten wir mit Satz 2.18 die Identitäten

$$\mu(B \setminus A) = \mu(B) - \mu(A) = \nu(B) - \nu(A) = \nu(B \setminus A),$$

und damit $B \setminus A \in \mathcal{B}$.

Also ist $\mathcal{B}$ eine monotone Klasse. Mit Satz 5.8 folgt

$$\mathcal{E} = \sigma(\mathcal{C}) \subset \sigma(\mathcal{C}') = \mathcal{M}(\mathcal{C}') \subset \mathcal{M}(\mathcal{B}) = \mathcal{B} \subset \mathcal{E}.$$

Also gilt $\mathcal{B} = \mathcal{E}$, und damit $\mu = \nu$. q.e.d.

5.2   Erzeugendensysteme der Borel'schen σ-Algebra

In Abschn. 4.1 haben wir die Borel'sche σ-Algebra als die von allen offenen reellen Teilmengen erzeugte σ-Algebra eingeführt. Im Folgenden wird es sich als nützlich erweisen, weitere Erzeugendensysteme kennenzulernen. Dazu führen wir die folgenden Mengensysteme über $\mathbb{R}$ ein. Es seien

$$\mathcal{I}_{(-\infty,\bullet]} := \{(-\infty, y] : y \in \mathbb{R}\},$$
$$\mathcal{I}_{(-\infty,\bullet)} := \{(-\infty, y) : y \in \mathbb{R}\},$$
$$\mathcal{I}_{(\bullet,\bullet)} := \{(x, y) : x, y \in \mathbb{R} \text{ mit } x < y\},$$
$$\mathcal{I}_{(\bullet,\bullet]}^{\infty} := \{(x, y] : -\infty \leq x \leq y \leq \infty\},$$
$$\mathcal{A} := \{I_1 \cup \ldots \cup I_n : n \in \mathbb{N} \text{ und } I_1, \ldots, I_n \in \mathcal{I}_{(\bullet,\bullet]}^{\infty}$$
$$\text{sind paarweise disjunkt}\}.$$

Hierbei benutzen wir die Konventionenen

$$(x, \infty] := (x, \infty) \quad \text{für } x \in \mathbb{R} \text{ oder } x = -\infty,$$
$$(x, x] := \emptyset \quad \text{für } x \in \mathbb{R} \text{ oder } x \in \{-\infty, \infty\}.$$

Für den Beweis des folgenden Resultates vereinbaren wir außerdem, dass

$$x + \infty := \infty, \quad \infty + x := \infty, \quad x - \infty := -\infty \text{ und } \quad -\infty + x := -\infty$$

für $x \in \mathbb{R}$.

Satz 5.10

Das Mengensystem $\mathcal{A}$ ist eine Algebra über $\mathbb{R}$, und es gilt

$$\mathcal{B}(\mathbb{R}) = \sigma(\mathcal{I}_{(\bullet,\bullet)}) = \sigma(\mathcal{I}_{(-\infty,\bullet]}) = \sigma(\mathcal{I}_{(-\infty,\bullet)}) = \sigma(\mathcal{A}).$$

▶ **Beweis**   Per Konstruktion ist klar, dass $\mathcal{A}$ eine Algebra über $\mathbb{R}$ mit $\mathcal{I}_{(\bullet,\bullet]}^{\infty} \subset \mathcal{A}$ ist. Mit Satz 2.11 folgt, dass $\sigma(\mathcal{I}_{(\bullet,\bullet]}^{\infty}) \subset \sigma(\mathcal{A})$. Umgekehrt gilt $\mathcal{A} \subset \sigma(\mathcal{I}_{(\bullet,\bullet]}^{\infty})$, und mit Satz 2.11 folgt, dass $\sigma(\mathcal{A}) \subset \sigma(\mathcal{I}_{(\bullet,\bullet]}^{\infty})$. Damit haben wir schon einmal bewiesen, dass $\sigma(\mathcal{I}_{(\bullet,\bullet]}^{\infty}) = \sigma(\mathcal{A})$.

Nach dem Lemma von Lindelöf (Satz A.33 aus Anhang A.4) hat jede offene Menge $O \in \mathcal{O}$ eine Darstellung $O = \bigcup_{n \in \mathbb{N}} I_n$ mit $I_n \in \mathcal{I}_{(\bullet,\bullet)}$ für alle $n \in \mathbb{N}$. Also gilt $\mathcal{O} \subset \sigma(\mathcal{I}_{(\bullet,\bullet)})$, und Satz 2.11 besagt, dass $\mathcal{B}(\mathbb{R}) \subset \sigma(\mathcal{I}_{(\bullet,\bullet)})$.

Für jede Menge $(x, y) \in \mathcal{I}_{(\bullet,\bullet)}$ erhalten wir

$$(x, y) = \bigcup_{n \in \mathbb{N}} \left(x, y - \frac{1}{n} \right] \in \sigma(\mathcal{I}_{(\bullet, \bullet]}^{\infty}).$$

Also gilt $\mathcal{I}_{(\bullet, \bullet)} \subset \sigma(\mathcal{I}_{(\bullet, \bullet]}^{\infty})$, und Satz 2.11 besagt, dass $\sigma(\mathcal{I}_{(\bullet, \bullet)}) \subset \sigma(\mathcal{I}_{(\bullet, \bullet]}^{\infty})$. Nun sei $(x, y] \in \mathcal{I}_{(\bullet, \bullet]}^{\infty}$ beliebig. Dann ist

$$(x, y] = (-\infty, y] \setminus (-\infty, x] \in \sigma(\mathcal{I}_{(-\infty, \bullet]}).$$

Also gilt $\mathcal{I}_{(\bullet, \bullet]}^{\infty} \subset \sigma(\mathcal{I}_{(-\infty, \bullet]})$, und Satz 2.11 besagt, dass $\sigma(\mathcal{I}_{(\bullet, \bullet]}^{\infty}) \subset \sigma(\mathcal{I}_{(-\infty, \bullet]})$.

Für jede Menge $(-\infty, y] \in \mathcal{I}_{(-\infty, \bullet]}$ gilt

$$(-\infty, y] = \bigcap_{n \in \mathbb{N}} \left(-\infty, y + \frac{1}{n} \right) \in \sigma(\mathcal{I}_{(-\infty, \bullet)}).$$

Also ist $\mathcal{I}_{(-\infty, \bullet]} \subset \sigma(\mathcal{I}_{(-\infty, \bullet)})$, und Satz 2.11 besagt, dass $\sigma(\mathcal{I}_{(-\infty, \bullet]}) \subset \sigma(\mathcal{I}_{(-\infty, \bullet)})$.

Es gilt $\mathcal{I}_{(-\infty, \bullet)} \subset \mathcal{O}$, und somit erhalten wir mit Hilfe von Satz 2.11 die Inklusion $\sigma(\mathcal{I}_{(-\infty, \bullet)}) \subset \mathcal{B}(\mathbb{R})$. Damit sind alle Inklusionen bewiesen. q.e.d.

5.3 Verteilungsfunktionen

In diesem Abschnitt werden wir Verteilungsfunktionen einführen und – wie angekündigt – zeigen, dass eine Bijektion zwischen sämlichen Wahrscheinlichkeitsmaßen auf der reellen Achse und den Verteilungsfunktionen besteht. Ein Wahrscheinlichkeitsmaß auf $(\mathbb{R}, \mathcal{B}(\mathbb{R}))$ werden wir im Folgenden auch eine *Verteilung* nennen.

Definition 5.11

Eine Funktion $F : \mathbb{R} \to [0, 1]$ heißt eine *Verteilungsfunktion*, falls gilt:
(V1) F ist monoton wachsend, das heißt $F(x) \leq F(y)$ für alle $x, y \in \mathbb{R}$ mit $x \leq y$.
(V2) F ist rechtsstetig, das heißt, für alle $x \in \mathbb{R}$ gilt $F(x) = \lim_{y \downarrow x} F(y)$.
(V3) Es gilt $F(-\infty) := \lim_{x \to -\infty} F(x) = 0$ und $F(\infty) := \lim_{x \to \infty} F(x) = 1$.

Satz 5.12

Es sei μ ein Wahrscheinlichkeitsmaß auf $(\mathbb{R}, \mathcal{B}(\mathbb{R}))$. Dann ist die Funktion

$$F : \mathbb{R} \to [0, 1], \quad F(x) := \mu((-\infty, x])$$

eine Verteilungsfunktion.

▶ **Beweis** Es sind die drei Eigenschaften (V1)–(V3) aus Definition 5.11 nachzuweisen:

(V1) Für $x, y \in \mathbb{R}$ mit $x \leq y$ gilt wegen $(-\infty, x] \subset (-\infty, y]$ und Satz 2.18, dass

$$F(x) = \mu((-\infty, x]) \leq \mu((-\infty, y]) = F(y).$$

(V2) Es seien $x \in \mathbb{R}$ und $(x_n)_{n \in \mathbb{N}} \subset \mathbb{R}$ eine monoton fallende Folge mit $x_n \to x$. Dann gilt $(-\infty, x_n] \downarrow (-\infty, x]$, und wegen der Stetigkeit von μ (Satz 2.23) folgt

$$F(x_n) = \mu((-\infty, x_n]) \to \mu((-\infty, x]) = F(x).$$

(V3) Es sei $(x_n)_{n \in \mathbb{N}} \subset \mathbb{R}$ eine monoton fallende Folge mit $x_n \to -\infty$. Dann gilt $(-\infty, x_n] \downarrow \emptyset$, und wegen der Stetigkeit von μ (Satz 2.23) folgt

$$F(x_n) = \mu((-\infty, x_n]) \to 0.$$

Weiterhin sei $(x_n)_{n \in \mathbb{N}} \subset \mathbb{R}$ eine monoton wachsende Folge mit $x_n \to \infty$. Dann gilt $(-\infty, x_n] \uparrow \mathbb{R}$, und wegen der Stetigkeit von μ (Satz 2.23) folgt

$$F(x_n) = \mu((-\infty, x_n]) \to 1.$$

q.e.d.

Erstaunlicherweise gilt von Satz 5.12 auch die Umkehrung, und zwar existiert zu jeder Verteilungsfunktion ein eindeutig bestimmtes zugehöriges Wahrscheinlichkeitsmaß. Für den anspruchsvollen Beweis dieses Resulates werden wir die endliche Durchschnittseigenschaft kompakter Mengen benutzen.

Satz 5.13

Es sei $F : \mathbb{R} \to [0, 1]$ eine Verteilungsfunktion. Dann existiert genau ein Wahrscheinlichkeitsmaß μ auf $(\mathbb{R}, \mathcal{B}(\mathbb{R}))$, so dass

$$F(x) = \mu((-\infty, x]) \quad \text{für alle } x \in \mathbb{R}.$$

▶ **Beweis** Es sei $\mathcal{A}$ die in Abschn. 5.2 eingefürte Algebra über $\mathbb{R}$. Wir definieren die Funktion $\mu_0 : \mathcal{A} \to [0, 1]$ wie folgt. Für ein Intervall $(x, y] \in \mathcal{I}^\infty_{(\bullet, \bullet]}$ setzen wir

$$\mu_0((x, y]) := F(y) - F(x),$$

und für eine Menge $A = I_1 \cup \ldots \cup I_n \in \mathcal{A}$ setzen wir

$$\mu_0(A) := \sum_{j=1}^{n} \mu_0(I_j).$$

Unser Ziel ist nun zu beweisen, dass μ_0 ein Prämaß auf $(\mathbb{R}, \mathcal{A})$ ist. Dazu zeigen wir zunächst, dass μ_0 eine endlich-additive Mengenfunktion auf $(\mathbb{R}, \mathcal{A})$ ist. In der Tat, die beiden Eigenschaften (P1) und (P2) aus Definition 2.17 sind erfüllt:

(P1) Es gilt

$$\mu_0(\mathbb{R}) = \mu_0((-\infty, \infty)) = F(\infty) - F(-\infty) = 1 - 0 = 1.$$

(P2) Für zwei beliebige, disjunkte Mengen $A, B \in \mathcal{A}$ existieren $m, n \in \mathbb{N}$ mit $m < n$ und paarweise disjunkte Mengen $I_1, \ldots, I_n \in \mathcal{I}_{(\bullet, \bullet]}^{\infty}$, so dass

$$A = \bigcup_{j=1}^{m} I_j \quad \text{und} \quad B = \bigcup_{k=m+1}^{n} I_k.$$

Also gilt

$$\mu_0(A \cup B) = \mu_0\left(\left(\bigcup_{j=1}^{m} I_j\right) \cup \left(\bigcup_{k=m+1}^{n} I_k\right)\right) = \mu_0\left(\bigcup_{j=1}^{n} I_j\right)$$

$$= \sum_{j=1}^{n} \mu_0(I_j) = \sum_{j=1}^{m} \mu_0(I_j) + \sum_{k=m+1}^{n} \mu_0(I_k) = \mu_0(A) + \mu_0(B).$$

Als Nächstes werden wir die Stetigkeit der endlich-additiven Mengenfunktion μ_0 nachweisen. Sobald uns dies gelungen ist, liefert eine Anwendung von Satz 2.3 (der ja auch für Mengenfunktionen auf Algebren gilt), dass μ_0 ein Prämaß auf $\mathcal{A}$ ist. Zum Nachweis der Stetigkeit von μ_0 sei $(A_n)_{n \in \mathbb{N}} \subset \mathcal{A}$ eine Folge von Mengen mit $A_n \downarrow \emptyset$. Unser Ziel ist es zu zeigen, dass $\mu_0(A_n) \to 0$. Die Kunst wird hierbei darin bestehen, die Mengen A_n so zu zerlegen, dass wir die behauptete Konvergenz anhand der Eigenschaften der Verteilungsfunktion F nachweisen können. Es wird wesentlich sein zu zeigen, dass ein Bestandteil dieser Zerlegungen ab einem Index $n_0 \in \mathbb{N}$ verschwindet; hierzu ist die endliche Durchschnittseigenschaft kompakter Mengen entscheidend.

Es sei $\epsilon > 0$ beliebig. Zu jedem $n \in \mathbb{N}$ gibt es ein $k_n \in \mathbb{N}$ und $-\infty \leq x_j^n \leq y_j^n \leq \infty$, $j = 1, \ldots, k_n$ so dass

$$A_n = \bigcup_{j=1}^{k_n} (x_j^n, y_j^n].$$

Wegen $F(-\infty) = 0$ und $F(\infty) = 1$ existiert ein $z \in \mathbb{R}$, so dass

$$F(-z) < \frac{\epsilon}{3} \quad \text{und} \quad 1 - F(z) < \frac{\epsilon}{3}.$$

Wegen der Rechtsstetigkeit von F existiert zu jedem $n \in \mathbb{N}$ und jedem $j = 1, \ldots, k_n$ eine reelle Zahl $a_j^n \in (x_j^n, y_j^n]$ mit

$$F(a_j^n) - F(x_j^n) < \frac{\epsilon}{3 \cdot 2^{j+n}}.$$

Wir definieren die Mengen $(B_n)_{n\in\mathbb{N}} \subset \mathcal{A}$ und $(C_n)_{n\in\mathbb{N}} \subset \mathcal{A}$ durch

$$B_n := \bigcup_{j=1}^{k_n} ((a_j^n, y_j^n] \cap (-z, z]) \quad \text{und} \quad C_n := B_1 \cap \ldots \cap B_n.$$

Nach Beispiel 112 und Satz A.39 aus Anhang A.4 gelten für alle $n \in \mathbb{N}$ die Inklusionen

$$\overline{C_n} \subset \overline{(-z, z]} = [-z, z] \quad \text{und}$$
$$\overline{C_n} = \overline{B_1 \cap \ldots \cap B_n} \subset \overline{B_1} \cap \ldots \cap \overline{B_n} \subset A_1 \cap \ldots \cap A_n = A_n,$$

also insbesondere $\bigcap_{n\in\mathbb{N}} \overline{C_n} = \emptyset$. Da das Intervall $[-z, z]$ nach dem Satz von Heine-Borel (Satz A.43 aus Anhang A.4) kompakt ist, existiert nach der endlichen Durchschnittseigenschaft kompakter Mengen (Satz A.44 aus Anhang A.4) eine endliche Teilmenge $J \subset \mathbb{N}$ mit $\bigcap_{n\in J} \overline{C_n} = \emptyset$. Da die Folge $(C_n)_{n\in\mathbb{N}}$ absteigend ist, ist nach Satz A.39 aus Anhang A.4 die Folge $(\overline{C_n})_{n\in\mathbb{N}}$ ebenfalls absteigend. Also existiert ein Index $n_0 \in \mathbb{N}$, so dass $\overline{C_n} = \emptyset$ für alle $n \geq n_0$. Für jedes $n \geq n_0$ folgt, dass

$$A_n = A_n \setminus C_n = A_n \cap C_n^c = A_n \cap \left(\bigcap_{m=1}^{n} B_m \right)^c = A_n \cap \left(\bigcup_{m=1}^{n} B_m^c \right)$$
$$= \bigcup_{m=1}^{n} (A_n \cap B_m^c) = \bigcup_{m=1}^{n} (A_n \setminus B_m) \subset \bigcup_{m=1}^{n} (A_m \setminus B_m).$$

Hierbei gilt die letzte Inklusion, da die Folge $(A_n)_{n\in\mathbb{N}}$ absteigend ist. Für jedes $m \in \mathbb{N}$ gilt

$$A_m \setminus B_m = \left(\bigcup_{j=1}^{k_m} (x_j^m, y_j^m] \right) \setminus \left(\bigcup_{j=1}^{k_m} ((a_j^m, y_j^m] \cap (-z, z]) \right)$$
$$\subset \left(\bigcup_{j=1}^{k_m} (x_j^m, a_j^m] \right) \cup (-\infty, -z] \cup (z, \infty).$$

Also gilt für alle $n \geq n_0$, dass

$$A_n \subset \left(\bigcup_{m=1}^{n} \bigcup_{j=1}^{k_m} (x_j^m, a_j^m] \right) \cup (-\infty, -z] \cup (z, \infty).$$

Wegen der Subadditivität von μ_0 folgt für alle $n \geq n_0$, dass

$$\mu_0(A_n) \leq \sum_{m=1}^{n} \sum_{j=1}^{k_m} \mu_0((x_j^m, a_j^m]) + \mu_0((-\infty, -z]) + \mu_0((z, \infty))$$

$$= \sum_{m=1}^{n} \sum_{j=1}^{k_m} \underbrace{\left(F(a_j^m) - F(x_j^m) \right)}_{< \frac{\epsilon}{3 \cdot 2^{j+m}}} + \underbrace{F(-z)}_{< \frac{\epsilon}{3}} + \underbrace{1 - F(z)}_{< \frac{\epsilon}{3}}$$

$$< \frac{\epsilon}{3} \underbrace{\sum_{m=1}^{n} \left(\frac{1}{2^m} \sum_{j=1}^{k_m} \frac{1}{2^j} \right)}_{<1 \text{ (geometrische Reihe)}} + \frac{\epsilon}{3} + \frac{\epsilon}{3} < \epsilon.$$

Hierbei beachten wir im letzten Schritt, dass wegen der geometrischen Reihe (Satz A.12 aus Anhang A.1)

$$\sum_{k=1}^{\infty} \frac{1}{2^k} = 1$$

gilt. Insgesamt haben wir gezeigt, dass $\mu_0(A_n) \to 0$. Nach Satz 2.23 ist μ_0 ein Prämaß auf $(\mathbb{R}, \mathcal{A})$. Da das Mengensystem $\mathcal{A}$ nach Satz 5.10 eine Algebra über $\mathbb{R}$ mit $\mathcal{B}(\mathbb{R}) = \sigma(\mathcal{A})$ ist, folgt nach Satz 5.2, dass ein eindeutig bestimmtes Wahrscheinlichkeitsmaß μ auf $(\mathbb{R}, \mathcal{B}(\mathbb{R}))$ mit $\mu|_{\mathcal{A}} = \mu_0$. existiert. Dieses Wahrscheinlichkeitsmaß hat nach der Konstruktion von μ_0 die Verteilungsfunktion F und ist nach den Sätzen 5.9 und 5.10 eindeutig bestimmt mit dieser Eigenschaft. q.e.d.

Die Sätze 5.12 und 5.13 zeigen, dass eine Bijektion zwischen sämtlichen Wahrscheinlichkeitsmaßen auf $(\mathbb{R}, \mathcal{B}(\mathbb{R}))$ und sämtlichen Verteilungsfunktionen besteht.

Definition 5.14
Ein Wahrscheinlichkeitsmaß μ wie in Satz 5.13 nennen wir ein Wahrscheinlichkeitsmaß mit Verteilungsfunktion F.

Eine Verteilungsfunktion braucht nicht stetig zu sein. Das folgende Resultat zeigt jedoch, dass die linksseitigen Grenzwerte stets existieren:

Satz 5.15
Es sei F eine Verteilungsfunktion. Für jedes $x \in \mathbb{R}$ existiert der linksseitige Grenzwert $F(x-) := \lim_{y \uparrow x} F(y)$.

▶ **Beweis** Es seien $x \in \mathbb{R}$ eine reelle Zahl und $(x_n)_{n \in \mathbb{N}} \subset \mathbb{R}$ eine monoton wachsende Folge mit $x_n \to x$. Da F eine monoton wachsende Funktion mit $F(\infty) = 1$ ist, ist die Folge $(F(x_n))_{n \in \mathbb{N}}$ monoton wachsend und beschränkt, damit also konvergent mit Limes $F(x-) = \sup_{y < x} F(y)$. q.e.d.

Das folgende Resultat zeigt, wie wir für ein Wahrscheinlichkeitsmaß μ mit Verteilungs-funktion F die Wahrscheinlichkeiten einiger typischer Borel-Mengen berechnen können:

Satz 5.16

Es sei μ eine Verteilung auf $(\mathbb{R}, \mathcal{B}(\mathbb{R}))$ mit Verteilungsfunktion F. Dann gelten die folgenden Aussagen:

(a) Für jedes $x \in \mathbb{R}$ gelten

$$\mu((-\infty, x]) = F(x),$$
$$\mu((-\infty, x)) = F(x-),$$
$$\mu((x, \infty)) = 1 - F(x),$$
$$\mu([x, \infty)) = 1 - F(x-).$$

(b) Für jedes $x \in \mathbb{R}$ gilt

$$\mu(\{x\}) = F(x) - F(x-).$$

(c) Für alle $x, y \in \mathbb{R}$ mit $x < y$ gelten

$$\mu((x, y]) = F(y) - F(x),$$
$$\mu([x, y]) = F(y) - F(x-),$$
$$\mu((x, y)) = F(y-) - F(x),$$
$$\mu([x, y)) = F(y-) - F(x-).$$

▶ **Beweis** Wir werden im Beweis mehrfach von den Rechenregeln aus Satz 2.18 Gebrauch machen.

(a) Die Identität $\mu((-\infty, x]) = F(x)$ folgt aus Definition 5.11. Außerdem gilt $(-\infty, x - \frac{1}{n}] \uparrow (-\infty, x)$. Wegen der Stetigkeit des Wahrscheinlichkeitsmaßes μ (Satz 2.23) folgt

$$\mu((-\infty, x)) = \lim_{n \to \infty} \mu\left(\left(-\infty, x - \frac{1}{n}\right]\right) = \lim_{n \to \infty} F\left(x - \frac{1}{n}\right) = F(x-).$$

Es gilt $(x, \infty) = \mathbb{R} \setminus (-\infty, x]$, und somit folgt

$$\mu((x, \infty)) = 1 - \mu((-\infty, x]) = 1 - F(x).$$

Weiterhin gilt $[x, \infty) = \mathbb{R} \setminus (-\infty, x)$, und wir erhalten

$$\mu([x, \infty)) = 1 - \mu((-\infty, x)) = 1 - F(x-).$$

(b) Es gilt $\{x\} = (-\infty, x] \setminus (-\infty, x)$, und somit folgt

$$\mu(\{x\}) = \mu((-\infty, x]) - \mu((-\infty, x)) = F(x) - F(x-).$$

(c) Es gilt $(x, y] = (-\infty, y] \setminus (-\infty, x]$, und somit folgt

$$\mu((x, y]) = \mu((-\infty, y]) - \mu((-\infty, x]) = F(y) - F(x).$$

Es gilt $[x, y] = (-\infty, y] \setminus (-\infty, x)$, und somit folgt

$$\mu([x, y]) = \mu((-\infty, y]) - \mu((-\infty, x)) = F(y) - F(x-).$$

Es gilt $(x, y) = (-\infty, y) \setminus (-\infty, x]$, und somit folgt

$$\mu((x, y)) = \mu((-\infty, y)) - \mu((-\infty, x]) = F(y-) - F(x).$$

Schlussendlich gilt $[x, y) = (-\infty, y) \setminus (-\infty, x)$, und es folgt

$$\mu([x, y)) = \mu((-\infty, y)) - \mu((-\infty, x)) = F(y-) - F(x-).$$

$$\text{q.e.d.}$$

Satz 5.16 zeigt, dass die Wahrscheinlichkeit eines halboffenenen Intervalls $(x, y]$ gegeben ist durch

$$\mu((x, y]) = F(y) - F(x).$$

Dies ist sozusagen der „Normalfall"; bei allen anderen Arten von Intervallen erhalten wir die gesuchte Wahrscheinlichkeit dadurch, dass wir gegebenenfalls zum linksseitigen Grenzwert der Verteilungsfunktion übergehen. Ist die Verteilungsfunktion F stetig, so ergeben alle vier Arten von Intervallen dieselbe Wahrscheinlichkeit, und zwar

$$\mu((x, y]) = \mu([x, y]) = \mu((x, y)) = \mu([x, y)) = F(y) - F(x).$$

Da jede Verteilungsfunktion F rechtsstetig ist und die linksseitigen Grenzwerte $F(x-)$ in jedem Punkte $x \in \mathbb{R}$ existieren, ist die Menge der Unstetigkeitsstellen von F gegeben durch

$$\Delta_F := \{x \in \mathbb{R} : F(x-) \neq F(x)\}.$$

Das folgende Resultat zeigt, dass diese Menge höchstens abzählbar ist.

Satz 5.17

Für jede Verteilungsfunktion F ist die Menge Δ_F der Unstetigkeitsstellen höchstens abzählbar.

▶ **Beweis** Es sei μ das nach Satz 5.13 eindeutig bestimmte Wahrscheinlichkeitsmaß auf $(\mathbb{R}, \mathcal{B}(\mathbb{R}))$ mit Verteilungsfunktion F. Nach Satz 5.16 gilt

$$\Delta_F = \{x \in \mathbb{R} : \mu(\{x\}) > 0\}.$$

Die einpunktigen Mengen $(\{x\})_{x \in \mathbb{R}} \subset \mathcal{B}(\mathbb{R})$ sind paarweise disjunkt. Also ist die Menge Δ_F nach Satz 2.27 höchstens abzählbar.   q.e.d.

5.4   Diskrete Verteilungen

In diesem Abschnitt zeigen wir, wie die diskreten Verteilungen, die wir in Kap. 3 kennengelernt haben, als Verteilungen auf der reellen Achse aufgefasst werden können. Es seien $E \subset \mathbb{R}$ eine höchstens abzählbare Menge und $\mathcal{E} := \mathfrak{P}(E)$ ihre Potenzmenge als σ-Algebra.

Satz 5.18

Es sei μ eine diskrete Verteilung auf $(E, \mathcal{E})$ mit stochastischem Vektor π. Dann ist die Funktion

$$\nu : \mathcal{B}(\mathbb{R}) \to [0, 1], \quad \nu(B) := \sum_{k \in B \cap E} \pi(k)$$

eine Verteilung auf $(\mathbb{R}, \mathcal{B}(\mathbb{R}))$ mit Verteilungsfunktion

$$F : \mathbb{R} \to [0, 1], \quad F(x) = \sum_{k \in (-\infty, x] \cap E} \pi(k).$$

Außerdem gilt $\mathcal{E} \subset \mathcal{B}(\mathbb{R})$ und $\mu = \nu|_{\mathcal{E}}$.

▶ **Beweis** Wir verifizieren die beiden Eigenschaften (W1) und (W2) eines Wahrscheinlichkeitsmaßes aus Definition 2.20:

(W1) Es gilt $\nu(\mathbb{R}) = \sum_{k \in E} \pi(k) = 1$.

(W2) Es sei $(B_n)_{n \in \mathbb{N}} \subset \mathcal{E}$ eine Folge paarweise disjunkter Ereignisse. Wir setzen $B := \bigcup_{n \in \mathbb{N}} B_n$. Wegen der unbedingten Konvergenz der Reihe gilt

$$\nu\left(\bigcup_{n \in \mathbb{N}} B_n\right) = \nu(B) = \sum_{k \in B \cap E} \pi(k) = \sum_{n \in \mathbb{N}} \sum_{k \in B_n \cap E} \pi(k) = \sum_{n \in \mathbb{N}} \nu(B_n).$$

Also ist ν ein Wahrscheinlichkeitsmaß auf $(\mathbb{R}, \mathcal{B}(\mathbb{R}))$. Für jedes $x \in \mathbb{R}$ gilt

$$F(x) = \sum_{k \in (-\infty, x] \cap E} \pi(k) = \nu((-\infty, x]),$$

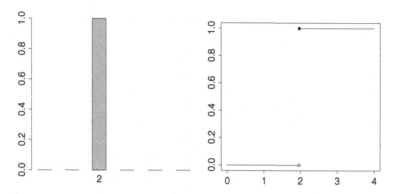

Abb. 5.1 Stochastischer Vektor und Verteilungsfunktion der Dirac-Verteilung δ_2

was zeigt, dass ν die Verteilungsfunktion F besitzt. Nach Satz 4.3 ist jede höchstens abzählbare Menge eine Borel-Menge. Folglich gilt $\mathcal{E} \subset \mathcal{B}(\mathbb{R})$, und für jede Menge $B \in \mathcal{E}$ erhalten wir

$$\mu(B) = \sum_{k \in B} \pi(k) = \sum_{k \in B \cap E} \pi(k) = \nu(B),$$

was $\mu = \nu|_{\mathcal{E}}$ beweist.   q.e.d.

Folglich können wir sämtliche in Abschn. 3.1 kennengelernten diskreten Verteilungen als Verteilungen auf der reellen Achse auffassen. Wir bestimmen nun für einige diskrete Verteilungen deren Verteilungsfunktionen.

▶ **Beispiel 35** Die Dirac-Verteilung δ_μ im Punkte $\mu \in \mathbb{R}$ hat die Verteilungsfunktion (Abb. 5.1)

$$F: \mathbb{R} \to [0, 1], \quad F(x) = \begin{cases} 0, & x \in (-\infty, \mu), \\ 1, & x \in [\mu, \infty). \end{cases}$$

▶ **Beispiel 36** Die Bernoulli-Verteilung $\mathrm{Ber}(p)$ hat die Verteilungsfunktion (Abb. 5.2)

$$F: \mathbb{R} \to [0, 1], \quad F(x) = \begin{cases} 0, & x \in (-\infty, 0), \\ 1 - p, & x \in [0, 1), \\ 1, & x \in [1, \infty). \end{cases}$$

▶ **Beispiel 37** Die diskrete Gleichverteilung $\mathrm{UD}(\{1, \ldots, n\})$ hat die Verteilungsfunktion (Abb. 5.3)

$$F: \mathbb{R} \to [0, 1], \quad F(x) = \begin{cases} 0, & x \in (-\infty, 1), \\ \frac{k}{n}, & x \in [k, k+1) \text{ für } k = 1, \ldots, n-1, \\ 1, & x \in [n, \infty). \end{cases}$$

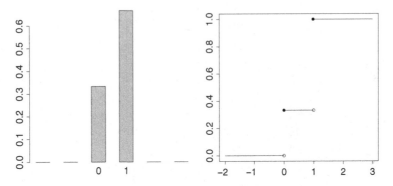

Abb. 5.2 Stochastischer Vektor und Verteilungsfunktion der Bernoulli-Verteilung Ber($\frac{2}{3}$)

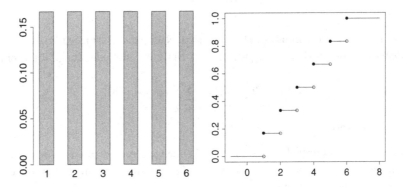

Abb. 5.3 Stochastischer Vektor und Verteilungsfunktion der diskreten Gleichverteilung $UD(\{1, 2, 3, 4, 5, 6\})$

▶ **Beispiel 38** Die geometrische Verteilung Geo(p) hat die Verteilungsfunktion

$$F : \mathbb{R} \to [0, 1], \quad F(x) = \begin{cases} 0, & x \in (-\infty, 0), \\ 1 - (1 - p)^{n+1}, & x \in [n, n + 1) \text{ für } n \in \mathbb{N}_0. \end{cases}$$

In der Tat, wir setzen $q := 1 - p$ und bezeichnen mit $\pi : \mathbb{N}_0 \to [0, 1]$ den zugehörigen stochastischen Vektor. Mit der geometrischen Summenformel (Satz A.11 aus Anhang A.1) erhalten wir für jedes $n \in \mathbb{N}_0$ die Identität

$$\sum_{k=n}^{\infty} \pi(k) = 1 - \sum_{k=0}^{n-1} \pi(k) = 1 - p \sum_{k=0}^{n-1} q^k = 1 - p \cdot \frac{1 - q^n}{1 - q} = q^n = (1 - p)^n,$$

woraus sich die angegebene Verteilungsfunktion ergibt.

5.5 Absolutstetige Verteilungen

In diesem Abschnitt bestimmen wir die Verteilungsfunktionen absolutstetiger Verteilungen, die wir in Kap. 4 kennengelernt haben. Wir erinnern daran, dass gemäß Definition 4.6 eine Riemann-integrierbare Funktion $f : \mathbb{R} \to \mathbb{R}$ eine Dichte heißt, falls gilt:

(a) $f \geq 0$.
(b) $\int_{-\infty}^{\infty} f(x)dx = 1$.

Satz 5.19

Es sei $f : \mathbb{R} \to \mathbb{R}$ eine Dichte. Dann ist die Funktion

$$F : \mathbb{R} \to [0, 1], \quad F(x) := \int_{-\infty}^{x} f(y)dy$$

eine Verteilungsfunktion.

▶ **Beweis** Wir verifizieren, dass die drei Eigenschaften (V1)–(V3) einer Verteilungsfunktion aus Definition 5.11 erfüllt sind:

(V1) Für alle $x, y \in \mathbb{R}$ mit $x \leq y$ gilt

$$F(x) = \int_{-\infty}^{x} f(z)dz \leq \int_{-\infty}^{y} f(z)dz = F(y).$$

Also ist F monoton wachsend.

(V2) Die Funktion F ist stetig, und damit insbesondere rechtsstetig.

(V3) Wir erhalten die Grenzwerte

$$\lim_{x \to -\infty} F(x) = \lim_{x \to -\infty} \int_{-\infty}^{x} f(y)dy = 0$$

und

$$\lim_{x \to \infty} F(x) = \lim_{x \to \infty} \int_{-\infty}^{x} f(y)dy = \int_{-\infty}^{\infty} f(y)dy = 1.$$

q.e.d.

Der Beweis des Satzes 4.5 aus unserem vorherigen Kapitel, der Existenz und Eindeutigkeit eines zu einer Dichte gehörigen Wahrscheinlichkeitsmaßes behauptet, ist nun eine unmittelbare Konsequenz aus den Sätzen 5.13 und 5.19.

Wir betrachten nun Beispiele, in denen wir die Verteilungsfunktion einiger absolutstetiger Verteilungen berechnen:

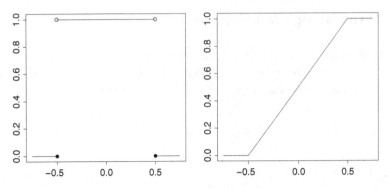

Abb. 5.4 Dichte und Verteilungsfunktion der Gleichverteilung $UC(-\frac{1}{2}, \frac{1}{2})$

▶ **Beispiel 39**　Die Gleichverteilung $UC(a, b)$ hat die Verteilungsfunktion

$$F(x) = \begin{cases} 0, & x \in (-\infty, a], \\ \frac{x-a}{b-a}, & x \in (a, b), \\ 1, & x \in [b, \infty). \end{cases}$$

▶ **Beweis**　Für jedes $x \in (a, b)$ gilt

$$\int_{-\infty}^{x} f(y)dy = \int_{a}^{x} \frac{1}{b-a}dy = \frac{x-a}{b-a}.$$

Folglich hat $UC(a, b)$ die Verteilungsfunktion F (Abb. 5.4).　　　　　　　　　q.e.d.

▶ **Beispiel 40**　Die Dreiecksverteilung $\Delta(a, c, b)$ hat die Verteilungsfunktion

$$F(x) = \begin{cases} 0, & x \in (-\infty, a], \\ \frac{(x-a)^2}{(b-a)(c-a)}, & x \in (a, c], \\ 1 - \frac{(b-x)^2}{(b-a)(b-c)}, & x \in (c, b], \\ 1, & x \in (b, \infty). \end{cases}$$

▶ **Bewies**　Für jedes $x \in (a, c]$ gilt

$$\int_{-\infty}^{x} f(y)dy = \int_{a}^{x} \frac{2(y-a)}{(b-a)(c-a)}dy = \frac{(y-a)^2}{(b-a)(c-a)}\Big|_{y=a}^{y=x} = \frac{(x-a)^2}{(b-a)(c-a)}.$$

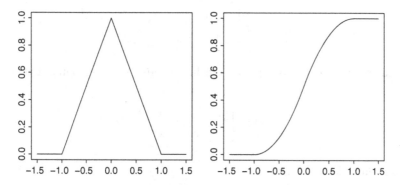

Abb. 5.5   Dichte und Verteilungsfunktion der Dreiecksverteilung $\Delta(-1, 1)$

Folglich erhalten wir für jedes $x \in (c, b]$, dass

$$
\int_{-\infty}^{x} f(y)dy = \int_{-\infty}^{c} f(y)dy + \int_{c}^{x} f(y)dy
$$

$$
= \frac{(c-a)^2}{(b-a)(c-a)} + \int_{c}^{x} \frac{2(b-y)}{(b-a)(b-c)}dy = \frac{(c-a)^2}{(b-a)(c-a)} - \frac{(b-y)^2}{(b-a)(b-c)}\Big|_{y=c}^{y=x}
$$

$$
= \frac{(c-a)^2}{(b-a)(c-a)} - \left(\frac{(b-x)^2}{(b-a)(b-c)} - \frac{(b-c)^2}{(b-a)(b-c)} \right)
$$

$$
= \frac{c-a}{b-a} + \frac{b-c}{b-a} - \frac{(b-x)^2}{(b-a)(b-c)}
$$

$$
= \frac{b-a}{b-a} - \frac{(b-x)^2}{(b-a)(b-c)} = 1 - \frac{(b-x)^2}{(b-a)(b-c)}.
$$

Folglich hat $\Delta(a, c, b)$ die Verteilungsfunktion F (Abb. 5.5).   q.e.d.

▶ **Beispiel 41**   Die Exponentialverteilung $\text{Exp}(\lambda)$ hat die Verteilungsfunktion

$$
F(x) = \begin{cases} 1 - e^{-\lambda x}, & x \geq 0, \\ 0, & x < 0. \end{cases}
$$

▶ **Beweis**   Für jedes $x \geq 0$ gilt

$$
\int_{-\infty}^{x} f(y)dy = \int_{0}^{x} \lambda e^{-\lambda y}dy = -e^{-\lambda y}\Big|_{y=0}^{y=x} = 1 - e^{-\lambda x}.
$$

Folglich hat $\text{Exp}(\lambda)$ die Verteilungsfunktion F.   q.e.d.

▶ **Beispiel 42**   Die Laplace-Verteilung $\text{Lap}(\mu, \lambda)$ hat die Verteilungsfunktion

$$F(x) = \begin{cases} \frac{1}{2}e^{\lambda(x-\mu)}, & x \leq \mu, \\ 1 - \frac{1}{2}e^{-\lambda(x-\mu)}, & x > \mu. \end{cases}$$

Insbesondere hat die Standard-Laplace-Verteilung Lap(0, 1) die Verteilungsfunktion

$$F(x) = \begin{cases} \frac{1}{2}e^{x}, & x \leq 0, \\ 1 - \frac{1}{2}e^{-x}, & x > 0. \end{cases}$$

▶ **Beweis**   Für jedes $x \leq \mu$ gilt

$$\int_{-\infty}^{x} f(y)dy = \int_{-\infty}^{x} \frac{\lambda}{2}e^{-\lambda|y-\mu|}dy = \int_{-\infty}^{x} \frac{\lambda}{2}e^{\lambda(y-\mu)}dy$$

$$= \frac{1}{2}e^{\lambda(y-\mu)}\Big|_{y=-\infty}^{y=x} = \frac{1}{2}e^{\lambda(x-\mu)}.$$

Folglich erhalten wir für jedes $x > \mu$, dass

$$\int_{-\infty}^{x} f(y)dy = \int_{-\infty}^{\mu} f(y)dy + \int_{\mu}^{x} f(y)dy = \frac{1}{2} + \int_{\mu}^{x} f(y)dy$$

$$= \frac{1}{2} + \int_{\mu}^{x} \frac{\lambda}{2}e^{-\lambda|y-\mu|}dy = \frac{1}{2} + \int_{\mu}^{x} \frac{\lambda}{2}e^{-\lambda(y-\mu)}dy$$

$$= \frac{1}{2} - \frac{1}{2}e^{-\lambda(y-\mu)}\Big|_{y=\mu}^{y=x} = \frac{1}{2} - \frac{1}{2}\left(e^{-\lambda(x-\mu)} - 1\right) = 1 - \frac{1}{2}e^{-\lambda(x-\mu)}.$$

Folglich hat Lap(μ, λ) die Verteilungsfunktion F.   q.e.d.

▶ **Beispiel 43**   Die Cauchy-Verteilung Cau(μ, λ) hat die Verteilungsfunktion

$$F(x) = \frac{1}{2} + \frac{1}{\pi}\arctan\left(\frac{x-\mu}{\lambda}\right).$$

Insbesondere hat die Standard-Cauchy-Verteilung Cau(0, 1) die Verteilungsfunktion

$$F(x) = \frac{1}{2} + \frac{1}{\pi}\arctan x.$$

▶ **Beweis**   Die Arkustangensfunktion hat die Ableitung

$$\frac{d}{dx}\arctan x = \frac{1}{1+x^2}, \quad x \in \mathbb{R}.$$

Damit folgt für jedes $x \in \mathbb{R}$, dass

$$\int_{-\infty}^{x} f(y)dy = \frac{1}{\lambda\pi} \int_{-\infty}^{x} \frac{1}{1 + (\frac{y-\mu}{\lambda})^2} dy = \frac{1}{\pi} \arctan\left(\frac{y-\mu}{\lambda}\right)\Big|_{y=-\infty}^{y=x}$$

$$= \frac{1}{\pi}\left(\arctan\left(\frac{x-\mu}{\lambda}\right) + \frac{\pi}{2}\right) = \frac{1}{2} + \frac{1}{\pi}\arctan\left(\frac{x-\mu}{\lambda}\right).$$

Folglich hat $\mathrm{Cau}(\mu, \lambda)$ die Verteilungsfunktion F. \hfill q.e.d.

▶ **Beispiel 44** Die Rayleigh-Verteilung $\mathrm{Ray}(\sigma^2)$ hat die Verteilungsfunktion

$$F(x) = \begin{cases} 1 - \exp(-\frac{x^2}{2\sigma^2}), & x \geq 0, \\ 0, & x < 0. \end{cases}$$

▶ **Beweis** Für jedes $x \geq 0$ gilt

$$\int_{-\infty}^{x} f(y)dy = \int_{0}^{x} \frac{y}{\sigma^2} \exp\left(-\frac{y^2}{2\sigma^2}\right) dy = -\exp\left(-\frac{y^2}{2\sigma^2}\right)\Big|_{y=0}^{y=x}$$

$$= 1 - \exp\left(-\frac{x^2}{2\sigma^2}\right).$$

Folglich hat $\mathrm{Ray}(\sigma^2)$ die Verteilungsfunktion F. \hfill q.e.d.

Nicht immer lässt sich eine Stammfunktion einer Dichte f in geschlossener Form angeben. Dies ist etwa bei der Dichte einer Normalverteilung der Fall. In Abb. 5.6 haben wir die Verteilungsfunktion der Standardnormalverteilung gezeichnet.

In vielen Fällen können wir für die Verteilungsfunktion einer absolutstetigen Verteilung die zugehörige Dichte leicht durch Ableiten bestimmen. Dies ist Gegenstand des folgenden Resultates.

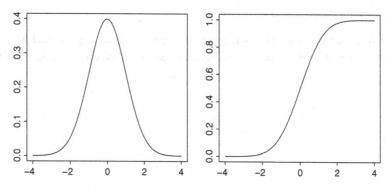

Abb. 5.6 Dichte und Verteilungsfunktion der Standardnormalverteilung N(0, 1)

Satz 5.20

Es sei μ ein Wahrscheinlichkeitsmaß auf $(\mathbb{R}, \mathcal{B}(\mathbb{R}))$ mit stetiger, stückweise stetig differenzierbarer Verteilungsfunktion $F : \mathbb{R} \to [0, 1]$, das heißt, F ist stetig und es existieren $-\infty = a_0 < a_1 < \ldots < a_n = \infty$ für ein $n \in \mathbb{N}$, so dass $F \in C^1((a_{k-1}, a_k))$ für alle $k = 1, \ldots, n$. Dann ist jede Funktion $f : \mathbb{R} \to \mathbb{R}$ mit $f \geq 0$ und

$$f(x) = F'(x) \quad für \ x \notin \{a_1, \ldots, a_{n-1}\}$$

eine Dichte von μ.

▶ **Beweis** Nach Voraussetzung gilt $f \geq 0$. Außerdem folgt mit dem Hauptsatz der Differential- und Intergralrechung (Satz A.21 aus Anhang A.2), dass

$$\int_{-\infty}^{\infty} f(x)dx = \sum_{k=1}^{n} \int_{a_{k-1}}^{a_k} f(x)dx = \sum_{k=1}^{n} \int_{a_{k-1}}^{a_k} F'(x)dx$$

$$= \sum_{k=1}^{n} \left(F(a_k) - F(a_{k-1})\right) = F(\infty) - F(-\infty) = 1.$$

Also ist f eine Dichte. Für jedes $x \in \mathbb{R}$ gilt mit $x_k := \min\{x, a_k\}$ für $k = 0, \ldots, n$ nach dem Hauptsatz der Differential- und Intergralrechung (Satz A.21 aus Anhang A.2), dass

$$F(x) = F(x) - F(-\infty) = \sum_{k=1}^{n} \left(F(x_k) - F(x_{k-1})\right) = \sum_{k=1}^{n} \int_{x_{k-1}}^{x_k} F'(y)dy$$

$$= \sum_{k=1}^{n} \int_{x_{k-1}}^{x_k} f(y)dy = \int_{-\infty}^{x} f(y)dy.$$

Folglich ist f eine Dichte von μ.   q.e.d.

Der Leser wird sich leicht davon überzeugen, dass eine Anwendung von Satz 5.20 auf die in den Beispielen 39 bis 44 berechneten Verteilungsfunktionen die angegebenen Dichten liefert.

Zufallsvariablen und ihr Erwartungswert 6

In diesem Kapitel werden wir den Erwartungswert für beliebige Zufallsvariablen einführen. Dazu werden wir uns vorab mit der Messbarkeit von Funktionen auseinandersetzen. Anschließend werden wir den Erwartungswert in drei Schritten definieren; erst für elementare, dann für nichtnegative und anschließend für allgemeine Zufallsvariablen. Wir werden auch zeigen, dass für diskrete und absolutstetige Zufallsvariablen eine Übereinstimmung mit den früheren Definitionen des Erwartungswertes besteht. Der Erwartungswert einer Zufallsvariablen wird auch als Lebesgue-Integral bezeichnet. Die allgemeinere Konstruktion des Lebesgue-Integrals bezüglich eines sogenannten Maßes werden wir kurz skizzieren und Zusammenhänge mit diskreten und absolutstetigen Zufallsvariablen aufzeigen. Beim Studium dieses Kapitels darf der Leser die technischen Beweise aus den Abschn. 6.3 und 6.4 beim ersten Lesen überspringen.

6.1 Zufallsvariablen und Messbarkeit

Die Bedeutung des Messbarkeitsbegriffes für diskrete und absolutstetige Zufallsvariablen hatten wir in den Abschn. 3.2 und 4.3 bereits erörtert. In diesem Abschnitt werden wir uns systematisch mit diesem Begriff beschäftigen. Im Folgenden seien $(\Omega, \mathcal{F})$ und $(E, \mathcal{E})$ messbare Räume.

> **Definition 6.1**
> Es sei $X : \Omega \to E$ eine Funktion.
> (a) X heißt $\mathcal{F} - \mathcal{E}$-messbar (oder kurz *messbar*), falls $X^{-1}(\mathcal{E}) \subset \mathcal{F}$, das heißt
>
> $$X^{-1}(B) \in \mathcal{F} \quad \text{für alle } B \in \mathcal{E}.$$

S. Tappe, *Einführung in die Wahrscheinlichkeitstheorie*,
DOI: 10.1007/978-3-642-37544-6_6, © Springer-Verlag Berlin Heidelberg 2013

(b) Sind $(\Omega, \mathcal{F}, \mathbb{P})$ ein Wahrscheinlichkeitsraum und X messbar, so nennen wir X auch eine *Zufallsvariable*. Ist $E = \mathbb{R}^n$, so sprechen wir auch von einem *Zufallsvektor*.

Bemerkung 6.2 *Offensichtlich ist jede konstante Funktion $X \equiv c$ messbar, da für eine beliebige Menge $B \in \mathcal{E}$ gilt*

$$X^{-1}(B) = \begin{cases} \Omega, & \text{falls } c \in B, \\ \emptyset, & \text{falls } c \notin B. \end{cases}$$

Für diskrete oder absolutstetige Zufallsvariablen haben wir offensichtlich eine Übereinstimmung mit den früheren Definitionen 3.16 und 4.19 vorliegen. Wie für diskrete oder absolutstetige Zufallsvariablen können wir nun die Verteilung einer beliebigen Zufallsvariablen einführen.

Definition 6.3
Für eine Zufallsvariable $X : \Omega \to E$ nennen wir die Funktion

$$\mathbb{P}^X : \mathcal{E} \to [0, 1], \quad \mathbb{P}^X(B) := \mathbb{P}(X \in B)$$

die *Verteilung von X*.

Wie in den Abschn. 3.2 und 4.3 benutzen wir die abkürzende Schreibweise $\mathbb{P}(X \in B)$ für $\mathbb{P}(\{X \in B\})$. Dank der Messbarkeit von X gilt $\{X \in B\} \in \mathcal{F}$, so dass die Wahrscheinlichkeit dieses Ereignisses unter dem Wahrscheinlichkeitsmaß $\mathbb{P}$ existiert.

Lemma 6.4 *Für jede Zufallsvariable $X : \Omega \to E$ ist die Verteilung $\mathbb{P}^X$ ein Wahrscheinlichkeitsmaß auf $(E, \mathcal{E})$.*

▶ **Beweis** Wir haben die beiden Eigenschaften (W1) und (W2) eines Wahrscheinlichkeitsmaßes aus Definition 2.20 zu verifizieren:

(W1) Es gilt $\mathbb{P}^X(E) = \mathbb{P}(X \in E) = \mathbb{P}(\Omega) = 1$.

(W2) Es sei $(B_n)_{n \in \mathbb{N}} \subset \mathcal{E}$ eine Familie von paarweise disjunkten Ereignissen. Dann sind auch die Ereignisse $(\{X \in B_n\})_{n \in \mathbb{N}}$ paarweise disjunkt, und wegen der σ-Additivität von $\mathbb{P}$ folgt

$$\mathbb{P}^X \left(\bigcup_{n \in \mathbb{N}} B_n \right) = \mathbb{P}\left(X \in \bigcup_{n \in \mathbb{N}} B_n \right) = \mathbb{P}\left(\bigcup_{n \in \mathbb{N}} \{ X \in B_n \} \right)$$

$$= \sum_{n \in \mathbb{N}} \mathbb{P}(X \in B_n) = \sum_{n \in \mathbb{N}} \mathbb{P}^X(B_n).$$

q.e.d.

In Übereinstimmung mit den Konventionen aus den Abschn. 3.2 und 4.3 schreiben wir $X \sim \mu$, falls $\mu = \mathbb{P}^X$ für ein Wahrscheinlichkeitsmaß μ auf $(E, \mathcal{E})$.

Nun kehren wir zum allgemeinen Messbarkeitsbegriff zurück. Der folgende Satz zeigt, dass es für die Messbarkeit einer Funktion bereits genügt, diese auf einem Erzeugendensystem nachzuweisen.

Satz 6.5

Es seien $X : \Omega \to E$ eine Funktion und $\mathcal{C} \subset \mathcal{E}$ ein Mengensystem mit $\sigma(\mathcal{C}) = \mathcal{E}$, so dass $X^{-1}(\mathcal{C}) \subset \mathcal{F}$. Dann ist X messbar.

▶ **Beweis** Wir definieren das Mengensystem $\mathcal{B} \subset \mathcal{E}$ durch

$$\mathcal{B} := \{ B \in \mathcal{E} : X^{-1}(B) \in \mathcal{F} \}.$$

Dann gilt $\mathcal{C} \subset \mathcal{B}$. Außerdem ist $\mathcal{B}$ eine σ-Algebra über E. In der Tat, für den Nachweis der Eigenschaften $(\sigma 1)$–$(\sigma 3)$ aus Definition 2.5 greifen wir mehrfach auf Lemma 2.13 zurück:

$(\sigma 1)$ Es gilt $E \in \mathcal{B}$, da $X^{-1}(E) = \Omega \in \mathcal{F}$.

$(\sigma 2)$ Für jedes $B \in \mathcal{B}$ gilt $X^{-1}(B^c) = (X^{-1}(B))^c \in \mathcal{F}$, also $B^c \in \mathcal{B}$.

$(\sigma 3)$ Für jede Folge $(B_n)_{n \in \mathbb{N}} \subset \mathcal{B}$ gilt

$$X^{-1}\left(\bigcup_{n \in \mathbb{N}} B_n \right) = \bigcup_{n \in \mathbb{N}} X^{-1}(B_n) \in \mathcal{F},$$

also $\bigcup_{n \in \mathbb{N}} B_n \in \mathcal{B}$.

Mit Satz 2.11 folgt nun

$$\mathcal{E} = \sigma(\mathcal{C}) \subset \sigma(\mathcal{B}) = \mathcal{B} \subset \mathcal{E},$$

und damit $\mathcal{B} = \mathcal{E}$. Nach der Definition von $\mathcal{B}$ erhalten wir $X^{-1}(\mathcal{E}) \subset \mathcal{F}$, und folglich ist X messbar.

q.e.d.

Die Hintereinanderausführung messbarer Funktionen ist wieder messbar, wie das folgende Resultat zeigt:

Satz 6.6

Es seien $(G, \mathcal{G})$ ein weiterer messbarer Raum und $X : \Omega \to E$, $Y : E \to G$ messbare Funktionen. Dann ist $Y \circ X : \Omega \to G$ ebenfalls messbar.

▶ **Beweis** Für jedes $B \in \mathcal{G}$ gilt $Y^{-1}(B) \in \mathcal{E}$, und somit

$$(Y \circ X)^{-1}(B) = X^{-1}(Y^{-1}(B)) \in \mathcal{F},$$

was die Messbarkeit von $Y \circ X$ beweist.   q.e.d.

Für die Definition des Lebesgue-Integrals kommen wir nicht darum herum, die reelle Zahlengerade durch $\overline{\mathbb{R}} := \mathbb{R} \cup \{-\infty, \infty\}$ zu erweitern. Wir nehmen also formal die Punkte $-\infty$ und ∞ mit hinzu.

Definition 6.7

Die *Borel'sche σ-Algebra* über $\overline{\mathbb{R}}$ ist definiert durch

$$\mathcal{B}(\overline{\mathbb{R}}) := \{B \cup E : B \in \mathcal{B}(\mathbb{R}) \text{ und } E \subset \{-\infty, \infty\}\}.$$

Da $\mathcal{B}(\mathbb{R})$ eine σ-Algebra über $\mathbb{R}$ ist, haben wir uns schnell davon vergewissert, dass die Borel'sche σ-Algebra $\mathcal{B}(\overline{\mathbb{R}})$ wirklich eine σ-Algebra über $\overline{\mathbb{R}}$ ist.

Satz 6.8

Es gilt $\mathcal{B}(\overline{\mathbb{R}}) = \sigma(\{[-\infty, a] : a \in \mathbb{R}\}) = \sigma(\{[-\infty, a) : a \in \mathbb{R}\})$.

▶ **Beweis** Dies folgt aus Satz 5.10.   q.e.d.

Definition 6.9

Eine Funktion $X : \Omega \to \overline{\mathbb{R}}$ nennen wir eine *numerische Funktion*.

Definition 6.10

(a) Eine reellwertige Funktion $X : \Omega \to \mathbb{R}$ heißt *messbar*, wenn sie $\mathcal{F}$-$\mathcal{B}(\mathbb{R})$-messbar ist.

(b) Eine numerische Funktion $X : \Omega \to \overline{\mathbb{R}}$ heißt *messbar*, wenn sie $\mathcal{F}$-$\mathcal{B}(\overline{\mathbb{R}})$-messbar ist.

Bemerkung 6.11 *Eine reellwertige Funktion $X : \Omega \to \mathbb{R}$ ist genau dann $\mathcal{F}$-$\mathcal{B}(\mathbb{R})$-messbar, wenn sie $\mathcal{F}$-$\mathcal{B}(\overline{\mathbb{R}})$-messbar ist, das heißt, die beiden Messbarkeitsbegriffe aus Definition 6.10 stimmen in diesem Fall überein.*

Korollar 6.12

Es sei $X : \Omega \to \overline{\mathbb{R}}$ eine numerische Funktion. Dann sind folgende Aussagen äquivalent:

(i) *X ist messbar.*

(ii) *Für jedes $a \in \mathbb{R}$ gilt $\{X \leq a\} \in \mathcal{F}$.*

(iii) *Für jedes $a \in \mathbb{R}$ gilt $\{X < a\} \in \mathcal{F}$.*

▶ **Beweis** Dies ist eine unmittelbare Konsequenz aus den Sätzen 6.5 und 6.8. q.e.d.

Satz 6.13

Es sei $(X_n)_{n \in \mathbb{N}}$ eine Folge von messbaren numerischen Funktionen $X_n : \Omega \to \overline{\mathbb{R}}$. Dann gelten folgende Aussagen:

(a) *$\sup_{n \in \mathbb{N}} X_n$ ist messbar.*

(b) *$\inf_{n \in \mathbb{N}} X_n$ ist messbar.*

(c) *$\limsup_{n \to \infty} X_n$ ist messbar.*

(d) *$\liminf_{n \to \infty} X_n$ ist messbar.*

(e) *Falls $(X_n(\omega))_{n \in \mathbb{N}}$ für jedes $\omega \in \Omega$ konvergiert, so ist der Limes $X := \lim_{n \to \infty} X_n$ ebenfalls messbar.*

▶ **Beweis**

(a) und (b): Für jedes $a \in \mathbb{R}$ gilt

$$\left\{ \sup_{n \in \mathbb{N}} X_n \leq a \right\} = \bigcap_{n \in \mathbb{N}} \{X_n \leq a\} \in \mathcal{F},$$

$$\left\{ \inf_{n \in \mathbb{N}} X_n < a \right\} = \bigcup_{n \in \mathbb{N}} \{X_n < a\} \in \mathcal{F},$$

so dass die Funktionen $\sup_{n \in \mathbb{N}} X_n$ und $\inf_{n \in \mathbb{N}} X_n$ nach Korollar 6.12 messbar sind.

(c) und (d): Nach (a) und (b) folgt, dass auch die Funktionen

$$\limsup_{n \to \infty} X_n = \inf_{n \in \mathbb{N}} \left(\sup_{k \geq n} X_k \right),$$

$$\liminf_{n \to \infty} X_n = \sup_{n \in \mathbb{N}} \left(\inf_{k \geq n} X_k \right)$$

messbar sind.

(e): Falls $(X_n(\omega))_{n \in \mathbb{N}}$ für jedes $\omega \in \Omega$ konvergiert, so ist der Limes

$$X = \lim_{n \to \infty} X_n = \limsup_{n \to \infty} X_n = \liminf_{n \to \infty} X_n$$

nach (c) und (d) ebenfalls messbar.

Damit sind sämtliche Aussagen bewiesen. q.e.d.

Definition 6.14
Es sei $(X_n)_{n \in \mathbb{N}}$ eine Folge von reellwertigen Funktionen $X_n : \Omega \to \mathbb{R}$.
(a) Wir definieren die Menge $\{X_n \to \bullet\} \subset \Omega$ durch

$$\{X_n \to \bullet\} := \{\omega \in \Omega : X_n(\omega) \text{ konvergiert}\}.$$

(b) Ist $X : \Omega \to \mathbb{R}$ eine weitere reellwertige Funktion, so definieren wir die Menge $\{X_n \to X\} \subset \Omega$ durch

$$\{X_n \to X\} := \{\omega \in \Omega : X_n(\omega) \to X(\omega)\}.$$

Satz 6.15
Es sei $(X_n)_{n \in \mathbb{N}}$ eine Folge von reellwertigen messbaren Funktionen.
(a) Es gilt $\{X_n \to \bullet\} \in \mathcal{F}$.
(b) Ist X eine weitere reellwertige messbare Funktion, dann gilt $\{X_n \to X\} \in \mathcal{F}$.

▶ **Beweis**

(a) Da abzählbare Schnitte und Vereinigungen von Teilmengen aus $\mathcal{F}$ wieder in $\mathcal{F}$ liegen, erhalten wir

$$\{X_n \to \bullet\} = \{(X_n)_{n \in \mathbb{N}} \text{ ist eine Cauchy-Folge}\}$$
$$= \bigcap_{k \in \mathbb{N}} \bigcup_{n_0 \in \mathbb{N}} \bigcap_{n,m \geq n_0} \underbrace{\left\{ |X_n - X_m| < \frac{1}{k} \right\}}_{\in \mathcal{F}} \in \mathcal{F}.$$

(b) Da abzählbare Schnitte und Vereinigungen von Teilmengen aus $\mathcal{F}$ wieder in $\mathcal{F}$ liegen, erhalten wir ebenso

$$\{X_n \to X\} = \bigcap_{k \in \mathbb{N}} \bigcup_{n_0 \in \mathbb{N}} \bigcap_{n \geq n_0} \underbrace{\left\{ |X_n - X| < \frac{1}{k} \right\}}_{\in \mathcal{F}} \in \mathcal{F}.$$

q.e.d.

Wir führen nun die Borel'sche σ-Algebra über dem $\mathbb{R}^n$ ein. Für die im Folgenden benötigten topologischen Grundbegriffe verweisen wir auf Anhang A.4.

Definition 6.16
Die *Borel'sche σ-Algebra* über $\mathbb{R}^n$ ist definiert durch $\mathcal{B}(\mathbb{R}^n) := \sigma(\mathcal{O})$, wobei $\mathcal{O}$ das System der offenen Teilmengen des $\mathbb{R}^n$ bezeichnet.

Lemma 6.17 *Es gilt*

$$\mathcal{B}(\mathbb{R}^n) = \sigma(\{[a_1, b_1] \times \cdots \times [a_n, b_n] : a, b \in \mathbb{R}^n \text{ mit } a_i \leq b_i \text{ für }, i = 1, \ldots, n\})$$
$$= \sigma(\{(-\infty, b_1] \times \cdots \times (-\infty, b_n] : b \in \mathbb{R}^n\}).$$

▶ **Beweis** Wir definieren die Mengensysteme $\mathcal{Q}_{[\bullet,\bullet]}$, $\mathcal{Q}_{(\bullet,\bullet)}$ und $\mathcal{Q}_{(-\infty,\bullet]}$ durch

$$\mathcal{Q}_{[\bullet,\bullet]} := \{[a_1, b_1] \times \cdots \times [a_n, b_n] : a, b \in \mathbb{R}^n \text{ mit } a_i \leq b_i \text{ für } i = 1, \ldots, n\},$$
$$\mathcal{Q}_{(\bullet,\bullet)} := \{(a_1, b_1) \times \cdots \times (a_n, b_n) : a, b \in \mathbb{R}^n \text{ mit } a_i < b_i \text{ für } i = 1, \ldots, n\},$$
$$\mathcal{Q}_{(-\infty,\bullet]} := \{(-\infty, b_1] \times \cdots \times (-\infty, b_n] : b \in \mathbb{R}^n\}.$$

Nach dem Lemma von Lindelöf (Satz A.33 aus Anhang A.4) hat jede offene Menge $O \in \mathcal{O}$ eine Darstellung $O = \bigcup_{k \in \mathbb{N}} Q_k$ mit $Q_k \in \mathcal{Q}_{(\bullet,\bullet)}$ für alle $k \in \mathbb{N}$. Also gilt $\mathcal{O} \subset \sigma(\mathcal{Q}_{(\bullet,\bullet)})$ und Satz 2.11 ergibt, dass $\mathcal{B}(\mathbb{R}^n) \subset \sigma(\mathcal{Q}_{(\bullet,\bullet)})$.

Für jede Menge $(a_1, b_1) \times \cdots \times (a_n, b_n) \in \mathcal{Q}_{(\bullet,\bullet)}$ erhalten wir

$$(a_1, b_1) \times \cdots \times (a_n, b_n)$$
$$= \bigcup_{k \in \mathbb{N}} \left(a_1, b_1 - \frac{1}{k}\right] \times \cdots \times \left(a_n, b_n - \frac{1}{k}\right]$$
$$= \bigcup_{k \in \mathbb{N}} \left(\left(-\infty, b_1 - \frac{1}{k}\right] \setminus (-\infty, a_1]\right) \times \cdots \times \left(\left(-\infty, b_n - \frac{1}{k}\right] \setminus (-\infty, a_n]\right)$$
$$\in \sigma(\mathcal{Q}_{(-\infty,\bullet]}).$$

Also gilt $\mathcal{Q}_{(\bullet,\bullet)} \subset \sigma(\mathcal{Q}_{(-\infty,\bullet]})$ und Satz 2.11 ergibt, dass $\sigma(\mathcal{Q}_{(\bullet,\bullet)}) \subset \sigma(\mathcal{Q}_{(-\infty,\bullet]})$.

Jede Menge $A \in \mathcal{Q}_{(-\infty,\bullet]}$ ist abgeschlossen. Also ist das Komplement A^c offen, und somit gilt $A \in \mathcal{B}(\mathbb{R}^n)$. Damit haben wir gezeigt, dass $\mathcal{Q}_{(-\infty,\bullet]} \subset \mathcal{B}(\mathbb{R}^n)$ und eine Anwendung von Satz 2.11 ergibt, dass $\sigma(\mathcal{Q}_{(-\infty,\bullet]}) \subset \mathcal{B}(\mathbb{R}^n)$. Insgesamt haben wir bewiesen, dass

$$\mathcal{B}(\mathbb{R}^n) \subset \sigma(\mathcal{Q}_{[\bullet,\bullet]}) \subset \sigma(\mathcal{Q}_{(\bullet,\bullet)}) \subset \sigma(\mathcal{Q}_{(-\infty,\bullet]}) \subset \mathcal{B}(\mathbb{R}^n),$$

was den Beweis abschließt. q.e.d.

Definition 6.18

Eine $\mathcal{B}(\mathbb{R}^n)$–$\mathcal{B}(\mathbb{R}^m)$-messbare Funktion $X : \mathbb{R}^n \to \mathbb{R}^m$ nennen wir auch *Borel-messbar*.

Satz 6.19

Jede stetige Funktion $X : \mathbb{R}^n \to \mathbb{R}^m$ ist auch Borel-messbar.

▶ **Beweis** Dies ist eine Konsequenz aus Satz 6.5 und Satz A.45 aus Anhang A.4.   q.e.d.

Definition 6.20

Für eine Teilmenge $A \subset \Omega$ definieren wir die *Indikatorfunktion* $\mathbb{1}_A : \Omega \to \{0, 1\}$ durch

$$\mathbb{1}_A(\omega) := \begin{cases} 1, & \text{falls } \omega \in A, \\ 0, & \text{falls } \omega \notin A. \end{cases}$$

Satz 6.21

Für jede Teilmenge $A \subset \Omega$ ist die Indikatorfunktion $\mathbb{1}_A : \Omega \to \mathbb{R}$ genau dann messbar, wenn $A \in \mathcal{F}$.

▶ **Beweis** Für jede Borel-Menge $B \in \mathcal{B}(\mathbb{R})$ gilt

$$(\mathbb{1}_A)^{-1}(B) = \begin{cases} \Omega, & \text{falls } 0 \in B \text{ und } 1 \in B, \\ A, & \text{falls } 0 \notin B \text{ und } 1 \in B, \\ A^c, & \text{falls } 0 \in B \text{ und } 1 \notin B, \\ \emptyset, & \text{falls } 0 \notin B \text{ und } 1 \notin B. \end{cases}$$

Also ist die Indikatorfunktion $\mathbb{1}_A : \Omega \to \mathbb{R}$ genau dann messbar, wenn $A \in \mathcal{F}$.   q.e.d.

Satz 6.22

Eine Funktion $X = (X_1, \dots, X_n) : \Omega \to \mathbb{R}^n$ ist genau dann messbar, wenn alle Koordinatenfunktionen $X_1, \dots, X_n : \Omega \to \mathbb{R}$ messbar sind.

▶ **Beweis** Als erstes nehmen wir an, dass die Funktion X messbar ist. Für jedes $i = 1, \dots, n$ ist die Projektion

$$\pi_i : \mathbb{R}^n \to \mathbb{R}, \quad \pi_i(x) := x_i$$

stetig, also nach Satz 6.19 messbar. Nach Satz 6.6 ist die Hintereinanderausführung $X_i = \pi_i \circ X$ ebenfalls messbar.

Nun nehmen wir an, dass die Funktionen $X_1, \ldots, X_n$ messbar sind. Für jedes $b \in \mathbb{R}^n$ gilt

$$X^{-1}((-\infty, b_1] \times \cdots \times (-\infty, b_n]) = \bigcap_{i=1}^{n} \{X_i \leq b_i\} \in \mathcal{F}.$$

Folglich ist die Funktion X nach Satz 6.5 und Lemma 6.17 ebenfalls messbar.   q.e.d.

Für zwei reelle Zahlen $x, y \in \mathbb{R}$ benutzen wir im Folgenden auch die Notationen

$$x \wedge y := \min\{x, y\} \quad \text{und} \quad x \vee y := \max\{x, y\}.$$

Satz 6.23

Es seien $X, Y : \Omega \to \mathbb{R}$ zwei messbare Funktionen. Dann sind die Funktionen $X + Y$, $X \cdot Y, X \wedge Y$ und $X \vee Y$ ebenfalls messbar.

▶ **Beweis** Die Funktionen

$$f_1 : \mathbb{R}^2 \to \mathbb{R}, \quad f_1(x, y) := x + y,$$
$$f_2 : \mathbb{R}^2 \to \mathbb{R}, \quad f_2(x, y) := x \cdot y,$$
$$f_3 : \mathbb{R}^2 \to \mathbb{R}, \quad f_3(x, y) := x \wedge y,$$
$$f_4 : \mathbb{R}^2 \to \mathbb{R}, \quad f_4(x, y) := x \vee y$$

sind stetig, und damit nach Satz 6.19 auch Borel-messbar. Außerdem ist nach Satz 6.22 die Funktion $(X, Y) : \Omega \to \mathbb{R}^2$ messbar. Also sind nach Satz 6.6 die Hintereinanderausführungen

$$X + Y = f_1 \circ (X, Y),$$
$$X \cdot Y = f_2 \circ (X, Y),$$
$$X \vee Y = f_3 \circ (X, Y),$$
$$X \wedge Y = f_4 \circ (X, Y)$$

ebenfalls messbar.   q.e.d.

Der folgende Satz garantiert, dass die in Abschn. 6.3 auftauchenden Linearkombinationen messbar sind. Wir vereinbaren folgende Regeln für das Rechnen in $\overline{\mathbb{R}}$:

$$a + \infty := \infty + a := \infty \quad \text{für } a \in (-\infty, \infty],$$

$$a - \infty := -\infty + a := -\infty \quad \text{für } a \in [-\infty, \infty),$$

$$a \cdot \infty := \infty \cdot a := \begin{cases} -\infty, & \text{falls } a \in [-\infty, 0), \\ 0, & \text{falls } a = 0, \\ \infty, & \text{falls } a \in (0, \infty], \end{cases}$$

$$a \cdot (-\infty) := -\infty \cdot a := \begin{cases} \infty, & \text{falls } a \in [-\infty, 0), \\ 0, & \text{falls } a = 0, \\ -\infty, & \text{falls } a \in (0, \infty]. \end{cases}$$

Satz 6.24

(a) *Für zwei nichtnegative, messbare Funktionen $X, Y : \Omega \to [0, \infty]$ ist die Summe $X + Y$ ebenfalls messbar.*

(b) *Für eine reelle Konstante $\alpha \geq 0$ und eine nichtnegative, messbare Funktion $X : \Omega \to [0, \infty]$ ist die Funktion αX ebenfalls messbar.*

▶ **Beweis**

(a) Wir definieren die reellwertigen Funktionenfolgen $(X_n)_{n \in \mathbb{N}}$ und $(Y_n)_{n \in \mathbb{N}}$ durch $X_n := X \wedge n$ und $Y_n := X \wedge n$. Nach Satz 6.23 sind für jedes $n \in \mathbb{N}$ die Funktionen X_n, Y_n und $X_n + Y_n$ ebenfalls messbar. Außerdem gilt $X_n + Y_n \to X + Y$. Also ist die Funktion $X + Y$ nach Satz 6.13 ebenfalls messbar.

(b) Wir definieren die reellwertige Funktionenfolge $(X_n)_{n \in \mathbb{N}}$ durch $X_n := X \wedge n$. Nach Satz 6.23 sind für jedes $n \in \mathbb{N}$ die Funktionen X_n und αX_n ebenfalls messbar. Außerdem gilt $\alpha X_n \to \alpha X$. Also ist die Funktion αX nach Satz 6.13 ebenfalls messbar.   q.e.d.

6.2   Der Erwartungswert für elementare Zufallsvariablen

In diesem Abschnitt definieren wir den Erwartungswert für elementare Zufallsvariablen. Es sei $(\Omega, \mathcal{F}, \mathbb{P})$ ein Wahrscheinlichkeitsraum.

Definition 6.25

Es sei I eine endliche Indexmenge. Eine Familie $(A_i)_{i \in I} \subset \mathcal{F}$ von paarweise disjunkten Mengen mit $\Omega = \bigcup_{i \in I} A_i$ heißt eine *Zerlegung von Ω*.

Definition 6.26

(a) Eine Zufallsvariable $X : \Omega \to \mathbb{R}$ heißt *elementar*, falls

$$X = \sum_{j=1}^{n} \alpha_j \mathbb{1}_{A_j},$$

wobei $(\alpha_j)_{j=1,\dots,n} \subset \mathbb{R}$ eine Familie reeller Zahlen und $(A_j)_{j=1,\dots,n}$ eine Zerlegung von Ω ist.

(b) Wir nennen $\sum_{j=1}^{n} \alpha_j \mathbb{1}_{A_j}$ eine *Darstellung* der elementaren Zufallsvariablen X.

Lemma 6.27   *Es sei X eine elementare Zufallsvariable mit den Darstellungen*

$$X = \sum_{j=1}^{n} \alpha_j \mathbb{1}_{A_j} = \sum_{k=1}^{m} \beta_k \mathbb{1}_{B_k}.$$

Dann gilt die Identität

$$\sum_{j=1}^{n} \alpha_j \mathbb{P}(A_j) = \sum_{k=1}^{m} \beta_k \mathbb{P}(B_k).$$

▶ **Beweis**   Für $j = 1, \dots, n$ und $k = 1, \dots, m$ mit $A_j \cap B_k \neq \emptyset$ gilt $\alpha_j = \beta_k$, und es folgt

$$\sum_{j=1}^{n} \alpha_j \mathbb{P}(A_j) = \sum_{j=1}^{n} \alpha_j \sum_{k=1}^{m} \mathbb{P}(A_j \cap B_k) = \sum_{j=1}^{n} \sum_{k=1}^{m} \alpha_j \mathbb{P}(A_j \cap B_k)$$

$$= \sum_{j=1}^{n} \sum_{k=1}^{m} \beta_k \mathbb{P}(A_j \cap B_k) = \sum_{k=1}^{m} \beta_k \sum_{j=1}^{n} \mathbb{P}(A_j \cap B_k) = \sum_{k=1}^{m} \beta_k \mathbb{P}(B_k),$$

was den Beweis abschließt.   q.e.d.

Definition 6.28

Für eine elementare Zufallsvariable

$$X = \sum_{j=1}^{n} \alpha_j \mathbb{1}_{A_j}$$

definieren wir den *Erwartungswert* (bzw. das *Lebesgue-Integral*) von X durch

$$\mathbb{E}[X] := \sum_{j=1}^{n} \alpha_j \mathbb{P}(A_j).$$

Wir beachten, dass gemäß Lemma 6.27 der Erwartungswert $\mathbb{E}[X]$ nicht von der Darstellung der elementaren Zufallsvariablen X abhängt.

In Abb. 6.1 haben wir den Erwartungswert einer elementaren Zufallsvariablen skizziert. Hierbei sind $\Omega = \mathbb{R}$ und das Wahrscheinlichkeitsmaß $\mathbb{P}$ eine Gleichverteilung. Die Zufallsvariable ist also eine Funktion $X : \mathbb{R} \to \mathbb{R}$, die nur endlich viele Werte annimmt, und das durch Definition 6.28 gegebene Lebesgue-Integral ist der skizzierte Flächeninhalt, den die Funktion X und die x-Achse einschließen.

Satz 6.29 (Linearität des Erwartungswertes)
Für zwei elementare Zufallsvariablen X, Y und reelle Konstanten $\lambda, \mu \in \mathbb{R}$ gilt

$$\mathbb{E}[\lambda X + \mu Y] = \lambda \mathbb{E}[X] + \mu \mathbb{E}[Y].$$

▶ **Beweis** Es seien

$$X = \sum_{j=1}^{n} \alpha_j \mathbb{1}_{A_j} \quad \text{und} \quad Y = \sum_{k=1}^{m} \beta_k \mathbb{1}_{B_k}$$

Darstellungen der elementare Zufallsvariablen X und Y. Dann ist

$$\lambda X + \mu Y = \sum_{j=1}^{n} \sum_{k=1}^{m} (\lambda \alpha_j + \mu \beta_k) \mathbb{1}_{A_j \cap B_k}$$

eine Darstellung der elementaren Zufallsvariablen $X + Y$. Es folgt

Abb. 6.1 Der Erwartungswert einer elementaren
Zufallsvariablen

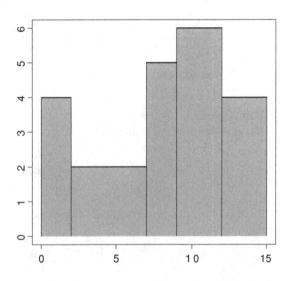

$$\mathbb{E}[\lambda X + \mu Y] = \sum_{j=1}^{n} \sum_{k=1}^{m} (\lambda \alpha_j + \mu \beta_k) \mathbb{P}(A_j \cap B_k)$$

$$= \lambda \sum_{j=1}^{n} \alpha_j \sum_{k=1}^{m} \mathbb{P}(A_j \cap B_k) + \mu \sum_{k=1}^{m} \beta_k \sum_{j=1}^{n} \mathbb{P}(A_j \cap B_k)$$

$$= \lambda \sum_{j=1}^{n} \alpha_j \mathbb{P}(A_j) + \mu \sum_{k=1}^{m} \beta_k \mathbb{P}(B_k) = \lambda \mathbb{E}[X] + \mu \mathbb{E}[Y],$$

womit wir die behauptete Identität bewiesen haben. q.e.d.

Satz 6.30 (Monotonie des Erwartungswertes)
Für zwei elementare Zufallsvariablen X, Y mit $X \leq Y$ gilt

$$\mathbb{E}[X] \leq \mathbb{E}[Y].$$

▶ **Beweis** Es seien

$$X = \sum_{j=1}^{n} \alpha_j \mathbb{1}_{A_j} \quad \text{und} \quad Y = \sum_{k=1}^{m} \beta_k \mathbb{1}_{B_k}$$

Darstellungen der elementare Zufallsvariablen X und Y. Dann sind

$$X = \sum_{j=1}^{n} \sum_{k=1}^{m} \alpha_j \mathbb{1}_{A_j \cap B_k} \quad \text{und} \quad Y = \sum_{j=1}^{n} \sum_{k=1}^{m} \beta_k \mathbb{1}_{A_j \cap B_k}$$

ebenfalls Darstellungen von X und Y. Wegen $X \leq Y$ gilt für alle $j = 1, \ldots, n$ und $k = 1, \ldots, m$ mit $A_j \cap B_k \neq \emptyset$, dass $\alpha_j \leq \beta_k$. Es folgt

$$\mathbb{E}[X] = \sum_{j=1}^{n} \sum_{k=1}^{m} \alpha_j \mathbb{P}(A_j \cap B_k) \leq \sum_{j=1}^{n} \sum_{k=1}^{m} \beta_k \mathbb{P}(A_j \cap B_k) = \mathbb{E}[Y],$$

womit die behauptete Ungleichung bewiesen ist. q.e.d.

6.3 Der Erwartungswert für nichtnegative Zufallsvariablen

In diesem Abschnitt definieren wir den Erwartungswert für nichtnegative Zufallsvariablen. Es sei $(\Omega, \mathcal{F}, \mathbb{P})$ ein Wahrscheinlichkeitsraum.

Definition 6.31

Für eine nichtnegative Zufallsvariable $X : \Omega \to [0, \infty]$ definieren wir den *Erwartungswert* (bzw. das *Lebesgue-Integral*) von X durch

$$\mathbb{E}[X] := \sup\{\mathbb{E}[Y] : Y \text{ ist eine elementare Zufallsvariable mit } 0 \le Y \le X\}.$$

Damit haben wir den Erwartungswert $\mathbb{E}[X]$ für jede nichtnegative Zufallsvariable $X : \Omega \to [0, \infty]$ eingeführt. Offensichtlich ist der Erwartungswert wohldefiniert mit $\mathbb{E}[X] \in [0, \infty]$. Ferner bemerken wir, dass für eine nichtnegative, elementare Zufallsvariable X die aus den beiden Definitionen 6.28 und 6.31 gebildeten Erwartungswerte übereinstimmen.

Wir werden nun eine äquivalente Definition des Erwartungswertes für nichtnegative Zufallsvariablen aufzeigen. Dazu legen wir ein Hilfsresultat bereit.

Lemma 6.32 *Es seien $Y : \Omega \to [0, \infty]$ eine nichtnegative, elementare Zufallsvariable und $(X_n)_{n \in \mathbb{N}}$ eine Folge von nichtnegativen, elementaren Zufallsvariablen $X_n : \Omega \to [0, \infty]$ mit $Y \le \lim_{n \to \infty} X_n$. Dann gilt*

$$\mathbb{E}[Y] \le \lim_{n \to \infty} \mathbb{E}[X_n].$$

▶ **Beweis** Es sei

$$Y = \sum_{j=1}^{m} \alpha_j \mathbb{1}_{A_j}$$

eine Darstellung der elementaren Zufallsvariablen Y. Dann gilt $\alpha_1, \ldots, \alpha_m \ge 0$. Für n, $k \in \mathbb{N}$ definieren wir die Menge $B_{n,k} \in \mathcal{F}$ durch $B_{n,k} := \{Y \le (1 + \frac{1}{k})X_n\}$. Es seien $\omega \in \Omega$ und $k \in \mathbb{N}$ beliebig. Im Fall $Y(\omega) = 0$ gilt $\omega \in B_{n,k}$ für alle $n \in \mathbb{N}$, und im Fall $Y(\omega) > 0$ existiert ein $n_0 \in \mathbb{N}$, so dass $Y(\omega) \le (1 + \frac{1}{k})X_n(\omega)$ für alle $n \ge n_0$, und damit $\omega \in B_{n,k}$ für alle $n \ge n_0$. Damit haben wir gezeigt, dass $B_{n,k} \uparrow \Omega$. Für alle $n, k \in \mathbb{N}$ sind $Y \mathbb{1}_{B_{n,k}}$ und $(1 + \frac{1}{k})X_n$ elementare Zufallsvariablen mit $Y \mathbb{1}_{B_{n,k}} \le (1 + \frac{1}{k})X_n$, wobei $Y \mathbb{1}_{B_{n,k}}$ die Darstellung

$$Y \mathbb{1}_{B_{n,k}} = \sum_{j=1}^{m} \alpha_j \mathbb{1}_{A_j \cap B_{n,k}}$$

besitzt. Mit der Stetigkeit des Wahrscheinlichkeitsmaßes $\mathbb{P}$ (Satz 2.23), der Monotonie (Satz 6.30) und der Linearität (Satz 6.29) des Erwartungswertes folgt

$$\mathbb{E}[Y] = \sum_{j=1}^{m} \alpha_j \mathbb{P}(A_j) = \lim_{n \to \infty} \sum_{j=1}^{m} \alpha_j \mathbb{P}(A_j \cap B_{n,k}) = \lim_{n \to \infty} \mathbb{E}[Y \mathbb{1}_{B_{n,k}}]$$

$$\le \lim_{n \to \infty} \mathbb{E}\left[\left(1 + \frac{1}{k}\right)X_n\right] = \left(1 + \frac{1}{k}\right) \lim_{n \to \infty} \mathbb{E}[X_n].$$

Da $k \in \mathbb{N}$ beliebig gewesen ist, folgt die behauptete Ungleichung.   q.e.d.

Im Folgenden bedeutet für eine Folge nichtnegativer Zahlen $(x_n)_{n \in \mathbb{N}} \subset [0, \infty]$ und für eine nichtnegative Zahl $x \in [0, \infty]$ die Notation $x_n \uparrow x$, dass $(x_n)_{n \in \mathbb{N}}$ monoton wachsend ist mit $x_n \to x$.

Satz 6.33

Es sei $X : \Omega \to [0, \infty]$ eine nichtnegative Zufallsvariable. Dann gelten folgende Aussagen:

(a) Es existiert eine Folge $(X_n)_{n \in \mathbb{N}}$ von nichtnegativen, elementaren Zufallsvariablen mit $X_n \uparrow X$.

(b) Für jede Folge $(X_n)_{n \in \mathbb{N}}$ von nichtnegativen, elementaren Zufallsvariablen mit $X_n \uparrow X$ gilt $\mathbb{E}[X_n] \uparrow \mathbb{E}[X]$.

▶ **Beweis**

(a) Es sei $n \in \mathbb{N}$ beliebig. Wir definieren die Mengen $(A_{j,n})_{j=0,\dots,n \cdot 2^n} \subset \mathcal{F}$ durch

$$A_{j,n} := \begin{cases} \{\frac{j}{2^n} \leq X < \frac{j+1}{2^n}\} & \text{für } j = 0, \dots, n \cdot 2^n - 1, \\ \{X \geq n\} & \text{für } j = n \cdot 2^n. \end{cases}$$

Dann ist $(A_{j,n})_{j=0,\dots,n \cdot 2^n}$ eine Zerlegung von Ω und die Funktion

$$X_n := \sum_{j=0}^{n \cdot 2^n} \frac{j}{2^n} \mathbb{1}_{A_{j,n}}$$

ist eine nichtnegative, elementare Zufallsvariable. Für $j = 0, \dots, n \cdot 2^n - 1$ gilt

$$A_{j,n} = \left\{ \frac{j}{2^n} \leq X < \frac{j+1}{2^n} \right\}$$

$$= \left\{ \frac{j}{2^n} \leq X < \frac{2j+1}{2^{n+1}} \right\} \cup \left\{ \frac{2j+1}{2^{n+1}} \leq X < \frac{j+1}{2^n} \right\}$$

$$= \left\{ \frac{2j}{2^{n+1}} \leq X < \frac{2j+1}{2^{n+1}} \right\} \cup \left\{ \frac{2j+1}{2^{n+1}} \leq X < \frac{2j+2}{2^{n+1}} \right\}$$

$$= A_{2j,n+1} \cup A_{2j+1,n+1},$$

und weiterhin gilt

$$A_{n \cdot 2^n, n} = \{X \geq n\} = \bigcup_{j=n \cdot 2^{n+1}}^{(n+1) \cdot 2^{n+1}-1} \left\{ \frac{j}{2^{n+1}} \leq X < \frac{j+1}{2^{n+1}} \right\} \cup \{X \geq n+1\}$$

$$= \bigcup_{j=n \cdot 2^{n+1}}^{(n+1) \cdot 2^{n+1}} A_{j,n+1}.$$

Es sei $\omega \in \Omega$ beliebig. Falls $\omega \in A_{j,n}$ für ein $j = 0, \ldots, n \cdot 2^n - 1$, dann erhalten wir

$$X_{n+1}(\omega) = \frac{2j}{2^{n+1}} = \frac{j}{2^n} = X_n(\omega) \quad \text{oder}$$

$$X_{n+1}(\omega) = \frac{2j+1}{2^{n+1}} > \frac{2j}{2^{n+1}} = \frac{j}{2^n} = X_n(\omega),$$

und falls $\omega \in A_{n \cdot 2^n, n}$, dann gilt für ein $j = n \cdot 2^{n+1}, \ldots, (n+1) \cdot 2^{n+1}$, dass

$$X_{n+1}(\omega) = \frac{j}{2^{n+1}} \geq \frac{n \cdot 2^{n+1}}{2^{n+1}} = n = X_n(\omega).$$

Folglich ist $X_n \leq X_{n+1}$, und wir haben gezeigt, dass die Folge $(X_n)_{n \in \mathbb{N}}$ monoton wachsend ist. Es sei $\omega \in \Omega$ beliebig. Falls $X(\omega) = \infty$, dann gilt $\omega \in A_{n \cdot 2^n, n}$ für alle $n \in \mathbb{N}$, und es folgt

$$X_n(\omega) = n \uparrow \infty = X(\omega) \quad \text{für } n \to \infty.$$

Nun gelte $X(\omega) < \infty$. Es sei $\epsilon > 0$ beliebig. Dann existiert ein $n_0 \in \mathbb{N}$ mit

$$X(\omega) < n_0 \quad \text{und} \quad \frac{1}{2^{n_0}} \leq \epsilon.$$

Für alle $n \geq n_0$ folgt

$$|X_n(\omega) - X(\omega)| < \frac{1}{2^n} \leq \frac{1}{2^{n_0}} \leq \epsilon.$$

Damit haben wir gezeigt, dass $X_n \uparrow X$.

(b) Nun sei $(X_n)_{n \in \mathbb{N}}$ eine beliebige Folge von nichtnegativen, elementaren Zufallsvariablen mit $X_n \uparrow X$. Wegen der Monotonie des Erwartungswertes (Satz 6.30) ist die Folge $(\mathbb{E}[X_n])_{n \in \mathbb{N}}$ monoton wachsend mit Limes in $[0, \infty]$, und wir erhalten

$$\lim_{n \to \infty} \mathbb{E}[X_n]$$

$$\leq \sup\{\mathbb{E}[Y] : Y \text{ ist eine elementare Zufallsvariable mit } 0 \leq Y \leq X\}$$

$$= \mathbb{E}[X].$$

Nun sei Y eine beliebige elementare Zufallsvariable mit $0 \leq Y \leq X$. Nach Lemma 6.32 folgt $\mathbb{E}[Y] \leq \lim_{n \to \infty} \mathbb{E}[X_n]$, und damit

$$\mathbb{E}[X] = \sup\{\mathbb{E}[Y] : Y \text{ ist eine elementare Zufallsvariable mit } 0 \leq Y \leq X\}$$
$$\leq \lim_{n \to \infty} \mathbb{E}[X_n].$$

Insgesamt folgt $\mathbb{E}[X] = \lim_{n \to \infty} \mathbb{E}[X_n]$, was den Beweis abschließt.   q.e.d.

Für eine nichtnegative Zufallsvariable $X : \Omega \to [0, \infty]$ ist eine äquivalente Definition des Erwartungswertes also durch

$$\mathbb{E}[X] := \lim_{n \to \infty} \mathbb{E}[X_n]$$

gegeben, wobei $(X_n)_{n \in \mathbb{N}}$ eine Folge von nichtnegativen, elementaren Zufallsvariablen mit $X_n \uparrow X$ ist. Satz 6.33 sichert zu, dass eine solche Folge $(X_n)_{n \in \mathbb{N}}$ stets existiert und dass der Limes der Erwartungswerte nicht von der Wahl der approximierenden Folge abhängt.

Eine solche Approximation des Erwartungswertes einer nichtnegativen Zufallsvariablen haben wir in Abb. 6.2 skizziert. Hierbei sind $\Omega = \mathbb{R}$ und das Wahrscheinlichkeitsmaß $\mathbb{P}$ eine Gleichverteilung. Die nichtnegative Zufallsvariable ist also eine Funktion $X : \mathbb{R} \to \mathbb{R}_+$. Weiterhin sehen wir in Abb. 6.2 eine elementare Funktion $X_n : \mathbb{R} \to \mathbb{R}_+$ mit $X_n \leq X$ und dessen Lebesgue-Integral, das dem skizzierten Flächeninhalt, den die Funktion X_n und die x-Achse einschließen, entspricht.

Satz 6.34 (Linearität des Erwartungswertes)
Für zwei nichtnegative Zufallsvariablen $X, Y : \Omega \to [0, \infty]$ und nichtnegative, reelle Konstanten $\lambda, \mu \geq 0$ gilt

$$\mathbb{E}[\lambda X + \mu Y] = \lambda \mathbb{E}[X] + \mu \mathbb{E}[Y].$$

▶ **Beweis**   Nach Satz 6.33 existieren Folgen $(X_n)_{n \in \mathbb{N}}$ und $(Y_n)_{n \in \mathbb{N}}$ von nichtnegativen, elementaren Zufallsvariablen mit $X_n \uparrow X$ und $Y_n \uparrow Y$. Dann gilt auch $\lambda X_n + \mu Y_n \uparrow \lambda X + \mu Y$, und mit Satz 6.29 erhalten wir

Abb. 6.2   Eine Approximation des Erwartungs-
wertes einer nichtnegativen
Zufallsvariablen

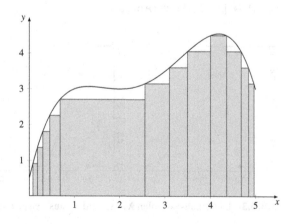

$$\mathbb{E}[\lambda X + \mu Y] = \lim_{n\to\infty} \mathbb{E}[\lambda X_n + \mu Y_n] = \lim_{n\to\infty} \big(\lambda\mathbb{E}[X_n] + \mu\mathbb{E}[Y_n]\big)$$
$$= \lambda\mathbb{E}[X] + \mu\mathbb{E}[Y],$$

womit die behauptete Identität bewiesen ist.   q.e.d.

Satz 6.35 (Monotonie des Erwartungswertes)
Für zwei nichtnegative Zufallsvariablen $X, Y : \Omega \to [0, \infty]$ mit $X \leq Y$ gilt

$$\mathbb{E}[X] \leq \mathbb{E}[Y].$$

▶ **Beweis** Für eine elementare Zufallsvariable Z mit $0 \leq Z \leq X$ gilt auch $0 \leq Z \leq Y$, und es folgt

$$\mathbb{E}[X] = \sup\{\mathbb{E}[Z] :\ Z \text{ ist eine elementare Zufallsvariable mit } 0 \leq Z \leq X\}$$
$$\leq \sup\{\mathbb{E}[Z] :\ Z \text{ ist eine elementare Zufallsvariable mit } 0 \leq Z \leq Y\}$$
$$= \mathbb{E}[Y],$$

womit die behauptete Ungleichung bewiesen ist.   q.e.d.

In Hinblick auf die Grenzwertsätze aus Kap. 11 besteht eine zentrale Fragestellung bei der Konstruktion des Erwartungswertes darin, wann für eine konvergente Folge $(X_n)_{n\in\mathbb{N}}$ von Zufallsvariablen der Limes und der Erwartungswert vertauscht werden dürfen, das heißt

$$\mathbb{E}\Big[\lim_{n\to\infty} X_n\Big] = \lim_{n\to\infty} \mathbb{E}[X_n].$$

Das folgende Beispiel belegt, dass dies im Allgemeinen nicht möglich ist.

▶ **Beispiel 45** In diesem Beispiel betrachten wir den Wahrscheinlichkeitsraum $(\Omega, \mathcal{F}, \mathbb{P}) = (\mathbb{R}, \mathcal{B}(\mathbb{R}), UC(0, 1))$. Wir definieren die Folge $(X_n)_{n\in\mathbb{N}}$ von nichtnegativen Zufallsvariablen $X_n : \Omega \to [0, \infty]$ durch (Abb. 6.3)

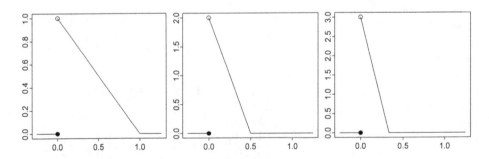

Abb. 6.3 Die Zufallsvariablen X_1, X_2 und X_3 aus Beispiel 45

$$X_n(\omega) := \begin{cases} n(1 - n\omega), & \text{falls } \omega \in (0, \frac{1}{n}), \\ 0, & \text{sonst.} \end{cases}$$

Dann gilt $\mathbb{E}[X_n] = \frac{1}{2}$ für alle $n \in \mathbb{N}$ und $\lim_{n\to\infty} X_n = 0$. Folglich erhalten wir

$$\mathbb{E}\Big[\lim_{n\to\infty} X_n\Big] = 0 \neq \frac{1}{2} = \lim_{n\to\infty} \mathbb{E}[X_n].$$

Das folgende Resultat zeigt, dass für eine nichtnegative, monoton wachsende Folge von Zufallsvariablen Limes und Erwartungswert vertauscht werden dürfen.

Satz 6.36 (Satz von der monotonen Konvergenz)
Es sei $(X_n)_{n\in\mathbb{N}}$ eine monoton wachsende Folge von nichtnegativen Zufallsvariablen $X_n : \Omega \to [0, \infty]$. Dann gilt

$$\mathbb{E}\Big[\lim_{n\to\infty} X_n\Big] = \lim_{n\to\infty} \mathbb{E}[X_n].$$

▶ **Beweis** Wir definieren die Zufallsvariable $X : \Omega \to [0, \infty]$ durch $X := \lim_{n\to\infty} X_n$. Dann gilt $X_n \leq X$ für alle $n \in \mathbb{N}$, und mit der Monotonie des Erwartungswertes (Satz 6.35) folgt

$$\lim_{n\to\infty} \mathbb{E}[X_n] \leq \mathbb{E}[X].$$

Zum Beweis der umgekehrten Ungleichung sei Y eine beliebige elementare Zufallsvariable mit $0 \leq Y \leq X$. Für $n, k \in \mathbb{N}$ definieren wir die Menge $B_{n,k} \in \mathcal{F}$ durch $B_{n,k} := \{Y \leq (1 + \frac{1}{k})X_n\}$. Es seien $\omega \in \Omega$ und $k \in \mathbb{N}$ beliebig. Im Fall $Y(\omega) = 0$ gilt $\omega \in B_{n,k}$ für alle $n \in \mathbb{N}$, und im Fall $Y(\omega) > 0$ existiert ein $n_0 \in \mathbb{N}$, so dass $Y(\omega) \leq (1 + \frac{1}{k})X_n$ für alle $n \geq n_0$, und damit $\omega \in B_{n,k}$ für alle $n \geq n_0$. Damit haben wir gezeigt, dass $B_{n,k} \uparrow \Omega$. Für alle $n, k \in \mathbb{N}$ sind $Y \mathbb{1}_{B_{n,k}}$ und $(1 + \frac{1}{k})X_n$ nichtnegative Zufallsvariablen mit $Y \mathbb{1}_{B_{n,k}} \leq (1 + \frac{1}{k})X_n$. Weiterhin ist für jedes $k \in \mathbb{N}$ die Folge $(Y \mathbb{1}_{B_{n,k}})_{n\in\mathbb{N}}$ eine Folge von elementaren Zufallsvariablen mit $Y \mathbb{1}_{B_{n,k}} \uparrow Y$. Mit Satz 6.33, der Monotonie (Satz 6.35) und der Linearität (Satz 6.34) des Erwartungswertes folgt

$$\mathbb{E}[Y] = \lim_{n\to\infty} \mathbb{E}[Y \mathbb{1}_{B_{n,k}}] \leq \lim_{n\to\infty} \mathbb{E}\Big[\Big(1 + \frac{1}{k}\Big)X_n\Big] = \Big(1 + \frac{1}{k}\Big) \lim_{n\to\infty} \mathbb{E}[X_n].$$

Da $k \in \mathbb{N}$ beliebig gewesen ist, folgt $\mathbb{E}[Y] \leq \lim_{n\to\infty} \mathbb{E}[X_n]$, und damit

$$\mathbb{E}[X] = \sup\{\mathbb{E}[Y] : Y \text{ ist eine elementare Zufallsvariable mit } 0 \leq Y \leq X\}$$
$$\leq \lim_{n\to\infty} \mathbb{E}[X_n].$$

Insgesamt folgt $\mathbb{E}[X] = \lim_{n\to\infty} \mathbb{E}[X_n]$, was den Beweis des Satzes von der monotonen Konvergenz abschließt.   q.e.d.

Der Satz von der monotonen Konvergenz (Satz 6.36) ist in der Literatur auch als der *Satz von Beppo Levi* bekannt.

Korollar 6.37

Es sei $(X_n)_{n\in\mathbb{N}}$ *eine Folge von nichtnegativen Zufallsvariablen* $X_n : \Omega \to [0, \infty]$. *Dann gilt*

$$\mathbb{E}\left[\sum_{n=1}^{\infty} X_n\right] = \sum_{n=1}^{\infty} \mathbb{E}[X_n].$$

▶ **Beweis** Wir definieren die monoton wachsende Folge $(Y_k)_{k\in\mathbb{N}}$ nichtnegativer Zufallsvariablen durch

$$Y_k := \sum_{n=1}^{k} X_n, \quad k \in \mathbb{N}.$$

Nach dem Satz von der monotonen Konvergenz (Satz 6.36) und der Linearität des Erwartungswertes (Satz 6.34) folgt

$$\mathbb{E}\left[\sum_{n=1}^{\infty} X_n\right] = \mathbb{E}\left[\lim_{k\to\infty} Y_k\right] = \lim_{k\to\infty} \mathbb{E}[Y_k] = \lim_{k\to\infty} \mathbb{E}\left[\sum_{n=1}^{k} X_n\right]$$

$$= \lim_{k\to\infty} \sum_{n=1}^{k} \mathbb{E}[X_n] = \sum_{n=1}^{\infty} \mathbb{E}[X_n],$$

womit das Korollar bewiesen ist.   q.e.d.

Das folgende Resultat ist auch anwendbar, wenn eine Folge von nichtnegativen Zufallsvariablen nicht konvergiert. In diesem Fall erhalten wir eine Abschätzung.

Satz 6.38 (Lemma von Fatou)

Es sei $(X_n)_{n\in\mathbb{N}}$ *eine Folge von nichtnegativen Zufallsvariablen* $X_n : \Omega \to [0, \infty]$. *Dann gilt*

$$\mathbb{E}\left[\liminf_{n\to\infty} X_n\right] \leq \liminf_{n\to\infty} \mathbb{E}[X_n].$$

▶ **Beweis** Wir definieren die Zufallsvariable $X : \Omega \to [0, \infty]$ durch

$$X := \liminf_{n\to\infty} X_n = \lim_{n\to\infty} \left(\inf_{k\geq n} X_k\right).$$

Die Folge $(Y_n)_{n\in\mathbb{N}}$ definiert durch $Y_n := \inf_{k\geq n} X_k$ ist eine Folge von nichtnegativen Zufallsvariablen mit $Y_n \uparrow X$ und $Y_n \leq X_k$ für $k \geq n$. Mit dem Satz von der monotonen Konvergenz (Satz 6.36) und der Monotonie des Erwartungswertes (Satz 6.35) folgt

$$\mathbb{E}\left[\liminf_{n\to\infty} X_n\right] = \mathbb{E}\left[\lim_{n\to\infty} Y_n\right] = \lim_{n\to\infty} \mathbb{E}[Y_n] \le \lim_{n\to\infty}\left(\inf_{k\ge n}\mathbb{E}[X_k]\right)$$
$$= \liminf_{n\to\infty}\mathbb{E}[X_n],$$

womit das Lemma von Fatou bewiesen ist.   q.e.d.

Bemerkung 6.39 *Beispiel 45 zeigt, dass die Ungleichung im Lemma von Fatou strikt sein kann.*

Es sei E eine Eigenschaft, die für jedes $\omega \in \Omega$ entweder richtig oder falsch ist. Wir sagen, dass E $\mathbb{P}$-*fast sicher* (oder kurz *fast sicher*) gilt, falls eine Menge $N \in \mathcal{F}$ mit $\mathbb{P}(N) = 0$ existiert, so dass $E(\omega)$ für alle $\omega \in N^c$ richtig ist.

Lemma 6.40 *Es sei $X : \Omega \to [0, \infty]$ eine nichtnegative Zufallsvariable. Dann gilt $\mathbb{E}[X] = 0$ genau dann, wenn $X = 0$ fast sicher.*

▶ **Beweis** Als Erstes nehmen wir an, dass $\mathbb{E}[X] = 0$. Für jedes $n \in \mathbb{N}$ gilt nach Satz 6.35, dass

$$\frac{1}{n}\mathbb{P}\left(X > \frac{1}{n}\right) = \mathbb{E}\left[\frac{1}{n}\mathbb{1}_{\{X > \frac{1}{n}\}}\right] \le \mathbb{E}[X] = 0.$$

Wegen $\{X > \frac{1}{n}\} \uparrow \{X > 0\}$ folgt wegen der Stetigkeit des Wahrscheinlichkeitsmaßes $\mathbb{P}$ (Satz 2.23), dass

$$\mathbb{P}(X > 0) = \lim_{n\to\infty}\mathbb{P}\left(X > \frac{1}{n}\right) = 0,$$

und damit $\mathbb{P}(X = 0) = 1$, das heißt $X = 0$ fast sicher.

Umgekehrt gelte $X = 0$ fast sicher. Dann ist $\mathbb{P}(X > 0) = 0$. Für jedes $n \in \mathbb{N}$ gilt nach Satz 6.35, dass

$$0 \le \mathbb{E}\left[X\mathbb{1}_{\{X \le n\}}\right] = \mathbb{E}\left[X\mathbb{1}_{\{0 < X \le n\}}\right] \le \mathbb{E}\left[n\mathbb{1}_{\{0 < X \le n\}}\right]$$
$$= n \cdot \mathbb{P}(0 < X \le n) \le n \cdot \mathbb{P}(X > 0) = 0.$$

Wegen $X\mathbb{1}_{\{X \le n\}} \uparrow X$ folgt nach dem Satz von der monotonen Konvergenz (Satz 6.36), dass

$$\mathbb{E}[X] = \mathbb{E}\left[\lim_{n\to\infty} X\mathbb{1}_{\{X \le n\}}\right] = \lim_{n\to\infty}\mathbb{E}\left[X\mathbb{1}_{\{X \le n\}}\right] = 0,$$

womit auch die zweite Implikation bewiesen ist.   q.e.d.

Lemma 6.41 *Es seien* $X, Y : \Omega \to [0, \infty]$ *nichtnegative Zufallsvariablen mit* $X \leq Y$ *fast sicher. Dann gilt* $\mathbb{E}[X] \leq \mathbb{E}[Y]$.

▶ **Beweis** Nach Voraussetzung gilt $X \mathbb{1}_{\{X>Y\}} = 0$ fast sicher. Außerdem gilt natürlich $X \mathbb{1}_{\{X \leq Y\}} \leq Y$ überall. Mit Lemma 6.40 und der Monotonie des Erwartungswertes (Satz 6.35) folgt, dass

$$\mathbb{E}[X] = \mathbb{E}\big[X \mathbb{1}_{\{X \leq Y\}} + X \mathbb{1}_{\{X>Y\}}\big] = \mathbb{E}\big[X \mathbb{1}_{\{X \leq Y\}}\big] + \mathbb{E}\big[X \mathbb{1}_{\{X>Y\}}\big]$$
$$= \mathbb{E}\big[X \mathbb{1}_{\{X \leq Y\}}\big] \leq \mathbb{E}[Y],$$

womit die behauptete Ungleichung bewiesen ist.   q.e.d.

Das folgende Resultat zeigt, dass jede nichtnegative Zufallsvariable mit endlichem Erwartungswert fast sicher endlich sein muss. In diesem Fall finden wir einen reellwertigen Repräsentanten der Zufallsvariablen.

Lemma 6.42 *Es sei* $X : \Omega \to [0, \infty]$ *eine nichtnegative Zufallsvariable mit* $\mathbb{E}[X] < \infty$. *Dann gilt* $X < \infty$ *fast sicher und es existiert eine nichtnegative, reellwertige Zufallsvariable* $Y : \Omega \to \mathbb{R}_+$ *mit* $X = Y$ *fast sicher.*

▶ **Beweis** Es gilt $X \mathbb{1}_{\{X \leq n\}} \uparrow X$. Satz 6.35 und der Satz von der monotonen Konvergenz (Satz 6.36) ergeben

$$n\mathbb{P}(X \geq n) = \mathbb{E}\big[n \mathbb{1}_{\{X \geq n\}}\big] \leq \mathbb{E}\big[X \mathbb{1}_{\{X \geq n\}}\big] \uparrow \mathbb{E}[X].$$

Es gilt $\{X \geq n\} \downarrow \{X = \infty\}$ und wegen der Stetigkeit des Wahrscheinlichkeitsmaßes $\mathbb{P}$ (Satz 2.23) folgt

$$\mathbb{P}(X \geq n) \to \mathbb{P}(X = \infty).$$

Also folgt $\mathbb{P}(X = \infty) = 0$, das heißt $X < \infty$ fast sicher. Wir definieren die nichtnegative Zufallsvariable $Y : \Omega \to \mathbb{R}_+$ durch $Y := X \mathbb{1}_{\{X < \infty\}}$. Wegen $X < \infty$ fast sicher folgt, dass $X = Y$ fast sicher.   q.e.d.

6.4   Der Erwartungswert für integrierbare Zufallsvariablen

In diesem Abschnitt definieren wir den Erwartungswert für beliebige integrierbare Zufallsvariablen. Es sei $(\Omega, \mathcal{F}, \mathbb{P})$ ein Wahrscheinlichkeitsraum.

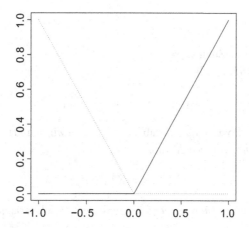

Abb. 6.4 Die Funktionen $x \mapsto x^+$ und $x \mapsto x^-$

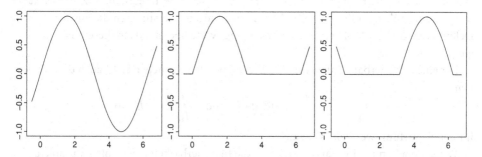

Abb. 6.5 Eine Zufallsvariable und ihr Positiv- und Negativteil

---

Definition 6.43

Für eine Zufallsvariable $X : \Omega \to \mathbb{R}$ definieren wir den *Positivteil*

$$X^+ := X \vee 0$$

und den *Negativteil*

$$X^- := -(X \wedge 0).$$

Dann sind X^+, X^- nichtnegative Zufallsvariablen mit

$$X = X^+ - X^- \quad \text{und} \quad |X| = X^+ + X^-.$$

Die reellwertigen Funktionen $x \mapsto x^+$ und $x \mapsto x^-$ sind in Abb. 6.4 gezeichnet, und Abb. 6.5 zeigt eine Zufallsvariable zusammen mit ihrem Positiv- und Negativteil.

Definition 6.44

Es sei $X : \Omega \to \mathbb{R}$ eine Zufallsvariable.

(a) X heißt *integrierbar*, falls

$$\mathbb{E}[X^+] < \infty \quad \text{und} \quad \mathbb{E}[X^-] < \infty.$$

(b) Für eine integrierbare Zufallsvariable X definieren wir den *Erwartungswert* (bzw. das *Lebesgue-Integral*) von X durch

$$\mathbb{E}[X] := \mathbb{E}[X^+] - \mathbb{E}[X^-].$$

(c) Wir bezeichnen die Menge aller integrierbaren Zufallsvariablen mit $\mathcal{L}^1 = \mathcal{L}^1 (\Omega, \mathcal{F}, \mathbb{P})$.

Damit haben wir den Erwartungswert $\mathbb{E}[X] \in \mathbb{R}$ für jede integrierbare Zufallsvariable $X \in \mathcal{L}^1$ eingeführt. Ist die Zufallsvariable X nichtnegativ, so stimmen die aus den beiden Definitionen 6.31 und 6.44 gebildeten Erwartungswerte überein, da in diesem Fall $X^- = 0$ gilt.

Für eine integrierbare Zufallsvariable $X \in \mathcal{L}^1$ werden wir neben $\mathbb{E}[X]$ auch die Notationen

$$\int_\Omega X d\mathbb{P}, \quad \int_\Omega X(\omega)\mathbb{P}(d\omega) \quad \text{und} \quad \int_\Omega X(\omega) d\mathbb{P}(\omega)$$

für den Erwartungswert von X benutzen.

Wir sammeln nun ein paar Kriterien für die Integrierbarkeit einer Zufallsvariablen.

Satz 6.45

Für jede Zufallsvariable X sind folgende Aussagen äquivalent:

(i) *Es gilt $X \in \mathcal{L}^1$.*

(ii) *Es gilt $X^+, X^- \in \mathcal{L}^1$.*

(iii) *Es existieren nichtnegative Zufallsvariablen $Z, W \in \mathcal{L}^1$ mit $X = Z - W$.*

(iv) *Es existiert eine nichtnegative Zufallsvariable $Y \in \mathcal{L}^1$ mit $|X| \le Y$.*

(v) *Es gilt $|X| \in \mathcal{L}^1$.*

▶ **Beweis** (i) $\Leftrightarrow$ (ii): Diese Äquivalenz entspricht Definition 6.44.

(ii) $\Rightarrow$ (iii): Wir wählen $Z = X^+$ und $W = X^-$.

(iii) $\Rightarrow$ (iv): Wir wählen $Y = Z + W$.

(iv) $\Rightarrow$ (v): Diese Implikation folgt aus der Monotonie des Erwartungswertes (Satz 6.35).

(v) $\Rightarrow$ (ii): Wegen $X^+ \le |X|$ und $X^- \le |X|$ folgt diese Implikation ebenfalls aus Satz 6.35.   q.e.d.

Jede beschränkte Zufallsvariable ist auch integrierbar, wie sich nun als unmittelbare Folge-rung ergibt:

Korollar 6.46
Für jede Zufallsvariable X mit $|X| \leq c$ für eine reelle Konstante $c \geq 0$ gilt $X \in \mathcal{L}^1$.

▶ **Beweis**   Die konstante Zufallsvariable $Y \equiv c$ ist eine elementare Zufallsvariable, und da-mit gilt $Y \in \mathcal{L}^1$. Folglich ergibt Satz 6.34, dass auch $X \in \mathcal{L}^1$.   q.e.d.

Wir werden nun die Linearität des Erwartungswertes beweisen. Dazu bereiten wir einige Hilfsresultate vor.

Lemma 6.47   *Es sei $X \in \mathcal{L}^1$ eine integrierbare Zufallsvariable und es seien $Z, W \in \mathcal{L}^1$ nichtnegative Zufallsvariablen mit $X = Z - W$. Dann gilt*

$$\mathbb{E}[X] = \mathbb{E}[Z] - \mathbb{E}[W].$$

▶ **Beweis**   Wegen $X^+ - X^- = Z - W$ gilt $X^+ + W = X^- + Z$, und mit Satz 6.34 folgt

$$\mathbb{E}[X^+] + \mathbb{E}[W] = \mathbb{E}[X^+ + W] = \mathbb{E}[X^- + Z] = \mathbb{E}[X^-] + \mathbb{E}[Z].$$

Daraus erhalten wir

$$\mathbb{E}[X] = \mathbb{E}[X^+] - \mathbb{E}[X^-] = \mathbb{E}[Z] - \mathbb{E}[W],$$

was den Beweis abschließt.   q.e.d.

Lemma 6.48   *Für zwei integrierbare Zufallsvariablen $X, Y \in \mathcal{L}^1$ gilt $X + Y \in \mathcal{L}^1$ und*

$$\mathbb{E}[X + Y] = \mathbb{E}[X] + \mathbb{E}[Y].$$

▶ **Beweis**   Mit den Sätzen 6.35, 6.34 und 6.45 erhalten wir

$$\mathbb{E}[|X + Y|] \leq \mathbb{E}[|X| + |Y|] = \mathbb{E}[|X|] + \mathbb{E}[|Y|] < \infty.$$

Folglich liefert eine weitere Anwendung von Satz 6.45, dass $X + Y \in \mathcal{L}^1$. Weiterhin erhalten wir mit Lemma 6.47 und Satz 6.34, dass

$$\mathbb{E}[X + Y] = \mathbb{E}[(X^+ + Y^+) - (X^- + Y^-)] = \mathbb{E}[X^+ + Y^+] - \mathbb{E}[X^- + Y^-]$$
$$= \mathbb{E}[X^+] + \mathbb{E}[Y^+] - \mathbb{E}[X^-] - \mathbb{E}[Y^-] = \mathbb{E}[X] + \mathbb{E}[Y],$$

was den Beweis abschließt.   q.e.d.

Lemma 6.49 *Es seien $X \in \mathcal{L}^1$ eine integrierbare Zufallsvariable und $\lambda \in \mathbb{R}$ eine reelle Zahl. Dann gilt $\lambda X \in \mathcal{L}^1$ und*

$$\mathbb{E}[\lambda X] = \lambda \mathbb{E}[X].$$

▶ **Beweis** Mit den Sätzen 6.34 und 6.45 erhalten wir

$$\mathbb{E}[|\lambda X|] = \mathbb{E}[|\lambda|\,|X|] = |\lambda|\mathbb{E}[|X|] < \infty.$$

Folglich liefert eine weitere Anwendung von Satz 6.45, dass $\lambda X \in \mathcal{L}^1$. Falls $\lambda \geq 0$, so gilt $(\lambda X)^+ = \lambda X^+$ und $(\lambda X)^- = \lambda X^-$, und mit Satz 6.34 folgt

$$\mathbb{E}[\lambda X] = \mathbb{E}[(\lambda X)^+] - \mathbb{E}[(\lambda X)^-] = \mathbb{E}[\lambda X^+] - \mathbb{E}[\lambda X^-]$$
$$= \lambda \mathbb{E}[X^+] - \lambda \mathbb{E}[X^-] = \lambda\big(\mathbb{E}[X^+] - \mathbb{E}[X^-]\big) = \lambda \mathbb{E}[X].$$

Falls jedoch $\lambda < 0$, so gilt $(\lambda X)^+ = |\lambda|X^-$ und $(\lambda X)^- = |\lambda|X^+$, und mit Satz 6.34 folgt

$$\mathbb{E}[\lambda X] = \mathbb{E}[(\lambda X)^+] - \mathbb{E}[(\lambda X)^-] = \mathbb{E}[|\lambda|X^-] - \mathbb{E}[|\lambda|X^+]$$
$$= |\lambda|\mathbb{E}[X^-] - |\lambda|\mathbb{E}[X^+] = \lambda \mathbb{E}[X^+] - \lambda \mathbb{E}[X^-]$$
$$= \lambda\big(\mathbb{E}[X^+] - \mathbb{E}[X^-]\big) = \lambda \mathbb{E}[X].$$

Dies beendet den Beweis.   q.e.d.

Satz 6.50 (Linearität des Erwartungswertes)
Für zwei integrierbare Zufallsvariablen $X, Y \in \mathcal{L}^1$ und reelle Konstanten $\lambda, \mu \in \mathbb{R}$ gilt $\lambda X + \mu Y \in \mathcal{L}^1$ und

$$\mathbb{E}[\lambda X + \mu Y] = \lambda \mathbb{E}[X] + \mu \mathbb{E}[Y].$$

Mit anderen Worten, $\mathcal{L}^1$ ist ein $\mathbb{R}$-Vektorraum und $\mathbb{E} : \mathcal{L}^1 \to \mathbb{R}$ ist ein lineares Funktional.

▶ **Beweis** Dies ist eine unmittelbare Folgerung aus den Lemmata 6.48 und 6.49.   q.e.d.

Das folgende Resultat zeigt, dass der Erwartungswert ein monotones Funktional ist.

Satz 6.51 (Monotonie des Erwartungswertes)
Für zwei Zufallsvariablen $X, Y \in \mathcal{L}^1$ mit $X \leq Y$ gilt

$$\mathbb{E}[X] \leq \mathbb{E}[Y].$$

▶ **Beweis** Wegen $X \leq Y$ gilt $X^+ \leq Y^+$ und $X^- \geq Y^-$. Unter Benutzung von Satz 6.35 folgt

$$\mathbb{E}[X] = \mathbb{E}[X^+] - \mathbb{E}[X^-] \leq \mathbb{E}[Y^+] - \mathbb{E}[Y^-] = \mathbb{E}[Y],$$

was den Beweis beendet. q.e.d.

Satz 6.52 (Dreiecksungleichung)
Für jede integrierbare Zufallsvariable $X \in \mathcal{L}^1$ gilt

$$|\mathbb{E}[X]| \leq \mathbb{E}[|X|].$$

▶ **Beweis** Es existiert ein $\lambda \in \{-1, 1\}$ mit $|\mathbb{E}[X]| = \lambda\mathbb{E}[X]$. Wegen $\lambda X \leq |X|$ folgt aus der Linearität und der Monotonie des Erwartungswertes (Sätze 6.50 und 6.51), dass

$$|\mathbb{E}[X]| = \lambda\mathbb{E}[X] = \mathbb{E}[\lambda X] \leq \mathbb{E}[|X|].$$

Dies beendet den Beweis. q.e.d.

Lemma 6.53 *Es sei $X \in \mathcal{L}^1$ eine integrierbare Zufallsvariable.*

(a) Ist $X \geq 0$ fast sicher, dann gilt $\mathbb{E}[X] \geq 0$.
(b) Ist $X = 0$ fast sicher, dann gilt $\mathbb{E}[X] = 0$.

▶ **Beweis**

(a) Nach Voraussetzung gilt $X^+ \geq 0$ fast sicher und $X^- = 0$ fast sicher. Also erhalten wir mit Lemmata 6.40 und 6.41, dass $\mathbb{E}[X^+] \geq 0$ und $\mathbb{E}[X^-] = 0$. Es folgt

$$\mathbb{E}[X] = \mathbb{E}[X^+] - \mathbb{E}[X^-] \geq 0,$$

womit der Beweis beendet ist.
(b) Nach dem vorherigen Teil gilt $\mathbb{E}[X] \geq 0$ und $\mathbb{E}[X] \leq 0$. Daraus folgt $\mathbb{E}[X] = 0$.

q.e.d.

Lemma 6.54 *Es sei X eine Zufallsvariable, so dass $|X| \leq Y$ fast sicher für eine nichtnegative, integrierbare Zufallsvariable $Y \in \mathcal{L}^1$. Dann gilt $X \in \mathcal{L}^1$.*

▶ **Beweis** Nach Lemma 6.41 gilt

$$\mathbb{E}[|X|] \leq \mathbb{E}[Y] < \infty.$$

Also liefert Satz 6.45, dass $X \in \mathcal{L}^1$. q.e.d.

Lemma 6.55 *Es sei $X \in \mathcal{L}^1$ eine Zufallsvariable mit $\mathbb{E}[X\mathbb{1}_A] = 0$ für alle $A \in \mathcal{F}$. Dann gilt $X = 0$ fast sicher.*

▶ **Beweis**   Für jedes $n \in \mathbb{N}$ gilt wegen der Monotonie des Erwartungswertes (Satz 6.51), dass

$$\frac{1}{n}\mathbb{P}\left(|X| > \frac{1}{n}\right) = \mathbb{E}\left[\frac{1}{n}\mathbb{1}_{\{|X|>\frac{1}{n}\}}\right] \leq \mathbb{E}\left[|X|\mathbb{1}_{\{|X|>\frac{1}{n}\}}\right] = 0.$$

Wegen $\{|X| > \frac{1}{n}\} \uparrow \{|X| > 0\}$ folgt mit der Stetigkeit des Wahrscheinlichkeitsmaßes $\mathbb{P}$ (Satz 2.23), dass

$$\mathbb{P}(X \neq 0) = \mathbb{P}(|X| > 0) = \lim_{n \to \infty} \mathbb{P}\left(|X| > \frac{1}{n}\right) = 0.$$

Also gilt $X = 0$ fast sicher.   q.e.d.

Nun kommen wir zu einem zentralen Resultat, das sich mit der Vertauschbarkeit des Erwartungswertes und der Limesbildung beschäftigt.

Satz 6.56 (Konvergenzsatz von Lebesgue)

Es sei $(X_n)_{n\in\mathbb{N}}$ eine Folge von reellwertigen Zufallsvariablen, die fast sicher konvergiert. Weiterhin sei $Y \in \mathcal{L}^1$ eine nichtnegative Zufallsvariable mit $|X_n| \leq Y$ fast sicher für alle $n \in \mathbb{N}$. Dann gelten folgende Aussagen:

(a) Für alle $n \in \mathbb{N}$ gilt $X_n \in \mathcal{L}^1$ und es existiert eine Zufallsvariable $X \in \mathcal{L}^1$ mit $X_n \to X$ fast sicher.

(b) Für jede Zufallsvariable $X \in \mathcal{L}^1$ mit $X_n \to X$ fast sicher gilt

$$\mathbb{E}[|X_n - X|] \to 0 \quad und \quad \mathbb{E}[X_n] \to \mathbb{E}[X].$$

▶ **Beweis**

(a) Nach Lemma 6.53 gilt $X_n \in \mathcal{L}^1$ für alle $n \in \mathbb{N}$. Die Funktion

$$X : \Omega \to \mathbb{R}, \quad X(\omega) := \begin{cases} \lim_{n\to\infty} X_n(\omega), & \omega \in \{X_n \to \bullet\} \\ 0, & \text{sonst} \end{cases}$$

ist nach den Sätzen 6.13 und 6.15 messbar, und es gilt $X_n \to X$ fast sicher. Also gilt $|X| = \lim_{n\to\infty} |X_n| \leq Y$ fast sicher, und nach Lemma 6.53 folgt $X \in \mathcal{L}^1$.

(b) Nach Lemma 6.53 dürfen wir ohne Beschränkung der Allgemeinheit annehmen, dass überall (also nicht nur fast sicher) $|X_n| \leq Y$ für alle $n \in \mathbb{N}$ und $X_n \to X$ gilt. Dann gilt

$$|X_n - X| \leq |X_n| + |X| \leq Y + |X| \quad \text{für alle } n \in \mathbb{N}.$$

Also ist die Folge $(Y_n)_{n\in\mathbb{N}}$ definiert durch $Y_n := |X| + Y - |X_n - X|$ eine Folge von nichtnegativen Zufallsvariable mit $Y_n \to |X| + Y$. Nach dem Lemma von Fatou (Satz 6.38) folgt

$$\mathbb{E}[|X| + Y] = \mathbb{E}\left[\lim_{n \to \infty} Y_n\right] \leq \liminf_{n \to \infty} \mathbb{E}[Y_n]$$

$$= \mathbb{E}[|X| + Y] - \limsup_{n \to \infty} \mathbb{E}[|X_n - X|].$$

Wegen $|X| + Y \in \mathcal{L}^1$ gilt $\mathbb{E}[|X| + Y] < \infty$, und es folgt

$$\lim_{n \to \infty} \mathbb{E}[|X_n - X|] = 0.$$

Mit der Dreiecksungleichung (Satz 6.52) erhalten wir

$$|\mathbb{E}[X_n] - \mathbb{E}[X]| \leq \mathbb{E}[|X_n - X|] \to 0,$$

und damit $\mathbb{E}[X_n] \to \mathbb{E}[X]$.   q.e.d.

Korollar 6.57

Es sei $(X_n)_{n \in \mathbb{N}}$ eine Folge von Zufallsvariablen mit

$$\sum_{n=1}^{\infty} \mathbb{E}[|X_n|] < \infty.$$

Dann existiert eine Zufallsvariable $S \in \mathcal{L}^1$, so dass $\sum_{n=1}^{\infty} X_n = S$ fast sicher und

$$\mathbb{E}[S] = \sum_{n=1}^{\infty} \mathbb{E}[X_n].$$

▶ **Beweis**   Wir definieren die Zufallsvariablen $(S_k)_{k \in \mathbb{N}}$ und T durch $S_k := \sum_{n=1}^{k} X_n$ und $T := \sum_{n=1}^{\infty} |X_n|$. Dann gilt nach dem Satz von der monotonen Konvergenz (Korollar 6.37), dass

$$\mathbb{E}[T] = \mathbb{E}\left[\sum_{n=1}^{\infty} |X_n|\right] = \sum_{n=1}^{\infty} \mathbb{E}[|X_n|] < \infty.$$

Nach Lemma 6.42 existiert eine nichtnegative Zufallsvariable $Y \in \mathcal{L}^1$, so dass $T = Y$ fast sicher. Damit gilt $|S_k| \leq Y$ fast sicher für alle $k \in \mathbb{N}$. Nach dem Konvergenzsatz von Lebesgue (Satz 6.56) existiert eine Zufallsvariable $S \in \mathcal{L}^1$ mit $S_k \to S$ fast sicher und

$$\mathbb{E}[S] = \lim_{k \to \infty} \mathbb{E}[S_k] = \lim_{k \to \infty} \mathbb{E}\left[\sum_{n=1}^{k} X_n\right] = \lim_{k \to \infty} \sum_{n=1}^{k} \mathbb{E}[X_n] = \sum_{n=1}^{\infty} \mathbb{E}[X_n].$$

Dies beendet den Beweis.   q.e.d.

Satz 6.58

Es seien X eine Zufallsvariable und $h : \mathbb{R} \to \mathbb{R}_+$ eine nichtnegative, messbare Funktion mit $h(X) \in \mathcal{L}^1$. Dann gilt

$$\mathbb{P}(h(X) \geq a) \leq \frac{\mathbb{E}[h(X)]}{a} \quad \textit{für jedes } a > 0.$$

▶ **Beweis**   Es sei $a > 0$ beliebig. Mit der Linearität und der Monotonie des Erwartungswertes (Sätze 6.50 und 6.51) erhalten wir

$$\mathbb{E}[h(X)] = \mathbb{E}[h(X)\,\mathbb{1}_{\{h(X) \geq a\}}] + \mathbb{E}[h(X)\,\mathbb{1}_{\{h(X) < a\}}]$$
$$\geq \mathbb{E}[a\,\mathbb{1}_{\{h(X) \geq a\}}] = a\mathbb{E}[\,\mathbb{1}_{\{h(X) \geq a\}}] = a\mathbb{P}(h(X) \geq a),$$

womit die behauptete Ungleichung bewiesen ist.   q.e.d.

Satz 6.59 (Markov-Ungleichung)

Es sei $X \in \mathcal{L}^1$ eine integrierbare Zufallsvariable. Dann gilt

$$\mathbb{P}(|X| \geq a) \leq \frac{\mathbb{E}[|X|]}{a} \quad \textit{für jedes } a > 0.$$

▶ **Beweis**   Die Markov-Ungleichung folgt aus Satz 6.58 mit der Funktion $h(x) = |x|$.

q.e.d.

Das folgende Resultat ist für die konkrete Berechnung des Erwartungswertes von Bedeutung. Außerdem zeigt es, dass der Erwartungswert einer Zufallsvariablen $X \in \mathcal{L}^1$ nur von dessen Verteilung $\mathbb{P}^X$ abhängt.

Satz 6.60 (Allgemeine Transformationsformel)

Es seien $(E, \mathcal{E})$ ein messbarer Raum, $X : \Omega \to E$ eine Zufallsvariable und $h : E \to \mathbb{R}$ eine messbare Funktion.

(a) *Es gilt $h(X) \in \mathcal{L}^1(\Omega, \mathcal{F}, \mathbb{P})$ genau dann, wenn $h \in \mathcal{L}^1(E, \mathcal{E}, \mathbb{P}^X)$.*

(b) *Ist $h \geq 0$ oder $h \in \mathcal{L}^1(E, \mathcal{E}, \mathbb{P}^X)$, dann gilt*

$$\mathbb{E}[h(X)] = \int_E h \, d\mathbb{P}^X.$$

▶ **Beweis** Zuerst sei h eine elementare Zufallsvariable mit der Darstellung

$$h = \sum_{j=1}^{n} \alpha_j \mathbb{1}_{B_j}.$$

Dann ist auch $h(X)$ eine elementare Zufallsvariable mit der Darstellung

$$h(X) = \sum_{j=1}^{n} \alpha_j \mathbb{1}_{\{X \in B_j\}}.$$

Also erhalten wir

$$\mathbb{E}[h(X)] = \sum_{j=1}^{n} \alpha_j \mathbb{P}(X \in B_j) = \sum_{j=1}^{n} \alpha_j \mathbb{P}^X(B_j) = \int_E h \, d\mathbb{P}^X,$$

was die Transformationsformel für jede elementare Zufallsvariable beweist.

Nun sei $h \geq 0$ eine beliebige nichtnegative Zufallsvariable. Nach Satz 6.33 existiert eine Folge $(h_n)_{n \in \mathbb{N}}$ von nichtnegativen, elementaren Zufallsvariablen mit $h_n \uparrow h$. Dann ist auch $(h_n(X))_{n \in \mathbb{N}}$ eine Folge von nichtnegativen Zufallsvariablen mit $h_n(X) \uparrow h(X)$. Durch zweimalige Anwendung des Satzes von der monotonen Konvergenz (Satz 6.36) folgt

$$\mathbb{E}[h(X)] = \lim_{n \to \infty} \mathbb{E}[h_n(X)] = \lim_{n \to \infty} \int_E h_n \, d\mathbb{P}^X = \int_E h \, d\mathbb{P}^X,$$

was die Transformationsformel für jede nichtnegative Zufallsvariable beweist.
Nun sei h eine beliebige Zufallsvariable. Mit Satz 6.45 erhalten wir die Äquivalenzen

$$h(X) \in \mathcal{L}^1(\Omega, \mathcal{F}, \mathbb{P}) \quad \Leftrightarrow \quad \mathbb{E}[|h(X)|] < \infty$$

$$\Leftrightarrow \quad \int_E |h| \, d\mathbb{P}^X < \infty$$

$$\Leftrightarrow \quad h \in \mathcal{L}^1(E, \mathcal{E}, \mathbb{P}^X),$$

und in diesem Fall folgt

$$\mathbb{E}[h(X)] = \mathbb{E}[h^+(X)] - \mathbb{E}[h^-(X)] = \int_E h^+ \, d\mathbb{P}^X - \int_E h^- \, d\mathbb{P}^X = \int_E h \, d\mathbb{P}^X,$$

womit die Transformationsformel vollständig bewiesen ist.   q.e.d.

6.5   Quadratintegrierbare Zufallsvariablen

In diesem Abschnitt beschäftigen wir uns mit quadratintegrierbaren Zufallsvariablen. Diese stellen eine interessante Teilmenge aller integrierbaren Zufallsvariablen dar. Im Folgenden sei $(\Omega, \mathcal{F}, \mathbb{P})$ ein Wahrscheinlichkeitsraum.

> **Definition 6.61**
> (a) Eine Zufallsvariable X heißt *quadratintegrierbar*, falls $\mathbb{E}[X^2] < \infty$.
> (b) Wir bezeichnen die Menge aller quadratintegrierbaren Zufallsvariablen mit $\mathcal{L}^2 = \mathcal{L}^2(\Omega, \mathcal{F}, \mathbb{P})$.

> **Satz 6.62 (Cauchy-Schwarz'sche Ungleichung)**
> *Für zwei quadratintegrierbare Zufallsvariablen $X, Y \in \mathcal{L}^2$ gilt $XY \in \mathcal{L}^1$ und*
> $$|\mathbb{E}[XY]| \leq \sqrt{\mathbb{E}[X^2] \cdot \mathbb{E}[Y^2]}.$$

▶ **Beweis**   Für alle $x, y \in \mathbb{R}$ gilt $x^2 - 2xy + y^2 = (x - y)^2 \geq 0$, und deshalb

$$xy \leq \frac{x^2}{2} + \frac{y^2}{2}.$$

Für zwei quadratintegrierbare Zufallsvariablen $X, Y \in \mathcal{L}^2$ folgt

$$\mathbb{E}[|XY|] = \mathbb{E}[|X| \cdot |Y|] \leq \frac{1}{2}\mathbb{E}[X^2] + \frac{1}{2}\mathbb{E}[Y^2] < \infty,$$

und mit Satz 6.45 erhalten wir $XY \in \mathcal{L}^1$. Für jedes $x \in \mathbb{R}$ gilt

$$0 \leq \mathbb{E}[(xX + Y)^2] = x^2\mathbb{E}[X^2] + 2x\mathbb{E}[XY] + \mathbb{E}[Y^2].$$

Mit $a := \mathbb{E}[X^2], b := 2\mathbb{E}[XY]$ und $c := \mathbb{E}[Y^2]$ gilt also

$$ax^2 + bx + c \geq 0 \quad \text{für alle } x \in \mathbb{R}.$$

Für die Diskriminante $D := b^2 - 4ac$ folgt, dass $D \leq 0$, und daraus erhalten wir

$$4\mathbb{E}[XY]^2 - 4\mathbb{E}[X^2] \cdot \mathbb{E}[Y^2] \leq 0.$$

Diese Ungleichung formen wir um zu

$$\mathbb{E}[XY]^2 \leq \mathbb{E}[X^2] \cdot \mathbb{E}[Y^2],$$

was durch Wurzelziehen auf beiden Seiten die behauptete Ungleichung liefert.   q.e.d.

Korollar 6.63
$\mathcal{L}^2$ *ist ein Unterraum von* $\mathcal{L}^1$.

▶ **Beweis**   Für jede quadratintegrierbare Zufallsvariable $X \in \mathcal{L}^2$ folgt aus Satz 6.62 mit $Y \equiv 1$, dass $X \in \mathcal{L}^1$, was die Inklusion $\mathcal{L}^2 \subset \mathcal{L}^1$ beweist. Als Nächstes beweisen wir, dass es sich tatsächlich um einen Unterraum handelt:

(a) Für alle $\lambda \in \mathbb{R}$ und $X \in \mathcal{L}^2$ gilt $\mathbb{E}[(\lambda X)^2] = \lambda^2 \mathbb{E}[X^2] < \infty$, und damit $\lambda X \in \mathcal{L}^2$.
(b) Für alle $x, y \in \mathbb{R}$ gilt $x^2 - 2xy + y^2 = (x - y)^2 \geq 0$, und deshalb

$$2xy \leq x^2 + y^2.$$

Für zwei quadratintegrierbare Zufallsvariablen $X, Y \in \mathcal{L}^2$ folgt

$$\mathbb{E}[(X + Y)^2] = \mathbb{E}[X^2 + 2XY + Y^2] \leq 2\mathbb{E}[X^2] + 2\mathbb{E}[Y^2] < \infty,$$

und damit $X + Y \in \mathcal{L}^2$.   q.e.d.

Definition 6.64
Es sei $X \in \mathcal{L}^2$ eine Zufallsvariable.
(a) Wir definieren die *Varianz von X* durch

$$\mathrm{Var}[X] := \sigma_X^2 := \mathbb{E}[(X - \mu_X)^2],$$

wobei $\mu_X := \mathbb{E}[X]$.
(b) Wir nennen σ_X die *Standardabweichung von X*.

Satz 6.65
Für jede quadratintegrierbare Zufallsvariable $X \in \mathcal{L}^2$ *gilt*

$$\mathrm{Var}[X] = \mathbb{E}[X^2] - \mathbb{E}[X]^2.$$

▶ **Beweis**   Mit der Linearität des Erwartungswertes (Satz 6.50) erhalten wir

$$\mathrm{Var}[X] = \mathbb{E}[(X - \mu_X)^2] = \mathbb{E}[X^2 - 2\mu_X X + \mu_X^2]$$
$$= \mathbb{E}[X^2] - 2\mu_X \mathbb{E}[X] + \mu_X^2 = \mathbb{E}[X^2] - \mathbb{E}[X]^2,$$

was den Beweis abschließt.   q.e.d.

Satz 6.66

Für jede quadratintegrierbare Zufallsvariable $X \in \mathcal{L}^2$ gilt

$$\mathrm{Var}[X] = \mathbb{E}[X(X-1)] + \mathbb{E}[X] - \mathbb{E}[X]^2.$$

▶ **Beweis** Mit Satz 6.65 und der Linearität des Erwartungswertes (Satz 6.50) erhalten wir

$$\mathrm{Var}[X] = \mathbb{E}[X^2] - \mathbb{E}[X]^2 = \mathbb{E}[X^2] - \mathbb{E}[X] + \mathbb{E}[X] - \mathbb{E}[X]^2$$
$$= \mathbb{E}[X^2 - X] + \mathbb{E}[X] - \mathbb{E}[X]^2 = \mathbb{E}[X(X-1)] + \mathbb{E}[X] - \mathbb{E}[X]^2,$$

was den Beweis abschließt.   q.e.d.

Das nächste Resultat zeigt, wie sich die Varianz unter affinen Transformationen verhält.

Satz 6.67

Für eine quadratintegrierbare Zufallsvariable $X \in \mathcal{L}^2$ und zwei reelle Zahlen $a, b \in \mathbb{R}$ gilt

$$\mathrm{Var}[aX + b] = a^2 \mathrm{Var}[X].$$

▶ **Beweis** Wir setzen $\mu := \mathbb{E}[X]$. Wegen der Linearität des Erwartungswertes (Satz 6.50) erhalten wir $\mathbb{E}[aX + b] = a\mu + b$, und es folgt

$$\mathrm{Var}[aX + b] = \mathbb{E}[((aX + b) - (a\mu + b))^2] = \mathbb{E}[(a(X - \mu))^2]$$
$$= a^2 \mathbb{E}[(X - \mu)^2] = a^2 \mathrm{Var}[X],$$

womit der Satz bewiesen ist.   q.e.d.

Das folgende Resultat zeigt, dass die quadratintegrierbaren Zufallsvariablen mit Varianz null gerade solche mit einer Dirac-Verteilung sind.

Satz 6.68

Für eine quadratintegrierbare Zufallsvariable $X \in \mathcal{L}^2$ sind folgende Aussagen äquivalent:
 (i) *Es gilt $\mathrm{Var}[X] = 0$.*
 (ii) *Es gilt $X = \mu$ fast sicher, wobei $\mu := \mathbb{E}[X]$.*

▶ **Beweis** Mit Lemma 6.40 erhalten wir die Äquivalenzen

$$\text{Var}[X] = 0 \quad \Leftrightarrow \quad \mathbb{E}[(X - \mu)^2] = 0$$
$$\Leftrightarrow \quad (X - \mu)^2 = 0 \text{ fast sicher}$$
$$\Leftrightarrow \quad X = \mu \text{ fast sicher,}$$

womit der Satz bewiesen ist.   q.e.d.

Satz 6.69 (Chebyshev-Ungleichungen)
Es sei $X \in \mathcal{L}^2$ eine quadratintegrierbare Zufallsvariable.
(a) *Für jedes $a > 0$ gilt*

$$\mathbb{P}(|X| \geq a) \leq \frac{\mathbb{E}[X^2]}{a^2}.$$

(b) *Für jedes $a > 0$ gilt*

$$\mathbb{P}(|X - \mu_X| \geq a) \leq \frac{\sigma_X^2}{a^2},$$

wobei $\mu_X := \mathbb{E}[X]$.

▶ **Beweis** Es sei $a > 0$ beliebig.

(a) Eine Anwendung von Satz 6.58 mit $h(x) = x^2$ liefert

$$\mathbb{P}(|X| \geq a) = \mathbb{P}(X^2 \geq a^2) \leq \frac{\mathbb{E}[X^2]}{a^2}.$$

(b) Wir definieren die quadratintegrierbare Zufallsvariable $Y \in \mathcal{L}^2$ durch $Y := X - \mu_X$. Mit dem ersten Teil folgt

$$\mathbb{P}(|X - \mu_X| \geq a) = \mathbb{P}(|Y| \geq a) \leq \frac{\mathbb{E}[Y^2]}{a^2} = \frac{\mathbb{E}[(X - \mu_X)^2]}{a^2} = \frac{\sigma_X^2}{a^2},$$

was den Beweis des Satzes abschließt.   q.e.d.

6.6 Das Lebesgue-Integral bezüglich eines Maßes

In diesem Abschnitt skizzieren wir die Konstruktion des Lebesgue-Integrals bezüglich eines sogenannten Maßes. Es sei $(E, \mathcal{E})$ ein messbarer Raum.

Definition 6.70

Ein *Maß* auf $(E, \mathcal{E})$ ist eine Funktion $\mu : \mathcal{E} \to [0, \infty]$ mit folgenden Eigenschaften:

(a) $\mu(\emptyset) = 0$.

(b) Für jede Folge $(A_n)_{n \in \mathbb{N}} \subset \mathcal{E}$ von paarweise disjunkten Mengen gilt

$$\mu\left(\bigcup_{n \in \mathbb{N}} A_n\right) = \sum_{n \in \mathbb{N}} \mu(A_n).$$

Offensichtlich ist jedes Wahrscheinlichkeitsmaß auch ein Maß, und umgekehrt ist ein Maß genau dann ein Wahrscheinlichkeitsmaß, wenn $\mu(E) = 1$.

Definition 6.71

Ist μ ein Maß auf $(E, \mathcal{E})$, so heißt $(E, \mathcal{E}, \mu)$ ein *Maßraum*.

Für jede nichtnegative, messbare Funktion $f : E \to [0, \infty]$ bzw. jede integrierbare Funktion $f : E \to \mathbb{R}$ definieren wir das *Lebesgue-Integral*

$$\int_E f d\mu = \int_E f(x)\mu(dx) = \int_E f(x)d\mu(x).$$

Die Konstruktion funktioniert wie in den Abschn. 6.2 bis 6.4 für Wahrscheinlichkeitsräume gezeigt, und es gelten die in den letzten Abschnitten bewiesenen Resultate – mit zwei Ausnahmen:

- Korollar 6.46 stimmt für $\mu(E) = \infty$ nicht mehr, das heißt eine beschränkte messbare Funktion braucht nicht mehr integrierbar zu sein. Dies ist unmittelbar klar, da für die beschränkte Funktion $f \equiv 1$ gilt

$$\int_E f d\mu = \mu(E) = \infty.$$

- Korollar 6.63 stimmt für $\mu(E) = \infty$ ebenfalls nicht mehr, das heißt $\mathcal{L}^2$ braucht kein Unterraum von $\mathcal{L}^1$ zu sein. Ein Gegenbeispiel hierfür werden wir in Beispiel 46 kennenlernen.

Definition 6.72

Es sei μ ein Maß auf $(E, \mathcal{E})$.

(a) μ heißt *endlich*, falls $\mu(E) < \infty$.

(b) μ heißt *σ-endlich*, falls eine Folge $(E_n)_{n \in \mathbb{N}} \subset \mathcal{E}$ existiert, so dass $\mu(E_n) < \infty$ für alle $n \in \mathbb{N}$ und $E = \bigcup_{n \in \mathbb{N}} E_n$.

Offensichtlich ist jedes Wahrscheinlichkeitsmaß, oder allgemeiner jedes endliche Maß, auch ein σ-endliches Maß. Die Bedeutung σ-endlicher Maße liegt darin, dass sich viele der folgenden Resultate – wie etwa der Satz von Fubini (Satz 7.11) – für σ-endliche Maße verallgemeinern lassen. Wichtige Beispiele für σ-endliche Maße sind das Zählmaß und das Lebesgue-Maß, die wir in den beiden folgenden Abschnitten kennenlernen werden.

6.7   Diskrete Zufallsvariablen

In diesem Abschnitt werden wir sehen, wie sich die in Abschn. 3.2 präsentierte Integrationstheorie für diskrete Zufallsvariablen in den allgemeinen Rahmen dieses Kapitels einfügt.

Es sei $(E, \mathcal{E})$ ein messbarer Raum, der aus einer höchstens abzählbaren Menge E und dessen Potenzmenge $\mathcal{E} = \mathfrak{P}(E)$ besteht. Die Funktion

$$\zeta : \mathcal{E} \to \mathbb{N}_0 \cup \{\infty\}, \quad \zeta(B) := \sum_{k \in B} 1$$

definiert ein Maß auf $(E, \mathcal{E})$. Hierbei wird jeder Menge die Anzahl ihrer Elemente zugeordnet.

Definition 6.73
Wir nennen das Maß ζ das *Zählmaß* auf E.

Bemerkung 6.74 *Das Zählmaß ζ ist ein σ-endliches Maß auf $(E, \mathcal{E})$. In der Tat, es sei $(e_n)_{n \in \mathbb{N}}$ eine Abzählung von E. Dann gilt für die Folge $(E_n)_{n \in \mathbb{N}} \subset \mathcal{E}$ definiert durch $E_n := \{e_n\}$, dass $\zeta(E_n) = 1$ und $E = \bigcup_{n \in \mathbb{N}} E_n$.*

Satz 6.75
Es sei $f : E \to \mathbb{R}$ eine Funktion.
(a) Es gilt $f \in \mathcal{L}^1$ genau dann, wenn die Reihe

$$\sum_{k \in E} f(k)$$

absolut konvergiert.
(b) Ist $f \geq 0$ oder $f \in \mathcal{L}^1$, dann gilt

$$\int_E f d\zeta = \sum_{k \in E} f(k).$$

► **Beweis**   Zuerst sei f eine elementare Funktion mit der Darstellung

$$f = \sum_{j=1}^{n} \alpha_j \mathbb{1}_{B_j}.$$

Dann gilt $\alpha_j = f(k)$ für $j = 1, \ldots, n$ und $k \in B_j$, und es folgt

$$\int_E f d\zeta = \sum_{j=1}^{n} \alpha_j \zeta(B_j) = \sum_{j=1}^{n} \sum_{k \in B_j} f(k) = \sum_{k \in E} f(k),$$

was die angegebene Formel für jede elementare Funktion beweist.

Nun sei $f \geq 0$ eine beliebige nichtnegative Funktion, und es sei $(e_n)_{n \in E}$ eine Abzählung von E. Die Folge $(f_n)_{n \in \mathbb{N}}$ definiert durch

$$f_n : E \to \mathbb{R}, \quad f_n(k) = \begin{cases} f(k), & \text{falls } k \in \{e_1, \ldots, e_n\} \\ 0, & \text{sonst} \end{cases}$$

ist eine Folge von nichtnegativen, elementaren Funktionen mit $f_n \uparrow f$. Nach dem Satz von der monotonen Konvergenz (Satz 6.36) folgt

$$\int_E f d\zeta = \lim_{n \to \infty} \int_E f_n d\zeta = \lim_{n \to \infty} \sum_{k \in E} f_n(k) = \lim_{n \to \infty} \sum_{j=1}^{n} f(e_j) = \sum_{k \in E} f(k),$$

was die angegebene Formel für jede nichtnegative Funktion beweist.

Nun sei f eine beliebige Funktion. Mit Satz 6.45 erhalten wir die Äquivalenzen

$$f \in \mathcal{L}^1 \quad \Leftrightarrow \quad \int_E |f| d\zeta < \infty$$

$$\Leftrightarrow \quad \sum_{k \in E} |f(k)| < \infty$$

$$\Leftrightarrow \quad \sum_{k \in E} f(k) \text{ ist absolut konvergent,}$$

und in diesem Fall folgt

$$\int_E f d\zeta = \int_E f^+ d\zeta - \int_E f^- d\zeta = \sum_{k \in E} f^+(k) - \sum_{k \in E} f^-(k) = \sum_{k \in E} f(k),$$

womit der Satz vollständig bewiesen ist.   q.e.d.

► **Beispiel 46**   Wir betrachten die Funktion

$$f : \mathbb{N} \to \mathbb{R}, \quad f(k) = \frac{1}{k}.$$

Dann ist die Reihe

$$\sum_{k \in \mathbb{N}} f(k)^2 = \sum_{k=1}^{\infty} \frac{1}{k^2} = \frac{\pi^2}{6}$$

absolut konvergent, während die harmonische Reihe

$$\sum_{k \in \mathbb{N}} f(k) = \sum_{k=1}^{\infty} \frac{1}{k}$$

divergiert. Es gilt also $f \in \mathcal{L}^2$, aber $f \notin \mathcal{L}^1$, was zeigt, dass Korollar 6.63 für das Zählmaß nicht korrekt ist.

Nun sei $(\Omega, \mathcal{F}, \mathbb{P})$ ein Wahrscheinlichkeitsraum.

Satz 6.76 (Transformationsformel für diskrete Zufallsvariablen)
Es sei $X : \Omega \to E$ eine diskrete Zufallsvariable mit stochastischem Vektor π, und es sei $h : E \to \mathbb{R}$ eine Funktion.
(a) Es gilt $h(X) \in \mathcal{L}^1$ genau dann, wenn die Reihe

$$\sum_{k \in E} h(k) \cdot \pi(k)$$

absolut konvergiert.
(b) Ist $h \geq 0$ oder $h(X) \in \mathcal{L}^1$, dann gilt

$$\mathbb{E}[h(X)] = \sum_{k \in E} h(k) \cdot \pi(k).$$

▶ **Beweis** Zuerst sei h eine elementare Zufallsvariable mit der Darstellung

$$h = \sum_{j=1}^{n} \alpha_j \mathbb{1}_{B_j}.$$

Dann ist auch $h(X)$ eine elementare Zufallsvariable mit der Darstellung

$$h(X) = \sum_{j=1}^{n} \alpha_j \mathbb{1}_{\{X \in B_j\}}.$$

Also erhalten wir

$$\mathbb{E}[h(X)] = \sum_{j=1}^{n} \alpha_j \mathbb{P}(X \in B_j) = \sum_{j=1}^{n} \alpha_j \mathbb{P}^X(B_j) = \sum_{j=1}^{n} \alpha_j \sum_{k \in B_j} \pi(k)$$

$$= \sum_{j=1}^{n} \alpha_j \sum_{k \in E} \mathbb{1}_{B_j}(k)\pi(k) = \sum_{k \in E} \left(\sum_{j=1}^{n} \alpha_j \mathbb{1}_{B_j}(k) \right) \pi(k)$$

$$= \sum_{k \in E} h(k) \cdot \pi(k),$$

was die Transformationsformel für jede elementare Zufallsvariable beweist.

Nun sei $h \geq 0$ eine beliebige nichtnegative Zufallsvariable. Nach Satz 6.33 existiert eine Folge $(h_n)_{n \in \mathbb{N}}$ von nichtnegativen, elementaren Zufallsvariablen mit $h_n \uparrow h$. Dann sind auch $(h_n(X))_{n \in \mathbb{N}}$ und $(h_n \cdot \pi)_{n \in \mathbb{N}}$ Folgen von nichtnegativen Zufallsvariablen mit $h_n(X) \uparrow h(X)$ und $h_n \cdot \pi \uparrow h \cdot \pi$. Bezeichnen wir mit ζ das Zählmaß auf E, so folgt durch zweimalige Anwendung des Satzes von der monotonen Konvergenz (Satz 6.36) und Satz 6.75, dass

$$\mathbb{E}[h(X)] = \lim_{n \to \infty} \mathbb{E}[h_n(X)] = \lim_{n \to \infty} \sum_{k \in E} h_n(k) \cdot \pi(k) = \lim_{n \to \infty} \int_E h_n \cdot \pi \, d\zeta$$

$$= \int_E h \cdot \pi \, d\zeta = \sum_{k \in E} h(k) \cdot \pi(k),$$

was die Transformationsformel für jede nichtnegative Zufallsvariable beweist.

Nun sei h eine beliebige Zufallsvariable. Mit Satz 6.45 erhalten wir die Äquivalenzen

$$h(X) \in \mathcal{L}^1(\Omega, \mathcal{F}, \mathbb{P}) \quad \Leftrightarrow \quad \mathbb{E}[|h(X)|] < \infty$$

$$\Leftrightarrow \quad \sum_{k \in E} |h(k)| \cdot \pi(k) < \infty$$

$$\Leftrightarrow \quad \sum_{k \in E} h(k) \cdot \pi(k) \text{ ist absolut konvergent,}$$

und in diesem Fall folgt

$$\mathbb{E}[h(X)] = \mathbb{E}[h^+(X)] - \mathbb{E}[h^-(X)] = \sum_{k \in E} h^+(k) \cdot \pi(k) - \sum_{k \in E} h^-(k) \cdot \pi(k)$$

$$= \sum_{k \in E} h(k) \cdot \pi(k),$$

womit die Transformationsformel vollständig bewiesen ist.   q.e.d.

Folglich stimmt der in diesem Kapitel entwickelte Erwartungswert für diskrete Zufallsvariablen mit dem aus Abschn. 3.2 überein.

6.8 Absolutstetige Zufallsvariablen

In diesem Abschnitt werden wir sehen, wie sich die in Abschn. 4.3 präsentierte Integrationstheorie für absolutstetige Zufallsvariablen in den allgemeinen Rahmen dieses Kapitels einfügt. Im Folgenden werden wir auf einige formale Beweise, die inhaltlich der allgemeinen Maß- und Integrationstheorie zuzuordnen sind, verzichten. Der interessierte Leser kann diese in der einschlägigen Literatur wie etwa [Els11] finden.

Grundlegend für die folgenden Resultate ist das Lebesgue-Maß, dessen Definition sich durch den folgenden Satz ergibt.

Satz 6.77

Es existiert genau ein Maß λ^n auf $(\mathbb{R}^n, \mathcal{B}(\mathbb{R}^n))$, so dass für alle $a_1, \ldots, a_n \in \mathbb{R}$ und $b_1, \ldots, b_n \in \mathbb{R}$ mit $a_k < b_k$ für $k = 1, \ldots, n$ gilt

$$\lambda^n([a_1, b_1] \times \cdots \times [a_n, b_n]) = (b_1 - a_1) \cdot \ldots \cdot (b_n - a_n).$$

Der Beweis beruht auf einer geeigneten Version des Fortsetzungs- und Eindeutigkeitssatzes (Satz 5.2) für Maße und soll hier nicht weiter ausgeführt werden.

Definition 6.78

Das Maß λ^n aus Satz 6.77 nennen wir das *Lebesgue-Maß* auf $(\mathbb{R}^n, \mathcal{B}(\mathbb{R}^n))$.

Bemerkung 6.79 *Das Lebesgue-Maß λ^n ist ein σ-endliches Maß auf $(\mathbb{R}^n, \mathcal{B}(\mathbb{R}^n))$. In der Tat, für die Folge $(E_k)_{k \in \mathbb{N}} \subset \mathcal{B}(\mathbb{R}^n)$ definiert durch $E_k := [-k, k] \times \cdots \times [-k, k]$ gilt, dass $\lambda^n(E_k) = (2k)^n$ und $\mathbb{R}^n = \bigcup_{k \in \mathbb{N}} E_k$.*

Der folgende Satz wird sich später als nützlich erweisen:

Satz 6.80

Für jede Hyperebene $H \subset \mathbb{R}^n$ der Form

$$H = \{x \in \mathbb{R}^n : \langle x - \mu, a \rangle = 0\}$$

mit $a, \mu \in \mathbb{R}^n$ gilt $\lambda^n(H) = 0$.

Wir werfen zunächst einen Blick auf das eindimensionale Lebesgue-Maß $\lambda := \lambda^1$.

Für jede Borel-messbare Funktion $f : \mathbb{R} \to \mathbb{R}$, die nichtnegativ oder integrierbar ist, definieren wir das *Lebesgue-Integral* $\int_{\mathbb{R}} f d\lambda$, wie in Abschn. 6.6 skizziert, und setzen

$$\int_{\mathbb{R}} f(x) dx := \int_{\mathbb{R}} f d\lambda.$$

Diese Definition legt einen Zusammenhang mit dem uneigentlichen Riemann-Integral nahe. Dieser Zusammenhang wird durch folgenden Satz hergestellt:

Satz 6.81

Es sei $f : \mathbb{R} \to \mathbb{R}$ eine nichtnegative, uneigentlich Riemann-integrierbare Funktion. Dann gelten folgende Aussagen:

(a) f ist auch Lebesgue-integrierbar.

(b) Das Riemann-Integral von f stimmt mit dem Lebesgue-Integral von f überein.

Es seien $f : \mathbb{R} \to \mathbb{R}$ eine Borel-messbare Funktion und $B \in \mathcal{B}(\mathbb{R})$ eine Teilmenge, so dass $f \geq 0$ oder $f \mathbb{1}_B \in \mathcal{L}^1(\mathbb{R}, \mathcal{B}(\mathbb{R}), \lambda)$ gilt. Dann definieren wir das Lebesgue-Integral

$$\int_B f(x)dx := \int_B f d\lambda := \int_{\mathbb{R}} f \mathbb{1}_B d\lambda.$$

Für $a, b \in \mathbb{R}$ mit $a < b$ setzen wir

$$\int_a^b f(x)dx := \int_{[a,b]} f(x)dx.$$

Diese Bezeichnung erinnert an das Riemann-Integral auf kompakten Intervallen der Form $[a, b]$. In der Tat gilt folgender Zusammenhang:

Satz 6.82

Es sei $f : [a, b] \to \mathbb{R}$ eine Riemann-integrierbare Funktion. Dann gelten folgende Aussagen:

(a) f ist auch Lebesgue-integrierbar.

(b) Das Riemann-Integral von f stimmt mit dem Lebesgue-Integral von f überein.

Nun werfen wir einen kurzen Blick auf das mehrdimensionale Lebesgue-Maß λ^n.

Es seien $f : \mathbb{R}^n \to \mathbb{R}$ eine Borel-messbare Funktion und $B \in \mathcal{B}(\mathbb{R}^n)$ eine Teilmenge, so dass $f \geq 0$ oder $f \mathbb{1}_B \in \mathcal{L}^1(\mathbb{R}^n, \mathcal{B}(\mathbb{R}^n), \lambda^n)$ gilt. Wir definieren das *Lebesgue-Integral* $\int_{\mathbb{R}^n} f \mathbb{1}_B d\lambda^n$, wie in Abschn. 6.6 skizziert, und setzen

$$\int_B f(x_1, \ldots, x_n)dx_1 \ldots dx_n := \int_B f(x)dx := \int_{\mathbb{R}^n} f \mathbb{1}_B d\lambda^n.$$

Hierbei ergibt sich folgender Zusammenhang zum mehrdimensionalen Riemann-Integral. Bezüglich der Definition des mehrdimensionalen Riemann-Integrals und des Begriffs einer Jordan-messbaren Menge verweisen wir auf Anhang A.3.

> **Satz 6.83**
>
> *Es seien $B \subset \mathbb{R}^n$ eine Jordan-messbare Menge und $f : B \to \mathbb{R}$ eine Riemann-integrierbare Funktion. Dann gelten folgende Aussagen:*
>
> *(a) f ist auch Lebesgue-integrierbar.*
>
> *(b) Das Riemann-Integral von f stimmt mit dem Lebesgue-Integral von f überein.*

Wir kommen nun auf den in Kap. 4 eingeführten Begriff der Dichte zu sprechen. Diesen werden wir mit Hilfe des Lebesgue-Integrals verallgemeinern. Dazu legen wir einen Hilfssatz bereit.

Lemma 6.84 *Es sei $f : \mathbb{R}^n \to \mathbb{R}$ eine Borel-messbare Funktion mit $f \geq 0$ λ^n-fast sicher und $\int_{\mathbb{R}^n} f(x)dx = 1$. Dann definiert die Funktion*

$$\mu : \mathcal{B}(\mathbb{R}^n) \to [0, 1], \quad \mu(B) := \int_B f(x)dx$$

ein Wahrscheinlichkeitsmaß auf $(\mathbb{R}^n, \mathcal{B}(\mathbb{R}^n))$.

▶ **Beweis** Wir haben die beiden Eigenschaften (W1) und (W2) eines Wahrscheinlichkeitsmaßes aus Definition 2.20 zu verifizieren:

(W1) Nach Voraussetzung gilt

$$\mu(\mathbb{R}^n) = \int_{\mathbb{R}^n} f(x)dx = 1.$$

(W2) Es sei $(B_k)_{k\in\mathbb{N}} \subset \mathcal{B}(\mathbb{R}^n)$ eine Folge von paarweise disjunkten Borel-Mengen. Wir definieren $B \in \mathcal{B}(\mathbb{R}^n)$ durch $B := \bigcup_{k\in\mathbb{N}} B_k$. Mit Korollar 6.37 folgt, dass

$$\mu(B) = \int_B f(x)dx = \int_{\mathbb{R}^n} f(x)\mathbb{1}_B(x)dx = \int_{\mathbb{R}^n} \left(\sum_{k\in\mathbb{N}} f(x)\mathbb{1}_{B_k}(x)\right)dx$$

$$= \sum_{k\in\mathbb{N}} \int_{\mathbb{R}^n} f(x)\mathbb{1}_{B_k}(x)dx = \sum_{k\in\mathbb{N}} \int_{B_k} f(x)dx = \sum_{k\in\mathbb{N}} \mu(B_k).$$

q.e.d.

Bemerkung 6.85 *Wir merken an, dass Definition 6.84 erst durch das allgemeinere Lebesgue-Integral ermöglicht wird, da das entsprechende Riemann-Integral $\int_B f(x)dx$ im Allgemeinen nicht für jede Borel-Menge $B \in \mathcal{B}(\mathbb{R}^n)$ existiert. Ein Gegenbeispiel im Fall $n = 1$ ist gegeben durch $f = \mathbb{1}_{(0,1)}$ und $B = \mathbb{Q}$, da die Dirichlet-Funktion $\mathbb{1}_{\mathbb{Q}}$ bekanntlich nicht Riemann-integrierbar ist.*

Definition 6.86

Es sei μ ein Wahrscheinlichkeitsmaß auf $(\mathbb{R}^n, \mathcal{B}(\mathbb{R}^n))$. Eine Borel-messbare Funktion $f : \mathbb{R}^n \to \mathbb{R}$ heißt eine *Dichte von* μ, falls gilt

$$\mu(B) = \int_B f(x)dx \quad \text{für alle } B \in \mathcal{B}(\mathbb{R}^n).$$

Satz 6.87

Für eine Borel-messbare Funktion $f : \mathbb{R}^n \to \mathbb{R}$ sind folgende Aussagen äquivalent:
  (i) *f ist Dichte eines Wahrscheinlichkeitsmaßes μ auf $(\mathbb{R}^n, \mathcal{B}(\mathbb{R}^n))$.*
  (ii) *Es gilt $f \geq 0$ λ^n-fast sicher und $\int_{\mathbb{R}^n} f(x)dx = 1$.*

▶ **Beweis** (i) $\Rightarrow$ (ii): Wegen der Monotonie der Lebesgue-Integrals (Satz 6.51) gilt

$$0 \leq \mu(f < 0) = \int_{\{f<0\}} f(x)dx \leq 0,$$

und deshalb

$$\int_{\{f<0\}} f(x)dx = 0.$$

Mit Lemma 6.40 folgt $f\mathbb{1}_{\{f<0\}} = 0$ λ^n-fast sicher, und damit $f \geq 0$ λ^n-fast sicher. Außerdem gilt

$$\int_{\mathbb{R}^n} f(x)dx = \mu(\mathbb{R}^n) = 1.$$

(ii) $\Rightarrow$ (i): Diese Implikation folgt aus Lemma 6.84.   q.e.d.

Mit Satz 6.81 folgt, dass jede Dichte im Sinne von Definition 6.86 auch eine Dichte im Sinne von Definition 4.4 ist. Dementsprechend verallgemeinern wir Definition 4.4 und nennen eine Borel-messbare Funktion $f : \mathbb{R}^n \to \mathbb{R}$ eine *Dichte*, wenn die Bedingungen von Satz 6.87 erfüllt sind, das heißt $f \geq 0$ λ^n-fast sicher und $\int_{\mathbb{R}^n} f(x)dx = 1$.

▶ **Beispiel 47**   Es sei $B \in \mathcal{B}(\mathbb{R}^n)$ eine Borel-Menge mit $0 < \lambda^n(B) < \infty$. Dann ist die Funktion

$$f : \mathbb{R}^n \to \mathbb{R}, \quad f(x) = \begin{cases} \frac{1}{\lambda^n(B)}, & x \in B \\ 0, & x \notin B \end{cases}$$

eine Dichte.

Definition 6.88

Wir sprechen von einer *Gleichverteilung* auf der Menge B und bezeichnen diese mit $UC(B)$.

Offensichlich haben wir hiermit eine Verallgemeinerung von Definition 4.8 vorliegen.

Die Dichte einer Verteilung ist nicht eindeutig bestimmt; es gilt jedoch der folgende Satz:

Satz 6.89

Es seien $f, g : \mathbb{R}^n \to \mathbb{R}$ zwei Dichten eines Wahrscheinlichkeitsmaßes μ auf $(\mathbb{R}^n, \mathcal{B}(\mathbb{R}^n))$. Dann gilt $f = g$ λ^n-fast sicher.

▶ **Beweis** Nach Voraussetzung gilt für jede Borel-Menge $B \in \mathcal{B}(\mathbb{R}^n)$, dass

$$\int_B (f(x) - g(x))dx = \int_B f(x)dx - \int_B g(x)dx = \mu(B) - \mu(B) = 0.$$

Mit Lemma 6.55 folgt, dass $f - g = 0$ λ^n-fast sicher, und damit $f = g$ λ^n-fast sicher. q.e.d.

Also stimmen zwei Dichten einer Verteilung stets außerhalb einer Lebesgue-Nullmenge überein.

Es sei $\mathcal{Q}$ das Mengensystem

$$\mathcal{Q} := \{[a_1, b_1] \times \cdots \times [a_n, b_n] : a, b \in \mathbb{R}^n \text{ mit } a_i \leq b_i \text{ für } i = 1, \dots, n\}$$

aller kompakten Quader des $\mathbb{R}^n$.

Satz 6.90

Es seien μ ein Wahrscheinlichkeitsmaß auf $(\mathbb{R}^n, \mathcal{B}(\mathbb{R}^n))$ und $f : \mathbb{R}^n \to \mathbb{R}$ eine Borel-messbare Funktion mit

$$\mu(B) = \int_B f(x)dx \quad \text{für alle } B \in \mathcal{Q}.$$

Dann ist f ist eine Dichte von μ.

▶ **Beweis** Nach Lemma 6.84 definiert die Funktion

$$\nu : \mathcal{B}(\mathbb{R}^n) \to [0, 1], \quad \nu(B) := \int_B f(x)dx$$

ein Wahrscheinlichkeitsmaß auf $(\mathbb{R}^n, \mathcal{B}(\mathbb{R}^n))$. Das Mengensystem $\mathcal{Q}$ ist $\cap$-stabil, und es gilt $\mu|_{\mathcal{Q}} = \nu|_{\mathcal{Q}}$. Außerdem gilt nach Lemma 6.17, dass $\mathcal{B}(\mathbb{R}^n) = \sigma(\mathcal{Q})$. Mit dem Eindeutigkeitssatz für Wahrscheinlichkeitsmaße (Satz 5.9) folgt $\mu = \nu$. Also ist f eine Dichte von μ, was den Beweis beendet.   q.e.d.

Nun sei $(\Omega, \mathcal{F}, \mathbb{P})$ ein Wahrscheinlichkeitsraum.

Definition 6.91

Es sei $f : \mathbb{R}^n \to \mathbb{R}$ eine Borel-messbare Funktion. Eine Zufallsvariable $X : \Omega \to \mathbb{R}^n$ heißt *absolutstetig mit Dichte* f, falls ihre Verteilung $\mathbb{P}^X$ absolutstetig mit Dichte f ist.

Satz 6.92 (Transformationsformel für Zufallsvariablen mit Dichten)

Es sei X eine $\mathbb{R}^n$-wertige absolutstetige Zufallsvariable mit Dichte f, und es sei $h : \mathbb{R}^n \to \mathbb{R}$ eine messbare Funktion.

(a) *Es gilt $h(X) \in \mathcal{L}^1(\Omega, \mathcal{F}, \mathbb{P})$ genau dann, wenn $h \cdot f \in \mathcal{L}^1(\mathbb{R}^n, \mathcal{B}(\mathbb{R}^n), \lambda^n)$.*

(b) *Ist $h \geq 0$ oder $h(X) \in \mathcal{L}^1(\Omega, \mathcal{F}, \mathbb{P})$, dann gilt*

$$\mathbb{E}[h(X)] = \int_{\mathbb{R}^n} h(x) \cdot f(x) dx.$$

▶ **Beweis** Zuerst sei h eine elementare Zufallsvariable mit der Darstellung

$$h = \sum_{j=1}^{m} \alpha_j \mathbb{1}_{B_j}.$$

Dann ist auch $h(X)$ eine elementare Zufallsvariable mit der Darstellung

$$h(X) = \sum_{j=1}^{m} \alpha_j \mathbb{1}_{\{X \in B_j\}}.$$

Also erhalten wir

$$\mathbb{E}[h(X)] = \sum_{j=1}^{m} \alpha_j \mathbb{P}(X \in B_j) = \sum_{j=1}^{m} \alpha_j \mathbb{P}^X(B_j) = \sum_{j=1}^{m} \alpha_j \int_{B_j} f(x) dx$$

$$= \sum_{j=1}^{m} \alpha_j \int_{\mathbb{R}^n} \mathbb{1}_{B_j}(x) f(x) dx = \int_{\mathbb{R}^n} \left(\sum_{j=1}^{m} \alpha_j \mathbb{1}_{B_j}(x) \right) f(x) dx$$

$$= \int_{\mathbb{R}^n} h(x) \cdot f(x) dx,$$

was die Transformationsformel für jede elementare Zufallsvariable beweist.

Nun sei $h \geq 0$ eine beliebige nichtnegative Zufallsvariable. Nach Satz 6.33 existiert eine Folge $(h_k)_{k \in \mathbb{N}}$ von nichtnegativen, elementaren Zufallsvariablen mit $h_k \uparrow h$. Dann sind auch

$(h_k(X))_{k \in \mathbb{N}}$ und $(h_k \cdot f)_{k \in \mathbb{N}}$ Folgen von nichtnegativen Zufallsvariablen mit $h_k(X) \uparrow h(X)$ und $h_k \cdot f \uparrow h \cdot f$. Durch zweimalige Anwendung des Satzes von der monotonen Konvergenz (Satz 6.36) folgt

$$\mathbb{E}[h(X)] = \lim_{k \to \infty} \mathbb{E}[h_k(X)] = \lim_{k \to \infty} \int_{\mathbb{R}^n} h_k(x) \cdot f(x) dx = \int_{\mathbb{R}^n} h(x) \cdot f(x) dx,$$

was die Transformationsformel für jede nichtnegative Zufallsvariable beweist.

Nun sei h eine beliebige Zufallsvariable. Mit Satz 6.45 erhalten wir die Äquivalenzen

$$h(X) \in \mathcal{L}^1(\Omega, \mathcal{F}, \mathbb{P}) \quad \Leftrightarrow \quad \mathbb{E}[|h(X)|] < \infty$$

$$\Leftrightarrow \quad \int_{\mathbb{R}^n} |h(x)| \cdot f(x) dx < \infty$$

$$\Leftrightarrow \quad h \cdot f \in \mathcal{L}^1(\mathbb{R}^n, \mathcal{B}(\mathbb{R}^n), \lambda^n),$$

und in diesem Fall folgt

$$\mathbb{E}[h(X)] = \mathbb{E}[h^+(X)] - \mathbb{E}[h^-(X)] = \int_{\mathbb{R}^n} h^+(x) \cdot f(x) dx - \int_{\mathbb{R}^n} h^-(x) \cdot f(x) dx$$

$$= \int_{\mathbb{R}^n} h(x) \cdot f(x) dx,$$

womit die Transformationsformel vollständig bewiesen ist. q.e.d.

Folglich stimmt der in diesem Kapitel entwickelte Erwartungswert für absolutstetige Zufallsvariablen mit dem aus Abschn. 4.3 überein.

▶ **Beispiel 48** Eine Standard-Cauchy-verteilte Zufallsvariable $X \sim \mathrm{Cau}(0, 1)$ ist nicht integrierbar. In der Tat, die Funktion

$$f : \mathbb{R} \to \mathbb{R}, \quad f(x) = \frac{1}{\pi} \cdot \frac{1}{1 + x^2}$$

ist eine Dichte der Zufallsvariablen X. Es gilt

$$\int_{\mathbb{R}} |x \cdot f(x)| dx \geq \frac{1}{\pi} \int_1^\infty \frac{x}{1 + x^2} dx \geq \frac{1}{\pi} \int_1^\infty \frac{1}{2x} dx = \infty.$$

Nach Satz 6.45 liegt die Funktion $x \mapsto x \cdot f(x)$ nicht in $\mathcal{L}^1(\mathbb{R}, \mathcal{B}(\mathbb{R}), \lambda)$, und somit ergibt Satz 6.92, dass $X \notin \mathcal{L}^1(\Omega, \mathcal{F}, \mathbb{P})$. Also ist X nicht integrierbar.

Unabhängige Zufallsvariablen und Produktmaße

7

In diesem Kapitel werden wir das Konzept der Unabhängigkeit von Zufallsvariablen kennenlernen. Dabei besteht ein Zusammenhang zu Produktmaßen, die wir zu Beginn dieses Kapitels studieren werden. Im Verlauf dieses Kapitels werden wir einen genaueren Blick auf die Unabhängigkeit von diskreten und absolutstetigen Zufallsvariablen werfen. Abschließend werden wir als Anwendung der in diesem Kapitel entwickelten Theorie das Null-Eins-Gesetz von Kolmogorov vorstellen. Die Beweise aus den Abschn. 7.1 und 7.2 dürfen beim ersten Lesen übersprungen werden.

7.1 Produktmaße

Das Ziel dieses Abschnittes ist die Definition des Produktmaßes. Es seien $(E_1, \mathcal{E}_1), \cdots,$ $(E_n, \mathcal{E}_n)$ messbare Räume. Auf dem Grundraum $E_1 \times \cdots \times E_n$ definieren wir das Mengensystem

$$\mathcal{E}_1 \times \cdots \times \mathcal{E}_n := \{A_1 \times \cdots \times A_n : A_i \in \mathcal{E}_i \text{ für } i = 1, \ldots, n\}.$$

Dieses Mengensystem ist im Allgemeinen keine σ-Algebra. Daher führen wir ein:

> **Definition 7.1**
> Wir definieren die *Produkt-σ-Algebra* durch
>
> $$\mathcal{E}_1 \otimes \cdots \otimes \mathcal{E}_n := \sigma(\mathcal{E}_1 \times \cdots \times \mathcal{E}_n).$$

Lemma 7.2 *Es gilt* $\mathcal{B}(\mathbb{R}^n) = \underbrace{\mathcal{B}(\mathbb{R}) \otimes \cdots \otimes \mathcal{B}(\mathbb{R})}_{n \text{ mal}}.$

S. Tappe, *Einführung in die Wahrscheinlichkeitstheorie*,
DOI: 10.1007/978-3-642-37544-6_7, © Springer-Verlag Berlin Heidelberg 2013

▶ **Beweis** Es sei $B_1 \times \cdots \times B_n \in \mathcal{B}(\mathbb{R}) \times \cdots \times \mathcal{B}(\mathbb{R})$ eine beliebige Produktmenge. Für jedes $i = 1, \ldots, n$ ist die Projektion $\pi_i : \mathbb{R}^n \to \mathbb{R}$, $\pi_i(x) := x_i$ stetig, und somit nach Satz 6.19 auch Borelmessbar. Daraus folgt

$$B_1 \times \cdots \times B_n = (B_1 \times \mathbb{R} \times \cdots \times \mathbb{R}) \cap \ldots \cap (\mathbb{R} \times \cdots \times \mathbb{R} \times B_n)$$
$$= \pi_1^{-1}(B_1) \cap \ldots \cap \pi_n^{-1}(B_n) \in \mathcal{B}(\mathbb{R}^n).$$

Dies zeigt $\mathcal{B}(\mathbb{R}) \times \cdots \times \mathcal{B}(\mathbb{R}) \subset \mathcal{B}(\mathbb{R}^n)$, und mit Satz 2.11 erhalten wir

$$\mathcal{B}(\mathbb{R}) \otimes \cdots \otimes \mathcal{B}(\mathbb{R}) \subset \mathcal{B}(\mathbb{R}^n).$$

Nun sei $O \subset \mathbb{R}^n$ eine beliebige offene Menge. Nach dem Lemma von Lindelöf (Satz A.33 aus Anhang A.4) existieren reelle Zahlenfolgen $(a_j^k)_{k \in \mathbb{N}}$, $(b_j^k)_{k \in \mathbb{N}} \subset \mathbb{R}$ für $j = 1, \ldots, n$ mit $a_j^k < b_j^k$ für $j = 1, \ldots, n$ und $k \in \mathbb{N}$, so dass

$$O = \bigcup_{k \in \mathbb{N}} (a_1^k, b_1^k) \times \cdots \times (a_n^k, b_n^k) \in \mathcal{B}(\mathbb{R}) \otimes \cdots \otimes \mathcal{B}(\mathbb{R}).$$

Damit haben wir gezeigt, dass $\mathcal{O} \subset \mathcal{B}(\mathbb{R}) \otimes \cdots \otimes \mathcal{B}(\mathbb{R})$, wobei $\mathcal{O}$ das System der offenen Teilmengen des $\mathbb{R}^n$ bezeichnet. Mit Satz 2.11 folgt, dass

$$\mathcal{B}(\mathbb{R}^n) \subset \mathcal{B}(\mathbb{R}) \otimes \cdots \otimes \mathcal{B}(\mathbb{R}),$$

womit der Hilfssatz bewiesen ist.   q.e.d.

Der Einfachheit halber werden wir von nun an den Produktraum zweier messbarer Räume $(E, \mathcal{E})$ und $(G, \mathcal{G})$ betrachten. Die folgenden Resultate lassen sich jedoch für endlich viele messbare Räume verallgemeinern.

Definition 7.3

Es sei $C \in \mathcal{E} \otimes \mathcal{G}$ eine messbare Menge.
(a) Für jedes $x \in E$ definieren wir den *Schnitt* $C_{(x, \bullet)} := \{y \in G : (x, y) \in C\}$
(b) Für jedes $y \in G$ definieren wir den *Schnitt* $C_{(\bullet, y)} := \{x \in E : (x, y) \in C\}$
   (Abb. 7.1).

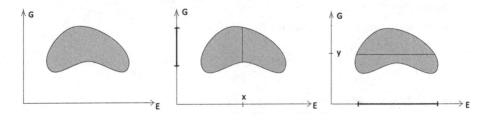

Abb. 7.1 Veranschaulichung der Schnitte aus Definition 7.3

Zur Definition von Produktmaßen auf $(E \times G, \mathcal{E} \otimes \mathcal{G})$ benötigen zwei Hilfsresultate.

Lemma 7.4 *Es sei* $C \in \mathcal{E} \otimes \mathcal{G}$ *eine messbare Menge.*

(a) *Für jedes* $x \in E$ *gilt* $C_{(x,\bullet)} \in \mathcal{G}$.
(b) *Für jedes* $y \in G$ *gilt* $C_{(\bullet,y)} \in \mathcal{E}$.

▶ **Beweis** Aus Symmetriegründen genügt es, die erste Aussage zu beweisen. Wir definieren das Mengensystem $\mathcal{H} \subset \mathcal{E} \otimes \mathcal{G}$ durch

$$\mathcal{H} := \{C \in \mathcal{E} \otimes \mathcal{G} : C_{(x,\bullet)} \in \mathcal{G} \text{ für jedes } x \in E\}.$$

Dann gilt $\mathcal{E} \times \mathcal{G} \subset \mathcal{H}$. Außerdem ist $\mathcal{H}$ eine σ-Algebra über $E \times G$, was wir durch Verifikation der Eigenschaften $(\sigma 1)$–$(\sigma 3)$ aus Definition 2.5 nachweisen:

$(\sigma 1)$ Es gilt $(E \times G)_{(x,\bullet)} = G \in \mathcal{G}$ für jedes $x \in E$, und damit $E \times G \in \mathcal{H}$.
$(\sigma 2)$ Es sei $C \in \mathcal{H}$ eine beliebige Menge. Da $\mathcal{G}$ eine σ-Algebra ist, gilt für jedes $x \in E$, dass

$$(C^c)_{(x,\bullet)} = \{y \in G : (x,y) \in C^c\} = \{y \in G : (x,y) \in C\}^c$$
$$= (C_{(x,\bullet)})^c \in \mathcal{G},$$

und es folgt $C^c \in \mathcal{H}$.
$(\sigma 3)$ Es sei $(C^n)_{n \in \mathbb{N}} \subset \mathcal{H}$ eine beliebige Folge von Mengen. Da $\mathcal{G}$ eine σ-Algebra ist, gilt für jedes $x \in E$, dass

$$\left(\bigcup_{n \in \mathbb{N}} C^n\right)_{(x,\bullet)} = \left\{y \in G : (x,y) \in \bigcup_{n \in \mathbb{N}} C^n\right\} = \bigcup_{n \in \mathbb{N}} \{y \in G : (x,y) \in C^n\}$$
$$= \bigcup_{n \in \mathbb{N}} C^n_{(x,\bullet)} \in \mathcal{G},$$

und es folgt $\bigcup_{n \in \mathbb{N}} C^n \in \mathcal{H}$.

Also folgt mit Satz 2.11, dass

$$\mathcal{E} \otimes \mathcal{G} = \sigma(\mathcal{E} \times \mathcal{G}) \subset \sigma(\mathcal{H}) = \mathcal{H} \subset \mathcal{E} \otimes \mathcal{G},$$

und somit $\mathcal{H} = \mathcal{E} \otimes \mathcal{G}$, das heißt $C_{(x,\bullet)} \in \mathcal{G}$ für jede messbare Menge $C \in \mathcal{E} \otimes \mathcal{G}$. q.e.d.

Lemma 7.5 *Es seien* μ *ein Wahrscheinlichkeitsmaß auf* $(E, \mathcal{E})$ *und* ν *ein Wahrscheinlichkeitsmaß auf* $(G, \mathcal{G})$. *Weiterhin sei* $C \in \mathcal{E} \otimes \mathcal{G}$ *eine messbare Menge.*

(a) *Die Funktion* $x \mapsto \nu(C_{(x,\bullet)})$ *ist* $\mathcal{E}$-*messbar.*
(b) *Die Funktion* $y \mapsto \mu(C_{(\bullet,y)})$ *ist* $\mathcal{G}$-*messbar.*

▶ **Beweis** Aus Symmetriegründen genügt es, die erste Aussage zu beweisen. Wir definieren das Mengensystem $\mathcal{H} \subset \mathcal{E} \otimes \mathcal{G}$ durch

$$\mathcal{H} := \{C \in \mathcal{E} \otimes \mathcal{G} : x \mapsto \nu(C_{(x,\bullet)}) \text{ ist } \mathcal{E}\text{-messbar}\}.$$

Dann gilt $\mathcal{E} \times \mathcal{G} \subset \mathcal{H}$. Außerdem ist $\mathcal{H}$ eine monotone Klasse über $E \times G$, was wir durch Verifikation der Eigenschaften (M1) und (M2) aus Definition 5.4 nachweisen:

(M1) Es sei $(C^n)_{n \in \mathbb{N}} \subset \mathcal{H}$ eine aufsteigende Folge von Mengen. Für ein beliebiges $x \in E$ ist die Folge $(C^n_{(x,\bullet)})_{n \in \mathbb{N}} \subset \mathcal{G}$ ebenfalls aufsteigend, und wegen der Stetigkeit des Wahrscheinlichkeitsmaßes v (Satz 2.23) folgt

$$v\left(\left(\bigcup_{n \in \mathbb{N}} C^n\right)_{(x,\bullet)}\right) = v\left(\left\{y \in G : (x,y) \in \bigcup_{n \in \mathbb{N}} C^n\right\}\right)$$
$$= v\left(\bigcup_{n \in \mathbb{N}} \{y \in G : (x,y) \in C^n\}\right)$$
$$= v\left(\bigcup_{n \in \mathbb{N}} C^n_{(x,\bullet)}\right) = \lim_{n \to \infty} v(C^n_{(x,\bullet)}).$$

Also ist die Funktion $x \mapsto v((\bigcup_{n \in \mathbb{N}} C_n)_{(x,\bullet)})$ nach Satz 6.13 ebenfalls $\mathcal{E}$-messbar, und es folgt $\bigcup_{n \in \mathbb{N}} C^n \in \mathcal{H}$.

(M2) Es seien $C, D \in \mathcal{H}$ zwei Mengen mit $C \subset D$. Für ein beliebiges $x \in E$ gilt dann $C_{(x,\bullet)} \subset D_{(x,\bullet)}$, und mit Satz 2.18 folgt

$$v((D \setminus C)_{(x,\bullet)}) = v(\{y \in G : (x,y) \in D \setminus C\})$$
$$= v(\{y \in G : (x,y) \in D\} \setminus \{y \in G : (x,y) \in C\})$$
$$= v(D_{(x,\bullet)} \setminus C_{(x,\bullet)}) = v(D_{(x,\bullet)}) - v(C_{(x,\bullet)}).$$

Also ist die Funktion $x \mapsto v((D \setminus C)_{(x,\bullet)})$ nach Satz 6.23 ebenfalls $\mathcal{E}$-messbar, und es folgt $D \setminus C \in \mathcal{H}$.

Das Mengensystem $\mathcal{E} \times \mathcal{G}$ ist $\cap$-stabil, und es gilt $E \times G \in \mathcal{E} \times \mathcal{G}$. Also folgt mit den Sätzen 5.7 und 5.8, dass

$$\mathcal{E} \otimes \mathcal{G} = \sigma(\mathcal{E} \times \mathcal{G}) = \mathcal{M}(\mathcal{E} \times \mathcal{G}) \subset \mathcal{M}(\mathcal{H}) = \mathcal{H} \subset \mathcal{E} \otimes \mathcal{G},$$

und somit $\mathcal{H} = \mathcal{E} \otimes \mathcal{G}$, das heißt, für jede messbare Menge $C \in \mathcal{E} \otimes \mathcal{G}$ ist $x \mapsto v(C_{(x,\bullet)})$ eine $\mathcal{E}$-messbare Funktion. q.e.d.

Satz 7.6

Es seien μ ein Wahrscheinlichkeitsmaß auf $(E, \mathcal{E})$ und v ein Wahrscheinlichkeitsmaß auf $(G, \mathcal{G})$. Dann gelten folgende Aussagen:

(a) *Es existiert ein eindeutig bestimmtes Wahrscheinlichkeitsmaß $\mu \otimes v$ auf $(E \times G, \mathcal{E} \otimes \mathcal{G})$, so dass*

$$(\mu \otimes \nu)(A \times B) = \mu(A) \cdot \nu(B) \quad \text{für alle } A \in \mathcal{E} \text{ und } B \in \mathcal{G}.$$

(b) *Für alle* $C \in \mathcal{E} \otimes \mathcal{G}$ *gilt*

$$(\mu \otimes \nu)(C) = \int_E \nu(C_{(x,\bullet)})\mu(dx) = \int_G \mu(C_{(\bullet,y)})\nu(dy).$$

▶ **Beweis** Für alle $C = A \times B \in \mathcal{E} \times \mathcal{G}$ gilt

$$\int_E \nu(C_{(x,\bullet)})\mu(dx) = \int_E \nu(B)\mathbb{1}_A(x)\mu(dx) = \nu(B)\int_E \mathbb{1}_A(x)\mu(dx)$$

$$= \mu(A) \cdot \nu(B) = \int_G \mu(A)\mathbb{1}_B(y)\nu(dy) = \int_G \mu(C_{(\bullet,y)})\nu(dy).$$

Wir zeigen nun, dass die Funktion $\mu \otimes \nu : \mathcal{E} \otimes \mathcal{G} \to [0,1]$ definiert durch

$$(\mu \otimes \nu)(C) := \int_E \nu(C_{(x,\bullet)})\mu(dx), \quad C \in \mathcal{E} \otimes \mathcal{G}$$

ein Wahrscheinlichkeitsmaß auf $(E \times G, \mathcal{E} \otimes \mathcal{G})$ ist. Dazu überprüfen wir die Eigenschaften (W1) und (W2) eines Wahrscheinlichkeitsmaßes aus Definition 2.20:

(W1) Wegen $\mu(E) = \nu(G) = 1$ gilt

$$(\mu \otimes \nu)(E \times G) = \mu(E) \cdot \nu(G) = 1.$$

(W2) Es sei $(C^n)_{n \in \mathbb{N}} \subset \mathcal{E} \otimes \mathcal{G}$ eine beliebige Folge paarweise disjunkter Mengen. Für ein beliebiges $x \in E$ besteht die Folge $(C^n_{(x,\bullet)})_{n \in \mathbb{N}} \subset \mathcal{G}$ ebenfalls aus paarweise disjunkten Mengen, und es gilt

$$\left(\bigcup_{n \in \mathbb{N}} C^n \right)_{(x,\bullet)} = \left\{ y \in G : (x,y) \in \bigcup_{n \in \mathbb{N}} C^n \right\}$$

$$= \bigcup_{n \in \mathbb{N}} \{ y \in G : (x,y) \in C^n \} = \bigcup_{n \in \mathbb{N}} C^n_{(x,\bullet)}.$$

Wegen der σ-Additivität des Wahrscheinlichkeitsmaßes ν folgt mit Korollar 6.37, dass

$$(\mu \otimes \nu)\left(\bigcup_{n \in \mathbb{N}} C^n \right) = \int_E \nu\left(\left(\bigcup_{n \in \mathbb{N}} C^n \right)_{(x,\bullet)} \right) \mu(dx)$$

$$= \int_E \nu\left(\bigcup_{n \in \mathbb{N}} C^n_{(x,\bullet)} \right) \mu(dx) = \int_E \left(\sum_{n \in \mathbb{N}} \nu(C^n_{(x,\bullet)}) \right) \mu(dx)$$

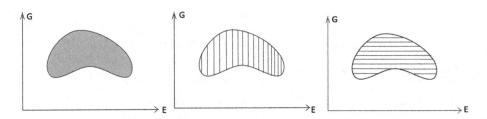

Abb. 7.2 Veranschaulichung des Produktmaßes aus Definition 7.7

$$= \sum_{n \in \mathbb{N}} \int_E \nu(C^n_{(x, \bullet)}) \mu(dx) = \sum_{n \in \mathbb{N}} (\mu \otimes \nu)(C^n).$$

Das Mengensystem $\mathcal{E} \times \mathcal{G}$ ist $\cap$-stabil, und es gilt $\mathcal{E} \otimes \mathcal{G} = \sigma(\mathcal{E} \times \mathcal{G})$. Folglich zeigt eine Anwendung des Eindeutigkeitssatzes für Wahrscheinlichkeitsmaße (Satz 5.9) die Eindeutigkeitsaussage dieses Satzes, was den Beweis beendet.   q.e.d.

Definition 7.7
Es seien μ ein Wahrscheinlichkeitsmaß auf $(E, \mathcal{E})$ und ν ein Wahrscheinlichkeitsmaß auf $(G, \mathcal{G})$. Wir nennen das Wahrscheinlichkeitsmaß $\mu \otimes \nu$ aus Satz 7.6 das *Produktmaß* von μ und ν (Abb. 7.2).

Bemerkung 7.8 *Wir merken an, dass Satz 7.6 auch für endlich viele Wahrscheinlichkeitsräume $(E_i, \mathcal{E}_i, \mu_i)$, $i = 1, \ldots, n$ gilt. In diesem Fall erhalten wir als neuen Wahrscheinlichkeitsraum den Produktraum*

$$(E_1 \times \cdots \times E_n, \mathcal{E}_1 \otimes \cdots \otimes \mathcal{E}_n, \mu_1 \otimes \cdots \otimes \mu_n).$$

Außerdem ist Satz 7.6 auch für σ-endliche Maße gültig. Insbesondere ergibt eine Anwendung von Lemma 7.2 für das n-dimensionale Lebesgue-Maß

$$(\mathbb{R}^n, \mathcal{B}(\mathbb{R}^n), \lambda^n) = (\mathbb{R} \times \cdots \times \mathbb{R}, \mathcal{B}(\mathbb{R}) \otimes \cdots \otimes \mathcal{B}(\mathbb{R}), \lambda \otimes \cdots \otimes \lambda).$$

7.2   Der Satz von Fubini

In diesem Abschnitt präsentieren wir den Satz von Fubini. Wie im letzten Abschnitt seien $(E, \mathcal{E})$ und $(G, \mathcal{G})$ zwei messbare Räume. Für den Satz von Fubini benötigen wir das folgende Hilfsresultat.

Lemma 7.9 *Es sei* $f : E \times G \to \overline{\mathbb{R}}$ *eine* $\mathcal{E} \otimes \mathcal{G}$*-messbare Funktion, die nichtnegativ oder reellwertig ist. Dann gelten folgende Aussagen:*

(a) *Für jedes* $x \in E$ *ist* $f(x, \bullet) : G \to \overline{\mathbb{R}}$ *eine* $\mathcal{G}$*-messbare Funktion.*
(b) *Für jedes* $y \in G$ *ist* $f(\bullet, y) : E \to \overline{\mathbb{R}}$ *eine* $\mathcal{E}$*-messbare Funktion.*

▶ **Beweis** Aus Symmetriegründen genügt es, die erste Aussage zu beweisen. Zuerst sei f eine elementare $\mathcal{E} \otimes \mathcal{G}$-messbare Funktion mit Darstellung

$$f = \sum_{j=1}^{n} \alpha_j \mathbb{1}_{C^j}.$$

Für jedes $x \in E$ hat die elementare Funktion $f(x, \bullet)$ die Darstellung

$$f(x, \bullet) = \sum_{j=1}^{n} \alpha_j \mathbb{1}_{C^j_{(x,\bullet)}},$$

so dass die behauptete Messbarkeit aus den Sätzen 6.21, 6.23 und Lemma 7.4 folgt.

Nun sei $f \geq 0$ eine beliebige nichtnegative $\mathcal{E} \otimes \mathcal{G}$-messbare Funktion. Nach Satz 6.33 existiert eine Folge $(f_n)_{n \in \mathbb{N}}$ von elementaren Funktionen mit $f_n \uparrow f$. Also gilt

$$f(x, \bullet) = \lim_{n \to \infty} f_n(x, \bullet),$$

und mit Satz 6.13 folgt die $\mathcal{G}$-Messbarkeit von $f(x, \bullet)$.

Nun sei f eine beliebige $\mathcal{E} \otimes \mathcal{G}$-messbare Funktion. Die Funktionen $f^+(x, \bullet)$ und $f^-(x, \bullet)$ sind nach dem gerade Gezeigten $\mathcal{G}$-messbar, und folglich ist auch

$$f(x, \bullet) = f^+(x, \bullet) - f^-(x, \bullet)$$

eine $\mathcal{G}$-messbare Funktion. q.e.d.

Zur Formulierung des Satzes von Fubini benötigen wir folgende Erweiterung der Definition des Lebesgue-Integrals:

Definition 7.10
Es seien μ ein Wahrscheinlichkeitsmaß auf $(E, \mathcal{E})$ und $A \in \mathcal{E}$ eine Menge mit $\mu(A) = 1$. Eine Funktion $f : A \to \mathbb{R}$ heißt *integrierbar*, falls die Funktion $f \mathbb{1}_A : E \to \mathbb{R}$ im Sinne von Definition 6.44 integrierbar ist. In diesem Fall definieren wir das *Lebesgue-Integral* von f durch

$$\int_E f d\mu := \int_E f \mathbb{1}_A d\mu.$$

Nun kommen wir zur Formulierung des Satzes von Fubini:

Satz 7.11 (Satz von Fubini)

Es seien μ ein Wahrscheinlichkeitsmaß auf $(E, \mathcal{E})$ und v ein Wahrscheinlichkeitsmaß auf $(G, \mathcal{G})$.

(a) *Es sei $f : E \times G \to [0, \infty]$ eine nichtnegative, messbare Funktion. Dann sind die nichtnegativen Funktionen*

$$E \to [0, \infty], \quad x \mapsto \int_G f(x, y) v(dy) \quad und$$

$$G \to [0, \infty], \quad y \mapsto \int_E f(x, y) \mu(dx)$$

messbar, und es gilt

$$\int_{E \times G} f \, d(\mu \otimes v) = \int_E \left(\int_G f(x, y) v(dy) \right) \mu(dx)$$

$$= \int_G \left(\int_E f(x, y) \mu(dx) \right) v(dy).$$

(b) *Es sei $f \in \mathcal{L}^1(E \times G, \mathcal{E} \otimes \mathcal{G}, \mu \otimes v)$. Dann gilt*

$$A := \{ x \in E : y \mapsto f(x, y) \in \mathcal{L}^1(G, \mathcal{G}, v) \} \in \mathcal{E},$$

$$B := \{ y \in G : x \mapsto f(x, y) \in \mathcal{L}^1(E, \mathcal{E}, \mu) \} \in \mathcal{G}$$

mit $\mu(A) = 1$ und $v(B) = 1$, die Funktionen

$$A \to \mathbb{R}, \quad x \mapsto \int_G f(x, y) v(dy) \quad und$$

$$B \to \mathbb{R}, \quad y \mapsto \int_E f(x, y) \mu(dx)$$

sind integrierbar (im Sinne von Definition 7.10), und es gilt

$$\int_{E \times G} f \, d(\mu \otimes v) = \int_E \left(\int_G f(x, y) v(dy) \right) \mu(dx)$$

$$= \int_G \left(\int_E f(x, y) \mu(dx) \right) v(dy).$$

▶ **Beweis**

(a) Zuerst sei f eine elementare $\mathcal{E} \otimes \mathcal{G}$-messbare Funktion mit Darstellung

$$f = \sum_{j=1}^{n} \alpha_j \mathbb{1}_{C^j}.$$

Für $x \in E$ und $y \in G$ sind die Funktionen $f(x, \bullet) : G \to \mathbb{R}$ und $f(\bullet, y) : E \to \mathbb{R}$ elementare Funktionen mit Darstellungen

$$f(x, \bullet) = \sum_{j=1}^{n} \alpha_j \mathbb{1}_{C^j_{(x,\bullet)}} \quad \text{und} \quad f(\bullet, y) = \sum_{j=1}^{n} \alpha_j \mathbb{1}_{C^j_{(\bullet,y)}}.$$

Damit erhalten wir

$$\int_G f(x, y)\nu(dy) = \sum_{j=1}^{n} \alpha_j \nu(C^j_{(x,\bullet)}) \quad \text{für alle } x \in E,$$

$$\int_E f(x, y)\mu(dx) = \sum_{j=1}^{n} \alpha_j \mu(C^j_{(\bullet,y)}) \quad \text{für alle } y \in G,$$

so dass die behauptete Messbarkeit aus Lemma 7.5 folgt. Mit Satz 7.6 erhalten wir weiter

$$\int_E \left(\int_G f(x, y)\nu(dy) \right)\mu(dx) = \sum_{j=1}^{n} \alpha_j \int_E \nu(C^j_{(x,\bullet)})\mu(dx)$$

$$= \sum_{j=1}^{n} \alpha_j (\mu \otimes \nu)(C^j) = \int_{E \times G} f \, d(\mu \otimes \nu),$$

und analog

$$\int_G \left(\int_E f(x, y)\mu(dx) \right)\nu(dy) = \int_{E \times G} f \, d(\mu \otimes \nu).$$

Nun sei $f \geq 0$ eine beliebige nichtnegative $\mathcal{E} \otimes \mathcal{G}$-messbare Funktion. Nach Satz 6.33 existiert eine Folge $(f_n)_{n \in \mathbb{N}}$ von elementaren, nichtnegativen $\mathcal{E} \otimes \mathcal{G}$-messbaren Funktionen mit $f_n \uparrow f$. Für $x \in E$ und $y \in G$ gilt $f_n(x, \bullet) \uparrow f(x, \bullet)$ und $f_n(\bullet, y) \uparrow f(\bullet, y)$, so dass mit dem Satz von der monotonen Konvergenz (Satz 6.36) folgt

$$\int_G f(x, y)\nu(dy) = \lim_{n \to \infty} \int_G f_n(x, y)\nu(dy) \quad \text{für alle } x \in E,$$

$$\int_E f(x, y)\mu(dx) = \lim_{n \to \infty} \int_E f_n(x, y)\mu(dx) \quad \text{für alle } y \in G.$$

Also folgt mit Satz 6.13 die behauptete Messbarkeit. Mit dem Satz von der monotonen Konvergenz (Satz 6.36) ergibt sich

$$\int_{E \times G} f \, d(\mu \otimes v) = \lim_{n \to \infty} \int_{E \times G} f_n \, d(\mu \otimes v)$$

$$= \lim_{n \to \infty} \int_E \left(\int_G f_n(x, y) v(dy) \right) \mu(dx)$$

$$= \int_E \left(\lim_{n \to \infty} \int_G f_n(x, y) v(dy) \right) \mu(dx) = \int_E \left(\int_G f(x, y) v(dy) \right) \mu(dx)$$

und analog

$$\int_{E \times G} f \, d(\mu \otimes v) = \int_G \left(\int_E f(x, y) \mu(dx) \right) v(dy).$$

(b) Nach Satz 6.45 gilt

$$A = \left\{ x \in E : \int_G |f(x, y)| v(dy) < \infty \right\},$$

und somit ergibt sich mit Teil (a), dass $A \in \mathcal{E}$. Durch eine weitere Anwendung von Teil (a) folgt

$$\int_E \left(\int_G |f(x, y)| v(dy) \right) \mu(dx) = \int_{E \times G} |f| \, d(\mu \otimes v) < \infty.$$

Also ergibt sich mit Lemma 6.42, dass

$$\int_G |f(x, y)| v(dy) < \infty \quad \text{für } \mu\text{-fast alle } x \in E,$$

und damit gilt $\mu(A) = 1$. Nach Teil (a) sind die Funktionen

$$E \to [0, \infty], \quad x \mapsto \int_G f^+(x, y) v(dy) \quad \text{und}$$

$$E \to [0, \infty], \quad x \mapsto \int_G f^-(x, y) v(dy)$$

messbar, und folglich ist auch die Funktion

$$A \to \mathbb{R}, \quad x \mapsto \int_G f(x, y) v(dy)$$

messbar. Nach der Dreiecksungleichung (Satz 6.52) und Teil (a) erhalten wir

$$\int_E \left| \int_G f(x, y) v(dy) \, \mathbb{1}_A(x) \right| \mu(dx) \leq \int_E \left(\int_G |f(x, y)| v(dy) \right) \mu(dx)$$

$$= \int_{E \times G} |f| \, d(\mu \otimes v) < \infty.$$

Folglich ist die Funktion

$$A \to \mathbb{R}, \quad x \mapsto \int_G f(x, y)\nu(dy)$$

nach Satz 6.45 im Sinne von Definition 7.10 integrierbar. Mit Teil (a) erhalten wir

$$\int_E \left(\int_G f(x, y)\nu(dy) \right) \mu(dx) = \int_E \left(\int_G f(x, y)\nu(dy) \right) \mathbb{1}_A(x)\mu(dx)$$

$$= \int_E \left(\int_G f^+(x, y)\nu(dy) - \int_G f^-(x, y)\nu(dy) \right) \mathbb{1}_A(x)\mu(dx)$$

$$= \int_E \left(\int_G f^+(x, y)\mathbb{1}_{A \times G}(x, y)\nu(dy) \right) \mu(dx)$$

$$- \int_E \left(\int_G f^-(x, y)\mathbb{1}_{A \times G}(x, y)\nu(dy) \right) \mu(dx)$$

$$= \int_{E \times G} f^+ \mathbb{1}_{A \times G} d(\mu \otimes \nu) - \int_{E \times G} f^- \mathbb{1}_{A \times G} d(\mu \otimes \nu).$$

Nach Satz 7.6 gilt

$$(\mu \otimes \nu)(A \times G) = \mu(A) \cdot \nu(G) = 1,$$

und folglich gilt nach Lemma 6.40 die Identität

$$\int_E \left(\int_G f(x, y)\nu(dy) \right) \mu(dx)$$

$$= \int_{E \times G} f^+ d(\mu \otimes \nu) - \int_{E \times G} f^- d(\mu \otimes \nu) = \int_{E \times G} f d(\mu \otimes \nu).$$

Die restlichen Aussagen werden analog bewiesen.

q.e.d.

Bemerkung 7.12 *Der Satz von Fubini (Satz 7.11) hat auch eine analoge Version für endlich viele Wahrscheinlichkeitsräume. Weiterhin gilt er auch für σ-endliche Maße, und damit insbesondere für das Lebesgue-Maß. Dies werden wir im Folgenden benutzen.*

7.3 Unabhängige Zufallsvariablen

In diesem Abschnitt werden wir den Begriff der Unabhängigkeit von Zufallsvariablen definieren. Dazu werden wir zunächst definieren, was unter der Unabhängigkeit einer Familie von σ-Algebren zu verstehen ist.

Im Folgenden sei $(\Omega, \mathcal{F}, \mathbb{P})$ ein Wahrscheinlichkeitsraum. Eine weitere σ-Algebra $\mathcal{G} \subset \mathcal{F}$, die in $\mathcal{F}$ enthalten ist, nennen wir auch eine *Sub-σ-Algebra*. Ähnlich wie in

Definition 2.32 definieren wir die Unabhängigkeit von Sub-σ-Algebren durch die Produkt-formel.

Definition 7.13

Es sei I eine beliebige Indexmenge. Sub-σ-Algebren $(\mathcal{F}_i)_{i \in I}$ von $\mathcal{F}$ heißen *unabhängig*, falls für jede endliche Indexmenge $J \subset I$ und alle $A_j \in \mathcal{F}_j, j \in J$ gilt

$$\mathbb{P}\left(\bigcap_{j \in J} A_j\right) = \prod_{j \in J} \mathbb{P}(A_j).$$

Lemma 7.14 *Es seien $\mathcal{A}, \mathcal{B}$ Sub-σ-Algebren und $\mathcal{C} \subset \mathcal{A}, \mathcal{D} \subset \mathcal{B}$ zwei $\cap$-stabile Mengensysteme mit $\mathcal{A} = \sigma(\mathcal{C}), \mathcal{B} = \sigma(\mathcal{D})$ und*

$$\mathbb{P}(A \cap B) = \mathbb{P}(A) \cdot \mathbb{P}(B) \quad \text{für alle } A \in \mathcal{C} \text{ und } B \in \mathcal{D}.$$

Dann sind $\mathcal{A}$ und $\mathcal{B}$ unabhängig.

▶ **Beweis** Für eine beliebige Menge $B \in \mathcal{D}$ definieren wir das Mengensystem $\mathcal{M}_B \subset \mathcal{A}$ durch

$$\mathcal{M}_B := \{A \in \mathcal{A} : \mathbb{P}(A \cap B) = \mathbb{P}(A) \cdot \mathbb{P}(B)\}.$$

Mit $\mathcal{C}' := \mathcal{C} \cup \{\Omega\}$ gilt $\mathcal{C}' \subset \mathcal{M}_B$. Außerdem ist $\mathcal{M}_B$ eine monotone Klasse über Ω, was durch Verifikation der Eigenschaften (M1) und (M2) aus Definition 5.4 folgt:

(M1) Es sei $(A_n)_{n \in \mathbb{N}} \subset \mathcal{M}_B$ eine aufsteigende Folge von Mengen. Dann ist $(A_n \cap B)_{n \in \mathbb{N}} \subset \mathcal{F}$ ebenfalls eine aufsteigende Folge von Mengen. Wegen der Stetigkeit des Wahrscheinlichkeitsmaßes $\mathbb{P}$ (Satz 2.23) folgt

$$\mathbb{P}\left(\left(\bigcup_{n \in \mathbb{N}} A_n\right) \cap B\right) = \mathbb{P}\left(\bigcup_{n \in \mathbb{N}} (A_n \cap B)\right) = \lim_{n \to \infty} \mathbb{P}(A_n \cap B)$$

$$= \lim_{n \to \infty} \mathbb{P}(A_n) \cdot \mathbb{P}(B) = \mathbb{P}\left(\bigcup_{n \in \mathbb{N}} A_n\right) \cdot \mathbb{P}(B),$$

und damit $\bigcup_{n \in \mathbb{N}} A_n \in \mathcal{M}_B$.

(M2) Es seien $A_1, A_2 \in \mathcal{M}_B$ zwei beliebige Mengen mit $A_1 \subset A_2$. Dann gilt auch $A_1 \cap B \subset A_2 \cap B$, und unter Verwendung von Satz 2.18 folgt

$$\mathbb{P}((A_2 \setminus A_1) \cap B) = \mathbb{P}((A_2 \cap B) \setminus (A_1 \cap B)) = \mathbb{P}(A_2 \cap B) - \mathbb{P}(A_1 \cap B)$$

$$= \mathbb{P}(A_2) \cdot \mathbb{P}(B) - \mathbb{P}(A_1) \cdot \mathbb{P}(B)$$

$$= \big(\mathbb{P}(A_2) - \mathbb{P}(A_1)\big) \cdot \mathbb{P}(B) = \mathbb{P}(A_2 \setminus A_1) \cdot \mathbb{P}(B),$$

und damit $A_2 \setminus A_1 \in \mathcal{M}_B$.

Das Mengensysten $\mathcal{C}$ ist nach Voraussetzung $\cap$-stabil. Also ist $\mathcal{C}'$ auch $\cap$-stabil, und es gilt $\Omega \in \mathcal{C}'$. Mit den Sätzen 5.7 und 5.8 folgt

$$\mathcal{A} = \sigma(\mathcal{C}) \subset \sigma(\mathcal{C}') = \mathcal{M}(\mathcal{C}') \subset \mathcal{M}_B \subset \mathcal{A},$$

und damit $\mathcal{M}_B = \mathcal{A}$. Folglich haben wir bewiesen, dass

$$\mathbb{P}(A \cap B) = \mathbb{P}(A) \cdot \mathbb{P}(B) \quad \text{für alle } A \in \mathcal{A} \text{ und } B \in \mathcal{D}.$$

Für eine beliebige Menge $A \in \mathcal{A}$ definieren wir nun das Mengensystem $\mathcal{M}_A \subset \mathcal{B}$ durch

$$\mathcal{M}_A := \{B \in \mathcal{B} : \mathbb{P}(A \cap B) = \mathbb{P}(A) \cdot \mathbb{P}(B)\}.$$

Eine analoge Argumentation zeigt, dass $\mathcal{M}_A = \mathcal{B}$. Folglich erhalten wir

$$\mathbb{P}(A \cap B) = \mathbb{P}(A) \cdot \mathbb{P}(B) \quad \text{für alle } A \in \mathcal{A} \text{ und } B \in \mathcal{B},$$

womit die Unabhängigkeit der σ-Algebren $\mathcal{A}$ und $\mathcal{B}$ bewiesen ist.   q.e.d.

Nun kommen wir zur Definition der Unabhängigkeit von Zufallsvariablen:

Definition 7.15

Es seien I eine beliebige Indexmenge und $(E_i, \mathcal{E}_i)$, $i \in I$ messbare Räume. Zufallsvariablen $X_i : \Omega \to E_i, i \in I$ heißen *unabhängig*, falls die σ-Algebren

$$\sigma(X_i) := X_i^{-1}(\mathcal{E}_i) := \{X_i^{-1}(B) : B \in \mathcal{E}_i\}, \quad i \in I$$

im Sinne von Definition 7.13 unabhängig sind.

Hierbei erinnern wir daran, dass wir einen Wahrscheinlichkeitsraum $(\Omega, \mathcal{F}, \mathbb{P})$ fixiert haben und dass die Mengensysteme $X_i^{-1}(\mathcal{E}_i)$ nach Satz 2.15 tatsächlich Sub-σ-Algebren von $\mathcal{F}$ sind. Also können wir bei der Definition der Unabhängigkeit von Zufallsvariablen auf Definition 7.13 zurückgreifen.

Nun seien $(E, \mathcal{E})$ und $(G, \mathcal{G})$ zwei messbare Räume.

Lemma 7.16 *Für zwei Abbildungen $X : \Omega \to E$ und $Y : \Omega \to G$ sind folgende Aussagen äquivalent:*

(i) X ist $\mathcal{E}$-messbar und Y ist $\mathcal{G}$-messbar.
(ii) (X, Y) ist $\mathcal{E} \otimes \mathcal{G}$-messbar.

▶ **Beweis** (i) $\Rightarrow$ (ii): Für alle $A \times B \in \mathcal{E} \times \mathcal{G}$ gilt

$$\{(X, Y) \in A \times B\} = \{X \in A\} \cap \{Y \in B\} \in \mathcal{F},$$

Wegen $\mathcal{E} \otimes \mathcal{G} = \sigma(\mathcal{E} \times \mathcal{G})$ folgt die $\mathcal{E} \otimes \mathcal{G}$-Messbarkeit von (X, Y) nach Satz 6.6.
(ii) $\Rightarrow$ (i): Für eine beliebige Menge $A \in \mathcal{E}$ gilt $A \times G \in \mathcal{E} \otimes \mathcal{G}$, und damit

$$\{X \in A\} = \{(X, Y) \in A \times G\} \in \mathcal{F},$$

was die $\mathcal{E}$-Messbarkeit von X beweist. Die $\mathcal{G}$-Messbarkeit von Y zeigen wir analog. q.e.d.

Wir werden nun eine Reihe von Kriterien für die Unabhängigkeit zweier Zufallsvariablen auflisten. Dabei werden wir die Notation

$$\mathbb{P}(X \in A, Y \in B) = \mathbb{P}(\{X \in A\} \cap \{Y \in B\}) \quad \text{für } A \in \mathcal{E} \text{ und } B \in \mathcal{G}$$

benutzen.

Satz 7.17

Für zwei Zufallsvariablen $X : \Omega \to E$ und $Y : \Omega \to G$ sind die folgenden Aussagen äquivalent:

 (i) *X und Y sind unabhängig.*
 (ii) *Es gilt*

$$\mathbb{P}(X \in A, Y \in B) = \mathbb{P}(X \in A) \cdot \mathbb{P}(Y \in B) \quad \text{für alle } A \in \mathcal{E} \text{ und } B \in \mathcal{G}.$$

 (iii) *Für zwei beliebige messbare Funktionen $f : E \to E'$ und $g : G \to G'$ mit Werten in messbaren Räumen $(E', \mathcal{E}')$ und $(G', \mathcal{G}')$ sind die Zufallsvariablen $f(X)$ und $g(Y)$ unabhängig.*

 (iv) *Für zwei beliebige nichtnegative, messbare Funktionen $f : E \to \mathbb{R}$ und $g : G \to \mathbb{R}$ gilt*

$$\mathbb{E}[f(X)g(Y)] = \mathbb{E}[f(X)] \cdot \mathbb{E}[g(Y)].$$

 (v) *Für zwei beliebige beschränkte, messbare Funktionen $f : E \to \mathbb{R}$ und $g : G \to \mathbb{R}$ gilt*

$$\mathbb{E}[f(X)g(Y)] = \mathbb{E}[f(X)] \cdot \mathbb{E}[g(Y)].$$

 (vi) *Es gilt $\mathbb{P}^{(X,Y)} = \mathbb{P}^X \otimes \mathbb{P}^Y$.*

▶ **Beweis** (i) $\Leftrightarrow$ (ii): Diese Äquivalenz folgt nach Definition 7.15.
(i) $\Rightarrow$ (iii): Wegen der Messbarkeit von f und g gilt

$$f(X)^{-1}(\mathcal{E}') = X^{-1}(f^{-1}(\mathcal{E}')) \subset X^{-1}(\mathcal{E}),$$
$$g(Y)^{-1}(\mathcal{G}') = Y^{-1}(g^{-1}(\mathcal{G}')) \subset Y^{-1}(\mathcal{G}).$$

Also folgt wegen der Unabhängigkeit von $X^{-1}(\mathcal{E})$ und $Y^{-1}(\mathcal{G})$, dass die Zufallsvariablen $f(X)$ und $g(Y)$ unabhängig sind.

(iii) $\Rightarrow$ (i): Diese Implikation folgt mit $f := \mathrm{Id}|_E$ und $g := \mathrm{Id}|_G$.

(ii) $\Rightarrow$ (iv): Für $f = \mathbb{1}_A$ und $g = \mathbb{1}_B$ mit $A \in \mathcal{E}$ und $B \in \mathcal{G}$ gilt

$$
\begin{aligned}
\mathbb{E}[f(X)g(Y)] &= \mathbb{E}[\mathbb{1}_A(X)\mathbb{1}_B(Y)] = \mathbb{E}[\mathbb{1}_{\{X \in A, Y \in B\}}] = \mathbb{P}(X \in A, Y \in B) \\
&= \mathbb{P}(X \in A) \cdot \mathbb{P}(Y \in B) = \mathbb{E}[\mathbb{1}_{\{X \in A\}}] \cdot \mathbb{E}[\mathbb{1}_{\{Y \in B\}}] \\
&= \mathbb{E}[\mathbb{1}_A(X)] \cdot \mathbb{E}[\mathbb{1}_B(Y)] = \mathbb{E}[f(X)] \cdot \mathbb{E}[g(Y)].
\end{aligned}
$$

Nun seien f und g zwei elementare, messbare Funktionen mit Darstellungen

$$
f = \sum_{j=1}^{n} \alpha_j \mathbb{1}_{A_j} \quad \text{und} \quad g = \sum_{k=1}^{m} \beta_k \mathbb{1}_{B_k}.
$$

Mit $f_j := \mathbb{1}_{A_j}$ für $j = 1, \ldots, n$ und $g_k := \mathbb{1}_{B_k}$ für $k = 1, \ldots, m$ erhalten wir wegen der Linearität des Erwartungswertes (Satz 6.29), dass

$$
\begin{aligned}
\mathbb{E}[f(X)g(Y)] &= \mathbb{E}\left[\left(\sum_{j=1}^{n} \alpha_j f_j(X) \right) \cdot \left(\sum_{k=1}^{m} \beta_k g_k(Y) \right) \right] \\
&= \mathbb{E}\left[\sum_{j=1}^{n} \sum_{k=1}^{m} \alpha_j \beta_k f_j(X) g_k(Y) \right] = \sum_{j=1}^{n} \sum_{k=1}^{m} \alpha_j \beta_k \mathbb{E}[f_j(X) g_k(Y)] \\
&= \sum_{j=1}^{n} \sum_{k=1}^{m} \alpha_j \beta_k \mathbb{E}[f_j(X)] \cdot \mathbb{E}[g_k(Y)] = \left(\sum_{j=1}^{n} \alpha_j \mathbb{E}[f_j(X)] \right) \cdot \left(\sum_{k=1}^{m} \beta_k \mathbb{E}[g_k(Y)] \right) \\
&= \mathbb{E}\left[\sum_{j=1}^{n} \alpha_j f_j(X) \right] \cdot \mathbb{E}\left[\sum_{k=1}^{m} \beta_k g_k(Y) \right] = \mathbb{E}[f(X)] \cdot \mathbb{E}[g(Y)].
\end{aligned}
$$

Nun seien f, g zwei nichtnegative, messbare Funktionen. Nach Satz 6.33 existieren Folgen $(f_n)_{n \in \mathbb{N}}$ und $(g_n)_{n \in \mathbb{N}}$ von elementaren, nichtnegativen messbaren Funktionen mit $f_n \uparrow f$ und $g_n \uparrow g$. Dann gilt auch $f_n \cdot g_n \uparrow f \cdot g$, und mit dem Satz von der monotonen Konvergenz (Satz 6.36) folgt

$$
\begin{aligned}
\mathbb{E}[f(X)g(Y)] &= \lim_{n \to \infty} \mathbb{E}[f_n(X)g_n(Y)] = \lim_{n \to \infty} \mathbb{E}[f_n(X)] \cdot \mathbb{E}[g_n(Y)] \\
&= \left(\lim_{n \to \infty} \mathbb{E}[f_n(X)] \right) \cdot \left(\lim_{n \to \infty} \mathbb{E}[g_n(Y)] \right) = \mathbb{E}[f(X)] \cdot \mathbb{E}[g(Y)].
\end{aligned}
$$

(iv) $\Rightarrow$ (v): Für zwei beschränkte, messbare Funktionen f und g gilt

$$
\begin{aligned}
\mathbb{E}[f(X)g(Y)] &= \mathbb{E}[(f^+(X) - f^-(X))(g^+(Y) - g^-(Y))] \\
&= \mathbb{E}[f^+(X)g^+(Y)] - \mathbb{E}[f^+(X)g^-(Y)] \\
&\quad - \mathbb{E}[f^-(X)g^+(Y)] + \mathbb{E}[f^-(X)g^-(Y)] \\
&= \mathbb{E}[f^+(X)] \cdot \mathbb{E}[g^+(Y)] - \mathbb{E}[f^+(X)] \cdot \mathbb{E}[g^-(Y)] \\
&\quad - \mathbb{E}[f^-(X)] \cdot \mathbb{E}[g^+(Y)] + \mathbb{E}[f^-(X)] \cdot \mathbb{E}[g^-(Y)] \\
&= \big(\mathbb{E}[f^+(X)] - \mathbb{E}[f^-(X)]\big) \cdot \big(\mathbb{E}[g^+(Y)] - \mathbb{E}[g^-(Y)]\big) = \mathbb{E}[f(X)] \cdot \mathbb{E}[g(Y)].
\end{aligned}
$$

(v) $\Rightarrow$ (ii): Wir wählen $f := \mathbb{1}_A$ und $g := \mathbb{1}_B$ für $A \in \mathcal{E}$ und $B \in \mathcal{G}$.

(ii) $\Leftrightarrow$ (vi): Die Bedingung aus (ii) ist äquivalent zu

$$
\mathbb{P}^{(X,Y)}(A \times B) = \mathbb{P}^X(A) \cdot \mathbb{P}^Y(B) \quad \text{für alle } A \in \mathcal{E} \text{ und } B \in \mathcal{G},
$$

und nach Satz 7.6 ist dies äquivalent zu $\mathbb{P}^{(X,Y)} = \mathbb{P}^X \otimes \mathbb{P}^Y$.   q.e.d.

Bemerkung 7.18 *Von Satz 7.17 gilt auch eine allgemeinere Version mit endlich vielen Zufallsvariablen.*

7.4   Die Kovarianz von Zufallsvariablen

In diesem Abschnitt werden wir einen weiteres Konzept kennenlernen, das mit dem Begriff der Unabhängigkeit verwandt ist. Wie im letzten Abschnitt sei $(\Omega, \mathcal{F}, \mathbb{P})$ ein Wahrscheinlichkeitsraum.

Definition 7.19

Für zwei Zufallsvariablen $X, Y \in \mathcal{L}^2$ definieren wir die *Kovarianz von X und Y* durch

$$
\mathrm{Cov}(X, Y) := \sigma_{X,Y} := \mathbb{E}[(X - \mu_X)(Y - \mu_Y)],
$$

wobei $\mu_X := \mathbb{E}[X]$ und $\mu_Y := \mathbb{E}[Y]$.

Die Kovarianz ist eine Verallgemeinerung des Begriffs der Varianz, denn es gilt

$$
\mathrm{Var}[X] = \mathrm{Cov}(X, X) \quad \text{für alle } X \in \mathcal{L}^2.
$$

Die folgende Rechenregel wird sich als nützlich erweisen:

Satz 7.20

Für alle $X, Y \in \mathcal{L}^2$ gilt $\mathrm{Cov}(X, Y) = \mathbb{E}[XY] - \mathbb{E}[X] \cdot \mathbb{E}[Y]$.

▶ **Beweis** Eine einfache Rechung zeigt, dass

$$\text{Cov}(X, Y) = \mathbb{E}[(X - \mu_X)(Y - \mu_Y)] = \mathbb{E}[XY - \mu_Y X - \mu_X Y + \mu_X \mu_Y]$$
$$= \mathbb{E}[XY] - \mu_Y \mathbb{E}[X] - \mu_X \mathbb{E}[Y] + \mu_X \mu_Y$$
$$= \mathbb{E}[XY] - \mu_X \mu_Y = \mathbb{E}[XY] - \mathbb{E}[X] \cdot \mathbb{E}[Y],$$

was die behauptete Identität beweist. q.e.d.

Das folgende Resultat zeigt, wie sich die Kovarianz unter affinen Transformationen verhält.

Satz 7.21
Für zwei quadratintegrierbare Zufallsvariablen $X, Y \in \mathcal{L}^2$ und reelle Zahlen $a, b, c, d \in \mathbb{R}$ gilt
$$\text{Cov}(aX + b, cY + d) = ac \cdot \text{Cov}(X, Y).$$

▶ **Beweis** Wir setzen $\mu_X := \mathbb{E}[X]$ und $\mu_Y := \mathbb{E}[Y]$. Wegen der Linearität des Erwartungswertes (Satz 6.50) erhalten wir $\mathbb{E}[aX + b] = a\mu_X + b$ und $\mathbb{E}[cY + d] = c\mu_Y + d$. Es folgt

$$\text{Cov}(aX + b, cY + d) = \mathbb{E}[((aX + b) - (a\mu_X + b)) \cdot ((cY + d) - (c\mu_Y + d))]$$
$$= \mathbb{E}[a(X - \mu_X) \cdot c(Y - \mu_Y)]$$
$$= ac \cdot \mathbb{E}[(X - \mu_X)(Y - \mu_Y)] = ac \cdot \text{Cov}(X, Y),$$

womit der Satz bewiesen ist. q.e.d.

Definition 7.22
Zwei Zufallsvariablen $X, Y \in \mathcal{L}^2$ heißen *unkorreliert*, falls $\text{Cov}(X, Y) = 0$.

Satz 7.23
Zwei unabhängige Zufallsvariablen $X, Y \in \mathcal{L}^2$ sind unkorreliert.

▶ **Beweis** Nach der allgemeinen Transformationsformel (Satz 6.60), Satz 7.17 und dem Satz von Fubini (Satz 7.11) gilt

$$\mathbb{E}[XY] = \int_{\mathbb{R}^2} xy \, d\mathbb{P}^{(X,Y)}(x, y) = \int_{\mathbb{R}^2} xy \, d(\mathbb{P}^X \otimes \mathbb{P}^Y)(x, y)$$
$$= \int_{\mathbb{R}} \left(\int_{\mathbb{R}} xy \, d\mathbb{P}^Y(y) \right) d\mathbb{P}^X(x) = \left(\int_{\mathbb{R}} x \, d\mathbb{P}^X(x) \right) \cdot \left(\int_{\mathbb{R}} y \, d\mathbb{P}^Y(y) \right)$$
$$= \mathbb{E}[X] \cdot \mathbb{E}[Y].$$

Folglich ergibt Satz 7.20, dass $\text{Cov}(X, Y) = 0$. q.e.d.

Zwei unabhängige Zufallsvariablen sind also auch unkorreliert. Die Umkehrung hiervon gilt im Allgemeinen nicht, wie wir in Beispiel 52 sehen werden. In Kap. 12 werden wir jedoch sehen, dass Gauß'sche Zufallsvariablen genau dann unabhängig sind, wenn sie unkorreliert sind.

Satz 7.24

Die Abbildung $\mathrm{Cov} : \mathcal{L}^2 \times \mathcal{L}^2 \to \mathbb{R}$ *ist ein bilinearer, symmetrischer, positiv semidefiniter Operator, das heißt, es gelten folgende Eigenschaften:*

(a) *Für jedes* $Y \in \mathcal{L}^2$ *ist* $\mathrm{Cov}(\bullet, Y) : \mathcal{L}^2 \to \mathbb{R}$ *linear.*

(b) *Für jedes* $X \in \mathcal{L}^2$ *ist* $\mathrm{Cov}(X, \bullet) : \mathcal{L}^2 \to \mathbb{R}$ *linear.*

(c) *Es gilt* $\mathrm{Cov}(X, Y) = \mathrm{Cov}(Y, X)$ *für alle* $X, Y \in \mathcal{L}^2$.

(d) *Es gilt* $\mathrm{Cov}(X, X) \geq 0$ *für alle* $X \in \mathcal{L}^2$.

▶ **Beweis**

(a) Für beliebige reelle Zahlen $\alpha_1, \alpha_2 \in \mathbb{R}$ und quadratintegrierbare Zufallsvariablen $X_1, X_2 \in \mathcal{L}^2$ gilt

$$
\begin{aligned}
\mathrm{Cov}(\alpha_1 X_1 + \alpha_2 X_2, Y) &= \mathbb{E}[(\alpha_1 X_1 + \alpha_2 X_2)Y] - \mathbb{E}[\alpha_1 X_1 + \alpha_2 X_2] \cdot \mathbb{E}[Y] \\
&= \alpha_1 \mathbb{E}[X_1 Y] + \alpha_2 \mathbb{E}[X_2 Y] - \alpha_1 \mathbb{E}[X_1] \cdot \mathbb{E}[Y] - \alpha_2 \mathbb{E}[X_2] \cdot \mathbb{E}[Y] \\
&= \alpha_1 \big(\mathbb{E}[X_1 Y] - \mathbb{E}[X_1] \cdot \mathbb{E}[Y]\big) + \alpha_2 \big(\mathbb{E}[X_2 Y] - \mathbb{E}[X_2] \cdot \mathbb{E}[Y]\big) \\
&= \alpha_1 \mathrm{Cov}(X_1, Y) + \alpha_2 \mathrm{Cov}(X_2, Y).
\end{aligned}
$$

Hierbei haben wir Satz 7.20 und die Linearität des Erwartungswertes benutzt.

(b) Dies zeigen wir analog.

(c) Offensichtlich gilt

$$
\mathrm{Cov}(X, Y) = \mathbb{E}[(X - \mu_X)(Y - \mu_Y)] = \mathbb{E}[(Y - \mu_Y)(X - \mu_X)] = \mathrm{Cov}(Y, X).
$$

(d) Dies folgt aus $\mathrm{Cov}(X, X) = \mathrm{Var}[X] \geq 0$.   q.e.d.

Definition 7.25

Für einen Zufallsvektor $X = (X_1, \ldots, X_n)$ mit $X_i \in \mathcal{L}^2$ für $i = 1, \ldots, n$ definieren wir die *Kovarianzmatrix* $\Sigma_X^2 \in \mathbb{R}^{n \times n}$ durch

$$
\Sigma_X^2 := \big(\mathrm{Cov}(X_i, X_j)\big)_{i,j=1,\ldots,n}.
$$

Satz 7.26

Die Kovarianzmatrix Σ_X^2 eines Zufallsvektors X ist symmetrisch und positiv semidefinit, das heißt, es gelten folgende Eigenschaften:
(a) $(\Sigma_X^2)_{ij} = (\Sigma_X^2)_{ji}$ für alle $i, j = 1, \ldots, n$.
(b) $\langle \Sigma_X^2 b, b \rangle \geq 0$ für alle $b \in \mathbb{R}^n$.

▶ **Beweis**

(a) Mit Satz 7.24 gilt

$$(\Sigma_X^2)_{ij} = \mathrm{Cov}(X_i, X_j) = \mathrm{Cov}(X_j, X_i) = (\Sigma_X^2)_{ji}.$$

(b) Ebenfalls unter Ausnutzung von Satz 7.24 erhalten wir

$$\langle \Sigma_X^2 b, b \rangle = \sum_{i=1}^n \sum_{j=1}^n b_i b_j \mathrm{Cov}(X_i, X_j) = \mathrm{Cov}\left(\sum_{i=1}^n b_i X_i, \sum_{j=1}^n b_j X_j \right)$$

$$= \mathrm{Var}\left[\sum_{i=1}^n b_i X_i \right] \geq 0,$$

womit auch die zweite Eigenschaft bewiesen ist.

q.e.d.

Das nächste Resultat zeigt, wie sich die Kovarianzmatrix unter affinen Transformationen ändert.

Satz 7.27

Es sei $X = (X_1, \ldots, X_n)$ ein Zufallsvektor mit $X_i \in \mathcal{L}^2$ für $i = 1, \ldots, n$. Für jede Matrix $A \in \mathbb{R}^{m \times n}$ und jeden Vektor $b \in \mathbb{R}^m$ gilt

$$\Sigma_{AX+b}^2 = A\Sigma_X^2 A^\top.$$

▶ **Beweis** Wir bezeichnen die Komponenten von A mit a_{ij} für $i = 1, \ldots, m$ und $j = 1, \ldots, n$. Es seien $i, j \in \{1, \ldots, m\}$ beliebig. Mit den Sätzen 7.24 und 7.21 erhalten wir

$$\mathrm{Cov}\left(\sum_{k=1}^n a_{ik} X_k + b_i, \sum_{l=1}^n a_{jl} X_l + b_j \right) = \sum_{k=1}^n \sum_{l=1}^n \mathrm{Cov}(a_{ik} X_k + b_i, a_{jl} X_l + b_j)$$

$$= \sum_{k=1}^n \sum_{l=1}^n a_{ik} \mathrm{Cov}(X_k, X_l) a_{jl},$$

was den Beweis beendet.

q.e.d.

Definition 7.28
Zufallsvariablen $X_1, \ldots, X_n \in \mathcal{L}^2$ heißen *paarweise unkorreliert*, falls $\mathrm{Cov}(X_i, X_j) = 0$ für $i \neq j$.

Korollar 7.29
Es seien $X_1, \ldots, X_n$ *paarweise unkorrelierte Zufallsvariablen. Dann gilt*

$$\mathrm{Var}\left[\sum_{i=1}^{n} X_i\right] = \sum_{i=1}^{n} \mathrm{Var}[X_i]$$

▶ **Beweis** Mit Satz 7.24 erhalten wir

$$\mathrm{Var}\left[\sum_{i=1}^{n} X_i\right] = \mathrm{Cov}\left(\sum_{i=1}^{n} X_i, \sum_{j=1}^{n} X_j\right) = \sum_{i=1}^{n}\sum_{j=1}^{n} \mathrm{Cov}(X_i, X_j)$$

$$= \sum_{i=1}^{n} \mathrm{Cov}(X_i, X_i) = \sum_{i=1}^{n} \mathrm{Var}[X_i],$$

womit die behauptete Identität für die Varianz bewiesen ist.

Korollar 7.30
Es seien $X_1, \ldots, X_n \in \mathcal{L}^2$ *unabhängige Zufallsvariablen. Dann gilt*

$$\mathrm{Var}\left[\sum_{i=1}^{n} X_i\right] = \sum_{i=1}^{n} \mathrm{Var}[X_i].$$

▶ **Beweis** Dies ist eine unmittelbare Konsequenz aus Korollar 7.29, da die Zufallsvariablen $X_1, \ldots, X_n$ nach Satz 7.23 paarweise unkorreliert sind.   q.e.d.

Definition 7.31
Für zwei Zufallsvariablen $X, Y \in \mathcal{L}^2$ mit $\sigma_X^2, \sigma_Y^2 > 0$ definieren wir den *Korrelationskoeffizienten von X und Y* durch

$$\rho_{X,Y} := \frac{\sigma_{X,Y}}{\sigma_X \sigma_Y}.$$

Das folgende Resultat zeigt, dass der Korrelationskoeffizient invariant gegenüber affinen Transformationen ist.

Satz 7.32

Es seien $X, Y \in \mathcal{L}^2$ zwei quadratintegrierbare Zufallsvariablen mit $\sigma_X^2, \sigma_Y^2 > 0$.
(a) Es gilt $\rho_{aX+b,cY+d} = \frac{ac}{|ac|}\rho_{X,Y}$ für alle $a, b, c, d \in \mathbb{R}$ mit $a, c \neq 0$.
(b) Es gilt $\rho_{aX+b,cY+d} = \rho_{X,Y}$ für alle $a, b, c, d \in \mathbb{R}$ mit $a, c > 0$.

▶ **Beweis**

(a) Mit Satz 7.21 erhalten wir

$$\rho_{aX+b,cY+d} = \frac{\sigma_{aX+b,cY+d}}{\sigma_{aX+b}\sigma_{cY+d}} = \frac{ac \cdot \sigma_{X,Y}}{|ac| \cdot \sigma_X \sigma_Y} = \frac{ac}{|ac|}\rho_{X,Y}.$$

(b) Dies folgt aus Teil (a).   q.e.d.

Der folgende Satz zeigt, dass der Korrelationskoeffizient zweier Zufallsvariablen stets im Intervall $[-1, 1]$ liegt. Den Randpunkten 1 und -1 kommt hierbei eine besondere Bedeutung zu; in diesem Fall ist Y eine nichtkonstante affine Funktion in Abhängigkeit von X.

Satz 7.33

Es seien $X, Y \in \mathcal{L}^2$ zwei quadratintegrierbare Zufallsvariablen mit $\sigma_X^2, \sigma_Y^2 > 0$.
(a) Es gilt $-1 \leq \rho_{X,Y} \leq 1$.
(b) Sind X und Y unabhängig, dann gilt $\rho_{X,Y} = 0$.
(c) Es gilt $\rho_{X,Y} \in \{-1, 1\}$ genau dann, wenn $a, b \in \mathbb{R}$ mit $a \neq 0$ existieren, so dass
   $\mathbb{P}(Y = aX + b) = 1$.

▶ **Beweis**

(a) Nach der Cauchy-Schwarz'schen Ungleichung (Satz 6.62) gilt

$$|\sigma_{X,Y}| = |\mathbb{E}[(X - \mu_X)(Y - \mu_Y)]| \leq \sqrt{\mathbb{E}[(X - \mu_X)^2] \cdot \mathbb{E}[(Y - \mu_Y)^2]}$$
$$= \sqrt{\text{Var}[X] \cdot \text{Var}[Y]} = \sigma_X \sigma_Y.$$

Hieraus folgt die Ungleichung

$$|\rho_{X,Y}| = \frac{|\sigma_{X,Y}|}{\sigma_X \sigma_Y} \leq 1,$$

und wir erhalten $-1 \leq \rho_{X,Y} \leq 1$.

(b) Dies folgt aus Satz 7.23.

(c) Wir beginnen mit der einfacheren Beweisrichtung und nehmen an, dass $a, b \in \mathbb{R}$ mit $a \neq 0$ existieren, so dass $\mathbb{P}(Y = aX + b) = 1$. Mit Satz 7.32 folgt

$$\rho_{X,Y} = \rho_{X,aX+b} = \frac{a}{|a|}\rho_{X,X} = \frac{a}{|a|}\frac{\sigma_X^2}{\sigma_X^2} = \frac{a}{|a|} \in \{-1, 1\}.$$

Nun gelte $\rho_{X,Y} \in \{-1, 1\}$. Wir definieren die neue Zufallsvariable $Z \in \mathcal{L}^2$ durch

$$Z := \frac{1}{\sigma_Y}Y - \frac{\rho_{X,Y}}{\sigma_X}X.$$

Mit Satz 7.24 erhalten wir

$$\begin{aligned}
\sigma_Z^2 &= \text{Var}\left[\frac{1}{\sigma_Y}Y - \frac{\rho_{X,Y}}{\sigma_X}X\right] = \text{Cov}\left(\frac{1}{\sigma_Y}Y - \frac{\rho_{X,Y}}{\sigma_X}X, \frac{1}{\sigma_Y}Y - \frac{\rho_{X,Y}}{\sigma_X}X\right) \\
&= \text{Var}\left[\frac{1}{\sigma_Y}Y\right] - 2\text{Cov}\left(\frac{1}{\sigma_Y}Y, \frac{\rho_{X,Y}}{\sigma_X}X\right) + \text{Var}\left[\frac{\rho_{X,Y}}{\sigma_X}X\right] \\
&= \frac{1}{\sigma_Y^2}\text{Var}[Y] - 2\frac{\rho_{X,Y}}{\sigma_X\sigma_Y}\text{Cov}(X, Y) + \frac{\rho_{X,Y}^2}{\sigma_X^2}\text{Var}[X] \\
&= 1 - 2\rho_{X,Y}^2 + \rho_{X,Y}^2 = 1 - \rho_{X,Y}^2 = 0.
\end{aligned}$$

Nach Satz 6.68 gilt $\mathbb{P}(Z = \mu_Z) = 1$, wobei $\mu_Z := \mathbb{E}[Z]$. Also existieren Konstanten $a, b \in \mathbb{R}$ mit $a \neq 0$, so dass $\mathbb{P}(Y = aX + b) = 1$.

q.e.d.

Der Korrelationskoeffizient zweier Zufallsvariablen X und Y ist also ein Maß für dessen affine Abhängigkeit. Für $\rho_{X,Y} \in \{-1, 1\}$ hängen X und Y affin voneinander ab. Sind die Zufallsvariablen X und Y unabhängig, dann gilt $\rho_{X,Y} = 0$ (Abb. 7.3).

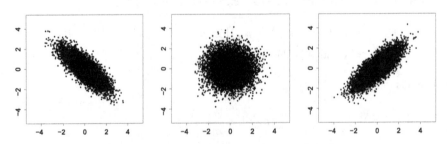

Abb. 7.3 Stichproben eines Zufallsvektors (X, Y) mit $\rho_{X,Y} = -\frac{4}{5}, 0, \frac{4}{5}$

7.5 Diskrete Zufallsvariablen

In diesem Abschnitt beschäftigen wir uns mit der Unabhängigkeit diskreter Zufallsvariablen. Im Folgenden sei $(\Omega, \mathcal{F}, \mathbb{P})$ ein Wahrscheinlichkeitsraum.

Wir beginnen mit einigen Beispielen von Summen unabhängiger Zufallsvariablen. Der folgende Satz zeigt, dass die Summe unabhängiger, Bernoulli-verteilter Zufallsvariablen binomialverteilt ist.

Satz 7.34
Es seien $X_1, \ldots, X_n \sim \text{Ber}(p)$ unabhängige, Bernoulli-verteilte Zufallsvariablen und $S := X_1 + \cdots + X_n$. Dann gilt $S \sim \text{Bi}(n, p)$.

▶ **Beweis** Für jedes $j = 1, \ldots, n$ gilt

$$\mathbb{P}(X_j = 0) = 1 - p \quad \text{und} \quad \mathbb{P}(X_j = 1) = p.$$

Mit Hilfe von Satz 7.17 erhalten wir für $k = 0, \ldots, n$, dass

$$\mathbb{P}(S = k) = \mathbb{P}\left(\bigcup_{\substack{J \subset \{1,\ldots,n\} \\ |J| = k}} \left(\bigcap_{j \in J} \{X_j = 1\} \right) \cap \left(\bigcap_{j \notin J} \{X_j = 0\} \right) \right)$$

$$= \sum_{\substack{J \subset \{1,\ldots,n\} \\ |J| = k}} \mathbb{P}\left(\left(\bigcap_{j \in J} \{X_j = 1\} \right) \cap \left(\bigcap_{j \notin J} \{X_j = 0\} \right) \right)$$

$$= \sum_{\substack{J \subset \{1,\ldots,n\} \\ |J| = k}} \left(\prod_{j \in J} \mathbb{P}(X_j = 1) \right) \cdot \left(\prod_{j \notin J} \mathbb{P}(X_j = 0) \right)$$

$$= \sum_{\substack{J \subset \{1,\ldots,n\} \\ |J| = k}} p^k (1 - p)^{n-k} = \binom{n}{k} p^k (1 - p)^{n-k}.$$

Der letzte Schritt folgt daraus, dass die Anzahl aller k-elementigen Teilmengen einer n-elementigen Grundmenge durch den Binomialkoeffizienten $\binom{n}{k}$ gegeben ist. Folglich gilt $X \sim \text{Bi}(n, p)$. q.e.d.

Als Anwendung können wir leicht den Erwartungswert und die Varianz binomialverteilter Zufallsvariablen berechnen.

Korollar 7.35
Für eine binomialverteilte Zufallsvariable $X \sim \text{Bi}(n, p)$ gilt

$$\mathbb{E}[X] = np \quad \text{und} \quad \text{Var}[X] = np(1 - p).$$

▶ **Beweis**   Dies folgt aus Beispiel 17, Korollar 7.30 und Satz 7.34.   q.e.d.

Das folgende Resultat zeigt, dass bei der Durchführung unabhängiger Bernoulli-Experimente die Anzahl der Fehlversuche, die vor dem ersten Erfolg auftreten, geometrisch verteilt ist.

Satz 7.36

Es sei $(X_k)_{k \in \mathbb{N}} \sim \text{Ber}(p)$ eine Folge unabhängiger Bernoulli-verteilter Zufallsvariablen. Wir definieren die Zufallsvariable T durch

$$T := \min\{k \in \mathbb{N}_0 : X_{k+1} = 1\}.$$

Dann gilt $T \sim \text{Geo}(p)$.

▶ **Beweis**   Mit Hilfe von Satz 7.17 erhalten wir für jedes $k \in \mathbb{N}_0$, dass

$$\mathbb{P}(T = k) = \mathbb{P}(X_1 = 0, \ldots, X_k = 0, X_{k+1} = 1)$$

$$= \mathbb{P}(X_1 = 0) \cdot \ldots \cdot \mathbb{P}(X_k = 0) \cdot \mathbb{P}(X_{k+1} = 1) = (1-p)^k p.$$

Folglich ist $T \sim \text{Geo}(p)$ geometrisch verteilt.   q.e.d.

Das nächste Resultat zeigt, dass die Summe unabhängiger, geometrisch verteilter Zufalls-variablen negativ binomialverteilt ist. Folglich ist bei der Durchführung unabhängiger Bernoulli-Experimente die Anzahl der Fehlversuche vor den ersten n Erfolgen negativ binomialverteilt.

Satz 7.37

Es seien $X_1, \ldots, X_n \sim \text{Geo}(p)$ unabhängige, geometrisch verteilte Zufallsvariablen und $S := X_1 + \cdots + X_n$. Dann gilt $S \sim \text{NB}(n, p)$.

▶ **Beweis**   Mit Hilfe von Satz 7.17 gilt für jedes $k \in \mathbb{N}_0$, dass

$$\mathbb{P}(S = k) = \mathbb{P}\left(\bigcup_{k_1 + \cdots + k_n = k} \{X_1 = k_1, \ldots, X_n = k_n\} \right)$$

$$= \sum_{k_1 + \cdots + k_n = k} \mathbb{P}(X_1 = k_1, \ldots, X_n = k_n)$$

$$= \sum_{k_1 + \cdots + k_n = k} \mathbb{P}(X_1 = k_1) \cdot \ldots \cdot \mathbb{P}(X_n = k_n)$$

$$= \sum_{k_1 + \cdots + k_n = k} (1-p)^{k_1} p \cdot \ldots \cdot (1-p)^{k_n} p$$

$$= \sum_{k_1 + \cdots + k_n = k} (1-p)^k p^n = \binom{n+k-1}{k} (1-p)^k p^n.$$

Der letzte Schritt folgt daraus, dass die Anzahl aller n-Tupel $(k_1, \ldots, k_n)$ von natürlichen Zahlen mit $k_1 + \cdots + k_n = k$ durch den Binomialkoeffizienten $\binom{n+k-1}{k}$ gegeben ist. Folglich ist $S \sim \text{NB}(n, p)$ negativ binomialverteilt.   q.e.d.

Als Anwendung können wir leicht den Erwartungswert und die Varianz negativ binomialverteilter Zufallsvariablen berechnen.

Korollar 7.38

Für eine negativ binomialverteilte Zufallsvariable $X \sim \text{NB}(n, p)$ gilt

$$\mathbb{E}[X] = \frac{n(1-p)}{p} \quad und \quad \text{Var}[X] = \frac{n(1-p)}{p^2}.$$

▶ **Beweis** Dies folgt aus Beispiel 20, Korollar 7.30 und Satz 7.37.   q.e.d.

Nun seien $(E, \mathcal{E})$, $(G, \mathcal{G})$ zwei messbare Räume, wobei $E, G \subset \mathbb{R}$ höchstens abzählbare Mengen und $\mathcal{E} := \mathfrak{P}(E)$, $\mathcal{G} := \mathfrak{P}(G)$ deren Potenzmengen sind. Weiterhin sei $(X, Y) : \Omega \to E \times G$ ein diskreter Zufallsvektor mit stochastischem Vektor $\pi_{(X,Y)} : E \times G \to [0, 1]$.

Satz 7.39

Die stochastischen Vektoren $\pi_X : E \to [0, 1]$ und $\pi_Y : G \to [0, 1]$ von X und Y sind gegeben durch

$$\pi_X(j) = \sum_{k \in G} \pi_{(X,Y)}(j, k) \quad und \quad \pi_Y(k) = \sum_{j \in E} \pi_{(X,Y)}(j, k).$$

▶ **Beweis** Aus Symmetriegründen genügt es zu zeigen, dass die Funktion π_X der zur Zufallsvariablen X gehörige stochastische Vektor ist. In der Tat, für jedes $j \in E$ gilt

$$\pi_X(j) = \mathbb{P}(X = j) = \mathbb{P}(X = j, Y \in G)$$
$$= \sum_{k \in G} \mathbb{P}(X = j, Y = k) = \sum_{k \in G} \pi_{(X,Y)}(j, k).$$

Folglich ist π_X der stochastische Vektor von X.   q.e.d.

Satz 7.40
Die folgenden Aussagen sind äquivalent:
 (i) *Die Zufallsvariablen X und Y sind unabhängig.*
 (ii) *Es gilt $\pi_{(X,Y)}(j,k) = \pi_X(j) \cdot \pi_Y(k)$ für alle $(j,k) \in E \times G$.*

▶ **Beweis**   (i) $\Rightarrow$ (ii): Nach Satz 7.17 gilt

$$\mathbb{P}(X \in A, Y \in B) = \mathbb{P}(X \in A) \cdot \mathbb{P}(Y \in B) \quad \text{für alle } A \in \mathcal{E} \text{ und } B \in \mathcal{G}.$$

Also gilt insbesondere für alle $(j,k) \in E \times G$, dass

$$\pi_{(X,Y)}(j,k) = \mathbb{P}(X = j, Y = k) = \mathbb{P}(X = j) \cdot \mathbb{P}(Y = k) = \pi_X(j) \cdot \pi_Y(k).$$

(ii) $\Rightarrow$ (i): Für beliebige Teilmengen $A \in \mathcal{E}$ und $B \in \mathcal{G}$ gilt wegen der unbedingten Konvergenz der folgenden Reihen (siehe Anhang A.1), dass

$$\mathbb{P}(X \in A, Y \in B) = \mathbb{P}((X,Y) \in A \times B) = \sum_{(j,k) \in A \times B} \pi_{(X,Y)}(j,k)$$

$$= \sum_{(j,k) \in A \times B} \pi_X(j) \cdot \pi_Y(k) = \sum_{j \in A} \sum_{k \in B} \pi_X(j) \cdot \pi_Y(k)$$

$$= \left(\sum_{j \in A} \pi_X(j) \right) \cdot \left(\sum_{k \in B} \pi_Y(k) \right) = \mathbb{P}(X \in A) \cdot \mathbb{P}(Y \in B).$$

Also sind die Zufallsvariablen X und Y nach Satz 7.17 unabhängig.   q.e.d.

Wir illustrieren die beiden vorangegangenen Resultate am Beispiel des zweimaligen Würfelns.

▶ **Beispiel 49**   Es sei (X,Y) ein diskreter Zufallsvektor mit zugehörigem stochastischen Vektor

$$\pi_{(X,Y)} : \{1, \ldots, 6\} \times \{1, \ldots, 6\} \to [0,1], \quad \pi_{(X,Y)}(j,k) = \frac{1}{36}.$$

Mit Hilfe von Satz 7.39 erhalten wir die stochastischen Vektoren $\pi_X, \pi_Y : \{1, \ldots, 6\} \to [0,1]$, und zwar

$$\pi_X(j) = \frac{1}{6} \quad \text{und} \quad \pi_Y(k) = \frac{1}{6}.$$

Aus Satz 7.40 folgt, dass die Zufallsvariablen X und Y unabhängig sind.

Satz 7.41

(a) *Für jedes $k \in G$ mit $\pi_Y(k) > 0$ ist die Funktion*

$$\pi_{Y=k} : E \to [0, 1], \quad \pi_{Y=k}(j) = \frac{\pi_{(X,Y)}(j, k)}{\pi_Y(k)}$$

der zur bedingten Verteilung $\mathbb{P}(\,\cdot\mid Y = k)^X$ gehörige stochastische Vektor.
(b) *Für jedes $j \in E$ mit $\pi_X(j) > 0$ ist die Funktion*

$$\pi_{X=j} : G \to [0, 1], \quad \pi_{X=j}(k) = \frac{\pi_{(X,Y)}(j, k)}{\pi_X(j)}$$

der zur bedingten Verteilung $\mathbb{P}(\,\cdot\mid X = j)^Y$ gehörige stochastische Vektor.

▶ **Beweis**   Aus Symmetriegründen genügt der Beweis der ersten Aussage. Dazu sei $k \in G$ mit $\pi_Y(k) > 0$ beliebig. Dann gilt für alle $j \in E$, dass

$$\mathbb{P}(X = j \mid Y = k) = \frac{\mathbb{P}(X = j, Y = k)}{\mathbb{P}(Y = k)} = \frac{\pi_{(X,Y)}(j, k)}{\pi_Y(k)} = \pi_{Y=k}(j),$$

womit der Beweis abgeschlossen ist.   q.e.d.

▶ **Beispiel 50**   Es seien $X_1, \ldots, X_n \sim \text{Ber}(p)$ unabhängige, Bernoulli-verteilte Zufallsvariablen. Wir setzen $X := (X_1, \ldots, X_n)$ und $Y := X_1 + \cdots + X_n$. Dann sind X und Y diskrete Zufallsvariablen auf $E = \{0, 1\}^n$ und $G = \{0, 1, \ldots, n\}$. Nach Satz 7.34 gilt $Y \sim \text{Bi}(n, p)$, und folglich ist der zur Verteilung von Y gehörige stochastische Vektor gegeben durch

$$\pi_Y : G \to [0, 1], \quad \pi_Y(k) = \binom{n}{k} p^k (1 - p)^{n-k}.$$

Nun seien $j \in E$ und $k \in G$ beliebig. Gilt $j_1 + \cdots + j_n \neq k$, dann sind die Ereignisse $\{X = j\}$ und $\{Y = k\}$ disjunkt, und es folgt $\mathbb{P}(X = j, Y = k) = 0$. Gilt hingegen $j_1 + \cdots + j_n = k$, so ist $\{X = j\} \subset \{Y = k\}$, und wir erkennen mit Hilfe von Satz 7.17 die Identitäten

$$\mathbb{P}(X = j, Y = k) = \mathbb{P}(X = j) = \mathbb{P}(X_1 = j_1, \ldots, X_n = j_n)$$

$$= \mathbb{P}(X_1 = j_1) \cdot \ldots \cdot \mathbb{P}(X_n = j_n) = p^k (1 - p)^{n-k}.$$

Folglich ist der zur Verteilung von (X, Y) gehörige stochastische Vektor $\pi_{(X,Y)} : E \times G \to [0, 1]$ gegeben durch

$$\pi_{(X,Y)}(j, k) = \begin{cases} p^k (1 - p)^{n-k}, & \text{falls } j_1 + \cdots + j_n = k, \\ 0, & \text{sonst.} \end{cases}$$

Nun sei $k \in G$ beliebig. Gemäß Satz 7.41 ist der zur bedingten Verteilung $\mathbb{P}(\cdot \mid Y = k)^X$ gehörige stochastische Vektor gegeben durch

$$\pi_{Y=k} : E \to [0, 1], \quad \pi_{Y=k}(j) = \begin{cases} 1/\binom{n}{k}, & j \in E_k, \\ 0, & \text{sonst,} \end{cases}$$

wobei $E_k := \{j \in E : j_1 + \cdots + j_n = k\}$. Es gilt also $\mathbb{P}(\cdot \mid Y = k)^X = \mathrm{UD}(E_k)$, das heißt, unter der Bedingung $Y = k$ hat die Zufallsvariable X eine diskrete Gleichverteilung auf der Menge E_k.

Die Summe $Z := X + Y$ ist ebenfalls eine diskrete Zufallsvariable mit Werten in der höchstens abzählbaren Menge

$$E + G := \{j + k : j \in E \text{ und } k \in G\}.$$

Satz 7.42

(a) *Der zu Z gehörige stochastische Vektor $\pi_Z : E + G \to [0, 1]$ ist gegeben durch*

$$\pi_Z(l) = \sum_{j+k=l} \pi_{(X,Y)}(j, k).$$

(b) *Sind X und Y unabhängig, dann gilt*

$$\pi_Z(l) = \sum_{j+k=l} \pi_X(j) \cdot \pi_Y(k).$$

▶ **Beweis**

(a) Für jedes $l \in E + G$ gilt

$$\pi_Z(l) = \mathbb{P}(X + Y = l) = \mathbb{P}\left(\bigcup_{j+k=l} \{X = j, Y = k\} \right)$$

$$= \sum_{j+k=l} \mathbb{P}(X = j, Y = k) = \sum_{j+k=l} \pi_{(X,Y)}(j, k).$$

(b) Sind X und Y unabhängig, so folgt die behauptete Formel aus Satz 7.40.   q.e.d.

Wir kommen auf das Beispiel des zweimaligen Würfelns zurück und betrachten die Augensumme.

▶ **Beispiel 51** Für den Zufallsvektor (X, Y) aus Beispiel 49 hat die Summe $Z := X + Y$ gemäß Satz 7.42 den stochastischen Vektor $\pi_Z : \{2, \ldots, 12\} \to [0, 1]$ gegeben durch (Abb. 7.4)

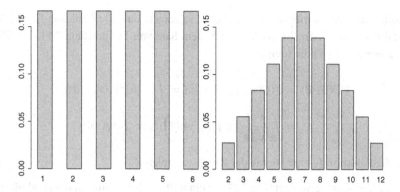

Abb. 7.4 Die stochastischen Vektoren von X und der Summe $Z = X + Y$

$$\left(\frac{1}{36}, \frac{2}{36}, \frac{3}{36}, \frac{4}{36}, \frac{5}{36}, \frac{6}{36}, \frac{5}{36}, \frac{4}{36}, \frac{3}{36}, \frac{2}{36}, \frac{1}{36} \right).$$

Nach Beispiel 18 gilt

$$\mathbb{E}[X] = \mathbb{E}[Y] = \frac{7}{2} \quad \text{und} \quad \mathrm{Var}[X] = \mathrm{Var}[Y] = \frac{35}{12}.$$

Also ergeben sich mit Hilfe von Korollar 7.30 der Erwartungswert und die Varianz

$$\mathbb{E}[Z] = 7 \quad \text{und} \quad \mathrm{Var}[Z] = \frac{35}{6}.$$

7.6 Absolutstetige Zufallsvariablen

In diesem Abschnitt untersuchen wir die Unabhängigkeit von Zufallsvariablen mit Dichten. Es seien $(\Omega, \mathcal{F}, \mathbb{P})$ ein Wahrscheinlichkeitsraum und $(X, Y) : \Omega \to \mathbb{R}^2$ ein Zufallsvektor mit Dichte $f_{(X,Y)} : \mathbb{R}^2 \to \mathbb{R}$.

Satz 7.43

Die Funktionen $f_X, f_Y : \mathbb{R} \to \mathbb{R}$ gegeben durch

$$f_X(x) := \int_{\mathbb{R}} f_{(X,Y)}(x, y)\, dy \quad \text{und} \quad f_Y(y) := \int_{\mathbb{R}} f_{(X,Y)}(x, y)\, dx$$

sind Dichten der Zufallsvariablen X und Y.

▶ **Beweis** Aus Symmetriegründen genügt es zu zeigen, dass die Funktion f_X eine Dichte der Zufallsvariablen X ist. In der Tat, nach dem Satz von Fubini (Satz 7.11) gilt für jede Borel-Menge $B \in \mathcal{B}(\mathbb{R})$ die Identität

$$\mathbb{P}(X \in B) = \mathbb{P}((X, Y) \in B \times \mathbb{R}) = \int_{B \times \mathbb{R}} f_{(X,Y)}(x, y)dxdy$$

$$= \int_B \left(\int_{\mathbb{R}} f_{(X,Y)}(x, y)dy \right) dx = \int_B f_X(x)dx.$$

Also ist die Funktion f_X eine Dichte der Zufallsvariablen X.   q.e.d.

Das folgende Resultat erweitert Satz 7.17 um ein weiteres Kriterium für die Unabhängigkeit zweier Zufallsvariablen, sofern diese eine gemeinsame Dichte besitzen.

Satz 7.44

Die folgenden Aussagen sind äquivalent:
 (i) *Die Zufallsvariablen X und Y sind unabhängig.*
 (ii) *Es gilt $f_{(X,Y)}(x, y) = f_X(x) \cdot f_Y(y)$ für λ^2-fast alle $(x, y) \in \mathbb{R}^2$.*

▶ **Beweis** (ii) $\Rightarrow$ (i): Wie beginnen mit der leichteren Beweisrichtung. Nach dem Satz von Fubini (Satz 7.11) gelten für alle Borel-Mengen $A, B \in \mathcal{B}(\mathbb{R})$ die Identitäten

$$\mathbb{P}(X \in A, Y \in B) = \mathbb{P}((X, Y) \in A \times B) = \int_{A \times B} f_{(X,Y)}(x, y)dxdy$$

$$= \int_A \left(\int_B f_X(x)f_Y(y)dy \right) dx = \left(\int_A f_X(x)dx \right) \cdot \left(\int_B f_Y(y)dy \right)$$

$$= \mathbb{P}(X \in A) \cdot \mathbb{P}(Y \in B).$$

Folglich sind die Zufallsvariablen X und Y nach Satz 7.17 unabhängig.

 (i) $\Rightarrow$ (ii): Wir definieren das Mengensystem $\mathcal{H} \subset \mathcal{B}(\mathbb{R}^2)$ durch

$$\mathcal{H} := \left\{ C \in \mathcal{B}(\mathbb{R}^2) : \int_C f_{(X,Y)}(x, y)dxdy = \int_C f_X(x)f_Y(y)dxdy \right\}.$$

Für eine beliebige Produktmenge $C = A \times B \in \mathcal{B}(\mathbb{R}) \times \mathcal{B}(\mathbb{R})$ gilt nach Satz 7.17 und dem Satz von Fubini (Satz 7.11), dass

$$\int_C f_{(X,Y)}(x,y)dxdy = \mathbb{P}((X,Y) \in C) = \mathbb{P}((X,Y) \in A \times B)$$

$$= \mathbb{P}(X \in A, Y \in B) = \mathbb{P}(X \in A) \cdot \mathbb{P}(Y \in B)$$

$$= \left(\int_A f_X(x)dx \right) \cdot \left(\int_B f_Y(y)dy \right) = \int_A \left(\int_B f_X(x)f_Y(y)dy \right) dx$$

$$= \int_{A \times B} f_X(x)f_Y(y)dxdy = \int_C f_X(x)f_Y(y)dxdy,$$

und somit folgt $\mathcal{B}(\mathbb{R}) \times \mathcal{B}(\mathbb{R}) \subset \mathcal{H}$. Außerdem ist $\mathcal{H}$ eine monotone Klasse über $\mathbb{R}^2$, wie wir durch Nachweis der Eigenschaften (M1) und (M2) aus Definition 5.4 bestätigen:

(M1) Es sei $(C_n)_{n \in \mathbb{N}} \subset \mathcal{H}$ eine aufsteigende Folge von Mengen. Wir setzen $C := \bigcup_{n \in \mathbb{N}} C_n$ und erhalten mit dem Satz von der monotonen Konvergenz (Satz 6.36), dass

$$\int_C f_{(X,Y)}(x,y)dxdy = \lim_{n \to \infty} \int_{C_n} f_{(X,Y)}(x,y)dxdy$$

$$= \lim_{n \to \infty} \int_{C_n} f_X(x)f_Y(y)dxdy = \int_C f_X(x)f_Y(y)dxdy.$$

Folglich ist $C \in \mathcal{H}$.

(M2) Es seien $C, D \in \mathcal{H}$ Mengen mit $C \subset D$. Dann gilt

$$\int_{D \setminus C} f_{(X,Y)}(x,y)dxdy = \int_D f_{(X,Y)}(x,y)dxdy - \int_C f_{(X,Y)}(x,y)dxdy$$

$$= \int_D f_X(x)f_Y(y)dxdy - \int_C f_X(x)f_Y(y)dxdy = \int_{D \setminus C} f_X(x)f_Y(y)dxdy,$$

und somit ist $D \setminus C \in \mathcal{H}$.

Das Mengensystem $\mathcal{B}(\mathbb{R}) \times \mathcal{B}(\mathbb{R})$ ist $\cap$-stabil, und es gilt $\mathbb{R}^2 \in \mathcal{B}(\mathbb{R}) \times \mathcal{B}(\mathbb{R})$. Mit Lemma 7.2 und Satz 5.8 folgt

$$\mathcal{B}(\mathbb{R}^2) = \mathcal{B}(\mathbb{R}) \otimes \mathcal{B}(\mathbb{R}) = \sigma(\mathcal{B}(\mathbb{R}) \times \mathcal{B}(\mathbb{R})) = \mathcal{M}(\mathcal{B}(\mathbb{R}) \times \mathcal{B}(\mathbb{R}))$$
$$\subset \mathcal{M}(\mathcal{H}) = \mathcal{H} \subset \mathcal{B}(\mathbb{R}^2),$$

und somit erhalten wir $\mathcal{H} = \mathcal{B}(\mathbb{R}^2)$. Mit Lemma 6.55 folgt, dass

$$f_{(X,Y)}(x,y) = f_X(x) \cdot f_Y(y) \quad \text{für } \lambda^2\text{-fast alle } (x,y) \in \mathbb{R}^2,$$

womit der Beweis beendet ist.   q.e.d.

Im Folgenden nehmen wir an, dass $f_{(X,Y)}(x,y) \geq 0$ für alle $(x,y) \in \mathbb{R}^2$.

Satz 7.45

(a) *Für jedes $y \in \mathbb{R}$ mit $f_Y(y) > 0$ ist die Funktion*

$$f_{Y=y} : \mathbb{R} \to \mathbb{R}, \quad f_{Y=y}(x) := \frac{f_{(X,Y)}(x,y)}{f_Y(y)}$$

die Dichte eines Wahrscheinlichkeitsmaßes auf $(\mathbb{R}, \mathcal{B}(\mathbb{R}))$.

(b) *Für jedes $x \in \mathbb{R}$ mit $f_X(x) > 0$ ist die Funktion*

$$f_{X=x} : \mathbb{R} \to \mathbb{R}, \quad f_{X=x}(y) := \frac{f_{(X,Y)}(x,y)}{f_X(x)}$$

die Dichte eines Wahrscheinlichkeitsmaßes auf $(\mathbb{R}, \mathcal{B}(\mathbb{R}))$.

▶ **Beweis** Aus Symmetriegründen genügt der Beweis der ersten Aussage. Es sei $y \in \mathbb{R}$ mit $f_Y(y) > 0$ beliebig. Dann gilt

$$f_{Y=y}(x) = \frac{f_{(X,Y)}(x,y)}{f_Y(y)} \geq 0 \quad \text{für alle } x \in \mathbb{R}.$$

Außerdem gilt nach Satz 7.43, dass

$$\int_{\mathbb{R}} f_{Y=y}(x)dx = \frac{1}{f_Y(y)} \int_{\mathbb{R}} f_{(X,Y)}(x,y)dx = \frac{f_Y(y)}{f_Y(y)} = 1.$$

Folglich ist die Funktion $f_{Y=y}$ nach Satz 6.87 die Dichte eines Wahrscheinlichkeitsmaßes auf $(\mathbb{R}, \mathcal{B}(\mathbb{R}))$.   q.e.d.

Definition 7.46

(a) Für jedes $y \in \mathbb{R}$ mit $f_Y(y) > 0$ heißt die Funktion $f_{Y=y}$ die *bedingte Dichte von X unter $Y = y$*.

(b) Für jedes $x \in \mathbb{R}$ mit $f_X(x) > 0$ heißt die Funktion $f_{X=x}$ die *bedingte Dichte von Y unter $X = x$*.

Bemerkung 7.47 *Da die Zufallsvariablen X und Y absolutstetig sind, gilt $\mathbb{P}(Y = y) = 0$ für jedes $y \in \mathbb{R}$, so dass wir die bedingten Wahrscheinlichkeiten $\mathbb{P}(X \in B \mid Y = y)$ nicht berechnen können. Trotzdem ist der Begriff der bedingten Dichte ein sinnvolles Konzept, wie wir im Folgenden sehen werden. Da $f_{(X,Y)}$ und f_Y Dichten von (X, Y) und Y sind, gilt für kleine $\Delta_x, \Delta_y > 0$ in einem approximativen Sinne*

$$f_{(X,Y)}(x, y) \cdot \Delta_x \Delta_y \approx \mathbb{P}(X \in [x, x + \Delta_x], Y \in [y, y + \Delta_y]),$$
$$f_Y(y) \cdot \Delta_y \approx \mathbb{P}(Y \in [y, y + \Delta_y]),$$

und deshalb

$$f_{Y=y}(x) \cdot \Delta_x = \frac{f_{(X,Y)}(x, y) \cdot \Delta_x \Delta_y}{f_Y(y) \cdot \Delta_y} \approx \frac{\mathbb{P}(X \in [x, x + \Delta_x], Y \in [y, y + \Delta_y])}{\mathbb{P}(Y \in [y, y + \Delta_y])}$$
$$= \mathbb{P}(X \in [x, x + \Delta_x] \,|\, Y \in [y, y + \Delta_y])$$
$$\approx \mathbb{P}(X \in [x, x + \Delta_x] \,|\, Y \approx y).$$

Also ist es sinnvoll, die Funktion $f_{Y=y}$ als Dichte der Zufallsvariablen X unter der Bedingung Y = y anzusehen.

Wir werden die vorangegangenen Resultate nun an einem Beispiel illustrieren.

▶ **Beispiel 52** Es sei $(X, Y) \sim \mathrm{UC}(\Delta)$ ein gleichverteilter Zufallsvektor auf der Menge $\Delta \subset \mathbb{R}^2$ definiert durch

$$\Delta := \{(x, y) \in \mathbb{R}^2 : -1 \leq x \leq 1 \text{ und } 0 \leq y \leq 1 - |x|\}.$$

Diese Menge ist in Abb. 7.5 dargestellt. Dann gelten folgende Aussagen:

(a) Es gilt $X \sim \Delta(-1, 1)$.
(b) Es gilt $Y \sim \Delta_\ell(0, 1)$.
(c) Für jedes $y \in (0, 1)$ ist die bedingte Dichte von X unter Y = y eine Dichte der Gleichverteilung $\mathrm{UC}(-(1 - y), 1 - y)$.
(d) Für jedes $x \in (-1, 1)$ ist die bedingte Dichte von Y unter X = x eine Dichte der Gleichverteilung $\mathrm{UC}(0, 1 - |x|)$.
(e) Die Zufallsvariablen X und Y sind unkorreliert, aber nicht unabhängig.

▶ **Beweis**

(a) Wir berechnen die Dichte f_X gemäß Satz 7.43. Für jedes $x \in \mathbb{R}$ ist

Abb. 7.5 Die Menge Δ

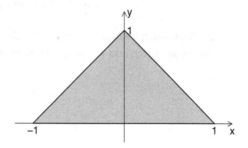

$$f_X(x) = \int_{\mathbb{R}} f_{(X,Y)}(x,y)dy = \int_0^{1-|x|} \mathbb{1}_{[-1,1]}(x)dy = (1-|x|)\mathbb{1}_{[-1,1]}(x).$$

Also gilt $X \sim \Delta(-1,1)$.

(b) Wir berechnen die Dichte f_Y gemäß Satz 7.43. Für jedes $y \in \mathbb{R}$ ist

$$f_Y(y) = \int_{\mathbb{R}} f_{(X,Y)}(x,y)dx = \int_{-(1-y)}^{1-y} \mathbb{1}_{[0,1]}(y)dx = 2(1-y)\mathbb{1}_{[0,1]}(y).$$

Also gilt $Y \sim \Delta_\ell(0,1)$.

(c) Es sei $y \in (0,1)$ beliebig. Wir berechnen die bedingte Dichte $f_{Y=y}$ gemäß Satz 7.45. Eine einfache Rechnung zeigt, dass

$$f_{Y=y}(x) = \frac{f_{(X,Y)}(x,y)}{f_Y(y)} = \frac{1}{2(1-y)}\mathbb{1}_{[-(1-y),1-y]}(x) \quad \text{für alle } x \in \mathbb{R}.$$

Diese Funktion ist eine Dichte der Gleichverteilung $UC(-(1-y), 1-y)$.

(d) Es sei $x \in (-1,1)$ beliebig. Wir berechnen die bedingte Dichte $f_{X=x}$ gemäß Satz 7.45. Eine einfache Rechnung zeigt, dass

$$f_{X=x}(y) = \frac{f_{(X,Y)}(x,y)}{f_X(x)} = \frac{1}{1-|x|}\mathbb{1}_{[0,1-|x|]}(y) \quad \text{für alle } y \in \mathbb{R}.$$

Diese Funktion ist eine Dichte der Gleichverteilung $UC(0, 1-|x|)$.

(e) Nach der Tranformationsformel für Zufallsvariablen mit Dichten (Satz 6.92) und dem Satz von Fubini (Satz 7.11) gilt

$$\mathbb{E}[XY] = \int_{\mathbb{R}^2} xy f_{(X,Y)}(x,y)dxdy = \int_\Delta xy\, dxdy$$

$$= \int_0^1 y \underbrace{\left(\int_{-(1-y)}^{1-y} xdx\right)}_{=0} dy = 0.$$

Da die Dichte f_X eine gerade Funktion ist, folgt nach Satz 4.28, dass $\mathbb{E}[X] = 0$. Also erhalten wir mit Satz 7.20 die Identität

$$\text{Cov}(X,Y) = \mathbb{E}[XY] - \mathbb{E}[X]\mathbb{E}[Y] = 0.$$

Folglich sind die Zufallsvariablen X und Y unkorreliert. Sie sind jedoch nicht unabhängig, da das Kriterium aus Satz 7.44 nicht erfüllt ist.   q.e.d.

7.7 Das Null-Eins-Gesetz von Kolmogorov

In diesem Abschnitt präsentieren wir das Null-Eins-Gesetz von Kolmogorov. Dieses Gesetz besagt, dass für eine Folge von unabhängigen Zufallsvariablen sämtliche Ereignisse, die nicht durch Beobachtung von nur endlich vielen dieser Zufallsvariablen entschieden werden können, Wahrscheinlichkeit 0 oder 1 haben, das heißt, fast sicher eintreten oder nicht eintreten. Insbesondere erhalten wir hierdurch einen ersten Hinweis auf die Gültigkeit des Gesetzes der großen Zahlen.

Im Folgenden sei $(\Omega, \mathcal{F}, \mathbb{P})$ ein Wahrscheinlichkeitsraum. Weiterhin seien I eine beliebige Indexmenge und $(X_i)_{i \in I}$ eine Familie von Zufallsvariablen $X_i : \Omega \to E_i$ mit Werten in messbaren Räumen $(E_i, \mathcal{E}_i)$. Wir definieren die Mengensysteme $\mathcal{C}_1^I \subset \mathcal{C}_2^I \subset \mathcal{C}_3^I$ über Ω durch

$$\mathcal{C}_1^I := \{\{X_i \in B\} : i \in I \text{ und } B \in \mathcal{E}_i\},$$
$$\mathcal{C}_2^I := \{\{X_{i_1} \in B_1, \ldots, X_{i_n} \in B_n\} : n \in \mathbb{N}, i_1, \ldots, i_n \in I$$
$$\text{und } B_1 \in \mathcal{E}_{i_1}, \ldots, B_n \in \mathcal{E}_{i_n}\},$$
$$\mathcal{C}_3^I := \{\{(X_{i_1}, \ldots, X_{i_n}) \in B\} : n \in \mathbb{N}, i_1, \ldots, i_n \in I \text{ und } B \in \mathcal{E}_{i_1} \otimes \ldots \otimes \mathcal{E}_{i_n}\}.$$

Definition 7.48

Es seien I eine beliebige Indexmenge und $(X_i)_{i \in I}$ eine Familie von Zufallsvariablen $X_i : \Omega \to E_i$ mit Werten in messbaren Räumen $(E_i, \mathcal{E}_i)$. Dann nennen wir

$$\sigma(X_i : i \in I) := \sigma(\mathcal{C}_1^I)$$

die *von der Familie $(X_i)_{i \in I}$ erzeugte σ-Algebra.*

Lemma 7.49 *Die Mengensysteme $\mathcal{C}_2^I$ und $\mathcal{C}_3^I$ sind $\cap$-stabil mit $\sigma(X_i : i \in I) = \sigma(\mathcal{C}_2^I) = \sigma(\mathcal{C}_3^I)$.*

▶ **Beweis** Die Mengen $\mathcal{C}_2^I$ und $\mathcal{C}_3^I$ sind $\cap$-stabil, was unmittelbar aus der Definition folgt. Außerdem ist offensichtlich, dass $\mathcal{C}_1^I \subset \mathcal{C}_2^I \subset \mathcal{C}_3^I$. Mit Satz 2.11 folgt also, dass $\sigma(\mathcal{C}_1^I) \subset \sigma(\mathcal{C}_2^I) \subset \sigma(\mathcal{C}_3^I)$.

Es bleibt nachzuweisen, dass $\sigma(\mathcal{C}_3^I) \subset \sigma(\mathcal{C}_1^I)$. Dazu seien $n \in \mathbb{N}$ und $i_1, \ldots, i_n \in I$ beliebig. Wir definieren das Mengensystem $\mathcal{H} \subset \mathcal{E}_{i_1} \otimes \ldots \otimes \mathcal{E}_{i_n}$ durch

$$\mathcal{H} := \{B \in \mathcal{E}_{i_1} \otimes \cdots \otimes \mathcal{E}_{i_n} : \{(X_{i_1}, \ldots, X_{i_n}) \in B\} \in \sigma(\mathcal{C}_1^I)\}.$$

Dann gilt $\mathcal{E}_{i_1} \times \cdots \times \mathcal{E}_{i_n} \subset \mathcal{H}$, denn für beliebige Mengenn $B_1 \in \mathcal{E}_{i_1}, \ldots, B_n \in \mathcal{E}_{i_n}$ gilt

$$\{(X_{i_1}, \ldots, X_{i_n}) \in B_1 \times \cdots \times B_n\} = \{X_{i_1} \in B_1\} \cap \ldots \cap \{X_{i_n} \in B_n\} \in \sigma(\mathcal{C}_1^I).$$

Außerdem ist $\mathcal{H}$ eine σ-Algebra über $E_{i_1} \times \cdots \times E_{i_n}$, was wir durch Verifikation der Eigenschaften $(\sigma 1)$–$(\sigma 3)$ aus Definition 2.5 nachweisen:

$(\sigma 1)$ Da $\sigma(\mathcal{C}_1^I)$ eine σ-Algebra über Ω ist, gilt

$$\{(X_{i_1}, \ldots, X_{i_n}) \in E_{i_1} \times \cdots \times E_{i_n}\} = \Omega \in \sigma(\mathcal{C}_1^I),$$

und daher $E_{i_1} \times \cdots \times E_{i_n} \in \mathcal{H}$.

$(\sigma 2)$ Es sei $B \in \mathcal{H}$ beliebig. Da $\sigma(\mathcal{C}_1^I)$ eine σ-Algebra über Ω ist, gilt mit Lemma 2.13, dass

$$\{(X_{i_1}, \ldots, X_{i_n}) \in B^c\} = \{(X_{i_1}, \ldots, X_{i_n}) \in B\}^c \in \sigma(\mathcal{C}_1^I),$$

und daher $B^c \in \mathcal{H}$.

$(\sigma 3)$ Es sei $(B_n)_{n \in \mathbb{N}} \subset \mathcal{H}$ eine beliebige Folge von Mengen. Da $\sigma(\mathcal{C}_1^I)$ eine σ-Algebra über Ω ist, gilt mit Lemma 2.13, dass

$$\left\{(X_{i_1}, \ldots, X_{i_n}) \in \bigcup_{n \in \mathbb{N}} B_n\right\} = \bigcup_{n \in \mathbb{N}} \{(X_{i_1}, \ldots, X_{i_n}) \in B_n\} \in \sigma(\mathcal{C}_1^I),$$

und daher $\bigcup_{n \in \mathbb{N}} B_n \in \mathcal{H}$.

Also folgt mit Satz 2.11, dass

$$\mathcal{E}_{i_1} \otimes \cdots \otimes \mathcal{E}_{i_n} = \sigma(\mathcal{E}_{i_1} \times \cdots \times \mathcal{E}_{i_n}) \subset \sigma(\mathcal{H}) = \mathcal{H} \subset \mathcal{E}_{i_1} \otimes \cdots \otimes \mathcal{E}_{i_n},$$

und somit $\mathcal{H} = \mathcal{E}_{i_1} \otimes \cdots \otimes \mathcal{E}_{i_n}$, das heißt $\{(X_{i_1}, \ldots, X_{i_n}) \in B\} \in \sigma(\mathcal{C}_1^I)$ für jede Menge $B \in \mathcal{E}_{i_1} \otimes \cdots \otimes \mathcal{E}_{i_n}$. Es gilt also $\mathcal{C}_3^I \subset \sigma(\mathcal{C}_1^I)$, und mit Satz 2.11 folgt, dass $\sigma(\mathcal{C}_3^I) \subset \sigma(\mathcal{C}_1^I)$.   q.e.d.

Lemma 7.50 *Es seien J, K disjunkte Indexmengen und $I := J \cup K$. Weiterhin sei $(X_i)_{i \in I}$ eine Familie von unabhängigen Zufallsvariablen $X_i : \Omega \to E_i$ mit Werten in messbaren Räumen $(E_i, \mathcal{E}_i)$. Dann sind die σ-Algebren $\sigma(X_j : j \in J)$ und $\sigma(X_k : k \in K)$ unabhängig.*

▶ **Beweis** Es seien n, $m \in \mathbb{N}$ natürliche Zahlen, $j_1, \ldots, j_n \in J$, $k_1, \ldots, k_m \in K$ Indizes und $B_1 \in \mathcal{E}_{j_1}, \ldots, B_n \in \mathcal{E}_{j_n}, C_1 \in \mathcal{E}_{k_1}, \ldots, C_m \in \mathcal{E}_{k_m}$ messbare Mengen. Da die Zufallsvariablen $(X_i)_{i \in I}$ unabhängig sind, gilt

$$\mathbb{P}(\{X_{j_1} \in B_1, \ldots, X_{j_n} \in B_n\} \cap \{X_{k_1} \in C_1, \ldots, X_{k_m} \in C_m\})$$

$$= \mathbb{P}(X_{j_1} \in B_1, \ldots, X_{j_n} \in B_n, X_{k_1} \in C_1, \ldots, X_{k_m} \in C_m)$$

$$= \mathbb{P}(X_{j_1} \in B_1) \cdot \ldots \cdot \mathbb{P}(X_{j_n} \in B_n) \cdot \mathbb{P}(X_{k_1} \in C_1) \cdot \ldots \cdot \mathbb{P}(X_{k_m} \in C_m)$$

$$= \mathbb{P}(X_{j_1} \in B_1, \ldots, X_{j_n} \in B_n) \cdot \mathbb{P}(X_{k_1} \in C_1, \ldots, X_{k_m} \in C_m).$$

Damit haben wir gezeigt, dass

$$\mathbb{P}(A_1 \cap A_2) = \mathbb{P}(A_1) \cdot \mathbb{P}(A_2) \quad \text{für alle } A_1 \in \mathcal{C}_2^J \text{ und } A_2 \in \mathcal{C}_2^K.$$

Die Mengensysteme $\mathcal{C}_2^J$ und $\mathcal{C}_2^K$ sind nach Lemma 7.49 $\cap$-stabile Mengensysteme mit $\sigma(X_j : j \in J) = \sigma(\mathcal{C}_2^J)$ und $\sigma(X_k : k \in K) = \sigma(\mathcal{C}_2^K)$. Also folgt aus Lemma 7.14, dass die σ-Algebren $\sigma(X_j : j \in J)$ und $\sigma(X_k : k \in K)$ unabhängig sind. q.e.d.

Definition 7.51

Es sei $(X_n)_{n\in\mathbb{N}}$ eine Familie von Zufallsvariablen $X_n : \Omega \to E_n$ mit Werten in messbaren Räumen $(E_n, \mathcal{E}_n)$. Wir definieren die *terminale σ-Algebra* $\mathcal{T} \subset \mathcal{F}$ durch

$$\mathcal{T} := \bigcap_{n\in\mathbb{N}} \mathcal{T}_{\geq n},$$

wobei $\mathcal{T}_{\geq n} := \sigma(X_m : m \geq n)$ für $n \in \mathbb{N}$.

Wir merken an, dass das Mengensystem $\mathcal{T}$ gemäß Lemma 2.8 tatsächlich eine σ-Algebra über Ω ist. Die Definition zeigt, dass sämtliche Ereignisse aus $\mathcal{T}$ nicht durch Beobachtung von nur endlich vielen dieser Zufallsvariablen entschieden werden können. Aus diesem Grund sprechen wir von der terminalen σ-Algebra.

Satz 7.52 (Null-Eins-Gesetz von Kolmogorov)

Es sei $(X_n)_{n\in\mathbb{N}}$ eine Familie von unabhängigen Zufallsvariablen $X_n : \Omega \to E_n$ mit Werten in messbaren Räumen $(E_n, \mathcal{E}_n)$. Dann gilt

$$\mathbb{P}(A) \in \{0, 1\} \quad \text{für jedes } A \in \mathcal{T}.$$

▶ **Beweis** Es sei $n \in \mathbb{N}$ beliebig. Nach Lemma 7.50 sind die σ-Algebren $\mathcal{T}_{\geq n}$ und $\mathcal{T}_{<n} := \sigma(X_1, \ldots, X_{n-1})$ unabhängig. Also gilt

$$\mathbb{P}(A \cap B) = \mathbb{P}(A) \cdot \mathbb{P}(B) \quad \text{für alle } A \in \mathcal{T}_{\geq n} \quad \text{und} \quad B \in \mathcal{T}_{<n}.$$

Es folgt

$$\mathbb{P}(A \cap B) = \mathbb{P}(A) \cdot \mathbb{P}(B) \quad \text{für alle } A \in \bigcap_{n\in\mathbb{N}} \mathcal{T}_{\geq n} \quad \text{und} \quad B \in \bigcup_{n\in\mathbb{N}} \mathcal{T}_{<n}.$$

Das Mengensystem $\bigcup_{n\in\mathbb{N}} \mathcal{T}_{<n}$ ist $\cap$-stabil. Also sind nach Lemma 7.14 die σ-Algebren $\mathcal{T} = \bigcap_{n\in\mathbb{N}} \mathcal{T}_{\geq n}$ und $\sigma(\bigcup_{n\in\mathbb{N}} \mathcal{T}_{<n})$ unabhängig. Außerdem gilt

$$\mathcal{C}_2^{\mathbb{N}} \subset \bigcup_{n\in\mathbb{N}} \sigma(\mathcal{C}_2^{\{1,\ldots,n-1\}}),$$

so dass mit Lemma 7.49 und Satz 2.11 folgt

$$
\mathcal{T} = \bigcap_{n \in \mathbb{N}} \mathcal{T}_{\geq n} \subset \mathcal{T}_{\geq 1} = \sigma(X_n : n \in \mathbb{N}) = \sigma(\mathcal{C}_2^{\mathbb{N}}) \subset \sigma\left(\bigcup_{n \in \mathbb{N}} \sigma(\mathcal{C}_2^{\{1,\ldots,n-1\}})\right)
$$

$$
= \sigma\left(\bigcup_{n \in \mathbb{N}} \sigma(X_1, \ldots, X_{n-1})\right) = \sigma\left(\bigcup_{n \in \mathbb{N}} \mathcal{T}_{<n}\right).
$$

Also ergibt sich wir für jedes $A \in \mathcal{T}$ die Gleichheit $\mathbb{P}(A) = \mathbb{P}(A)^2$, und somit $\mathbb{P}(A) \in \{0, 1\}$.   q.e.d.

Aus dem Null-Eins-Gesetz von Kolmogorov erhalten wir das folgende Konvergenzverhalten des arithmetischen Mittels einer Folge von unabhängigen Zufallsvariablen.

Satz 7.53

Es sei $(X_n)_{n \in \mathbb{N}}$ eine Folge von unabhängigen, reellwertigen Zufallsvariablen $X_n : \Omega \to \mathbb{R}$. Wir setzen

$$
S_n := \frac{1}{n} \sum_{j=1}^{n} X_j \quad und \quad Y_n := \frac{S_n}{n} \quad für \ n \in \mathbb{N}.
$$

Dann gelten folgende Aussagen:
(a) *Es gilt $\mathbb{P}(Y_n \to \bullet) \in \{0, 1\}$.*
(b) *Ist $\mathbb{P}(Y_n \to \bullet) = 1$, dann gilt $\mathbb{P}(Y_n \to \mu) = 1$ für eine Konstante $\mu \in \mathbb{R}$.*

▶ **Beweis**

(a) Für jedes $k \in \mathbb{N}$ gelten die Zerlegungen

$$
Y_n = \frac{1}{n} \sum_{j=1}^{k-1} X_j + \frac{1}{n} \sum_{j=k}^{n} X_j \quad für \ n \geq k.
$$

Mit Lemma 7.49 erhalten wir

$$
\{Y_n \to \bullet\} = \left\{\left(\frac{1}{n} \sum_{j=k}^{n} X_j\right)_{n \geq k} \text{konvergiert}\right\}
$$

$$
= \left\{\left(\frac{1}{n} \sum_{j=k}^{n} X_j\right)_{n \geq k} \text{ist eine Cauchy-Folge}\right\}
$$

$$
= \bigcap_{l \in \mathbb{N}} \bigcup_{m \geq k} \bigcap_{n,p \geq m} \underbrace{\left\{\left|\frac{1}{n} \sum_{j=k}^{n} X_j - \frac{1}{p} \sum_{j=k}^{p} X_j\right| < \frac{1}{l}\right\}}_{\in \mathcal{T}_{\geq k}} \in \mathcal{T}_{\geq k}.
$$

Da $k \in \mathbb{N}$ beliebig gewesen ist, folgt

$$\{Y_n \to \bullet\} \in \bigcap_{k \in \mathbb{N}} \mathcal{T}_{\geq k} = \mathcal{T}.$$

Nun erhalten wir mit dem Null-Eins-Gesetz von Kolmogorov (Satz 7.52), dass $\mathbb{P}(Y_n \to \bullet) \in \{0, 1\}$.

(b) Es sei $c \in \mathbb{R}$ beliebig. Mit Lemma 7.49 erhalten wir für jedes $k \in \mathbb{N}$, dass

$$\{Y_n \to c\} = \left\{\frac{1}{n}\sum_{j=k}^{n} X_j \to c\right\}$$

$$= \bigcap_{l \in \mathbb{N}} \bigcup_{m \geq k} \bigcap_{n \geq m} \underbrace{\left\{\left|\frac{1}{n}\sum_{j=k}^{n} X_j - c\right| < \frac{1}{l}\right\}}_{\in \mathcal{T}_{\geq k}} \in \mathcal{T}_{\geq k}.$$

Da $k \in \mathbb{N}$ beliebig gewesen ist, folgt

$$\{Y_n \to c\} \in \bigcap_{k \in \mathbb{N}} \mathcal{T}_{\geq k} = \mathcal{T}.$$

Nun erhalten wir mit dem Null-Eins-Gesetz von Kolmogorov (Satz 7.52), dass $\mathbb{P}(Y_n \to c) \in \{0, 1\}$. Folglich gilt $\mathbb{P}(Y_n \to \mu) = 1$ für eine Konstante $\mu \in \mathbb{R}$. q.e.d.

Satz 7.53 ist bereits ein erster Hinweis auf die Gültigkeit des Gesetzes der großen Zahlen. Sind die Zufallsvariablen $(X_n)_{n \in \mathbb{N}}$ zusätzlich identisch verteilt und integrierbar, dann tritt die Situation aus Aussage (b) mit $\mu = \mathbb{E}[X_1]$ ein; dazu jedoch mehr in Kap. 11.

Transformationen von Zufallsvariablen mit Dichten

8

In diesem Kapitel werden wir untersuchen, wie sich die Dichten von absolutstetigen Zufallsvariablen unter Transformationen verändern. Wir werden hierbei zunächst den eindimensionalen und später den mehrdimensionalen Fall studieren. Unsere Ergebnisse werden von mehreren Beispielen begleitet.

8.1 Eindimensionale Verteilungen

In diesem Abschnitt werden wir Transformationen von eindimensionalen Zufallsvariablen mit Dichten untersuchen. Im Folgenden sei $(\Omega, \mathcal{F}, \mathbb{P})$ ein Wahrscheinlichkeitsraum. Wir werden gleich mit dem zentralen Resultat dieses Abschnittes beginnen. Bevor wir es in der allgemeinen Version präsentieren, soll es kurz anhand eines Spezialfalls erläutert werden.

Es seien $a, b \in \mathbb{R}$ reelle Zahlen mit $a < b$. Weiterhin seien $X : \Omega \to (a, b)$ eine Zufallsvariable mit Dichte $f_X : \mathbb{R} \to \mathbb{R}$ und $g : (a, b) \to \mathbb{R}$ eine streng monoton wachsende Funktion mit $g((a, b)) = \mathbb{R}$, so dass g und dessen Inverse $h : \mathbb{R} \to (a, b)$ stetig differenzierbar sind. Wir sind nun an der Verteilung der Zufallsvariablen $Y := g(X)$ interessiert und werden deren Verteilungsfunktion F_Y berechnen. Mit der Substitutionsregel (Satz A.23 aus Anhang A.2) erhalten wir für jedes $y \in \mathbb{R}$, dass

$$F_Y(y) = \mathbb{P}(Y \leq y) = \mathbb{P}(g(X) \leq y) = \lim_{z \to -\infty} \mathbb{P}(g(X) \in [z, y])$$

$$= \lim_{z \to -\infty} \mathbb{P}(X \in [h(z), h(y)]) = \lim_{z \to -\infty} \int_{h(z)}^{h(y)} f_X(x)dx$$

$$= \lim_{z \to -\infty} \int_z^y f_X(h(x))h'(x)dx = \int_{-\infty}^y f_X(h(x))h'(x)dx.$$

S. Tappe, *Einführung in die Wahrscheinlichkeitstheorie*,
DOI: 10.1007/978-3-642-37544-6_8, © Springer-Verlag Berlin Heidelberg 2013

Nach Satz 4.2 ist die Funktion

$$f_Y : \mathbb{R} \to \mathbb{R}, \quad f_Y(y) = f_X(h(y))h'(y)$$

eine Dichte der Zufallsvariablen Y. Der folgende Satz wird dieses Resultat nun deutlich verallgemeinern. Sprechen wir dabei von einem offenen Intervall $I \subset \mathbb{R}$, so meinen wir damit eine reelle Teilmenge der Form $I = (a, b)$ mit $-\infty \le a < b \le \infty$.

Satz 8.1

Es seien $I_1, \ldots, I_n \subset \mathbb{R}$ paarweise disjunkte, offene Intervalle. Wir setzen $I := I_1 \cup \ldots \cup I_n$. Es seien $X : \Omega \to I$ eine Zufallsvariable mit Dichte $f_X : \mathbb{R} \to \mathbb{R}$ und $g : I \to \mathbb{R}$ eine Funktion, so dass $g \in C^1(I_k)$ für jedes $k = 1, \ldots, n$ mit $g'(x) \ne 0$ für alle $x \in I_k$. Dann ist für jedes $k = 1, \ldots, n$ die Funktion $g_k := g|_{I_k} : I_k \to g(I_k)$ invertierbar, die Umkehrfunktion $h_k := g_k^{-1} : g(I_k) \to I_k$ ist stetig differenzierbar, und die Funktion

$$f_Y : \mathbb{R} \to \mathbb{R}, \quad f_Y(y) = \sum_{k=1}^{n} f_X(h_k(y))|h_k'(y)| \mathbb{1}_{g(I_k)}(y)$$

ist eine Dichte der Zufallsvariablen $Y := g(X)$.

▶ **Beweis** Nach dem Umkehrsatz für differenzierbare Funktionen einer Veränderlichen (hier sei beispielsweise auf [Heu09, Satz 47.3] verwiesen) folgt, dass für jedes $k = 1, \ldots, n$ die Funktion g_k invertierbar ist und dass die Umkehrfunktion h_k stetig differenzierbar ist. Wir berechnen nun die Verteilungsfunktion $F_Y : \mathbb{R} \to [0, 1]$ der Zufallsvariablen Y. Dazu sei $y \in \mathbb{R}$ beliebig. Mit der Substitutionsregel (Satz A.23 aus Anhang A.2) folgt, dass

$$F_Y(y) = \mathbb{P}(Y \le y) = \mathbb{P}(g(X) \le y) = \sum_{k=1}^{n} \mathbb{P}(g(X) \le y, X \in I_k)$$

$$= \sum_{k=1}^{n} \mathbb{P}(X \in h_k((-\infty, y] \cap g(I_k))) = \sum_{k=1}^{n} \int_{h_k((-\infty, y] \cap g(I_k))} f_X(x)dx$$

$$= \sum_{k=1}^{n} \int_{-\infty}^{y} f_X(h_k(x))|h_k'(x)| \mathbb{1}_{g(I_k)}(x)dx = \int_{-\infty}^{y} f_Y(x)dx.$$

Nach Satz 4.5 ist die Funktion f_Y eine Dichte der Zufallsvariablen Y.   q.e.d.

Nun können wir leicht berechnen, wie sich die Dichte einer Zufallsvariablen unter affinen Transformationen ändert:

> **Korollar 8.2**
>
> *Es seien X eine Zufallsvariable mit Dichte f_X und $a, b \in \mathbb{R}$ reelle Zahlen mit $a \neq 0$. Dann ist die Funktion*
>
> $$f_Y : \mathbb{R} \to \mathbb{R}, \quad f_Y(y) = \frac{1}{|a|} f_X\left(\frac{y-b}{a}\right)$$
>
> *eine Dichte der Zufallsvariablen $Y := aX + b$.*

▶ **Beweis** Hierzu geben wir zwei unterschiedliche Beweise an; in Teil (a) einen elementaren, in dem wir die Verteilungsfunktion von Y berechnen, und in Teil (b) einen zweiten, in dem wir auf den soeben bewiesenen Satz 8.1 zurückgreifen.

(a) Der Einfachheit halber nehmen wir an, dass $a > 0$. Wir berechnen nun die Verteilungsfunktion $F_Y : \mathbb{R} \to [0, 1]$ der Zufallsvariablen Y. Für die Funktion

$$\varphi : \mathbb{R} \to \mathbb{R}, \quad \varphi(y) := \frac{y-b}{a}$$

gilt $\varphi'(y) = \frac{1}{a}$. Es sei $y \in \mathbb{R}$ beliebig. Mit der Substitutionsregel (Satz A.23 aus Anhang A.2) folgt, dass

$$F_Y(y) = \mathbb{P}(Y \leq y) = \mathbb{P}(aX + b \leq y) = \mathbb{P}\left(X \leq \frac{y-b}{a}\right) = F_X\left(\frac{y-b}{a}\right)$$

$$= \int_{-\infty}^{(y-b)/a} f_X(x)dx = \int_{-\infty}^{y} \frac{1}{|a|} f_X\left(\frac{\eta-b}{a}\right) d\eta = \int_{-\infty}^{y} f_Y(\eta)d\eta.$$

Nach Satz 4.5 ist die Funktion f_Y eine Dichte der Zufallsvariablen Y.

(b) Die Funktion

$$g : \mathbb{R} \to \mathbb{R}, \quad g(x) = ax + b$$

hat die Umkehrfunktion

$$h : \mathbb{R} \to \mathbb{R}, \quad h(y) = \frac{y-b}{a}$$

mit Ableitung $h'(y) = \frac{1}{a}$. Nach Satz 8.1 ist die Funktion $f_Y : \mathbb{R} \to \mathbb{R}$ gegeben durch

$$f_Y(y) = f_X(h(y))|h'(y)| \mathbb{1}_{g(\mathbb{R})}(y) = \frac{1}{|a|} f_X\left(\frac{y-b}{a}\right)$$

eine Dichte der Zufallsvariablen Y.   q.e.d.

Wir werden unsere beiden Resultate nun an einigen Beispielen illustrieren.

▶ **Beispiel 53**   Es seien $X \sim UC(-1, 1)$ eine gleichverteilte Zufallsvariable und $a, b \in \mathbb{R}$ Konstanten mit $a < b$. Für die neue Zufallsvariable $Y := \frac{b-a}{2}X + \frac{a+b}{2}$ gilt dann $Y \sim UC(a, b)$.

▶ **Beweis**   Die Zufallsvariable X hat die Dichte $f_X = \frac{1}{2}\mathbb{1}_{(-1,1)}$. Nach Korollar 8.2 ist die Funktion $f_Y : \mathbb{R} \to \mathbb{R}$ gegeben durch

$$
f_Y(y) = \frac{2}{b-a}f_X\left(\frac{2}{b-a}y - \frac{a+b}{b-a}\right) = \frac{1}{b-a}\mathbb{1}_{(-1,1)}\left(\frac{2}{b-a}y - \frac{a+b}{b-a}\right)
$$

$$
= \frac{1}{b-a}\mathbb{1}_{(a,b)}(y)
$$

eine Dichte der Zufallsvariablen Y. Folglich gilt $Y \sim UC(a, b)$.   q.e.d.

Als Anwendung können wir leicht den Erwartungswert und die Varianz einer gleichverteilten Zufallsvariablen berechnen.

Korollar 8.3

Für eine gleichverteilte Zufallsvariable $Y \sim UC(a, b)$ gilt

$$
\mathbb{E}[Y] = \frac{a+b}{2} \quad und \quad \mathrm{Var}[Y] = \frac{(b-a)^2}{12}.
$$

▶ **Beweis**   Für eine gleichverteilte Zufallsvariable $X \sim UC(-1, 1)$ gilt nach Beispiel 32, dass

$$
\mathbb{E}[X] = 0 \quad und \quad \mathrm{Var}[X] = \frac{1}{3}.
$$

Für $Y := \frac{b-a}{2}X + \frac{a+b}{2}$ gilt nach Beispiel 53, dass $Y \sim UC(a, b)$. Mit der Linearität des Erwartungswertes (Satz 6.50) und Satz 6.67 folgt

$$
\mathbb{E}[Y] = \mathbb{E}\left[\frac{b-a}{2}X + \frac{a+b}{2}\right] = \frac{b-a}{2}\mathbb{E}[X] + \frac{a+b}{2} = \frac{a+b}{2},
$$

$$
\mathrm{Var}[Y] = \mathrm{Var}\left[\frac{b-a}{2}X + \frac{a+b}{2}\right] = \left(\frac{b-a}{2}\right)^2\mathrm{Var}[X] = \frac{(b-a)^2}{4} \cdot \frac{1}{3} = \frac{(b-a)^2}{12},
$$

womit die behaupteten Identitäten bewiesen sind.   q.e.d.

▶ **Beispiel 54**   Es sei $X \sim \Delta(-1, 1)$ eine dreiecksverteilte Zufallsvariable, und es seien $a, b \in \mathbb{R}$ mit $a < b$. Für die neue Zufallsvariable $Y := \frac{b-a}{2}X + \frac{a+b}{2}$ gilt dann $Y \sim \Delta(a, b)$.

▶ **Beweis**   Die Funktion

$$
f_X : \mathbb{R} \to \mathbb{R}, \quad f_X(x) = (1+x)\mathbb{1}_{(-1,0)}(x) + (1-x)\mathbb{1}_{(0,1)}(x)
$$

ist eine Dichte der Zufallsvariablen X. Nach Korollar 8.2 ist die Funktion $f_Y : \mathbb{R} \to \mathbb{R}$ gegeben durch

$$
\begin{aligned}
f_Y(y) &= \frac{2}{b-a} f_X\left(\frac{2}{b-a}y - \frac{a+b}{b-a}\right) \\
&= \frac{2}{b-a}\left(1 + \frac{2}{b-a}y - \frac{a+b}{b-a}\right)\mathbb{1}_{(-1,0)}\left(\frac{2}{b-a}y - \frac{a+b}{b-a}\right) \\
&\quad + \frac{2}{b-a}\left(1 - \frac{2}{b-a}y + \frac{a+b}{b-a}\right)\mathbb{1}_{(0,1)}\left(\frac{2}{b-a}y - \frac{a+b}{b-a}\right) \\
&= \frac{4(y-a)}{(b-a)^2}\mathbb{1}_{(a,\frac{a+b}{2})}(y) + \frac{4(b-y)}{(b-a)^2}\mathbb{1}_{(\frac{a+b}{2},b)}(y)
\end{aligned}
$$

eine Dichte der Zufallsvariablen Y. Folglich gilt $Y \sim \Delta(a, b)$.   q.e.d.

▶ **Beispiel 55** Es seien $X \sim \Gamma(\alpha, 1)$ eine Standard-gammaverteilte Zufallsvariable und $\lambda > 0$ eine Konstante. Für die neue Zufallsvariable $Y := \frac{X}{\lambda}$ gilt dann $Y \sim \Gamma(\alpha, \lambda)$.

▶ **Beweis** Die Zufallsvariable X hat die Dichte

$$
f_X : \mathbb{R} \to \mathbb{R}, \quad f_X(x) = \frac{1}{\Gamma(\alpha)}x^{\alpha-1}e^{-x}\mathbb{1}_{(0,\infty)}(x).
$$

Nach Korollar 8.2 ist die Funktion $f_Y : \mathbb{R} \to \mathbb{R}$ gegeben durch

$$
f_Y(y) = \lambda f_X(\lambda y) = \frac{\lambda^\alpha}{\Gamma(\alpha)}y^{\alpha-1}e^{-\lambda y}\mathbb{1}_{(0,\infty)}(y)
$$

eine Dichte der Zufallsvariablen Y. Folglich gilt $Y \sim \Gamma(\alpha, \lambda)$.   q.e.d.

Als Anwendung können wir leicht den Erwartungswert und die Varianz einer gammaverteilten Zufallsvariablen berechnen.

Korollar 8.4

Für eine gammaverteilte Zufallsvariable $Y \sim \Gamma(\alpha, \lambda)$ gilt

$$
\mathbb{E}[Y] = \frac{\alpha}{\lambda} \quad und \quad \mathrm{Var}[Y] = \frac{\alpha}{\lambda^2}.
$$

▶ **Beweis** Für eine Standard-gammaverteilte Zufallsvariable $X \sim \Gamma(\alpha, 1)$ gilt nach Beispiel 33, dass

$$
\mathbb{E}[X] = \alpha \quad und \quad \mathrm{Var}[X] = \alpha.
$$

Für $Y := \frac{X}{\lambda}$ gilt nach Beispiel 55, dass $Y \sim \Gamma(\alpha, \lambda)$. Mit der Linearität des Erwartungswertes (Satz 6.50) und Satz 6.67 folgt

$$\mathbb{E}[Y] = \mathbb{E}\left[\frac{X}{\lambda}\right] = \frac{1}{\lambda}\mathbb{E}[X] = \frac{\alpha}{\lambda},$$

$$\mathrm{Var}[Y] = \mathrm{Var}\left[\frac{X}{\lambda}\right] = \frac{1}{\lambda^2}\mathrm{Var}[X] = \frac{\alpha}{\lambda^2},$$

womit die behaupteten Identitäten bewiesen sind.   q.e.d.

Insbesondere erhalten wir:

Korollar 8.5
Für eine exponentialverteilte Zufallsvariable $Y \sim \mathrm{Exp}(\lambda)$ gilt

$$\mathbb{E}[Y] = \frac{1}{\lambda} \quad und \quad \mathrm{Var}[Y] = \frac{1}{\lambda^2}.$$

▶ **Beweis** Da $\mathrm{Exp}(\lambda) = \Gamma(1, \lambda)$, ist dies eine unmittelbare Folgerung aus Korollar 8.4.

q.e.d.

Affine Transformationen einer standardnormalverteilten Zufallsvariablen sind wieder normalverteilt, wie das folgende Beispiel belegt.

▶ **Beispiel 56** Es seien $X \sim \mathrm{N}(0, 1)$ eine standardnormalverteilte Zufallsvariable und $\mu \in \mathbb{R}, \sigma^2 > 0$ Konstanten. Für die neue Zufallsvariable $Y := \sigma X + \mu$ gilt dann $Y \sim \mathrm{N}(\mu, \sigma^2)$.

▶ **Beweis** Die Zufallsvariable X hat die Dichte

$$f_X : \mathbb{R} \to \mathbb{R}, \quad f_X(x) = \frac{1}{\sqrt{2\pi}} \exp\left(-\frac{x^2}{2}\right).$$

Nach Korollar 8.2 ist die Funktion $f_Y : \mathbb{R} \to \mathbb{R}$ gegeben durch

$$f_Y(y) = \frac{1}{\sigma}f_X\left(\frac{y - \mu}{\sigma}\right) = \frac{1}{\sqrt{2\pi\sigma^2}} \exp\left(-\frac{(y - \mu)^2}{2\sigma^2}\right)$$

eine Dichte der Zufallsvariablen Y. Folglich gilt $Y \sim \mathrm{N}(\mu, \sigma^2)$.   q.e.d.

Insbesondere ist für eine normalverteilte Zufallsvariable $X \sim \mathrm{N}(\mu, \sigma^2)$ die neue Zufallsvariable $Y := \frac{X-\mu}{\sigma}$ standardnormalverteilt, das heißt, es gilt $Y \sim \mathrm{N}(0, 1)$.

Als Anwendung können wir leicht den Erwartungswert und die Varianz einer normalverteilten Zufallsvariablen berechnen.

Korollar 8.6

Für eine normalverteilte Zufallsvariable $Y \sim N(\mu, \sigma^2)$ gilt

$$\mathbb{E}[Y] = \mu \quad und \quad \mathrm{Var}[Y] = \sigma^2.$$

▶ **Beweis** Für eine standardnormalverteilte Zufallsvariable $X \sim N(0, 1)$ gilt nach Beispiel 34, dass

$$\mathbb{E}[X] = 0 \quad und \quad \mathrm{Var}[X] = 1.$$

Für $Y := \sigma X + \mu$ gilt nach Beispiel 56, dass $Y \sim N(\mu, \sigma^2)$. Mit der Linearität des Erwartungswertes (Satz 6.50) und Satz 6.67 folgt

$$\mathbb{E}[Y] = \mathbb{E}[\sigma X + \mu] = \sigma \mathbb{E}[X] + \mu = \mu,$$
$$\mathrm{Var}[Y] = \mathrm{Var}[\sigma X + \mu] = \sigma^2 \mathrm{Var}[X] = \sigma^2,$$

womit die behaupteten Identitäten bewiesen sind. q.e.d.

Das nächste Beispiel erklärt die in Definition 4.11 eingeführte Bezeichung *logarithmische Normalverteilung*.

▶ **Beispiel 57** Es sei $X \sim LN(\mu, \sigma^2)$ eine logarithmisch normalverteilte Zufallsvariable. Für die neue Zufallsvariable $Y := \ln X$ gilt dann $Y \sim N(\mu, \sigma^2)$.

▶ **Beweis** Die Zufallsvariable X hat die Dichte

$$f_X : \mathbb{R} \to \mathbb{R}, \quad f_X(x) = \frac{1}{x} f(\ln x) \mathbb{1}_{(0,\infty)}(x),$$

wobei f die Dichte der Normalverteilung $N(\mu, \sigma^2)$ bezeichnet. Die Funktion

$$g : (0, \infty) \to \mathbb{R}, \quad g(x) = \ln x$$

hat die Umkehrfunktion

$$h : \mathbb{R} \to (0, \infty), \quad h(y) = e^y$$

mit Ableitung $h'(y) = e^y$. Nach Satz 8.1 ist die Funktion $f_Y : \mathbb{R} \to \mathbb{R}$ gegeben durch

$$f_Y(y) = f_X(h(y))|h'(y)| \mathbb{1}_{g(\mathbb{R})}(y) = \frac{1}{e^y} f(y) e^y = f(y)$$

eine Dichte der Zufallsvariablen Y. Folglich gilt $Y \sim N(\mu, \sigma^2)$. q.e.d.

Affine Transformationen einer Standard-Laplace-verteilten Zufallsvariablen sind wieder Laplace-verteilt, wie das folgende Beispiel belegt.

▶ **Beispiel 58** Es seien $X \sim Lap(0, 1)$ eine Standard-Laplace-verteilte Zufallsvariable und $\mu \in \mathbb{R}, \lambda > 0$ Konstanten. Für die neue Zufallsvariable $Y := \frac{X}{\lambda} + \mu$ gilt dann $Y \sim Lap(\mu, \lambda)$.

▶ **Beweis** Die Zufallsvariable X hat die Dichte

$$f_X : \mathbb{R} \to \mathbb{R}, \quad f_X(x) = \frac{1}{2}e^{-|x|}.$$

Nach Korollar 8.2 ist die Funktion $f_Y : \mathbb{R} \to \mathbb{R}$ gegeben durch

$$f_Y(y) = \lambda f_X(\lambda(y - \mu)) = \frac{\lambda}{2}e^{-\lambda|y-\mu|}$$

eine Dichte der Zufallsvariablen Y. Folglich gilt $Y \sim \text{Lap}(\mu, \lambda)$.   q.e.d.

Affine Transformationen einer Standard-Cauchy-verteilten Zufallsvariablen sind wieder Cauchy-verteilt, wie das folgende Beispiel belegt.

▶ **Beispiel 59** Es seien $X \sim \text{Cau}(0, 1)$ eine Standard-Cauchy-verteilte Zufallsvariable und $\mu \in \mathbb{R}, \lambda > 0$ Konstanten. Für die neue Zufallsvariable $Y := \lambda X + \mu$ gilt dann $Y \sim \text{Cau}(\mu, \lambda)$.

▶ **Beweis** Die Zufallsvariable X hat die Dichte

$$f_X : \mathbb{R} \to \mathbb{R}, \quad f_X(x) = \frac{1}{\pi} \cdot \frac{1}{1 + x^2}.$$

Nach Korollar 8.2 ist die Funktion $f_Y : \mathbb{R} \to \mathbb{R}$ gegeben durch

$$f_Y(y) = \frac{1}{\lambda}f_X\left(\frac{y - \mu}{\lambda}\right) = \frac{1}{\lambda\pi} \cdot \frac{1}{1 + (\frac{y-\mu}{\lambda})^2}$$

eine Dichte der Zufallsvariablen Y. Folglich gilt $Y \sim \text{Cau}(\mu, \lambda)$.   q.e.d.

▶ **Beispiel 60** Es seien $X \sim \text{UC}(0, 1)$ eine gleichverteilte Zufallsvariable und $\lambda > 0$ eine Konstante. Für die neue Zufallsvariable $Y := -\frac{1}{\lambda}\ln X$ gilt dann $Y \sim \text{Exp}(\lambda)$.

▶ **Beweis** Die Funktion $f_X = \mathbb{1}_{(0,1)}$ ist eine Dichte der Zufallsvariablen X. Die Funktion

$$g : (0, \infty) \to \mathbb{R}, \quad g(x) = -\frac{1}{\lambda}\ln x$$

hat die Umkehrfunktion

$$h : \mathbb{R} \to (0, \infty), \quad h(y) = e^{-\lambda y}$$

mit Ableitung $h'(y) = -\lambda e^{-\lambda y}$. Nach Satz 8.1 ist die Funktion $f_Y : \mathbb{R} \to \mathbb{R}$ gegeben durch

$$f_Y(y) = f_X(h(y))|h'(y)|\mathbb{1}_{g((0,\infty))}(y) = \mathbb{1}_{(0,1)}(e^{-\lambda y})\lambda e^{-\lambda y} = \lambda e^{-\lambda y}\mathbb{1}_{(0,\infty)}(y)$$

eine Dichte der Zufallsvariablen Y. Folglich gilt $Y \sim \text{Exp}(\lambda)$.   q.e.d.

▶ **Beispiel 61** Es sei $X \sim N(0, 1)$ eine standardnormalverteilte Zufallsvariable. Für die neue Zufallsvariable $Y := X^2$ gilt dann $Y \sim \chi_1^2$, das heißt, Y hat eine Chi-Quadrat-Verteilung mit einem Freiheitsgrad.

▶ **Beweis** Die Zufallsvariable X hat die Dichte

$$f_X : \mathbb{R} \to \mathbb{R}, \quad f_X(x) = \frac{1}{\sqrt{2\pi}} \exp\left(-\frac{x^2}{2}\right).$$

Die Funktionen

$$g_1 : (0, \infty) \to (0, \infty), \quad g_1(x) = x^2,$$
$$g_2 : (-\infty, 0) \to (0, \infty), \quad g_2(x) = x^2$$

haben die Umkehrfunktionen

$$h_1 : (0, \infty) \to (0, \infty), \quad h_1(y) = \sqrt{y},$$
$$h_2 : (0, \infty) \to (-\infty, 0), \quad h_2(y) = -\sqrt{y},$$

mit den Ableitungen

$$h_1'(y) = \frac{1}{2\sqrt{y}} \quad \text{und} \quad h_2'(y) = -\frac{1}{2\sqrt{y}}.$$

Nach Satz 8.1 ist die Funktion $f_Y : \mathbb{R} \to \mathbb{R}$ gegeben durch

$$f_Y(y) = f_X(h_1(y))|h_1'(y)| \mathbb{1}_{g((0,\infty))}(y) + f_X(h_2(y))|h_2'(y)| \mathbb{1}_{g((-\infty,0))}(y)$$
$$= \frac{1}{\sqrt{2\pi}} \exp\left(-\frac{y}{2}\right) \frac{1}{2\sqrt{y}} \mathbb{1}_{(0,\infty)}(y) + \frac{1}{\sqrt{2\pi}} \exp\left(-\frac{y}{2}\right) \frac{1}{2\sqrt{y}} \mathbb{1}_{(0,\infty)}(y)$$
$$= \frac{1}{\sqrt{2\pi y}} \exp\left(-\frac{y}{2}\right) \mathbb{1}_{(0,\infty)}(y)$$

eine Dichte der Zufallsvariablen Y. Nach Satz A.25 aus Anhang A.2 gilt außerdem $\Gamma(\frac{1}{2}) = \sqrt{\pi}$, und somit folgt $Y \sim \Gamma(\frac{1}{2}, \frac{1}{2}) = \chi_1^2$.   q.e.d.

8.2   Mehrdimensionale Verteilungen

In diesem Abschnitt werden wir Transformationen von mehrdimensionalen Zufallsvariablen mit Dichten untersuchen. Im Folgenden sei $(\Omega, \mathcal{F}, \mathbb{P})$ ein Wahrscheinlichkeitsraum. Wir beginnen gleich mit dem zentralen Resultat dieses Abschnittes. Zu dessen Formulierung erinnern wir an den Begriff der Jacobi-Matrix. Es seien $U \subset \mathbb{R}^n$ eine offene Menge und $f : U \to \mathbb{R}^m$ eine differenzierbare Funktion. Dann ist die *Jacobi-Matrix* von f in einem Punkte $x \in U$ gegeben durch

$$J_f(x) := \begin{pmatrix} \frac{\partial f_1(x)}{\partial x_1} & \cdots & \frac{\partial f_1(x)}{\partial x_n} \\ \vdots & \ddots & \vdots \\ \frac{\partial f_m(x)}{\partial x_1} & \cdots & \frac{\partial f_m(x)}{\partial x_n} \end{pmatrix}.$$

Satz 8.7

Es seien $S_1, \ldots, S_m \subset \mathbb{R}^n$ offene, paarweise disjunkte Mengen. Wir setzen $S := S_1 \cup \ldots \cup S_m$. Es seien $X : \Omega \to S$ eine Zufallsvariable mit Dichte $f_X : \mathbb{R}^n \to \mathbb{R}$ und $g : S \to \mathbb{R}^n$ eine Funktion, so dass $g_k := g|_{S_k} : S_k \to g(S_k)$ injektiv ist mit $g \in C^1(S_k)$ für jedes $k = 1, \ldots, m$, und es gilt $\det J_g(x) \neq 0$ für alle $x \in S_k$. Dann ist für jedes $k = 1, \ldots, m$ die Umkehrfunktion $h_k := g_k^{-1} : g(S_k) \to S_k$ stetig differenzierbar, und die Funktion

$$f_Y : \mathbb{R}^n \to \mathbb{R}, \quad f_Y(y) = \sum_{k=1}^m f_X(h_k(y)) |\det J_{h_k}(y)| \mathbb{1}_{g(S_k)}(y)$$

ist eine Dichte der Zufallsvariablen $Y = g(X)$.

▶ **Beweis** Nach dem Umkehrsatz für differenzierbare Funktionen mehrerer Veränderlicher (hier sei beispielsweise auf [Heu08, Satz 171.1] verwiesen) folgt, dass für jedes $k = 1, \ldots, m$ die Umkehrfunktion h_k stetig differenzierbar ist. Mit der Substitutionsregel (Satz A.28 aus Anhang A.3) folgt für jede Jordan-messbare Menge $B \in \mathcal{B}(\mathbb{R}^n)$ – hier sei auf Anhang A.3 verwiesen –, dass

$$\mathbb{P}(Y \in B) = \mathbb{P}(g(X) \in B) = \sum_{k=1}^m \mathbb{P}(g(X) \in B, X \in I_k)$$

$$= \sum_{k=1}^m \mathbb{P}(X \in h_k(B \cap g(S_k))) = \sum_{k=1}^m \int_{h_k(B \cap g(S_k))} f_X(x) dx$$

$$= \sum_{k=1}^m \int_B f_X(h_k(x)) |\det J_{h_k}(x)| \mathbb{1}_{g(S_k)}(x) dx = \int_B f_Y(x) dx.$$

Mit Satz 6.90 folgt, dass f_Y eine Dichte der Zufallsvariablen Y ist.

Korollar 8.8

Es sei X eine $\mathbb{R}^n$-wertige Zufallsvariable mit Dichte f_X. Weiterhin seien $A \in \mathbb{R}^{n \times n}$ eine invertierbare Matrix und $b \in \mathbb{R}^n$ ein Vektor. Dann ist die Funktion

$$f_Y : \mathbb{R}^n \to \mathbb{R}, \quad f_Y(y) = \frac{1}{|\det A|} f_X(A^{-1}(y - b))$$

eine Dichte der Zufallsvariablen $Y := AX + b$.

▶ **Beweis** Die Funktion

$$g : \mathbb{R}^n \to \mathbb{R}^n, \quad g(x) = Ax + b$$

hat die Umkehrfunktion

$$h : \mathbb{R}^n \to \mathbb{R}^n, \quad h(y) = A^{-1}(y - b)$$

und Jacobi-Matrix $J_h = A^{-1}$. Nach Satz 8.7 ist die Funktion $f_Y : \mathbb{R}^n \to \mathbb{R}$ gegeben durch

$$f_Y(y) = f_X(h(y)) |\det J_h(y)| \mathbb{1}_{g(\mathbb{R}^n)}(y) = \frac{1}{|\det A|} f_X(A^{-1}(y - b))$$

eine Dichte der Zufallsvariablen Y. q.e.d.

Wir werden unsere beiden vorangegangen Resultate nun an einigen Beispielen illustrieren.

▶ **Beispiel 62** Es seien $X, Y \sim N(0, 1)$ unabhängige, standardnormalverteilte Zufallsvariablen und $(Z, W) := (X + Y, X - Y)$. Dann sind $Z, W \sim N(0, 2)$ unabhängige, normalverteilte Zufallsvariablen.

▶ **Beweis** Nach Satz 7.44 ist die Funktion $f_{(X,Y)} : \mathbb{R}^2 \to \mathbb{R}$ gegeben durch

$$f_{(X,Y)}(x, y) = f_X(x) \cdot f_Y(y) = \frac{1}{\sqrt{2\pi}} \exp\left(-\frac{x^2}{2}\right) \cdot \frac{1}{\sqrt{2\pi}} \exp\left(-\frac{y^2}{2}\right)$$

eine Dichte des Zufallsvektors (X, Y). Es gilt $(Z, W)^\top = A \cdot (X, Y)^\top$, wobei die Matrix $A \in \mathbb{R}^{2\times 2}$ gegeben ist durch

$$A = \begin{pmatrix} 1 & 1 \\ 1 & -1 \end{pmatrix}.$$

Es gilt $\det A = -2$ und

$$A^{-1} = \frac{1}{2} \begin{pmatrix} 1 & 1 \\ 1 & -1 \end{pmatrix}.$$

Nach Korollar 8.8 ist die Funktion $f_{(Z,W)} : \mathbb{R}^2 \to \mathbb{R}$ gegeben durch

$$f_{(Z,W)}(z, w) = \frac{1}{|\det A|} f_{(X,Y)}(A^{-1}(z, w)^\top) = \frac{1}{2} f_{(X,Y)}\left(\frac{z + w}{2}, \frac{z - w}{2}\right)$$

$$= \frac{1}{2} \cdot \frac{1}{\sqrt{2\pi}} \exp\left(-\frac{1}{2}\left(\frac{z + w}{2}\right)^2\right) \cdot \frac{1}{\sqrt{2\pi}} \exp\left(-\frac{1}{2}\left(\frac{z - w}{2}\right)^2\right)$$

$$= \frac{1}{\sqrt{4\pi}} \exp\left(-\frac{z^2}{4}\right) \cdot \frac{1}{\sqrt{4\pi}} \exp\left(-\frac{w^2}{4}\right)$$

eine Dichte des Zufallsvektors (Z, W). Mit Satz 7.44 folgt, dass die Zufallsvariablen $Z, W \sim$ N(0, 2) unabhängig sind.   q.e.d.

▶ **Beispiel 63** Es seien $X \sim$ UC$(-1, 1)$ und $Y \sim$ UC$(0, 1)$ unabhängige, gleichverteilte Zufallsvariablen. Wir setzen

$$
(Z, W) := \begin{cases} (X, Y), & \text{falls } Y \le 1 - |X|, \\ (1 - Y, 1 - X), & \text{falls } Y > 1 - |X| \text{ und } X \ge 0, \\ (Y - 1, 1 + X), & \text{falls } Y > 1 - |X| \text{ und } X < 0. \end{cases}
$$

Dann hat der Zufallsvektor $(Z, W) \sim$ UC(Δ) die Gleichverteilung aus Beispiel 52.

▶ **Beweis** Nach Satz 7.44 ist die Funktion $f_{(X,Y)} = \frac{1}{2} \mathbb{1}_{(-1,1) \times (0,1)}$ eine Dichte des Zufallsvektors (X, Y). Wir definieren die Mengen $\Delta_+, \Delta_-, \Gamma_+, \Gamma_- \subset \mathbb{R}^2$ durch

$$
\Delta_+ := ([0, 1] \times [0, 1]) \cap \Delta, \quad \Delta_- := ([-1, 0] \times [0, 1]) \cap \Delta,
$$

$$
\Gamma_+ := ([0, 1] \times [0, 1]) \setminus \Delta, \quad \Gamma_- := ([-1, 0] \times [0, 1]) \setminus \Delta.
$$

Im Folgenden bezeichnen wir mit Int M das in Anhang A.4 definierte Innere einer Menge M. Die Funktionen

$$
g_1 : \text{Int } \Delta \to \text{Int } \Delta, \quad g_1(x, y) = (x, y),
$$

$$
g_2 : \text{Int } \Gamma_+ \to \text{Int } \Delta_+, \quad g_2(x, y) = (1 - y, 1 - x),
$$

$$
g_3 : \text{Int } \Gamma_- \to \text{Int } \Delta_-, \quad g_3(x, y) = (y - 1, 1 + x)
$$

haben die Umkehrfunktionen

$$
h_1 : \text{Int } \Delta \to \text{Int } \Delta, \quad h_1(z, w) = (z, w),
$$

$$
h_2 : \text{Int } \Delta_+ \to \text{Int } \Gamma_+, \quad h_2(z, w) = (1 - w, 1 - z),
$$

$$
h_3 : \text{Int } \Delta_- \to \text{Int } \Gamma_-, \quad h_3(z, w) = (w - 1, 1 + z)
$$

mit Jacobi-Matrizen

$$
J_{h_1} = \begin{pmatrix} 1 & 0 \\ 0 & 1 \end{pmatrix}, \quad J_{h_2} = \begin{pmatrix} 0 & -1 \\ -1 & 0 \end{pmatrix}, \quad J_{h_3} = \begin{pmatrix} 0 & 1 \\ 1 & 0 \end{pmatrix}
$$

und Funktionaldeterminanten $\det J_{h_1} = 1$, $\det J_{h_2} = \det J_{h_3} = -1$. Nach Satz 8.7 ist die Funktion $f_{(Z,W)} : \mathbb{R}^2 \to \mathbb{R}$ gegeben durch

$$f_{(Z,W)}(z,w) = f_{(X,Y)}(h_1(z,w))|\det J_{h_1}(z,w)|\mathbb{1}_{g_1(\mathrm{Int}\,\Delta)}(z,w)$$

$$+ f_{(X,Y)}(h_2(z,w))|\det J_{h_2}(z,w)|\mathbb{1}_{g_2(\mathrm{Int}\,\Gamma_+)}(z,w)$$

$$+ f_{(X,Y)}(h_3(z,w))|\det J_{h_3}(z,w)|\mathbb{1}_{g_3(\mathrm{Int}\,\Gamma_-)}(z,w)$$

$$= \frac{1}{2}\mathbb{1}_{(-1,1)\times(0,1)}(z,w)\mathbb{1}_{\mathrm{Int}\,\Delta}(z,w)$$

$$+ \frac{1}{2}\mathbb{1}_{(-1,1)\times(0,1)}(1-w,1-z)\mathbb{1}_{\mathrm{Int}\,\Delta_+}(z,w)$$

$$+ \frac{1}{2}\mathbb{1}_{(-1,1)\times(0,1)}(w-1,1+z)\mathbb{1}_{\mathrm{Int}\,\Delta_-}(z,w)$$

eine Dichte des Zufallsvektors (Z,W). Folglich ist die Funktion $\mathbb{1}_\Delta(z,w)$ ebenfalls eine Dichte von (Z,W), und somit gilt $(Z,W)\sim \mathrm{UC}(\Delta)$.   q.e.d.

Satz 8.9

Es sei (X,Y) ein $\mathbb{R}^2$-wertiger Zufallsvektor mit Dichte $f_{(X,Y)}$. Dann ist die Funktion

$$f_Z : \mathbb{R}\to\mathbb{R},\quad f_Z(z) = \int_{\mathbb{R}} f_{(X,Y)}(z-w,w)\,dw = \int_{\mathbb{R}} f_{(X,Y)}(w,z-w)\,dw$$

eine Dichte der Zufallsvariablen $Z := X + Y$.

▶ **Beweis** Es gilt $(X+Y,Y)^\top = A\cdot(X,Y)^\top$, wobei $A\in\mathbb{R}^{2\times2}$ die Matrix

$$A = \begin{pmatrix} 1 & 1 \\ 0 & 1 \end{pmatrix}$$

bezeichnet. Es gilt $\det A = 1$ und

$$A^{-1} = \begin{pmatrix} 1 & -1 \\ 0 & 1 \end{pmatrix}.$$

Nach Korollar 8.8 ist die Funktion $f_{(Z,W)} : \mathbb{R}^2\to\mathbb{R}$ gegeben durch

$$f_{(Z,W)}(z,w) = \frac{1}{|\det A|}f_{(X,Y)}(A^{-1}(z,w)^\top) = f_{(X,Y)}(z-w,w)$$

eine Dichte des Zufallsvektors $(Z,W) = (X+Y,Y)$. Nach Satz 7.43 ist die Funktion $f_Z : \mathbb{R}\to\mathbb{R}$ gegeben durch

$$f_Z(z) = \int_{\mathbb{R}} f_{(Z,W)}(z,w)\,dw = \int_{\mathbb{R}} f_{(X,Y)}(z-w,w)\,dw$$

eine Dichte der Zufallsvariablen Z. Eine einfache Substitution zeigt, dass die beiden Integrale in der Definition von f_Z übereinstimmen, was den Beweis beendet.

Bemerkung 8.10 *Sind die Zufallsvariablen X und Y unabhängig, so ist nach den Sätzen 8.9 und 7.44 die Funktion*

$$f_Z : \mathbb{R} \to \mathbb{R}, \quad f_Z(z) = \int_\mathbb{R} f_X(z-y)f_Y(y)dy = \int_\mathbb{R} f_X(x)f_Y(z-x)dx$$

eine Dichte der Zufallsvariablen $Z := X + Y$. In diesem Fall ist die Verteilung von Z die sogenannte Faltung $\mathbb{P}^Z = \mathbb{P}^X * \mathbb{P}^Y$, auf die wir in Abschn. 9.3 noch näher zu sprechen kommen werden.

▶ **Beispiel 64** Es seien $X, Y \sim \mathrm{UC}(-\frac{1}{2}, \frac{1}{2})$ unabhängige, gleichverteilte Zufallsvariablen. Für die Summe $Z := X + Y$ gilt dann $Z \sim \Delta(-1, 1)$.

▶ **Beweis** Nach Satz 7.44 ist die Funktion $f_{(X,Y)} = \mathbb{1}_{(-\frac{1}{2},\frac{1}{2}) \times (-\frac{1}{2},\frac{1}{2})}$ eine Dichte des Zufallsvektors (X, Y). Eine Anwendung von Satz 8.9 ergibt, dass die Funktion $f_Z : \mathbb{R} \to \mathbb{R}$ gegeben durch

$$f_Z(z) = \int_\mathbb{R} f_{(X,Y)}(w, z-w)dw = \int_\mathbb{R} \mathbb{1}_{(-\frac{1}{2},\frac{1}{2})}(w)\mathbb{1}_{(-\frac{1}{2},\frac{1}{2})}(z-w)dw$$
$$= (1 - |z|)\mathbb{1}_{(-1,1)}(z)$$

eine Dichte der Zufallsvariablen Z ist. Folglich gilt $Z \sim \Delta(-1, 1)$.   q.e.d.

Als Anwendung können wir nun leicht den Erwartungswert und die Varianz von dreiecksverteilten Zufallsvariablen berechnen.

Korollar 8.11

Für eine dreiecksverteilte Zufallsvariable $W \sim \Delta(a, b)$ gilt

$$\mathbb{E}[W] = \frac{a+b}{2} \quad \text{und} \quad \mathrm{Var}[W] = \frac{(b-a)^2}{24}.$$

▶ **Beweis** Es seien $X, Y \sim \mathrm{UC}(-\frac{1}{2}, \frac{1}{2})$ unabhängige, gleichverteilte Zufallsvariablen. Nach Korollar 8.3 gilt

$$\mathbb{E}[X] = \mathbb{E}[Y] = 0 \quad \text{und} \quad \mathrm{Var}[X] = \mathrm{Var}[Y] = \frac{1}{12}.$$

Für $Z := X + Y$ gilt nach Beispiel 64, dass $Z \sim \Delta(-1, 1)$. Mit der Linearität des Erwartungswertes (Satz 6.50) und Satz 6.67 folgt

$$\mathbb{E}[Z] = \mathbb{E}[X + Y] = \mathbb{E}[X] + \mathbb{E}[Y] = 0,$$
$$\mathrm{Var}[Z] = \mathrm{Var}[X + Y] = \mathrm{Var}[X] + \mathrm{Var}[Y] = \frac{1}{6}.$$

Für $W := \frac{b-a}{2}Z + \frac{a+b}{2}$ gilt nach Beispiel 54, dass $W \sim \Delta(a, b)$. Mit der Linearität des Erwartungswertes (Satz 6.50) und Satz 6.67 folgt

$$\mathbb{E}[W] = \mathbb{E}\left[\frac{b-a}{2}Z + \frac{a+b}{2}\right] = \frac{b-a}{2}\mathbb{E}[Z] + \frac{a+b}{2} = \frac{a+b}{2},$$

$$\mathrm{Var}[W] = \mathrm{Var}\left[\frac{b-a}{2}Z + \frac{a+b}{2}\right] = \left(\frac{b-a}{2}\right)^2 \mathrm{Var}[Z] = \frac{(b-a)^2}{4} \cdot \frac{1}{6} = \frac{(b-a)^2}{24},$$

womit die behaupteten Identitäten bewiesen sind. q.e.d.

▶ **Beispiel 65** Es seien $X, Y \sim \mathrm{Exp}(1)$ unabhängige, exponentialverteilte Zufallsvariablen. Für die Differenz $Z := X - Y$ gilt dann $Z \sim \mathrm{Lap}(0, 1)$.

▶ **Beweis** Nach Korollar 8.2 ist die Funktion

$$f_{-Y} : \mathbb{R} \to \mathbb{R}, \quad f_{-Y}(y) = f_Y(-y)$$

eine Dichte der Zufallsvariablen $-Y$. Die Zufallsvariablen X und $-Y$ sind nach Satz 7.17 ebenfalls unabhängig, und somit folgt nach Satz 7.44, dass die Funktion

$$f_{(X,-Y)} : \mathbb{R}^2 \to \mathbb{R}, \quad f_{(X,-Y)}(x, y) = e^{-x}\mathbb{1}_{(0,\infty)}(x)e^y\mathbb{1}_{(-\infty,0)}(y)$$

eine Dichte des Zufallsvektors (X, Y) ist. Eine Anwendung von Satz 8.9 ergibt, dass die Funktion $f_Z : \mathbb{R} \to \mathbb{R}$ gegeben durch

$$f_Z(z) = \int_{\mathbb{R}} f_{(X,-Y)}(w, z-w)dw = \int_{\mathbb{R}} e^{-w}\mathbb{1}_{(0,\infty)}(w)e^{z-w}\mathbb{1}_{(-\infty,0)}(z-w)dw$$

$$= \frac{1}{2}e^{-|z|}$$

eine Dichte der Zufallsvariablen Z ist. Folglich gilt $Z \sim \mathrm{Lap}(0, 1)$. q.e.d.

Als Anwendung können wir nun leicht den Erwartungswert und die Varianz von Laplace-verteilten Zufallsvariablen berechnen.

Korollar 8.12
Für eine Laplace-verteilte Zufallsvariable $W \sim \mathrm{Lap}(\mu, \lambda)$ gilt

$$\mathbb{E}[W] = \mu \quad und \quad \mathrm{Var}[W] = \frac{2}{\lambda^2}.$$

▶ **Beweis** Es seien $X, Y \sim \mathrm{Exp}(1)$ unabhängige, exponentialverteilte Zufallsvariablen. Nach Korollar 8.5 gilt

$$\mathbb{E}[X] = \mathbb{E}[Y] = 1 \quad und \quad \mathrm{Var}[X] = \mathrm{Var}[Y] = 1.$$

Für $Z := X - Y$ gilt nach Beispiel 65, dass $Z \sim \mathrm{Lap}(0, 1)$. Mit der Linearität des Erwartungswertes (Satz 6.50) und Korollar 7.30 folgt

$$\mathbb{E}[Z] = \mathbb{E}[X - Y] = \mathbb{E}[X] - \mathbb{E}[Y] = 0,$$
$$\mathrm{Var}[Z] = \mathrm{Var}[X - Y] = \mathrm{Var}[X] + \mathrm{Var}[Y] = 2.$$

Für $W := \frac{Z}{\lambda} + \mu$ gilt nach Beispiel 58, dass $W \sim \mathrm{Lap}(\mu, \lambda)$. Mit der Linearität des Erwartungswertes (Satz 6.50) und Satz 6.67 folgt

$$\mathbb{E}[W] = \mathbb{E}\left[\frac{Z}{\lambda} + \mu\right] = \frac{1}{\lambda}\mathbb{E}[Z] + \mu = \mu,$$
$$\mathrm{Var}[W] = \mathrm{Var}\left[\frac{Z}{\lambda} + \mu\right] = \frac{1}{\lambda^2}\mathrm{Var}[Z] = \frac{2}{\lambda^2},$$

womit die behaupteten Identitäten bewiesen sind. 　　　　　　　　　　　　　　q.e.d.

▶ **Beispiel 66** Es seien $X, Y \sim N(0, 1)$ unabhängige, standardnormalverteilte Zufallsvariablen. Für die Summe $Z := X^2 + Y^2$ gilt dann $Z \sim \chi_2^2$, das heißt, Z hat eine Chi-Quadrat-Verteilung mit zwei Freiheitsgraden.

▶ **Beweis** Nach Satz 7.44 ist die Funktion $f_{(X,Y)} : \mathbb{R}^2 \to \mathbb{R}$ gegeben durch

$$f_{(X,Y)}(x, y) = f_X(x) \cdot f_Y(y) = \frac{1}{\sqrt{2\pi}} \exp\left(-\frac{x^2}{2}\right) \cdot \frac{1}{\sqrt{2\pi}} \exp\left(-\frac{y^2}{2}\right)$$
$$= \frac{1}{2\pi} \exp\left(-\frac{x^2 + y^2}{2}\right)$$

eine Dichte des Zufallsvektors (X, Y). Es sei $B \in \mathcal{B}(\mathbb{R})$ ein abgeschlossenes Intervall. Nach der Transformationsformel für Zufallsvariablen mit Dichten (Satz 6.92) gilt

$$\mathbb{P}(Z \in B) = \mathbb{E}[\mathbb{1}_{\{Z \in B\}}] = \mathbb{E}[\mathbb{1}_B(Z)] = \mathbb{E}[\mathbb{1}_B(X^2 + Y^2)]$$
$$= \int_{\mathbb{R}^2} \mathbb{1}_B(x^2 + y^2) f_{(X,Y)}(x, y) dx dy$$
$$= \frac{1}{2\pi} \int_{\mathbb{R}^2} \mathbb{1}_B(x^2 + y^2) \exp\left(-\frac{x^2 + y^2}{2}\right) dx dy.$$

Durch den Übergang zu Polarkoordinaten (Satz A.29 aus Anhang A.3) erhalten wir

$$\mathbb{P}(Z \in B) = \frac{1}{2\pi} \int_0^{2\pi} \int_0^\infty \mathbb{1}_B((r\cos\varphi)^2 + (r\sin\varphi)^2)$$
$$\times \exp\left(-\frac{(r\cos\varphi)^2 + (r\sin\varphi)^2}{2}\right) r dr d\varphi$$

$$= \frac{1}{2\pi} \int_0^{2\pi} \int_0^\infty \mathbb{1}_B(r^2) \exp\left(-\frac{r^2}{2}\right) r\, dr\, d\varphi$$

$$= \int_0^\infty \mathbb{1}_B(r^2) \exp\left(-\frac{r^2}{2}\right) r\, dr.$$

Für die Funktion

$$\varphi : (0, \infty) \to (0, \infty), \quad \varphi(r) = r^2$$

erhalten wir die Ableitung $\varphi'(r) = 2r$, und deshalb folgt mit der Substitutionsregel (Satz A.23 aus Anhang A.2), dass

$$\mathbb{P}(Z \in B) = \frac{1}{2} \int_0^\infty \mathbb{1}_B(z) \exp\left(-\frac{z}{2}\right) dz = \frac{1}{2} \int_B \exp\left(-\frac{z}{2}\right) \mathbb{1}_{(0,\infty)}(z)\, dz.$$

Nach Satz 6.90 ist die Funktion

$$f_Z : \mathbb{R} \to \mathbb{R}, \quad f_Z(z) = \frac{1}{2} \exp\left(-\frac{z}{2}\right) \mathbb{1}_{(0,\infty)}(z)$$

eine Dichte der Zufallsvariablen Z, und somit folgt $Z \sim \mathrm{Exp}(\frac{1}{2}) = \Gamma(1, \frac{1}{2}) = \chi_2^2$.   q.e.d.

▶ **Beispiel 67** Es seien $X, Y \sim \mathrm{N}(0, \sigma^2)$ unabhängige, normalverteilte Zufallsvariablen. Dann sind die Zufallsvariablen $Z := \sqrt{X^2 + Y^2}$ und $W := \frac{X}{Y} \mathbb{1}_{\{Y \neq 0\}}$ unabhängig mit $Z \sim \mathrm{Ray}(\sigma^2)$ und $W \sim \mathrm{Cau}(0, 1)$.

▶ **Beweis** Nach Satz 7.44 ist die Funktion $f_{(X,Y)} : \mathbb{R}^2 \to \mathbb{R}$ gegeben durch

$$f_{(X,Y)}(x, y) = f_X(x) \cdot f_Y(y) = \frac{1}{\sqrt{2\pi\sigma^2}} \exp\left(-\frac{x^2}{2\sigma^2}\right) \cdot \frac{1}{\sqrt{2\pi\sigma^2}} \exp\left(-\frac{y^2}{2\sigma^2}\right)$$

$$= \frac{1}{2\pi\sigma^2} \exp\left(-\frac{x^2 + y^2}{2\sigma^2}\right)$$

eine Dichte des Zufallsvektors (X, Y). Die Funktionen

$$g_1 : \mathbb{R} \times (0, \infty) \to (0, \infty) \times \mathbb{R}, \quad g_1(x, y) = \left(\sqrt{x^2 + y^2}, \frac{x}{y}\right),$$

$$g_2 : \mathbb{R} \times (-\infty, 0) \to (0, \infty) \times \mathbb{R}, \quad g_2(x, y) = \left(\sqrt{x^2 + y^2}, \frac{x}{y}\right)$$

haben die Umkehrfunktionen

$$h_1 : (0, \infty) \times \mathbb{R} \to \mathbb{R} \times (0, \infty), \quad h_1(z, w) = \left(\frac{zw}{\sqrt{1 + w^2}}, \frac{z}{\sqrt{1 + w^2}}\right),$$

$$h_2 : (0, \infty) \times \mathbb{R} \to \mathbb{R} \times (-\infty, 0), \quad h_2(z, w) = -h_1(z, w)$$

mit Jacobi-Matrizen

$$J_{h_1}(z, w) = \begin{pmatrix} \frac{w}{\sqrt{1+w^2}} & \frac{z}{(1+w^2)^{3/2}} \\ \frac{1}{\sqrt{1+w^2}} & -\frac{zw}{(1+w^2)^{3/2}} \end{pmatrix}, \quad J_{h_2}(z, w) = J_{h_1}(z, w)$$

und Funktionaldeterminanten

$$\det J_{h_1}(z, w) = \det J_{h_2}(z, w) = \frac{-zw^2 - z}{(1 + w^2)^2} = -\frac{z}{1 + w^2}.$$

Nach Satz 8.7 und der Symmetrie von der Dichte $f_{(X,Y)}$ ist die Funktion $f_{(Z,W)} : \mathbb{R}^2 \to \mathbb{R}$ gegeben durch

$$
\begin{aligned}
f_{(Z,W)}(z, w) &= f_{(X,Y)}(h_1(z, w))|\det J_{h_1}(z, w)|\mathbb{1}_{g(\mathbb{R} \times (0,\infty))}(z, w) \\
&\quad + f_{(X,Y)}(h_2(z, w))|\det J_{h_2}(z, w)|\mathbb{1}_{g(\mathbb{R} \times (-\infty,0))}(z, w) \\
&= \frac{z}{1 + w^2}\left(f_{(X,Y)}(h_1(z, w)) + f_{(X,Y)}(-h_1(z, w))\right)\mathbb{1}_{(0,\infty)}(z) \\
&= \frac{2z}{1 + w^2} \cdot f_{(X,Y)}(h_1(z, w))\mathbb{1}_{(0,\infty)}(z) \\
&= \frac{2z}{1 + w^2} \cdot f_{(X,Y)}\left(\frac{zw}{\sqrt{1 + w^2}}, \frac{z}{\sqrt{1 + w^2}}\right)\mathbb{1}_{(0,\infty)}(z) \\
&= \frac{2z}{1 + w^2} \cdot \frac{1}{2\pi\sigma^2}\exp\left(-\frac{1}{2\sigma^2}\left(\frac{z^2w^2}{1 + w^2} + \frac{z^2}{1 + w^2}\right)\right)\mathbb{1}_{(0,\infty)}(z) \\
&= \frac{z}{1 + w^2} \cdot \frac{1}{\pi\sigma^2}\exp\left(-\frac{z^2}{2\sigma^2}\right)\mathbb{1}_{(0,\infty)}(z) \\
&= \frac{z}{\sigma^2}\exp\left(-\frac{z^2}{2\sigma^2}\right)\mathbb{1}_{(0,\infty)}(z) \cdot \frac{1}{\pi}\frac{1}{1 + w^2}
\end{aligned}
$$

eine Dichte des Zufallsvektors (Z, W). Mit Satz 7.44 folgt, dass Z und W unabhängig sind mit $Z \sim \text{Ray}(\sigma^2)$ und $W \sim \text{Cau}(0, 1)$.   q.e.d.

▶ **Beispiel 68** Es sei $(X, Y) \sim UC(B)$ ein gleichverteilter Zufallsvektor auf der offenen Einheitskugel

$$B = \{(x, y) \in \mathbb{R}^2 : x^2 + y^2 < 1\}.$$

Dann sind der Radius $R := \sqrt{X^2 + Y^2}$ und der Winkel $\Phi := \arctan(\frac{Y}{X})$ unabhängig mit $R \sim \Delta_r(0, 1)$ und $\Phi \sim UC(-\frac{\pi}{2}, \frac{\pi}{2})$.

▶ **Beweis** Der Zufallsvektor (X, Y) hat die Dichte $f_{(X,Y)} = \frac{1}{\pi}\mathbb{1}_B$. Wir definieren die offenen Mengen

$$B_+ := \{(x, y) \in B : x > 0\} \quad \text{und} \quad B_- := \{(x, y) \in B : x < 0\}.$$

Die Funktionen

$$g_1 : B_+ \rightarrow (0, 1) \times (-\tfrac{\pi}{2}, \tfrac{\pi}{2}), \quad g_1(x, y) = \left(\sqrt{x^2 + y^2}, \arctan\left(\tfrac{y}{x}\right)\right),$$

$$g_2 : B_- \rightarrow (0, 1) \times (-\tfrac{\pi}{2}, \tfrac{\pi}{2}), \quad g_2(x, y) = \left(\sqrt{x^2 + y^2}, \arctan\left(\tfrac{y}{x}\right)\right)$$

haben die Umkehrfunktionen

$$h_1 : (0, 1) \times (-\tfrac{\pi}{2}, \tfrac{\pi}{2}) \rightarrow B_+, \quad h_1(r, \varphi) = (r\cos\varphi, r\sin\varphi),$$

$$h_2 : (0, 1) \times (-\tfrac{\pi}{2}, \tfrac{\pi}{2}) \rightarrow B_-, \quad h_2(r, \varphi) = (-r\cos\varphi, -r\sin\varphi)$$

mit Jacobi-Matrizen

$$J_{h_1}(r, \varphi) = \begin{pmatrix} \cos\varphi & -r\sin\varphi \\ \sin\varphi & r\cos\varphi \end{pmatrix}, \quad J_{h_2}(r, \varphi) = -J_{h_1}(r, \varphi)$$

und Funktionaldeterminanten

$$\det J_{h_1}(r, \varphi) = r\cos^2\varphi + r\sin^2\varphi = r,$$

$$\det J_{h_2}(r, \varphi) = r.$$

Nach Satz 8.7 ist die Funktion

$$
\begin{aligned}
f_{(R, \Phi)}(r, \varphi) &= f_{(X,Y)}(h_1(r, \varphi)) |\det J_{h_1}(r, \varphi)| \mathbb{1}_{g(B_+)}(r, \varphi) \\
&\quad + f_{(X,Y)}(h_2(r, \varphi)) |\det J_{h_2}(r, \varphi)| \mathbb{1}_{g(B_-)}(r, \varphi) \\
&= \frac{r}{\pi} \mathbb{1}_B(r\cos\varphi, r\sin\varphi) \mathbb{1}_{(0,1)}(r) \mathbb{1}_{(-\frac{\pi}{2}, \frac{\pi}{2})}(\varphi) \\
&\quad + \frac{r}{\pi} \mathbb{1}_B(-r\cos\varphi, -r\sin\varphi) \mathbb{1}_{(0,1)}(r) \mathbb{1}_{(-\frac{\pi}{2}, \frac{\pi}{2})}(\varphi) \\
&= 2r \mathbb{1}_{(0,1)}(r) \cdot \frac{1}{\pi} \mathbb{1}_{(-\frac{\pi}{2}, \frac{\pi}{2})}(\varphi)
\end{aligned}
$$

eine Dichte des Zufallsvektors (R, Φ). Mit Satz 7.44 folgt, dass R und Φ unabhängig sind mit $R \sim \Delta_r(0, 1)$ und $\Phi \sim UC(-\tfrac{\pi}{2}, \tfrac{\pi}{2})$. $\hspace{2cm}$ q.e.d.

Charakteristische Funktionen

9

In diesem Kapitel werden wir die charakteristische Funktion von Zufallsvariablen kennenlernen; ein Konzept, das sich für viele Fragestellungen als nützlich erweisen wird. Von besonderer Bedeutung ist der Eindeutigkeitssatz, der zeigt, dass die Verteilung einer Zufallsvariablen bereits eindeutig durch deren charakteristische Funktion festgelegt ist. Dies gestattet uns, die Unabhängigkeit von Zufallsvariablen mittels charakteristischer Funktionen zu behandeln.

9.1   Definition und elementare Eigenschaften

In diesem Abschnitt definieren wir die charakteristische Funktion einer Zufallsvariablen und stellen einige grundlegende Eigenschaften vor.

Es sei $(\Omega, \mathcal{F}, \mathbb{P})$ ein Wahrscheinlichkeitsraum. Für eine komplexe Zufallsvariable $X : \Omega \to \mathbb{C}$ mit $\operatorname{Re} X, \operatorname{Im} X \in \mathcal{L}^1$ definieren wir den *Erwartungswert* (bzw. das *Lebesgue-Integral*) durch

$$\mathbb{E}[X] := \mathbb{E}[\operatorname{Re} X] + i \cdot \mathbb{E}[\operatorname{Im} X].$$

Wir werden neben $\mathbb{E}[X]$ auch die Notationen

$$\int_\Omega X d\mathbb{P}, \quad \int_\Omega X(\omega)\mathbb{P}(d\omega) \quad \text{und} \quad \int_\Omega X(\omega) d\mathbb{P}(\omega)$$

benutzen. Es gelten hierbei sämtliche in den Kap. 6 und 7 bewiesenen Resultate. Insbesondere ist eine komplexe Zufallsvariable X genau dann integrierbar, wenn ihr Betrag $|X|$ integrierbar ist. Im Folgenden bezeichnen wir mit

$$\langle x, y \rangle = \sum_{j=1}^n x_j y_j, \quad x, y \in \mathbb{R}^n$$

S. Tappe, *Einführung in die Wahrscheinlichkeitstheorie*,
DOI: 10.1007/978-3-642-37544-6_9, © Springer-Verlag Berlin Heidelberg 2013

das euklidische Skalarprodukt und mit

$$\|x\| = \sqrt{\langle x, x \rangle} = \sqrt{\sum_{j=1}^{n} x_j^2}, \quad x \in \mathbb{R}^n$$

die euklidische Norm im $\mathbb{R}^n$.

Definition 9.1

Für ein Wahrscheinlichkeitsmaß μ auf $(\mathbb{R}^n, \mathcal{B}(\mathbb{R}^n))$ ist die *Fouriertransformierte* $\mathcal{F}\mu : \mathbb{R}^n \to \mathbb{C}$ definiert durch

$$(\mathcal{F}\mu)(u) := \int_{\mathbb{R}^n} e^{i\langle u, x \rangle} \mu(dx) = \int_{\mathbb{R}^n} \cos(\langle u, x \rangle) \mu(dx) + i \int_{\mathbb{R}^n} \sin(\langle u, x \rangle) \mu(dx).$$

Die Fouriertransformierte eines Wahrscheinlichkeitsmaßes ist wohldefiniert, da der Sinus und der Kosinus beschränkte, und damit nach Korollar 6.46 integrierbare Funktionen sind.

Definition 9.2

Die *charakteristische Funktion* $\varphi_X : \mathbb{R}^n \to \mathbb{C}$ einer Zufallsvariablen $X : \Omega \to \mathbb{R}^n$ ist definiert durch

$$\varphi_X(u) := \mathbb{E}\big[e^{i\langle u, X \rangle}\big].$$

Bemerkung 9.3 *Wir beachten, dass $\varphi_X = \mathcal{F}\mathbb{P}^X$. Die charakteristische Funktion einer Zufallsvariablen stimmt also mit der Fouriertransformierten von deren Verteilung überein. In der Tat, nach der allgemeinen Transformationsformel (Satz 6.60) gilt für alle $u \in \mathbb{R}^n$, dass*

$$\varphi_X(u) = \mathbb{E}\big[e^{i\langle u, X \rangle}\big] = \int_{\mathbb{R}^n} e^{i\langle u, x \rangle} \mathbb{P}^X(dx) = (\mathcal{F}\mathbb{P}^X)(u)$$

und folglich $\varphi_X = \mathcal{F}\mathbb{P}^X$.

Die charakteristische Funktion einer Zufallsvariablen ist eine stetige, beschränkte Funktion, wie das folgende Resultat zeigt.

Satz 9.4

Für jede Zufallsvariable $X : \Omega \to \mathbb{R}^n$ ist die charakteristische Funktion φ_X stetig mit $\varphi_X(0) = 1$ und $|\varphi_X| \leq 1$.

▶ **Beweis** Eine einfache Rechnung zeigt, dass

$$\varphi_X(0) = \mathbb{E}\big[e^{i\langle 0, X\rangle}\big] = \mathbb{E}[1] = 1.$$

Außerdem gilt nach der Dreiecksungleichung für Erwartungswerte (Satz 6.52) für alle $u \in \mathbb{R}^n$, dass

$$|\varphi_X(u)| = \big|\mathbb{E}\big[e^{i\langle u, X\rangle}\big]\big| \leq \mathbb{E}\big[\big|e^{i\langle u, X\rangle}\big|\big] = \mathbb{E}[1] = 1,$$

und damit $|\varphi_X| \leq 1$. Zum Beweis der Stetigkeit von φ_X seien $u \in \mathbb{R}^n$ ein beliebiger Punkt und $(u_k)_{k \in \mathbb{N}} \subset \mathbb{R}^n$ eine Folge mit $u_k \to u$. Nach dem Konvergenzsatz von Lebesgue (Satz 6.56) folgt

$$\lim_{k \to \infty} \varphi_X(u_k) = \lim_{k \to \infty} \mathbb{E}\big[e^{i\langle u_k, X\rangle}\big] = \mathbb{E}\big[e^{i\langle u, X\rangle}\big] = \varphi_X(u),$$

womit die Stetigkeit von φ_X bewiesen ist. q.e.d.

Zum Beweis des folgenden Resultates (Satz 9.6) legen wir einen Hilfssatz bereit.

Lemma 9.5 *Es gilt $|e^{ix} - 1| \leq |x|$ für alle $x \in \mathbb{R}$.*

▶ **Beweis** Es sei $x \in \mathbb{R}$ beliebig. Dann erhalten wir

$$\begin{aligned}
|e^{ix} - 1|^2 &= |\cos x - 1 + i \sin x|^2 = (\cos x - 1)^2 + \sin^2 x \\
&= \cos^2 x - 2\cos x + 1 + \sin^2 x = 2(1 - \cos x) \leq x^2,
\end{aligned}$$

was die behauptete Ungleichung beweist. q.e.d.

Die Glattheit der charakteristischen Funktion einer Zufallsvariablen hängt davon ab, welche Momente der Zufallsvariablen existieren. Dies zeigt das folgende Resultat.

Satz 9.6

Es sei $X : \Omega \to \mathbb{R}^n$ eine Zufallsvariable mit $\mathbb{E}[\|X\|^m] < \infty$ für ein $m \in \mathbb{N}$. Dann gilt $\varphi_X \in C^m(\mathbb{R}^n; \mathbb{C})$, und für alle $m_1, \ldots, m_n \in \mathbb{N}_0$ mit $m_1 + \ldots + m_n = m$ gilt

$$\frac{\partial^m}{\partial x_1^{m_1} \ldots \partial x_n^{m_n}} \varphi_X(u) = i^m \cdot \mathbb{E}[X_1^{m_1} \cdot \ldots \cdot X_n^{m_n} \cdot e^{i\langle u, X\rangle}], \quad u \in \mathbb{R}^n.$$

▶ **Beweis** Wir beweisen den Satz nur für $m = 1$; der allgemeine Fall kann dann per Induktion gefolgert werden. Es seien $u \in \mathbb{R}^n$ und $k \in \mathbb{N}$ beliebig. Weiterhin sei $(h_l)_{l \in \mathbb{N}} \subset \mathbb{R}$ eine Folge mit $h_l \to 0$ und $h_l \neq 0$ für alle $l \in \mathbb{N}$. Wegen $\mathbb{E}[|X_k|] < \infty$ gilt nach Lemma 9.5 und dem Konvergenzsatz von Lebesgue (Satz 6.56), dass

$$\lim_{l \to \infty} \frac{\varphi_X(u + h_l e_k) - \varphi_X(u)}{h_l} = \lim_{l \to \infty} \frac{1}{h_l} \left(\mathbb{E}\left[e^{i\langle u + h_l e_k, X \rangle} \right] - \mathbb{E}\left[e^{i\langle u, X \rangle} \right] \right)$$

$$= \lim_{l \to \infty} \mathbb{E}\left[\frac{e^{ih_l X_k} - 1}{h_l} \cdot e^{i\langle u, X \rangle} \right] = \mathbb{E}\left[X_k \cdot \frac{d}{dx} e^{ix} \Big|_{x=0} \cdot e^{i\langle u, X \rangle} \right]$$

$$= i \cdot \mathbb{E}[X_k \cdot e^{i\langle u, X \rangle}].$$

Also ist φ_X partiell differenzierbar mit

$$\frac{\partial}{\partial x_k} \varphi_X(u) = i \cdot \mathbb{E}\left[X_k \cdot e^{i\langle u, X \rangle} \right].$$

Die Stetigkeit der partiellen Ableitungen beweisen wir wie in Satz 9.4. Also ist φ_X stetig partiell differenzierbar, und damit sogar stetig differenzierbar, das heißt $\varphi_X \in C^1$ ($\mathbb{R}^n$; $\mathbb{C}$).   q.e.d.

Das folgende Korollar zeigt, wie die ersten beiden Momente einer Zufallsvariablen mit Hilfe der charakteristischen Funktion berechnet werden können.

Korollar 9.7

(a) *Für jede integrierbare Zufallsvariable $X \in \mathcal{L}^1$ gilt*

$$\mathbb{E}[X] = -i\varphi_X'(0).$$

(b) *Für jede quadratintegrierbare Zufallsvariable $X \in \mathcal{L}^2$ gilt*

$$\mathbb{E}[X^2] = -\varphi_X''(0).$$

▶ **Beweis** Beide Aussagen folgen unmittelbar aus Satz 9.6.   q.e.d.

Das folgende Resultat zeigt, wie sich die charakteristische Funktion einer Zufallsvariablen unter affinen Transformationen ändert.

Satz 9.8

Es seien $X : \Omega \to \mathbb{R}^n$ eine Zufallsvariable, $A \in \mathbb{R}^{m \times n}$ eine Matrix und $b \in \mathbb{R}^m$ ein Vektor. Dann gilt

$$\varphi_{AX+b}(u) = e^{i\langle u, b \rangle} \varphi_X(A^\top u), \quad \text{für alle } u \in \mathbb{R}^m.$$

▶ **Beweis** Es sei $u \in \mathbb{R}^m$ beliebig. Dann erhalten wir

$$\varphi_{AX+b}(u) = \mathbb{E}\left[e^{i\langle u, AX+b \rangle} \right] = e^{i\langle u, b \rangle} \mathbb{E}\left[e^{i\langle A^\top u, X \rangle} \right] = e^{i\langle u, b \rangle} \varphi_X(A^\top u),$$

was die angegebene Formel beweist.   q.e.d.

Wir werden nun für mehrere Verteilungen die charakteristischen Funktionen berechnen.

▶ **Beispiel 69** Für eine Dirac-verteilte Zufallsvariable $X \sim \delta_\mu$ mit $\mu \in \mathbb{R}$ gilt

$$\varphi_X(u) = e^{iu\mu}, \quad u \in \mathbb{R}.$$

▶ **Beweis** Es sei $u \in \mathbb{R}$ beliebig. Nach der Tranformationsformel für diskrete Zufallsvariablen (Satz 6.76) gilt

$$\varphi_X(u) = \mathbb{E}\big[e^{iuX}\big] = e^{iu\mu} \cdot \mathbb{P}(X = \mu) = e^{iu\mu},$$

womit die behauptete Darstellung bewiesen ist. q.e.d.

▶ **Beispiel 70** Für eine binomialverteilte Zufallsvariable $X \sim \mathrm{Bi}(n, p)$ gilt

$$\varphi_X(u) = (pe^{iu} + 1 - p)^n, \quad u \in \mathbb{R}.$$

Insbesondere erhalten wir für eine Bernoulli-verteilte Zufallsvariable $X \sim \mathrm{Ber}(p) = \mathrm{Bi}(1, p)$ die charakteristische Funktion

$$\varphi_X(u) = pe^{iu} + 1 - p, \quad u \in \mathbb{R}.$$

▶ **Beweis** Es sei $u \in \mathbb{R}$ beliebig. Nach der Tranformationsformel für diskrete Zufallsvariablen (Satz 6.76) und dem binomischen Lehrsatz (Satz A.7 aus Anhang A.1; dieses Resultat gilt auch im Komplexen) gilt

$$\varphi_X(u) = \mathbb{E}\big[e^{iuX}\big] = \sum_{k=0}^{n} e^{iuk} \cdot \mathbb{P}(X = k) = \sum_{k=0}^{n} e^{iuk} \cdot \binom{n}{k} p^k (1 - p)^{n-k}$$

$$= \sum_{k=0}^{n} \binom{n}{k} (pe^{iu})^k (1 - p)^{n-k} = (pe^{iu} + 1 - p)^n,$$

womit die behauptete Darstellung bewiesen ist. q.e.d.

▶ **Beispiel 71** Für eine negativ binomialverteilte Zufallsvariable $X \sim \mathrm{NB}(n, p)$ gilt

$$\varphi_X(u) = \left(\frac{p}{1 - (1 - p)e^{iu}}\right)^n, \quad u \in \mathbb{R}.$$

Insbesondere erhalten wir für eine geometrisch verteilte Zufallsvariable $X \sim \mathrm{Geo}(p) = \mathrm{NB}(1, p)$ die charakteristische Funktion

$$\varphi_X(u) = \frac{p}{1 - (1 - p)e^{iu}}, \quad u \in \mathbb{R}.$$

▶ **Beweis** Es sei $u \in \mathbb{R}$ beliebig. Wir setzen $q := 1 - p$. Nach der Tranformationsformel für diskrete Zufallsvariablen (Satz 6.76), Satz A.10 aus Anhang A.1 und dem binomischen Lehrsatz (Satz A.7 aus Anhang A.1; dieses Resultat gilt auch im Komplexen) folgt

$$\varphi_X(u) = \mathbb{E}\big[e^{iuX}\big] = \sum_{k=0}^{\infty} e^{iuk} \cdot \mathbb{P}(X = k) = p^n \sum_{k=0}^{\infty} e^{iuk} \cdot \binom{n+k-1}{k} q^k$$

$$= p^n \sum_{k=0}^{\infty} \binom{-n}{k}(-qe^{iu})^k = \left(\frac{p}{1 - qe^{iu}}\right)^n,$$

womit die behauptete Darstellung bewiesen ist.   q.e.d.

▶ **Beispiel 72** Für eine Poisson-verteilte Zufallsvariable $X \sim \text{Pois}(\lambda)$ gilt

$$\varphi_X(u) = \exp(\lambda(e^{iu} - 1)), \quad u \in \mathbb{R}.$$

▶ **Beweis** Es sei $u \in \mathbb{R}$ beliebig. Nach der Tranformationsformel für diskrete Zufallsvariablen (Satz 6.76) und der Exponentialreihe (Satz A.14 aus Anhang A.1; dieses Resultat gilt auch im Komplexen) folgt

$$\varphi_X(u) = \mathbb{E}\big[e^{iuX}\big] = \sum_{k=0}^{\infty} e^{iuk} \cdot \mathbb{P}(X = k) = \sum_{k=0}^{\infty} e^{iuk} \cdot \frac{\lambda^k}{k!} e^{-\lambda}$$

$$= e^{-\lambda} \sum_{k=0}^{\infty} \frac{(\lambda e^{iu})^k}{k!} = \exp(-\lambda) \cdot \exp(\lambda e^{iu}) = \exp(\lambda(e^{iu} - 1)),$$

womit die behauptete Darstellung bewiesen ist.   q.e.d.

▶ **Beispiel 73** Für eine gleichverteilte Zufallsvariable $X \sim \text{UC}(a, b)$ gilt

$$\varphi_X(u) = \frac{1}{iu(b - a)}\big(e^{iub} - e^{iua}\big), \quad u \in \mathbb{R}.$$

Insbesondere erhalten wir für eine gleichverteilte Zufallsvariable $X \sim \text{UC}(-b, b)$ mit $b > 0$ die charakteristische Funktion

$$\varphi_X(u) = \frac{\sin(ub)}{ub}, \quad u \in \mathbb{R}.$$

▶ **Beweis** Zunächst sei $X \sim \text{UC}(-b, b)$ eine gleichverteilte Zufallsvariable mit $b > 0$. Dann ist die Funktion $f = \frac{1}{2b}\mathbb{1}_{(-b,b)}$ eine Dichte von X. Es sei $u \in \mathbb{R}$ beliebig. Nach der Tranformationsformel für Zufallsvariablen mit Dichten (Satz 6.92) gilt

$$\varphi_X(u) = \mathbb{E}\big[e^{iuX}\big] = \int_{\mathbb{R}} e^{iux} \cdot f(x)\,dx$$

$$= \int_{\mathbb{R}} \cos(ux)f(x)\,dx + i \int_{\mathbb{R}} \sin(ux)f(x)\,dx$$

$$= \frac{1}{2b}\left(\int_{-b}^{b} \cos(ux)\,dx + i \underbrace{\int_{-b}^{b} \sin(ux)\,dx}_{=0} \right)$$

$$= \frac{1}{2bu} \sin(ux)\Big|_{u=-b}^{u=b} = \frac{\sin(ub) - \sin(-ub)}{2ub} = \frac{\sin(ub)}{ub}.$$

Nun sei $X \sim \mathrm{UC}(-1, 1)$ eine gleichverteilte Zufallsvariable. Dann erhalten wir insbesondere

$$\varphi_X(u) = \frac{\sin u}{u}, \quad u \in \mathbb{R}.$$

Weiterhin seien $a, b \in \mathbb{R}$ beliebige reelle Zahlen mit $a < b$. Nach Beispiel 53 gilt für die neue Zufallsvariable

$$Y := \frac{b - a}{2}X + \frac{a + b}{2},$$

dass $Y \sim \mathrm{UC}(a, b)$. Es sei $u \in \mathbb{R}$ beliebig. Mit Satz 9.8 und der Formel

$$\sin x = \frac{1}{2i}\big(e^{ix} - e^{-ix}\big), \quad x \in \mathbb{R}$$

erhalten wir

$$\varphi_Y(u) = \exp\left(\frac{iu(a + b)}{2} \right) \varphi_X\left(\frac{u(b - a)}{2} \right)$$

$$= \frac{2}{u(b - a)} \exp\left(\frac{iu(a + b)}{2} \right) \sin\left(\frac{u(b - a)}{2} \right)$$

$$= \frac{1}{iu(b - a)} \exp\left(\frac{iu(a + b)}{2} \right) \left[\exp\left(\frac{iu(b - a)}{2} \right) - \exp\left(-\frac{iu(b - a)}{2} \right) \right]$$

$$= \frac{1}{iu(b - a)} \big(e^{iub} - e^{iua} \big),$$

womit die behauptete Darstellung bewiesen ist. q.e.d.

▶ **Beispiel 74** Für eine normalverteilte Zufallsvariable $X \sim \mathrm{N}(\mu, \sigma^2)$ gilt

$$\varphi_X(u) = \exp\left(iu\mu - \frac{u^2\sigma^2}{2} \right), \quad u \in \mathbb{R}.$$

Insbesondere erhalten wir für eine standardnormalverteilte Zufallsvariable $X \sim \mathrm{N}(0, 1)$ die charakteristische Funktion

$$\varphi_X(u) = \exp\left(-\frac{u^2}{2}\right), \quad u \in \mathbb{R}.$$

▶ **Beweis** Zunächst sei $X \sim N(0, 1)$ eine standardnormalverteilte Zufallsvariable. Dann ist die Funktion

$$f : \mathbb{R} \to \mathbb{R}, \quad f(x) = \frac{1}{\sqrt{2\pi}} \exp\left(-\frac{x^2}{2}\right)$$

eine Dichte von X. Es sei $u \in \mathbb{R}$ beliebig. Nach der Tranformationsformel für Zufallsvariablen mit Dichten (Satz 6.92) gilt

$$\begin{aligned}
\varphi_X(u) = \mathbb{E}\left[e^{iuX}\right] &= \int_{\mathbb{R}} e^{iux} \cdot f(x)dx \\
&= \int_{\mathbb{R}} \cos(ux)f(x)dx + i \underbrace{\int_{\mathbb{R}} \sin(ux)f(x)dx}_{=0} \\
&= \frac{1}{\sqrt{2\pi}} \int_{\mathbb{R}} \cos(ux) \exp\left(-\frac{x^2}{2}\right)dx.
\end{aligned}$$

Hierbei haben wir uns zunutze gemacht, dass f eine gerade Funktion ist. Mit Satz 9.6 und der Tranformationsformel für Zufallsvariablen mit Dichten (Satz 6.92) folgt

$$\begin{aligned}
\varphi_X'(u) = i \cdot \mathbb{E}\left[Xe^{iuX}\right] &= i \int_{\mathbb{R}} xe^{iux} \cdot f(x)dx \\
&= -\int_{\mathbb{R}} x \sin(ux)f(x)dx + i \underbrace{\int_{\mathbb{R}} x \cos(ux)f(x)dx}_{=0} \\
&= -\frac{1}{\sqrt{2\pi}} \int_{\mathbb{R}} \sin(ux) \cdot x \exp\left(-\frac{x^2}{2}\right)dx \\
&= -\frac{1}{\sqrt{2\pi}} \int_{\mathbb{R}} u \cos(ux) \cdot \exp\left(-\frac{x^2}{2}\right)dx = -u \cdot \varphi_X(u).
\end{aligned}$$

Auch in dieser Rechnung haben wir uns zunutze gemacht, dass f eine gerade Funktion ist. Im vorletzten Schritt haben wir partielle Integration (Satz A.22 aus Anhang A.2) angewandt. Insgesamt erhalten wir, dass die charakteristische Funktion φ_X die gewöhnliche Differentialgleichung

$$\begin{cases} \varphi_X'(u) = -u \cdot \varphi_X(u) \\ \varphi_X(0) = 1 \end{cases}$$

erfüllt. Die eindeutig bestimmte Lösung dieser Differentialgleichung ist gegeben durch

$$\varphi_X(u) = \exp\left(-\frac{u^2}{2}\right), \quad u \in \mathbb{R}.$$

Nun seien $\mu \in \mathbb{R}$ und $\sigma^2 > 0$ beliebig. Nach Beispiel 56 gilt für die neue Zufallsvariable $Y := \sigma X + \mu$, dass $Y \sim \mathrm{N}(\mu, \sigma^2)$. Es sei $u \in \mathbb{R}$ beliebig. Mit Satz 9.8 folgt, dass

$$\varphi_Y(u) = \varphi_{\sigma X + \mu}(u) = e^{iu\mu} \varphi_X(u\sigma) = \exp(iu\mu) \cdot \exp\left(-\frac{u^2\sigma^2}{2}\right)$$

$$= \exp\left(iu\mu - \frac{u^2\sigma^2}{2}\right),$$

womit die behauptete Darstellung bewiesen ist. q.e.d.

▶ **Beispiel 75** Für eine gammaverteilte Zufallsvariable $X \sim \Gamma(\alpha, \lambda)$ gilt

$$\varphi_X(u) = \left(\frac{\lambda}{\lambda - iu}\right)^\alpha, \quad u \in \mathbb{R}.$$

Insbesondere erhalten wir für eine exponentialverteilte Zufallsvariable $X \sim \mathrm{Exp}(\lambda)$ die charakteristische Funktion

$$\varphi_X(u) = \frac{\lambda}{\lambda - iu}, \quad u \in \mathbb{R}.$$

▶ **Beweis** Der Beweis erfordert Kenntnisse aus der Funktionentheorie, weswegen wir ihn nur skizzieren werden. Zunächst sei $X \sim \Gamma(\alpha, 1)$ eine Standard-gammaverteilte Zufallsvariable für ein $\alpha > 0$. Es sei $G \subset \mathbb{C}$ das Gebiet

$$G := \{z \in \mathbb{C} : \mathrm{Im}\, z > -1\}.$$

Wir definieren die Funktionen $f, g : G \to \mathbb{C}$ durch

$$f(u) := \mathbb{E}[e^{iux}] \quad \text{und} \quad g(u) := \left(\frac{1}{1 - iu}\right)^\alpha.$$

Mit ähnlichen Argumenten wie im Beweis von Satz 9.6 zeigen wir, dass f eine analytische Funktion ist und dass ihre Ableitungen gegeben sind durch

$$f^{(n)}(u) = i^n \cdot \mathbb{E}[X^n e^{iuX}] \quad \text{für alle } u \in G \text{ und } n \in \mathbb{N}_0.$$

Mit Hilfe von Beispiel 33 erhalten wir

$$f^{(n)}(0) = i^n \cdot \mathbb{E}[X^n] = i^n \cdot \frac{\Gamma(\alpha + n)}{\Gamma(\alpha)} \quad \text{für alle } n \in \mathbb{N}_0.$$

Die Funktion g ist ebenfalls analytisch, und ihre Ableitungen sind gegeben durch

$$g^{(n)}(u) = i^n \cdot \frac{\Gamma(\alpha + n)}{\Gamma(\alpha)} \cdot (1 - iu)^{-(\alpha+n)} \quad \text{für alle } u \in G \text{ und } n \in \mathbb{N}_0.$$

Dies beweisen wir per Induktion nach n. Die behauptete Formel gilt für $n = 0$, und der Induktionsschritt $n \to n + 1$ ergibt sich mit Hilfe von Satz A.25 aus Anhang A.2 durch die Rechnung

$$g^{(n+1)}(u) = i^n \cdot \frac{-(\alpha + n)\Gamma(\alpha + n)}{\Gamma(\alpha)} \cdot (1 - iu)^{-(\alpha+n+1)} \cdot (-i)$$

$$= i^{n+1} \cdot \frac{(\alpha + n)\Gamma(\alpha + n)}{\Gamma(\alpha)} \cdot (1 - iu)^{-(\alpha+n+1)}$$

$$= i^{n+1} \cdot \frac{\Gamma(\alpha + n + 1)}{\Gamma(\alpha)} \cdot (1 - iu)^{-(\alpha+n+1)}.$$

Also gilt insbesondere

$$g^{(n)}(0) = i^n \cdot \frac{\Gamma(\alpha + n)}{\Gamma(\alpha)} \quad \text{für alle } n \in \mathbb{N}_0.$$

Damit haben wir gezeigt, dass $f^{(n)}(0) = g^{(n)}(0)$ für alle $n \in \mathbb{N}_0$. Nach dem Identitätssatz für analytische Funktionen (siehe zum Beispiel [FB06, Satz III.3.2]) folgt, dass $f \equiv g$. Also gilt insbesondere

$$\varphi_X(u) = \left(\frac{1}{1 - iu}\right)^\alpha \quad \text{für alle } u \in \mathbb{R}.$$

Nun sei $\lambda > 0$ beliebig. Nach Beispiel 55 gilt für die neue Zufallsvariable $Y := \frac{X}{\lambda}$, dass $Y \sim \Gamma(\alpha, \lambda)$. Es sei $u \in \mathbb{R}$ beliebig. Mit Satz 9.8 folgt, dass

$$\varphi_Y(u) = \varphi_{\frac{X}{\lambda}}(u) = \varphi_X\left(\frac{u}{\lambda}\right) = \left(\frac{1}{1 - \frac{iu}{\lambda}}\right)^\alpha = \left(\frac{\lambda}{\lambda - iu}\right)^\alpha,$$

womit die behauptete Darstellung bewiesen ist.   q.e.d.

Zum besseren Verständnis von Beispiel 75 fügen wir einen kurzen Exkurs über den Hauptzweig des komplexen Logarithmus ein:

Bemerkung 9.9 *Es sei $G \subset \mathbb{C}$ die „aufgeschlitzte Ebene"*

$$G := \mathbb{C} \setminus \{z \in \mathbb{C} : \operatorname{Re} z \leq 0 \quad und \quad \operatorname{Im} z = 0\}.$$

(a) Wir nennen die Funktion

$$\ln : G \to \mathbb{C}, \quad \ln z := \ln |z| + i\varphi, \quad wobei\ z = |z|\, e^{i\varphi}\ mit\ \varphi \in (-\pi, \pi),$$

den Hauptzweig des komplexen Logarithmus.

(b) Für $\alpha \in \mathbb{R}$ nennen wir die Funktion

$$G \to \mathbb{C}, \quad z \mapsto z^\alpha := e^{\alpha \ln z}$$

den Hauptzweig der komplexen Potenzfunktion z^α.

Die Potenzfunktion im Beispiel 75 ist also nur auf der aufgeschlitzten Ebene G definiert. Dies stellt jedoch kein Problem dar, denn durch eine einfache Rechnung erhalten wir für alle $u \in \mathbb{R}$, dass

$$\frac{\lambda}{\lambda - iu} = \frac{\lambda(\lambda + iu)}{(\lambda + iu)(\lambda - iu)} = \frac{\lambda^2 + i\lambda u}{\lambda^2 + u^2} = \frac{\lambda^2}{\lambda^2 + u^2} + \frac{i\lambda u}{\lambda^2 + u^2} \in G,$$

was beweist, dass das Argument stets in G liegt.

▶ **Beispiel 76** Für eine Cauchy-verteilte Zufallsvariable $X \sim \text{Cau}(\mu, \lambda)$ gilt

$$\varphi_X(u) = \exp\left(iu\mu - \lambda|u|\right), \quad u \in \mathbb{R}.$$

Insbesondere hat eine Standard-Cauchy-verteilte Zufallsvariable $X \sim \text{Cau}(0, 1)$ die charakteristische Funktion

$$\varphi_X(u) = e^{-|u|}, \quad u \in \mathbb{R}.$$

▶ **Beweis** Zunächst sei $X \sim \text{Cau}(0, 1)$ eine Standard-Cauchy-verteilte Zufallsvariable. Dann ist die Funktion

$$f : \mathbb{R} \to \mathbb{R}, \quad f(x) = \frac{1}{\pi} \cdot \frac{1}{1 + x^2}$$

eine Dichte von X. Es sei $u \in \mathbb{R}$ beliebig. Nach der Tranformationsformel für Zufallsvariablen mit Dichten (Satz 6.92) gilt

$$\varphi_X(u) = \mathbb{E}\left[e^{iuX}\right] = \int_{\mathbb{R}} e^{iux} \cdot f(x) dx$$

$$= \int_{\mathbb{R}} \cos(ux) f(x) dx + i \underbrace{\int_{\mathbb{R}} \sin(ux) f(x) dx}_{=0}$$

$$= \frac{1}{\pi} \int_{\mathbb{R}} \frac{\cos(ux)}{1 + x^2} dx = \frac{2}{\pi} \int_0^\infty \frac{\cos(ux)}{1 + x^2} dx.$$

Hierbei haben wir uns zunutze gemacht, dass f eine gerade Funktion ist. Für die Funktion

$$\varphi : (0, \infty) \to \mathbb{R}, \quad \varphi(x) = \frac{x}{u}$$

gilt $\varphi'(x) = \frac{1}{u}$, und deshalb folgt mit der Substitutionsregel (Satz A.23 aus Anhang A.2), dass

$$\varphi_X(u) = \frac{2}{\pi} \int_0^\infty \frac{1}{u} \cdot \frac{\cos t}{1 + (\frac{t}{u})^2} dt = \frac{2u}{\pi} \int_0^\infty \frac{\cos t}{u^2 + t^2} dt.$$

Dieses Integral kann mit Hilfe des Residuensatzes aus der Funktionentheorie berechnet werden. Also Ergebnis erhalten wir

$$\varphi_X(u) = \frac{2u}{\pi} \cdot \frac{\pi}{2u} e^{-|u|} = e^{-|u|},$$

wie zum Beispiel in [FB06] auf Seite 182 nachgelesen werden kann.

Nun seien $\mu \in \mathbb{R}$ und $\lambda > 0$ beliebig. Nach Beispiel 59 gilt für die neue Zufallsvariable $Y := \lambda X + \mu$, dass $Y \sim \text{Cau}(\mu, \lambda)$. Es sei $u \in \mathbb{R}$ beliebig. Mit Satz 9.8 folgt, dass

$$\varphi_Y(u) = \varphi_{\lambda X + \mu}(u) = e^{iu\mu} \varphi_X(u\lambda) = \exp(iu\mu) \cdot \exp(-\lambda|u|)$$
$$= \exp\left(iu\mu - \lambda|u|\right),$$

womit die behauptete Darstellung bewiesen ist.   q.e.d.

9.2   Der Eindeutigkeitssatz

In diesem Abschnitt kommen wir zum Eindeutigkeitssatz für Fouriertransformierte, der zeigt, dass für eine Fouriertransformierte die zugehörige Verteilung eindeutig bestimmt ist. Mit anderen Worten, die Zuordnung $\mu \mapsto \mathcal{F}\mu$ ist injektiv. Der Beweis beruht auf dem Satz von Stone-Weierstraß und kann vom interessierten Leser zum Beispiel in [Kle08, Satz 15.8] nachvollzogen werden.

> **Satz 9.10 (Eindeutigkeitssatz für Fouriertransformierte)**
> *Für zwei Wahrscheinlichkeitsmaße μ, ν auf $(\mathbb{R}^n, \mathcal{B}(\mathbb{R}^n))$ mit $\mathcal{F}\mu = \mathcal{F}\nu$ gilt $\mu = \nu$.*

Nun sei $(\Omega, \mathcal{F}, \mathbb{P})$ ein Wahrscheinlichkeitsraum. Dank des Eindeutigkeitssatzes für Fouriertransformierte erhalten wir ein weiteres Kriterium für die Unabhängigkeit zweier Zufallsvariablen. Dies ergänzt Satz 7.17.

> **Satz 9.11**
> *Für zwei reellwertige Zufallsvariablen X und Y sind folgende Aussagen äquivalent:*
> (i) *X und Y sind unabhängig.*
> (ii) *Es gilt $\varphi_{(X,Y)}(u, v) = \varphi_X(u) \cdot \varphi_Y(v)$ für alle $u, v \in \mathbb{R}$.*

▶ **Beweis** (i) $\Rightarrow$ (ii): Für alle $u, v \in \mathbb{R}$ gilt wegen der Unabhängigkeit von X und Y zusammen mit Satz 7.17, dass

$$\varphi_{(X,Y)}(u, v) = \mathbb{E}[e^{i\langle(u,v),(X,Y)\rangle}] = \mathbb{E}[e^{iuX+ivY}]$$
$$= \mathbb{E}[e^{iuX} \cdot e^{ivY}] = \mathbb{E}[e^{iuX}] \cdot \mathbb{E}[e^{ivY}] = \varphi_X(u) \cdot \varphi_Y(v).$$

(ii) $\Rightarrow$ (i): Es sei $(u, v) \in \mathbb{R}^2$ beliebig. Nach dem Satz von Fubini (Satz 7.11) gilt

$$(\mathcal{F}\mathbb{P}^{(X,Y)})(u,v) = \varphi_{(X,Y)}(u,v) = \varphi_X(u) \cdot \varphi_Y(v) = (\mathcal{F}\mathbb{P}^X)(u) \cdot (\mathcal{F}\mathbb{P}^Y)(v)$$

$$= \left(\int_{\mathbb{R}} e^{iux} \mathbb{P}^X(dx) \right) \cdot \left(\int_{\mathbb{R}} e^{iuy} \mathbb{P}^Y(dy) \right) = \int_{\mathbb{R}} \int_{\mathbb{R}} e^{iux+ivy} \mathbb{P}^X(dx) \mathbb{P}^Y(dy)$$

$$= \int_{\mathbb{R}^2} e^{i\langle (u,v),(x,y)\rangle}(\mathbb{P}^X \otimes \mathbb{P}^Y)(dx,dy) = \mathcal{F}(\mathbb{P}^X \otimes \mathbb{P}^Y)(u,v).$$

Also ist $\mathcal{F}\mathbb{P}^{(X,Y)} = \mathcal{F}(\mathbb{P}^X \otimes \mathbb{P}^Y)$. Nach dem Eindeutigkeitssatz für Fouriertransformierte (Satz 9.10) folgt $\mathbb{P}^{(X,Y)} = \mathbb{P}^X \otimes \mathbb{P}^Y$. Folglich sind X und Y nach Satz 7.17 unabhängig.

q.e.d.

Korollar 9.12
Es seien X eine reellwertige Zufallsvariable und $c \in \mathbb{R}$ eine Konstante. Dann sind X und c unabhängig.

▶ **Beweis** Für alle $u, v \in \mathbb{R}$ gilt nach Beispiel 69, dass

$$\varphi_{(X,c)}(u,v) = \mathbb{E}\big[e^{i\langle(u,v),(X,c)\rangle}\big] = e^{ivc} \cdot \mathbb{E}\big[e^{iuX}\big] = \varphi_X(u) \cdot \varphi_c(v).$$

Also liefert Satz 9.11, dass X und c unabhängig sind. q.e.d.

9.3 Summen unabhängiger Zufallsvariablen

In diesem Abschnitt sind wir daran interessiert, die Verteilung der Summe unabhängiger Zufallsvariablen zu bestimmen. In diesem Zusammenhang ist das Konzept der *Faltung* von Bedeutung:

Definition 9.13
Für zwei Wahrscheinlichkeitsmaße μ und ν auf $(\mathbb{R}, \mathcal{B}(\mathbb{R}))$ ist die *Faltung* $\mu * \nu$ definiert durch

$$(\mu * \nu)(B) := \int_{\mathbb{R}} \int_{\mathbb{R}} \mathbb{1}_B(x+y)\mu(dx)\nu(dy), \quad B \in \mathcal{B}(\mathbb{R}).$$

Nun sei $(\Omega, \mathcal{F}, \mathbb{P})$ ein Wahrscheinlichkeitsraum.

Satz 9.14
Es seien X, Y zwei unabhängige, reellwertige Zufallsvariablen und $Z := X + Y$. Dann gelten folgende Aussagen:

(a) *Es gilt $\mathbb{P}^Z = \mathbb{P}^X * \mathbb{P}^Y$.*

(b) *Es gilt $\varphi_Z = \varphi_X \cdot \varphi_Y$.*

(c) *Hat die Zufallsvariable X eine Dichte f_X, dann ist die Funktion*

$$f_Z : \mathbb{R} \to \mathbb{R}, \quad f_Z(z) = \int_{\mathbb{R}} f_X(z-y)\mathbb{P}^Y(dy)$$

eine Dichte der Zufallsvariablen Z.

(d) *Haben die Zufallsvariablen X und Y Dichten f_X und f_Y, dann gilt*

$$f_Z(z) = \int_{\mathbb{R}} f_X(z-y)f_Y(y)dy = \int_{\mathbb{R}} f_X(x)f_Y(z-x)dx, \quad z \in \mathbb{R}.$$

▶ **Beweis**

(a) Nach der allgemeinen Transformationsformel (Satz 6.60), Satz 7.17 und dem Satz von Fubini (Satz 7.11) gilt für jede nichtnegative, Borel-messbare Funktion $h : \mathbb{R}^2 \to \mathbb{R}$, dass

$$\mathbb{E}[h(X,Y)] = \int_{\mathbb{R}^2} h \, d\mathbb{P}^{(X,Y)} = \int_{\mathbb{R}^2} h \, d(\mathbb{P}^X \otimes \mathbb{P}^Y)$$

$$= \int_{\mathbb{R}} \int_{\mathbb{R}} h(x,y)\mathbb{P}^X(dx)\mathbb{P}^Y(dy).$$

Folglich gilt für jede nichtnegative, Borel-messbare Funktion $g : \mathbb{R} \to \mathbb{R}$, dass

$$\mathbb{E}[g(Z)] = \mathbb{E}[g(X+Y)] = \int_{\mathbb{R}} \int_{\mathbb{R}} g(x+y)\mathbb{P}^X(dx)\mathbb{P}^Y(dy).$$

Also gilt für jede Borel-Menge $B \in \mathcal{B}(\mathbb{R})$, dass

$$\mathbb{P}^Z(B) = \mathbb{P}(Z \in B) = \mathbb{E}[\mathbb{1}_{\{Z \in B\}}] = \mathbb{E}[\mathbb{1}_B(Z)]$$

$$= \int_{\mathbb{R}} \int_{\mathbb{R}} \mathbb{1}_B(x+y)\mathbb{P}^X(dx)\mathbb{P}^Y(dy) = (\mathbb{P}^X * \mathbb{P}^Y)(B),$$

und folglich gilt $\mathbb{P}^Z = \mathbb{P}^X * \mathbb{P}^Y$.

(b) Weiterhin folgt für jedes $u \in \mathbb{R}$, dass

$$\varphi_Z(u) = \mathbb{E}[e^{iuZ}] = \int_{\mathbb{R}} \int_{\mathbb{R}} e^{iu(x+y)} \mathbb{P}^X(dx) \mathbb{P}^Y(dy)$$

$$= \int_{\mathbb{R}} \int_{\mathbb{R}} e^{iux} e^{iuy} \mathbb{P}^X(dx) \mathbb{P}^Y(dy)$$

$$= \left(\int_{\mathbb{R}} e^{iux} \mathbb{P}^X(dx) \right) \cdot \left(\int_{\mathbb{R}} e^{iuy} \mathbb{P}^Y(dy) \right) = \varphi_X(u) \cdot \varphi_Y(u).$$

Also gilt $\varphi_Z = \varphi_X \cdot \varphi_Y$.

(c) Nun nehmen wir an, dass die Zufallsvariable X eine Dichte f_X besitzt. Nach der Tranformationsformel für Zufallsvariablen mit Dichten (Satz 6.92) und dem Satz von Fubini (Satz 7.11) gilt für jede Borel-Menge $B \in \mathcal{B}(\mathbb{R})$, dass

$$\mathbb{P}(Z \in B) = \mathbb{P}^Z(B) = (\mathbb{P}^X * \mathbb{P}^Y)(B) = \int_{\mathbb{R}} \left(\int_{\mathbb{R}} \mathbb{1}_B(x+y) \mathbb{P}^X(dx) \right) \mathbb{P}^Y(dy)$$

$$= \int_{\mathbb{R}} \left(\int_{\mathbb{R}} \mathbb{1}_B(x+y) f_X(x) dx \right) \mathbb{P}^Y(dy)$$

$$= \int_{\mathbb{R}} \left(\int_{\mathbb{R}} \mathbb{1}_B(z) f_X(z-y) dz \right) \mathbb{P}^Y(dy)$$

$$= \int_{\mathbb{R}} \left(\int_B f_X(z-y) dz \right) \mathbb{P}^Y(dy)$$

$$= \int_B \left(\int_{\mathbb{R}} f_X(z-y) \mathbb{P}^Y(dy) \right) dz = \int_B f_Z(z) dz.$$

Also ist die Funktion f_Z eine Dichte der Zufallsvariablen Z.

(d) Hat weiterhin Y eine Dichte f_Y, so folgt mit der Tranformationsformel für Zufallsvariablen mit Dichten (Satz 6.92), dass

$$f_Z(z) = \int_{\mathbb{R}} f_X(z-y) \mathbb{P}^Y(dy) = \int_{\mathbb{R}} f_X(z-y) f_Y(y) dy.$$

Die andere Identität folgt analog, was den Beweis abschließt. q.e.d.

Bemerkung 9.15 *Alternativ können wir Aussage (d) von Satz 9.14 auch schnell durch Anwendung der Sätze 8.9 und 7.44 beweisen.*

Mit Satz 9.14 können wir die charakteristischen Funktionen weiterer Verteilungen ausrechnen. Hierzu folgen zwei Beispiele.

▶ **Beispiel 77** Für eine Laplace-verteilte Zufallsvariable $W \sim \text{Lap}(\mu, \lambda)$ gilt

$$\varphi_W(u) = e^{iu\mu} \frac{\lambda^2}{\lambda^2 + u^2}, \quad u \in \mathbb{R}.$$

▶ **Beweis** Es seien $X, Y \sim \text{Exp}(1)$ unabhängige, exponentialverteilte Zufallsvariablen. Nach Beispiel 75 haben sie die charakteristischen Funktionen

$$\varphi_X(u) = \varphi_Y(u) = \frac{1}{1 - iu}, \quad u \in \mathbb{R}.$$

Für $Z := X - Y$ gilt nach Beispiel 65, dass $Z \sim \text{Lap}(0, 1)$. Die Zufallsvariablen X und $-Y$ sind nach Satz 7.17 ebenfalls unabhängig, und somit folgt mit den Sätzen 9.14 und 9.8 für alle $u \in \mathbb{R}$, dass

$$\varphi_Z(u) = \varphi_{X-Y}(u) = \varphi_X(u) \cdot \varphi_{-Y}(u) = \varphi_X(u) \cdot \varphi_Y(-u)$$
$$= \frac{1}{1 - iu} \cdot \frac{1}{1 + iu} = \frac{1}{1 + u^2}.$$

Für $W := \frac{Z}{\lambda} + \mu$ gilt nach Beispiel 58, dass $W \sim \text{Lap}(\mu, \lambda)$. Unter Anwendung von Satz 9.8 folgt für jedes $u \in \mathbb{R}$, dass

$$\varphi_W(u) = \varphi_{\frac{Z}{\lambda} + \mu}(u) = e^{iu\mu} \varphi_Z\left(\frac{u}{\lambda}\right) = e^{iu\mu} \frac{\lambda^2}{\lambda^2 + u^2},$$

womit die behauptete Darstellung bewiesen ist.   q.e.d.

▶ **Beispiel 78** Für eine dreiecksverteilte Zufallsvariable $W \sim \Delta(a, b)$ gilt

$$\varphi_W(u) = \frac{4}{u^2(b - a)^2} \left[2 \exp\left(\frac{iu(a + b)}{2}\right) - \exp(iua) - \exp(iub) \right], \quad u \in \mathbb{R}.$$

Insbesondere erhalten wir für eine dreiecksverteilte Zufallsvariable $W \sim \Delta(-1, 1)$ die charakteristische Funktion

$$\varphi_W(u) = \frac{2(1 - \cos u)}{u^2}, \quad u \in \mathbb{R}.$$

▶ **Beweis** Es seien $X, Y \sim \text{UC}(-\frac{1}{2}, \frac{1}{2})$ unabhängige, gleichverteilte Zufallsvariablen. Nach Beispiel 73 haben sie die charakteristischen Funktionen

$$\varphi_X(u) = \varphi_Y(u) = \frac{2 \sin(u/2)}{u}, \quad u \in \mathbb{R}.$$

Für $Z := X + Y$ gilt nach Beispiel 65, dass $Z \sim \Delta(-1, 1)$. Wegen der Identitäten

$$\sin x = \frac{1}{2i}\left(e^{ix} - e^{-ix}\right), \quad x \in \mathbb{R}$$
$$\cos x = \frac{1}{2}\left(e^{ix} + e^{-ix}\right), \quad x \in \mathbb{R}$$

folgt mit den Sätzen 9.14 und 9.8 für alle $u \in \mathbb{R}$, dass

$$\varphi_Z(u) = \varphi_{X+Y}(u) = \varphi_X(u) \cdot \varphi_Y(u) = \varphi_X(u)^2 = \left(\frac{2\sin(u/2)}{u}\right)^2$$

$$= \left(\frac{\exp(iu/2) - \exp(-iu/2)}{iu}\right)^2 = -\frac{e^{iu} - 2 + e^{-iu}}{u^2}$$

$$= \frac{2(1 - (e^{iu} + e^{-iu})/2)}{u^2} = \frac{2(1 - \cos u)}{u^2}.$$

Für $W := \frac{b-a}{2} Z + \frac{a+b}{2}$ gilt nach Beispiel 54, dass $W \sim \Delta(a, b)$. Unter Anwendung von Satz 9.8 folgt für jedes $u \in \mathbb{R}$, dass

$$\varphi_W(u) = \exp\left(\frac{iu(a+b)}{2}\right)\varphi_Z\left(\frac{u(b-a)}{2}\right)$$

$$= \frac{8}{u^2(b-a)^2} \exp\left(\frac{iu(a+b)}{2}\right)\left[1 - \cos\left(\frac{u(b-a)}{2}\right)\right]$$

$$= \frac{8}{u^2(b-a)^2} \exp\left(\frac{iu(a+b)}{2}\right)\left[1 - \frac{1}{2}\exp\left(\frac{iu(b-a)}{2}\right) - \frac{1}{2}\exp\left(\frac{-iu(b-a)}{2}\right)\right]$$

$$= \frac{4}{u^2(b-a)^2}\left[2\exp\left(\frac{iu(a+b)}{2}\right) - \exp(iua) - \exp(iub)\right],$$

womit die behauptete Darstellung bewiesen ist.   q.e.d.

Satz 9.14 und der Eindeutigkeitssatz (Satz 9.10) erlauben es, in vielen Fällen die Verteilung der Summe zweier Zufallsvariablen zu berechnen. Dazu folgen einige Beispiele.

▶ **Beispiel 79** Es seien $X_1, \dots, X_n \sim \mathrm{Ber}(p)$ unabhängige, Bernoulli-verteilte Zufallsvariablen und $S := X_1 + \dots + X_n$. Dann gilt $S \sim \mathrm{Bi}(n, p)$.

▶ **Beweis** Es sei $u \in \mathbb{R}$ beliebig. Nach Satz 9.14 und Beispiel 70 gilt

$$\varphi_S(u) = \prod_{j=1}^{n} \varphi_{X_j}(u) = (pe^{iu} + 1 - p)^n.$$

Nach dem Eindeutigkeitssatz (Satz 9.10) folgt $S \sim \mathrm{Bi}(n, p)$.   q.e.d.

Also haben wir einen alternativen (und kürzeren) Beweis von Satz 7.34 gefunden.

▶ **Beispiel 80** Es seien $X \sim \mathrm{Bi}(n, p)$, $Y \sim \mathrm{Bi}(m, p)$ unabhängige, binomialverteilte Zufallsvariablen und $Z := X + Y$. Dann gilt $Z \sim \mathrm{Bi}(n + m, p)$.

▶ **Beweis** Es sei $u \in \mathbb{R}$ beliebig. Nach Satz 9.14 und Beispiel 70 gilt

$$\varphi_Z(u) = \varphi_X(u) \cdot \varphi_Y(u) = (pe^{iu} + 1 - p)^n (pe^{iu} + 1 - p)^m$$

$$= (pe^{iu} + 1 - p)^{n+m}.$$

Nach dem Eindeutigkeitssatz (Satz 9.10) folgt $Z \sim \mathrm{Bi}(n + m, p)$.   q.e.d.

▶ **Beispiel 81** Es seien $X_1, \ldots, X_n \sim \text{Geo}(p)$ unabhängige, geometrisch verteilte Zufallsvariablen und $S := X_1 + \ldots + X_n$. Dann gilt $S \sim \text{NB}(n, p)$.

▶ **Beweis** Es sei $u \in \mathbb{R}$ beliebig. Nach Satz 9.14 und Beispiel 71 gilt

$$\varphi_S(u) = \prod_{j=1}^{n} \varphi_{X_j}(u) = \left(\frac{p}{1 - (1-p)e^{iu}} \right)^n.$$

Nach dem Eindeutigkeitssatz (Satz 9.10) folgt $S \sim \text{NB}(n, p)$. \qquad q.e.d.

Also haben wir einen alternativen (und kürzeren) Beweis von Satz 7.37 gefunden.

▶ **Beispiel 82** Es seien $X \sim \text{NB}(n, p)$, $Y \sim \text{NB}(m, p)$ unabhängige, negativ binomialverteilte Zufallsvariablen und $Z := X + Y$. Dann gilt $Z \sim \text{NB}(n + m, p)$.

▶ **Beweis** Es sei $u \in \mathbb{R}$ beliebig. Nach Satz 9.14 und Beispiel 71 gilt

$$\varphi_Z(u) = \varphi_X(u) \cdot \varphi_Y(u) = \left(\frac{p}{1 - (1-p)e^{iu}} \right)^n \left(\frac{p}{1 - (1-p)e^{iu}} \right)^m$$

$$= \left(\frac{p}{1 - (1-p)e^{iu}} \right)^{n+m}.$$

Nach dem Eindeutigkeitssatz (Satz 9.10) folgt $Z \sim \text{NB}(n + m, p)$. \qquad q.e.d.

▶ **Beispiel 83** Es seien $X \sim \text{Pois}(\lambda)$, $Y \sim \text{Pois}(\mu)$ unabhängige, Poisson-verteilte Zufallsvariablen und $Z := X + Y$. Dann gilt $Z \sim \text{Pois}(\lambda + \mu)$.

▶ **Beweis** Es sei $u \in \mathbb{R}$ beliebig. Nach Satz 9.14 und Beispiel 72 gilt

$$\varphi_Z(u) = \varphi_X(u) \cdot \varphi_Y(u) = \exp(\lambda(e^{iu} - 1)) \cdot \exp(\mu(e^{iu} - 1))$$

$$= \exp((\lambda + \mu)(e^{iu} - 1)).$$

Nach dem Eindeutigkeitssatz (Satz 9.10) folgt $Z \sim \text{Pois}(\lambda + \mu)$. \qquad q.e.d.

▶ **Beispiel 84** Es seien $X \sim \text{N}(\mu, \sigma^2)$, $Y \sim \text{N}(\nu, \tau^2)$ unabhängige, normalverteilte Zufallsvariablen und $Z := X + Y$. Dann gilt $Z \sim \text{N}(\mu + \nu, \sigma^2 + \tau^2)$.

▶ **Beweis** Es sei $u \in \mathbb{R}$ beliebig. Nach Satz 9.4 und Beispiel 74 gilt

$$\varphi_Z(u) = \varphi_X(u) \cdot \varphi_Y(u) = \exp \left(iu\mu - \frac{u^2 \sigma^2}{2} \right) \cdot \exp \left(iu\nu - \frac{u^2 \tau^2}{2} \right)$$

$$= \exp \left(iu(\mu + \nu) - \frac{u^2(\sigma^2 + \tau^2)}{2} \right).$$

Nach dem Eindeutigkeitssatz (Satz 9.10) folgt $Z \sim \mathrm{N}(\mu + \nu, \sigma^2 + \tau^2)$.   q.e.d.

▶ **Beispiel 85** Es seien $X \sim \Gamma(\alpha, \lambda)$, $Y \sim \Gamma(\beta, \lambda)$ unabhängige, gammaverteilte Zufallsvariablen und $Z := X + Y$. Dann gilt $Z \sim \Gamma(\alpha + \beta, \lambda)$.

▶ **Beweis** Es sei $u \in \mathbb{R}$ beliebig. Nach Satz 9.14 und Beispiel 75 gilt

$$\varphi_Z(u) = \varphi_X(u) \cdot \varphi_Y(u) = \left(\frac{\lambda}{\lambda - iu}\right)^\alpha \left(\frac{\lambda}{\lambda - iu}\right)^\beta = \left(\frac{\lambda}{\lambda - iu}\right)^{\alpha+\beta}.$$

Nach dem Eindeutigkeitssatz (Satz 9.10) folgt $Z \sim \Gamma(\alpha + \beta, \lambda)$.   q.e.d.

Das folgende Beispiel verallgemeinert unsere Ergebnisse aus den früheren Beispielen 61 und 66.

▶ **Beispiel 86** Es seien $X_1, \ldots, X_n \sim \mathrm{N}(0, 1)$ unabhängige, standardnormalverteilte Zufallsvariablen und $S := \sum_{j=1}^n X_j^2$. Dann gilt $S \sim \chi_n^2$, das heißt S hat eine Chi-Quadrat-Verteilung mit n Freiheitsgraden.

▶ **Bewies** Nach Beispiel 61 und Satz 7.17 sind $X_1^2, \ldots, X_n^2 \sim \chi_1^2 = \Gamma(\frac{1}{2}, \frac{1}{2})$ unabhängige, Chi-Quadrat-verteilte Zufallsvariablen mit einem Freiheitsgrad. Nach Beispiel 85 folgt $S \sim \Gamma(\frac{n}{2}, \frac{1}{2}) = \chi_n^2$.   q.e.d.

▶ **Beispiel 87** Es seien $X \sim \mathrm{Cau}(\mu, \lambda)$, $Y \sim \mathrm{Cau}(\nu, \kappa)$ unabhängige, Cauchy-verteilte Zufallsvariablen und $Z := X + Y$. Dann gilt $Z \sim \mathrm{Cau}(\mu + \nu, \lambda + \kappa)$.

▶ **Beweis** Es sei $u \in \mathbb{R}$ beliebig. Nach Satz 9.14 und Beispiel 76 gilt

$$\begin{aligned}\varphi_Z(u) &= \varphi_X(u) \cdot \varphi_Y(u) = \exp\left(iu\mu - \lambda|u|\right) \cdot \exp\left(iu\nu - \kappa|u|\right) \\ &= \exp\left(iu(\mu + \nu) - (\lambda + \kappa)|u|\right).\end{aligned}$$

Nach dem Eindeutigkeitssatz (Satz 9.10) folgt $Z \sim \mathrm{Cau}(\mu + \nu, \lambda + \kappa)$.   q.e.d.

▶ **Beispiel 88** Es seien $X_1, \ldots, X_n \sim \mathrm{Cau}(\mu, \lambda)$ unabhängige, Cauchy-verteilte Zufallsvariablen und $Y := \frac{1}{n} \sum_{j=1}^n X_j$. Dann gilt $Y \sim \mathrm{Cau}(\mu, \lambda)$.

▶ **Beweis** Es sei $u \in \mathbb{R}$ beliebig. Für die Summe $S := \sum_{j=1}^n X_j$ gilt nach Beispiel 87, dass $S \sim \mathrm{Cau}(n\mu, n\lambda)$. Also gilt nach Beispiel 76, dass

$$\varphi_S(u) = \exp\left(n \cdot iu\mu - n \cdot \lambda|u|\right).$$

Mit Satz 9.8 erhalten wir

$$\varphi_Y(u) = \varphi_{\frac{S}{n}}(u) = \varphi_S\left(\frac{1}{n}u\right) = \exp\left(iu\mu - \lambda|u|\right).$$

Nach dem Eindeutigkeitssatz (Satz 9.10) folgt $Y \sim \text{Cau}(\mu, \lambda)$.   q.e.d.

Beispiel 88 zeigt, dass das Gesetz der großen Zahlen (siehe Kap. 11) für Cauchy-verteilte Zufallsvariablen nicht gelten kann. Dies liegt daran, dass Cauchy-verteilte Zufallsvariablen nicht integrierbar sind, wie wir in Beispiel 48 gesehen haben.

Konvergenz von Zufallsvariablen und Verteilungen

10

In diesem Kapitel werden wir die relevanten Konvergenzarten von Zufallsvariablen und Verteilungen kennenlernen. Von besonderer Bedeutung wird der Stetigkeitssatz von Lévy sein, der einen Bezug zwischen der Konvergenz von Verteilungen und charakteristischen Funktionen herstellt. Die zum Teil recht technischen Beweise aus Abschn. 10.2 dürfen beim ersten Lesen übersprungen werden.

10.1 Konvergenz von Zufallsvariablen

In diesem Abschnitt beschäftigen wir uns mit verschiedenen Konvergenzarten von Zufallsvariablen. Es sei $(\Omega, \mathcal{F}, \mathbb{P})$ ein Wahrscheinlichkeitsraum. Im Folgenden sei $p = 1$ oder $p = 2$ eine Zahl. Wir bezeichnen mit $\mathcal{L}^p = \mathcal{L}^p(\Omega, \mathcal{F}, \mathbb{P})$ den Vektorraum aller Zufallsvariablen $X : \Omega \to \mathbb{R}$ mit $\mathbb{E}[|X|^p] < \infty$. Wir beachten, dass dies mit den früheren Definitionen 6.44 und 6.61 übereinstimmt.

Im Folgenden sei $(X_n)_{n \in \mathbb{N}}$ eine Folge von reellwertigen Zufallsvariablen $X_n : \Omega \to \mathbb{R}$, und es sei $X : \Omega \to \mathbb{R}$ eine weitere Zufallsvariable. Wir erinnern daran, dass wir in Definition 6.14 die Menge

$$\{X_n \to X\} := \{\omega \in \Omega : X_n(\omega) \to X(\omega)\}$$

definiert haben, und daran, dass gemäß Satz 6.15 gilt $\{X_n \to X\} \in \mathcal{F}$. Im Folgenden schreiben wir $\mathbb{P}(X_n \to X)$ für $\mathbb{P}(\{X_n \to X\})$.

Definition 10.1

(a) Wir sagen, dass die Folge $(X_n)_{n \in \mathbb{N}}$ *fast sicher* gegen X konvergiert (und schreiben $X_n \xrightarrow{f.s.} X$), falls $\mathbb{P}(X_n \to X) = 1$.

S. Tappe, *Einführung in die Wahrscheinlichkeitstheorie*,
DOI: 10.1007/978-3-642-37544-6_10, © Springer-Verlag Berlin Heidelberg 2013

(b) Wir sagen, dass die Folge $(X_n)_{n \in \mathbb{N}}$ *im p-ten Mittel* gegen X konvergiert (und schreiben $X_n \xrightarrow{\mathcal{L}^p} X$), falls gilt:
- $X_n \in \mathcal{L}^p$ für alle $n \in \mathbb{N}$;
- $X \in \mathcal{L}^p$;
- $\mathbb{E}[|X_n - X|^p] \to 0$ für $n \to \infty$.

(c) Wir sagen, dass die Folge $(X_n)_{n \in \mathbb{N}}$ *stochastisch* (wir sagen auch *in Wahrscheinlichkeit*) gegen X konvergiert (und schreiben $X_n \xrightarrow{\mathbb{P}} X$), falls für jedes $\epsilon > 0$ gilt $\mathbb{P}(|X_n - X| > \epsilon) \to 0$ für $n \to \infty$.

Satz 10.2

(a) *Falls* $X_n \xrightarrow{\mathcal{L}^1} X$, *dann gilt* $\mathbb{E}[X_n] \to \mathbb{E}[X]$ *und* $\mathbb{E}[|X_n|] \to \mathbb{E}[|X|]$.

(b) *Falls* $X_n \xrightarrow{\mathcal{L}^2} X$, *dann gilt* $\mathbb{E}[X_n^2] \to \mathbb{E}[X^2]$.

▶ **Beweis**

(a) Nach der Dreiecksungleichung (Satz 6.52) gilt

$$|\mathbb{E}[X_n] - \mathbb{E}[X]| = |\mathbb{E}[X_n - X]| \le \mathbb{E}[|X_n - X|] \to 0,$$

und damit $\mathbb{E}[X_n] \to \mathbb{E}[X]$. Nach der inversen Dreiecksungleichung

$$|\,|x| - |y|\,| \le |x - y| \quad \text{für alle } x, y \in \mathbb{R}$$

gilt die Abschätzung

$$|\,\mathbb{E}[|X_n|] - \mathbb{E}[|X|]\,| = |\,\mathbb{E}[|X_n| - |X|]\,| \le \mathbb{E}[|\,|X_n| - |X|\,|]$$
$$\le \mathbb{E}[|X_n - X|] \to 0,$$

und damit $\mathbb{E}[|X_n|] \to \mathbb{E}[|X|]$.

(b) Für alle $x, y \in \mathbb{R}$ gilt

$$|x^2 - y^2| = |(x + y)(x - y)| = |(x - y + 2y)(x - y)|$$
$$= |(x - y)^2 + 2y(x - y)| \le (x - y)^2 + 2|y|\,|x - y|.$$

Also gilt nach der Ungleichung von Cauchy-Schwarz (Satz 6.62) und der Voraussetzung $X_n \xrightarrow{\mathcal{L}^2} X$, dass

$$|\mathbb{E}[X_n^2] - \mathbb{E}[X^2]| = |\mathbb{E}[X_n^2 - X^2]| \leq \mathbb{E}[|X_n^2 - X^2|]$$
$$\leq \mathbb{E}[(X_n - X)^2] + 2\mathbb{E}[|X|\,|X_n - X|]$$
$$\leq \mathbb{E}[(X_n - X)^2] + 2\sqrt{\mathbb{E}[X^2]\mathbb{E}[(X_n - X)^2]} \to 0.$$

Dies beweist, dass $\mathbb{E}[X_n^2] \to \mathbb{E}[X^2]$.

Damit sind beide Aussagen bewiesen. q.e.d.

Der folgende Satz liefert eine Charakterisierung der stochastischen Konvergenz.

Satz 10.3

Es sei $f : \mathbb{R}_+ \to \mathbb{R}_+$ eine stetige, beschränkte, monoton wachsende Funktion mit $f(0) = 0$ und $f(x) > 0$ für alle $x > 0$. Dann sind folgende Aussagen äquivalent:

(i) Es gilt $X_n \overset{\mathbb{P}}{\to} X$.

(ii) Es gilt $\mathbb{E}[f(|X_n - X|)] \to 0$ für $n \to \infty$.

▶ **Beweis** (i) $\Rightarrow$ (ii): Es gelte $X_n \overset{\mathbb{P}}{\to} X$. Wegen der Beschränktheit von f existiert eine Konstante $c > 0$, so dass

$$f(x) \leq c \quad \text{für alle } x \in \mathbb{R}_+.$$

Es sei $\epsilon > 0$ beliebig. Wegen der Stetigkeit und der Monotonie von f existiert ein $\delta > 0$, so dass

$$f(x) = |f(x) - f(0)| \leq \epsilon \quad \text{für alle } x \in [0, \delta].$$

Daraus folgt

$$\mathbb{E}\big[f(|X_n - X|)\big] \leq \mathbb{E}\big[f(|X_n - X|)\mathbb{1}_{\{|X_n - X| > \delta\}} + \epsilon\mathbb{1}_{\{|X_n - X| \leq \delta\}}\big]$$
$$\leq c \cdot \underbrace{\mathbb{P}(|X_n - X| > \delta)}_{\to 0} + \epsilon \to \epsilon \quad \text{für } n \to \infty.$$

Also gilt

$$\lim_{n \to \infty} \mathbb{E}\big[f(|X_n - X|)\big] \leq \epsilon \quad \text{für alle } \epsilon > 0,$$

und hieraus folgt $\mathbb{E}[f(|X_n - X|)] \to 0$ für $n \to \infty$.

(ii) $\Rightarrow$ (i): Es gelte $\mathbb{E}[f(|X_n - X|)] \to 0$ für $n \to \infty$, und es sei $\epsilon > 0$ beliebig. Aufgrund der Monotonie von f gilt

$$f(\epsilon) \cdot \mathbb{P}(|X_n - X| > \epsilon) = \mathbb{E}\big[f(\epsilon)\mathbb{1}_{\{|X_n - X| > \epsilon\}}\big] \leq \mathbb{E}\big[f(|X_n - X|)\mathbb{1}_{\{|X_n - X| > \epsilon\}}\big]$$
$$\leq \mathbb{E}[f(|X_n - X|)] \to 0.$$

Wegen $f(\epsilon) > 0$ folgt $\mathbb{P}(|X_n - X| > \epsilon) \to 0$, und deshalb $X_n \overset{\mathbb{P}}{\to} X$. q.e.d.

Bemerkung 10.4 *Beispiele für Funktionen, die Bedingungen aus Satz 10.3 erfüllen, sind*

$$f(x) = \frac{x}{1+x}, \quad f(x) = x \wedge 1 \quad und \quad f(x) = \arctan x.$$

Das folgende Resultat zeigt, dass sowohl die fast sichere als auch die Konvergenz im p-ten Mittel die stochastische Konvergenz impliziert.

Satz 10.5
(a) *Falls $X_n \overset{f.s.}{\to} X$, dann gilt auch $X_n \overset{\mathbb{P}}{\to} X$.*
(b) *Falls $X_n \overset{\mathcal{L}^p}{\to} X$, dann gilt auch $X_n \overset{\mathbb{P}}{\to} X$.*

▶ **Beweis**

(a) Es sei $f : \mathbb{R}_+ \to \mathbb{R}_+$ eine stetige, beschränkte, monoton wachsende Funktion mit $f(0) = 0$ und $f(x) > 0$ für alle $x > 0$. Wegen $X_n \overset{f.s.}{\to} X$ gilt nach dem Konvergenzsatz von Lebesgue (Satz 6.56), dass

$$\lim_{n \to \infty} \mathbb{E}[f(|X_n - X|)] = \mathbb{E}\left[\lim_{n \to \infty} f(|X_n - X|)\right] = \mathbb{E}[f(0)] = \mathbb{E}[0] = 0.$$

Also folgt aus Satz 10.3 die stochastische Konvergenz $X_n \overset{\mathbb{P}}{\to} X$.

(b) Es sei $\epsilon > 0$ beliebig. Dann gilt wegen $X_n \overset{\mathcal{L}^p}{\to} X$, dass

$$\mathbb{P}(|X_n - X| > \epsilon) = \mathbb{E}\big[\mathbb{1}_{\{|X_n - X| > \epsilon\}}\big] \leq \mathbb{E}\left[\frac{|X_n - X|^p}{\epsilon^p} \mathbb{1}_{\{|X_n - X| > \epsilon\}}\right]$$

$$\leq \frac{1}{\epsilon^p} \cdot \mathbb{E}[|X_n - X|^p] \to 0,$$

was $X_n \overset{\mathbb{P}}{\to} X$ beweist.   q.e.d.

Beispiel 45 zeigt, dass $X_n \overset{f.s.}{\to} X$ im Allgemeinen nicht $X_n \overset{\mathcal{L}^p}{\to} X$ impliziert. Das folgende Beispiel zeigt, dass ebenso aus $X_n \overset{\mathcal{L}^p}{\to} X$ im Allgemeinen nicht $X_n \overset{f.s.}{\to} X$ gefolgert werden kann.

▶ **Beispiel 89** In diesem Beispiel betrachten wir den Wahrscheinlichkeitsraum $(\Omega, \mathcal{F}, \mathbb{P})$ $= (\mathbb{R}, \mathcal{B}(\mathbb{R}), \mathrm{UC}(0, 1))$. Wir definieren die Folge $(X_n)_{n \in \mathbb{N}}$ von reellwertigen Zufallsvariablen $X_n : \Omega \to \mathbb{R}$ durch

$$X_n := \mathbb{1}_{[(n-2^k)2^{-k}, (n+1-2^k)2^{-k})},$$

wobei $k \in \mathbb{N}_0$ die eindeutig bestimmte natürliche Zahl mit $n \in \{2^k, \dots, 2^{k+1} - 1\}$ bezeichnet. Diese Definition haben wir in Abb. 10.1 illustriert. Mit der so definierten Folge von

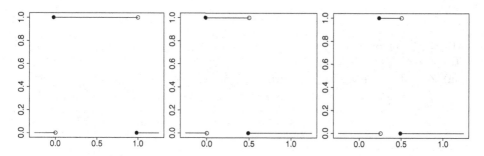

Abb. 10.1 Die Zufallsvariablen X_1, X_2 und X_5 aus Beispiel 89

Zufallsvariablen gilt $X_n \overset{\mathcal{L}^p}{\to} 0$, da für jedes $n \in \mathbb{N}$ die Gleichheit

$$\mathbb{E}[|X_n|^p] = 2^{-k}$$

gilt, wobei $k \in \mathbb{N}_0$ die eindeutig bestimmte natürliche Zahl mit $n \in \{2^k, \ldots, 2^{k+1} - 1\}$ bezeichnet. Es gilt jedoch nicht $X_n \overset{\text{f.s.}}{\to} 0$, da per Konstruktion für jedes $\omega \in (0, 1)$ die Zahlen 0 und 1 Häufungspunkte der Folge $(X_n(\omega))_{n\in\mathbb{N}}$ sind.

Die Beispiele 45 und 89 zeigen außerdem, dass die Umkehrungen der beiden Aussagen von Satz 10.5 im Allgemeinen nicht zutreffend sind.

Wir sind nun an einer weiteren Charakterisierung der stochastischen Konvergenz interessiert. Dieses Kriterium ähnelt dem bekannten Kriterium für die Konvergenz reeller Zahlenfolgen aus der Analysis, an das wir kurz erinnern.

Lemma 10.6 *Es seien $(x_n)_{n\in\mathbb{N}} \subset \mathbb{R}$ eine reelle Zahlenfolge und $x \in \mathbb{R}$ eine relle Zahl. Dann sind folgende Aussagen äquivalent:*

(i) Es gilt $x_n \to x$ für $n \to \infty$.

(ii) Zu jeder Teilfolge $(n_k)_{k\in\mathbb{N}}$ existiert eine weitere Teilfolge $(n_{k_l})_{l\in\mathbb{N}}$, so dass $x_{n_{k_l}} \to x$ für $l \to \infty$.

▶ **Beweis** (i) $\Rightarrow$ (ii): Diese Implikation ist klar.

(ii) $\Rightarrow$ (i): Wir nehmen an, dass $x_n \not\to x$ für $n \to \infty$. Dann existieren $\epsilon > 0$ und eine Teilfolge $(n_k)_{k\in\mathbb{N}}$, so dass

$$|x_{n_k} - x| > \epsilon \quad \text{für alle } k \in \mathbb{N}.$$

Also gibt es keine Teilfolge $(n_{k_l})_{l\in\mathbb{N}}$ mit $x_{n_{k_l}} \to x$ für $l \to \infty$. q.e.d.

Nun erhalten wir eine weiteres Kriterium für die stochastische Konvergenz:

Satz 10.7
Es sei $f : \mathbb{R}_+ \to \mathbb{R}_+$ eine stetige, beschränkte, monoton wachsende Funktion mit $f(0) = 0$ und $f(x) > 0$ für alle $x > 0$. Dann sind folgende Aussagen äquivalent:

(i) *Es gilt* $X_n \xrightarrow{\mathbb{P}} X$.

(ii) *Es gilt* $\mathbb{E}[f(|X_n - X|)] \to 0$.

(iii) *Zu jeder Teilfolge* $(n_k)_{k \in \mathbb{N}}$ *existiert eine weitere Teilfolge* $(n_{k_l})_{l \in \mathbb{N}}$, *so dass* $X_{n_{k_l}} \xrightarrow{f.s.} X$.

▶ **Beweis** (i) ⇔ (ii): Diese Äquivalenz hatten wir bereits in Satz 10.3 gesehen.

(ii) ⇒ (iii): Es sei $(n_k)_{k \in \mathbb{N}}$ eine beliebige Teilfolge. Dann gilt nach Voraussetzung $\mathbb{E}[f(|X_{n_k} - X|)] \to 0$ für $k \to \infty$. Also existiert eine weitere Teilfolge $(n_{k_l})_{l \in \mathbb{N}}$, so dass

$$\mathbb{E}[f(|X_{n_{k_l}} - X|)] < \frac{1}{2^l} \quad \text{für alle } l \in \mathbb{N}.$$

Zusammen mit Korollar 6.37 folgt, dass

$$\mathbb{E}\left[\sum_{l=1}^{\infty} f(|X_{n_{k_l}} - X|)\right] = \sum_{l=1}^{\infty} \mathbb{E}[f(|X_{n_{k_l}} - X|)] < \infty.$$

Da die Folgenglieder einer konvergenten Reihe eine Nullfolge bilden, folgt

$$\mathbb{P}(X_{n_{k_l}} \to X) = \mathbb{P}(f(|X_{n_{k_l}} - X|) \to 0) \geq \mathbb{P}\left(\sum_{l=1}^{\infty} f(|X_{n_{k_l}} - X|) < \infty\right) = 1.$$

Dies zeigt, dass $X_{n_{k_l}} \xrightarrow{f.s.} X$ für $l \to \infty$.

(iii) ⇒ (ii): Wir werden Lemma 10.6 auf die reelle Zahlenfolge $(x_n)_{n \in \mathbb{N}}$ gegeben durch $x_n := \mathbb{E}[f(|X_n - X|)]$ anwenden. Dazu sei $(n_k)_{k \in \mathbb{N}}$ eine beliebige Teilfolge. Nach Voraussetzung existiert eine weitere Teilfolge $(n_{k_l})_{l \in \mathbb{N}}$, so dass $X_{n_{k_l}} \xrightarrow{f.s.} X$ für $l \to \infty$. Nach dem Satz 10.5 folgt $X_{n_{k_l}} \xrightarrow{\mathbb{P}} X$ für $l \to \infty$, und nach Satz 10.3 folgt $x_{n_{k_l}} \to 0$ für $l \to \infty$. Nun ergibt Lemma 10.6, dass $x_n \to 0$, das heißt $\mathbb{E}[f(|X_n - X|)] \to 0$.   q.e.d.

Als unmittelbare Konsequenz folgt, dass stochastische Konvergenz die fast sichere Konvergenz einer Teilfolge impliziert:

Korollar 10.8

Es gelte $X_n \xrightarrow{\mathbb{P}} X$. *Dann existiert eine Teilfolge* $(n_k)_{k \in \mathbb{N}}$, *so dass* $X_{n_k} \xrightarrow{f.s.} X$ *für* $k \to \infty$.

▶ **Beweis** Dies folgt aus Satz 10.7.   q.e.d.

Für die anstehenden Untersuchungen benötigen wir folgende verallgemeinerte Version des Konvergenzsatzes von Lebesgue (Satz 6.56).

Satz 10.9 (Verallgemeinerte Version des Konvergenzsatzes von Lebesgue)
Es gelte $X_n \xrightarrow{\mathbb{P}} X$ und es existiere eine Zufallsvariable $Y \in \mathcal{L}^p$, so dass $|X_n| \leq Y$ fast sicher für alle $n \in \mathbb{N}$. Dann gilt auch $X_n \xrightarrow{\mathcal{L}^p} X$.

▶ **Beweis** Es sei $n \in \mathbb{N}$ beliebig. Dann gilt $\mathbb{E}[|X_n|^p] \leq \mathbb{E}[Y^p] < \infty$, und damit $X_n \in \mathcal{L}^p$. Wegen der inversen Dreiecksungleichung

$$||x| - |y|| \leq |x - y| \quad \text{für alle } x, y \in \mathbb{R}$$

und der stochastischen Konvergenz $X_n \xrightarrow{\mathbb{P}} X$ gilt für jedes $\epsilon > 0$, dass

$$\mathbb{P}(|X| > Y + \epsilon) \leq \mathbb{P}(|X| > |X_n| + \epsilon) = \mathbb{P}(|X| - |X_n| > \epsilon)$$
$$\leq \mathbb{P}(||X| - |X_n|| > \epsilon)$$
$$\leq \mathbb{P}(|X - X_n| > \epsilon) \to 0 \quad \text{für } n \to \infty.$$

Daraus folgt

$$\mathbb{P}(|X| > Y + \epsilon) = 0 \quad \text{für jedes } \epsilon > 0.$$

Wegen $\{|X| > Y + \frac{1}{m}\} \uparrow \{|X| > Y\}$ für $m \to \infty$ folgt wegen der Stetigkeit des Wahrscheinlichkeitsmaßes $\mathbb{P}$ (Satz 2.23), dass

$$\mathbb{P}(|X| > Y) = \lim_{m \to \infty} \mathbb{P}\left(|X| > Y + \frac{1}{m}\right) = 0.$$

Also gilt $\mathbb{P}(|X| \leq Y) = 1$, und damit $\mathbb{E}[|X|^p] \leq \mathbb{E}[Y^p] < \infty$, so dass folgt $X \in \mathcal{L}^p$.

Es bleibt nachzuweisen, dass $\mathbb{E}[|X_n - X|^p] \to 0$. Wir argumentieren indirekt und nehmen an, dass dies nicht gilt. Dann existieren $\epsilon > 0$ und eine Teilfolge $(n_k)_{k \in \mathbb{N}}$, so dass

$$\mathbb{E}[|X_{n_k} - X|^p] > \epsilon \quad \text{für alle } k \in \mathbb{N}.$$

Wegen der stochastischen Konvergenz $X_n \xrightarrow{\mathbb{P}} X$ existiert nach Satz 10.7 eine weitere Teilfolge $(n_{k_l})_{l \in \mathbb{N}}$, so dass $X_{n_{k_l}} \xrightarrow{\text{f.s.}} X$ für $l \to \infty$. Außerdem gilt fast sicher

$$|X_{n_{k_l}} - X| \leq 2Y \quad \text{für alle } l \in \mathbb{N}.$$

Nach dem Konvergenzsatz von Lebesgue (Satz 6.56) folgt, dass

$$\mathbb{E}[|X_{n_{k_l}} - X|^p] \to 0 \quad \text{für } l \to \infty.$$

Dies widerspricht

$$\mathbb{E}[|X_{n_k} - X|^p] > \epsilon \quad \text{für alle } k \in \mathbb{N},$$

womit der Beweis beendet ist.   q.e.d.

Wie das folgende Resultat zeigt, bleiben sowohl die fast sichere als auch die stochastische Konvergenz unter stetigen Transformationen bestehen.

Satz 10.10

Es sei $g : \mathbb{R} \to \mathbb{R}$ eine stetige Funktion.

(a) *Falls $X_n \xrightarrow{f.s.} X$, dann gilt auch $g(X_n) \xrightarrow{f.s.} g(X)$.*

(b) *Falls $X_n \xrightarrow{\mathbb{P}} X$, dann gilt auch $g(X_n) \xrightarrow{\mathbb{P}} g(X)$.*

▶ **Beweis**

(a) Es gelte $X_n \xrightarrow{f.s.} X$. Wegen der Stetigkeit von g gilt

$$\mathbb{P}(g(X_n) \to g(X)) \geq \mathbb{P}(X_n \to X) = 1,$$

und damit $g(X_n) \xrightarrow{f.s.} g(X)$.

(b) Es gelte $X_n \xrightarrow{\mathbb{P}} X$. Weiterhin sei $(n_k)_{k \in \mathbb{N}}$ eine beliebige Teilfolge. Nach Satz 10.7 existiert eine weitere Teilfolge $(n_{k_l})_{l \in \mathbb{N}}$, so dass $X_{n_{k_l}} \xrightarrow{f.s.} X$ für $l \to \infty$, und nach Teil (a) folgt $g(X_{n_{k_l}}) \xrightarrow{f.s.} g(X)$ für $l \to \infty$. Nun folgt mit Satz 10.7, dass $g(X_n) \xrightarrow{\mathbb{P}} g(X)$.   q.e.d.

10.2   Schwache Konvergenz und Konvergenz in Verteilung

In diesem Abschnitt beschäftigen wir uns mit der schwachen Konvergenz von Wahrscheinlichkeitsmaßen und dem damit eng verwandten Begriff der Konvergenz in Verteilung von Zufallsvariablen. Wie im letzten Abschnitt bezeichnet $(\Omega, \mathcal{F}, \mathbb{P})$ einen Wahrscheinlichkeitsraum.

Definition 10.11

(a) Es seien $(\mu_n)_{n \in \mathbb{N}}$ und μ Wahrscheinlichkeitsmaße auf $(\mathbb{R}, \mathcal{B}(\mathbb{R}))$. Wir sagen, dass die Folge $(\mu_n)_{n \in \mathbb{N}}$ *schwach* gegen μ konvergiert (und schreiben $\mu_n \to \mu$ schwach), falls

$$\int_{\mathbb{R}} f \, d\mu_n \to \int_{\mathbb{R}} f \, d\mu$$

für jede stetige, beschränkte Funktion $f : \mathbb{R} \to \mathbb{R}$.

(b) Es seien $(X_n)_{n\in\mathbb{N}}$ und X Zufallsvariablen. Wir sagen, dass $(X_n)_{n\in\mathbb{N}}$ *in Verteilung gegen X konvergiert* (und schreiben $X_n \overset{D}{\to} X$), falls $\mathbb{P}^{X_n} \to \mathbb{P}^{X}$ schwach, das heißt, es gilt

$$\int_{\mathbb{R}} f d\mathbb{P}^{X_n} \to \int_{\mathbb{R}} f d\mathbb{P}^{X}$$

für jede stetige, beschränkte Funktion $f : \mathbb{R} \to \mathbb{R}$.

Mit Hilfe der allgemeinen Transformationsformel erhalten wir folgendes Kriterium für die Konvergenz in Verteilung.

Satz 10.12

Es seien $(X_n)_{n\in\mathbb{N}}$ und X Zufallsvariablen. Dann gilt $X_n \overset{D}{\to} X$ genau dann, wenn

$$\mathbb{E}[f(X_n)] \to \mathbb{E}[f(X)]$$

für jede stetige, beschränkte Funktion $f : \mathbb{R} \to \mathbb{R}$.

▶ **Beweis** Nach der allgemeinen Transformationsformel (Satz 6.60) gilt für jede Zufallsvariable X und für jede stetige, beschränkte Funktion $f : \mathbb{R} \to \mathbb{R}$ die Identität

$$\mathbb{E}[f(X)] = \int_{\mathbb{R}} f d\mathbb{P}^{X},$$

so dass die behauptete Äquivalenz unmittelbar folgt. q.e.d.

Als einfaches Beispiel betrachten wir eine Folge von Dirac-Verteilungen:

▶ **Beispiel 90** Es seien $(\alpha_n)_{n\in\mathbb{N}} \in \mathbb{R}$ eine reelle Zahlenfolge und $\alpha \in \mathbb{R}$ eine reelle Zahl. Dann sind folgende Aussagen äquivalent:

(i) Es gilt $\delta_{\alpha_n} \to \delta_\alpha$ schwach.
(ii) Es gilt $\alpha_n \to \alpha$.

In der Tat, für jede stetige, beschränkte Funktion $f : \mathbb{R} \to \mathbb{R}$ gilt nach der Transformationsformel für diskrete Zufallsvariablen (Satz 6.76), dass

$$\int_{\mathbb{R}} f d\mu_n = f(\alpha_n) \quad \text{und} \quad \int_{\mathbb{R}} f d\mu = f(\alpha),$$

woraus sich die Äquivalenz (i) $\Leftrightarrow$ (ii) ergibt.

Das folgende Resultat zeigt, dass Konvergenz in Verteilung aus stochastischer Konvergenz (und damit sowohl aus fast sicherer Konvergenz als auch aus Konvergenz im p-ten Mittel) folgt.

Satz 10.13

Es seien $(X_n)_{n \in \mathbb{N}}$ und X Zufallsvariablen, so dass $X_n \xrightarrow{\mathbb{P}} X$. Dann gilt auch $X_n \xrightarrow{\mathcal{D}} X$.

▶ **Beweis** Es sei $f : \mathbb{R} \to \mathbb{R}$ eine stetige, beschränkte Funktion. Nach Satz 10.10 gilt $f(X_n) \xrightarrow{\mathbb{P}} f(X)$. Wegen der Beschränktheit von f folgt nach Satz 10.9, dass $f(X_n) \xrightarrow{\mathcal{L}^1} f(X)$. Also gilt nach Satz 10.2, dass $\mathbb{E}[f(X_n)] \to \mathbb{E}[f(X)]$. Nun folgt aus Satz 10.12, dass $X_n \xrightarrow{\mathcal{D}} X$.   q.e.d.

Die Umkehrung von Satz 10.13 gilt im Allgemeinen nicht, wie das folgende Beispiel zeigt.

▶ **Beispiel 91** Es seien $(X_n)_{n \in \mathbb{N}}$ und X identisch verteilte Zufallsvariablen mit $X \sim N(0, 1)$, so dass für jedes $n \in \mathbb{N}$ die Zufallsvariablen X_n und X unabhängig sind. Dann gilt $X_n \xrightarrow{\mathcal{D}} X$, da $\mathbb{P}^{X_n} = \mathbb{P}^X$ für alle $n \in \mathbb{N}$. Es gilt jedoch nicht $X_n \xrightarrow{\mathbb{P}} X$, wovon wir uns nun vergewissern werden. Bezeichnen wir mit $F_X : \mathbb{R} \to [0, 1]$ die Verteilungsfunktion von X, so ist die Verteilungsfunktion $F_{-X} : \mathbb{R} \to [0, 1]$ gegeben durch

$$F_{-X}(x) = \mathbb{P}(-X \leq x) = \mathbb{P}(X \geq -x) = \int_{-x}^{\infty} \frac{1}{\sqrt{2\pi}} \exp\left(-\frac{y^2}{2} \right) dy$$

$$= \int_{-\infty}^{x} \frac{1}{\sqrt{2\pi}} \exp\left(-\frac{y^2}{2} \right) dy = F_X(x), \quad x \in \mathbb{R},$$

das heißt, es gilt $-X \sim N(0, 1)$. Nun sei $n \in \mathbb{N}$ beliebig. Die Zufallsvariablen X_n und $-X$ sind nach Satz 7.17 ebenfalls unabhängig, und somit folgt nach Beispiel 84, dass $X_n - X \sim N(0, 2)$. Daraus folgt für jedes $\epsilon > 0$, dass

$$\mathbb{P}(|X_n - X| > \epsilon) = 1 - \mathbb{P}(|X_n - X| \leq \epsilon) = 1 - \int_{-\epsilon}^{\epsilon} \frac{1}{\sqrt{4\pi}} \exp\left(-\frac{x^2}{4} \right) dx \neq 0,$$

und damit $\mathbb{P}(|X_n - X| > \epsilon) \not\to 0$, was beweist, dass die stochastische Konvergenz $X_n \xrightarrow{\mathbb{P}} X$ nicht gilt.

Haben wir jedoch Konvergenz in Verteilung gegen eine konstante Zufallsvariable vorliegen, dann können wir auf die stochastische Konvergenz schließen. Dieses Resultat wird sich später in Kap. 11 für den Beweis einer Variante des Gesetzes der großen Zahlen als nützlich erweisen.

Satz 10.14

Es seien $(X_n)_{n \in \mathbb{N}}$ und X Zufallsvariablen, so dass $X_n \xrightarrow{\mathcal{D}} X$ und $\mathbb{P}(X = c) = 1$ für eine Konstante $c \in \mathbb{R}$. Dann gilt auch $X_n \xrightarrow{\mathbb{P}} X$.

▶ **Beweis** Es sei $f : \mathbb{R}_+ \to \mathbb{R}_+$ eine stetige, beschränkte, monoton wachsende Funktion mit $f(0) = 0$ und $f(x) > 0$ für alle $x > 0$. Dann ist die Funktion

$$g : \mathbb{R} \to \mathbb{R}, \quad g(x) := f(|x - c|)$$

stetig und beschränkt. Mit Satz 10.12 folgt

$$\mathbb{E}[f(|X_n - X|)] = \mathbb{E}[g(X_n)] \to \mathbb{E}[g(X)] = 0.$$

Also ergibt Satz 10.7, dass $X_n \xrightarrow{\mathbb{P}} X$. q.e.d.

Wir sammeln nun einige Kriterien für die schwache Konvergenz von Wahrscheinlichkeitsmaßen. Für die im Folgenden benötigten topologischen Grundbegriffe reeller Teilmengen verweisen wir auf Anhang A.4.

Satz 10.15 (Satz von Portmanteau)
Es seien $(\mu_n)_{n \in \mathbb{N}}$ und μ Wahrscheinlichkeitsmaße auf $(\mathbb{R}, \mathcal{B}(\mathbb{R}))$. Dann sind folgende Aussagen äquivalent:
(i) *Es gilt $\mu_n \to \mu$ schwach.*
(ii) *Es gilt $\int_{\mathbb{R}} f d\mu_n \to \int_{\mathbb{R}} f d\mu$ für jede gleichmäßig stetige, beschränkte Funktion $f : \mathbb{R} \to \mathbb{R}$.*
(iii) *Es gilt $\limsup_{n \to \infty} \mu_n(A) \leq \mu(A)$ für jede abgeschlossene Menge $A \subset \mathbb{R}$.*
(iv) *Es gilt $\liminf_{n \to \infty} \mu_n(O) \geq \mu(O)$ für jede offene Menge $O \subset \mathbb{R}$.*
(v) *Es gilt $\mu_n(B) \to \mu(B)$ für jede Borel-Menge $B \in \mathcal{B}(\mathbb{R})$ mit $\mu(\partial B) = 0$.*

▶ **Beweis** (i) $\Rightarrow$ (ii): Diese Implikation folgt aus Definition 10.11.

(ii) $\Rightarrow$ (iii): Es sei $A \subset \mathbb{R}$ eine abgeschlosse Menge. Die Funktion

$$d_A : \mathbb{R} \to \mathbb{R}, \quad d_A(x) = \inf\{|x - y| : y \in A\}$$

ist Lipschitz-stetig. Also ist für alle $k \in \mathbb{N}$ die Funktion

$$f_k : \mathbb{R} \to \mathbb{R}, \quad f_k(x) = (1 - k \cdot d_A(x))^+$$

gleichmäßig stetig und beschränkt, wobei $y^+ = \max\{y, 0\}$ den Positivteil einer reellen Zahl $y \in \mathbb{R}$ bezeichnet. Für jedes $\epsilon > 0$ definieren wir die Menge $A_\epsilon \subset \mathbb{R}$ durch

$$A_\epsilon := \{x \in \mathbb{R} : d_A(x) < \epsilon\}.$$

Dann gilt $\mathbb{1}_A \leq f_k \leq \mathbb{1}_{A_{1/k}}$ für jedes $k \in \mathbb{N}$. Wegen $A_{1/k} \downarrow A$ und der Stetigkeit des Wahrscheinlichkeitsmaßes μ (Satz 2.23) folgt

$$\limsup_{n\to\infty} \mu_n(A) = \limsup_{n\to\infty} \int_{\mathbb{R}} \mathbb{1}_A d\mu_n \le \lim_{n\to\infty} \int_{\mathbb{R}} f_k d\mu_n = \int_{\mathbb{R}} f_k d\mu \le \int_{\mathbb{R}} \mathbb{1}_{A_{1/k}} d\mu$$

$$= \mu(A_{1/k}) \to \mu(A) \quad \text{für } k \to \infty.$$

(iii) $\Leftrightarrow$ (iv): Diese Äquivalenz erhalten wir durch Komplementbildung.

(iii)+(iv) $\Rightarrow$ (v): Wegen $\mu(\partial B) = 0$ gilt

$$\mu(B) = \mu(\text{Int } B) \le \liminf_{n\to\infty} \mu_n(\text{Int } B) \le \liminf_{n\to\infty} \mu_n(B)$$

$$\le \limsup_{n\to\infty} \mu_n(B) \le \limsup_{n\to\infty} \mu_n(\overline{B}) \le \mu(\overline{B}) = \mu(B),$$

und somit erhalten wir $\mu_n(B) \to \mu(B)$.

(v) $\Rightarrow$ (i): Es sei $f : \mathbb{R} \to \mathbb{R}$ eine stetige, beschränkte Funktion. Ohne Beschränkung der Allgemeinheit dürfen wir annehmen, dass $0 < f < 1$. Nach dem Satz von Fubini (Satz 7.11) gilt

$$\int_{\mathbb{R}} f d\mu = \int_{\mathbb{R}} \int_0^{f(x)} dt\, \mu(dx) = \int_{\mathbb{R}} \int_0^1 \mathbb{1}_{\{f(x)>t\}} dt\, \mu(dx)$$

$$= \int_0^1 \int_{\mathbb{R}} \mathbb{1}_{\{f(x)>t\}} \mu(dx) dt = \int_0^1 \mu(f > t) dt.$$

Es sei $t \in [0, 1]$ beliebig. Nach Satz A.45 ist das Urbild $\{f > t\} = f^{-1}((t, \infty))$ offen, und das Urbild $\{f \ge t\} = f^{-1}([t, \infty))$ ist abgeschlossen, so dass folgt

$$\overline{\{f > t\}} \subset \overline{\{f \ge t\}} = \{f \ge t\}.$$

Also erhalten wir

$$\partial\{f > t\} = \overline{\{f > t\}} \setminus \text{Int }\{f > t\} \subset \{f \ge t\} \setminus \{f > t\} = \{f = t\},$$

und mit Satz 2.18 folgt $\mu(\partial\{f > t\}) \le \mu(f = t)$. Die Mengen $(\{f = t\})_{t\in[0,1]}$ sind paarweise disjunkt. Also ist die Menge $N \subset \mathbb{R}$ definiert durch

$$N := \{t \in [0, 1] : \mu(f = t) > 0\}$$

nach Satz 2.27 höchstens abzählbar. Somit gilt $\mu(\partial\{f > t\}) = 0$ für λ-fast alle $t \in [0, 1]$, und nach Voraussetzung folgt

$$\mu_n(f > t) \to \mu(f > t) \quad \text{für} \quad \lambda\text{-fast alle } t \in [0, 1].$$

Nun erhalten wir mit dem Konvergenzsatz von Lebesgue (Satz 6.56), dass

$$\int_{\mathbb{R}} f d\mu_n = \int_0^1 \mu_n(f > t) dt \to \int_0^1 \mu(f > t) dt = \int_{\mathbb{R}} f d\mu.$$

Folglich gilt $\mu_n \to \mu$ schwach.   q.e.d.

Nun können wir für diskrete und für absolutstetige Verteilungen hinreichende Bedingungen für die schwache Konvergenz angeben. Für das folgende Resultat seien $E \subset \mathbb{R}$ eine höchstens abzählbare Menge und $\mathcal{E} := \mathfrak{P}(E)$ ihre Potenzmenge. Es seien $(\mu_n)_{n \in \mathbb{N}}$ und μ Wahrscheinlichkeitsmaße auf $(E, \mathcal{E})$ mit stochastischen Vektoren $(\pi_n)_{n \in \mathbb{N}}$ und π. In Abschn. 5.4 hatten wir gesehen, wie diese Wahrscheinlichkeitsmaße als Verteilungen auf der reellen Achse aufgefasst werden können, und zwar gilt nach Satz 5.18 für die durch

$$\nu_n(B) := \sum_{k \in B \cap E} \pi_n(k) \quad \text{und} \quad \nu(B) := \sum_{k \in B \cap E} \pi(k)$$

auf $(\mathbb{R}, \mathcal{B}(\mathbb{R}))$ definierten Wahrscheinlichkeitsmaße $(\nu_n)_{n \in \mathbb{N}}$ und ν, dass $\mu_n = \nu_n|_{\mathcal{E}}$ für alle $n \in \mathbb{N}$ und $\mu = \nu|_{\mathcal{E}}$. Dementsprechend sagen wir, dass die Folge $(\mu_n)_{n \in \mathbb{N}}$ *schwach* gegen μ konvergiert (und schreiben $\mu_n \to \mu$ schwach), falls $\nu_n \to \nu$ schwach.

Satz 10.16

Falls $\pi_n(k) \to \pi(k)$ für alle $k \in E$, dann gilt $\mu_n \to \mu$ schwach.

▶ **Beweis** Es sei $O \subset \mathbb{R}$ eine beliebige offene Menge. Wir bezeichnen mit ζ das Zählmaß auf E. Dann folgt mit Satz 6.75 und dem Lemma von Fatou (Satz 6.38), dass

$$\nu(O) = \sum_{k \in O \cap E} \pi(k) = \int_{O \cap E} \pi \, d\zeta = \int_{O \cap E} \left(\lim_{n \to \infty} \pi_n \right) d\zeta$$

$$\leq \liminf_{n \to \infty} \int_{O \cap E} \pi_n \, d\zeta = \liminf_{n \to \infty} \sum_{k \in O \cap E} \pi_n(k) = \liminf_{n \to \infty} \nu_n(O).$$

Also folgt mit dem Satz von Portmanteau (Satz 10.15), dass $\mu_n \to \mu$ schwach.   q.e.d.

Mit Hilfe von Satz 10.16 lassen sich leicht folgende Beispiele verifizieren. Wir nehmen dabei stets an, dass die Zahlenfolgen und deren Grenzwerte in den vereinbarten Parameterbereichen liegen.

▶ **Beispiel 92** Es gilt $\delta_{\alpha_n} \to \delta_{\alpha}$ schwach für $\alpha_n \to \alpha$. Dies hatten wir bereits in Beispiel 90 gesehen.

▶ **Beispiel 93** Es gilt $\mathrm{Bi}(n, p_m) \to \mathrm{Bi}(n, p)$ schwach für $p_m \to p$, und damit insbesondere $\mathrm{Ber}(p_m) \to \mathrm{Ber}(p)$ schwach für $p_m \to p$.

▶ **Beispiel 94** Es gilt $\mathrm{NB}(n, p_m) \to \mathrm{NB}(n, p)$ schwach, und damit insbesondere $\mathrm{Geo}(p_m) \to \mathrm{Geo}(p)$ schwach für $p_m \to p$.

▶ **Beispiel 95** Es gilt $\mathrm{Pois}(\lambda_n) \to \mathrm{Pois}(\lambda)$ für $\lambda_n \to \lambda$.

Satz 10.17

Es seien $(\mu_n)_{n\in\mathbb{N}}$ und μ Wahrscheinlichkeitsmaße auf $(\mathbb{R}, \mathcal{B}(\mathbb{R}))$ mit Dichten $(f_n)_{n\in\mathbb{N}}$ und f, so dass $f_n(x) \to f(x)$ für λ-fast alle $x \in \mathbb{R}$. Dann gilt $\mu_n \to \mu$ schwach.

▶ **Beweis** Es sei $O \subset \mathbb{R}$ eine beliebige offene Menge. Nach dem Lemma von Fatou (Satz 6.38) gilt

$$\mu(O) = \int_O f(x)dx = \int_O \left(\lim_{n\to\infty} f_n(x) \right) dx$$

$$\leq \liminf_{n\to\infty} \int_O f_n(x)dx = \liminf_{n\to\infty} \mu_n(O).$$

Also folgt mit dem Satz von Portmanteau (Satz 10.15), dass $\mu_n \to \mu$ schwach.   q.e.d.

Mit Hilfe von Satz 10.17 lassen sich leicht folgende Beispiele verifizieren. Wir nehmen dabei stets an, dass die Zahlenfolgen und deren Grenzwerte in den vereinbarten Parameterbereichen liegen.

▶ **Beispiel 96** Es gilt $\text{UC}(a_n, b_n) \to \text{UC}(a, b)$ schwach für $(a_n, b_n) \to (a, b)$.

▶ **Beispiel 97** Es gilt $\Delta(a_n, b_n) \to \Delta(a, b)$ schwach für $(a_n, b_n) \to (a, b)$.

▶ **Beispiel 98** Es gilt $\Gamma(\alpha_n, \lambda_n) \to \Gamma(\alpha, \lambda)$ schwach für $(\alpha_n, \lambda_n) \to (\alpha, \lambda)$, und damit insbesondere $\text{Exp}(\lambda_n) \to \text{Exp}(\lambda)$ schwach für $\lambda_n \to \lambda$.

▶ **Beispiel 99** Es gilt $\text{N}(\mu_n, \sigma_n^2) \to \text{N}(\mu, \sigma^2)$ schwach für $(\mu_n, \sigma_n^2) \to (\mu, \sigma^2)$.

▶ **Beispiel 100** Es gilt $\text{Lap}(\mu_n, \lambda_n) \to \text{Lap}(\mu, \lambda)$ schwach für $(\mu_n, \lambda_n) \to (\mu, \lambda)$.

▶ **Beispiel 101** Es gilt $\text{Cau}(\mu_n, \lambda_n) \to \text{Cau}(\mu, \lambda)$ schwach für $(\mu_n, \lambda_n) \to (\mu, \lambda)$.

Das folgende Resultat stellt einen Bezug zwischen der schwachen Konvergenz von Wahrscheinlichkeitsmaßen und deren Verteilungsfunktionen her. Wir erinnern daran, dass für eine Verteilungsfunktion $F : \mathbb{R} \to [0, 1]$ die Menge der Unstetigkeitsstellen gegeben ist durch

$$\Delta_F := \{x \in \mathbb{R} : F(x-) \neq F(x)\}.$$

Diese Menge ist gemäß Satz 5.17 höchstens abzählbar.

Satz 10.18

Es seien $(\mu_n)_{n\in\mathbb{N}}$ und μ Wahrscheinlichkeitsmaße auf $(\mathbb{R}, \mathcal{B}(\mathbb{R}))$ mit Verteilungsfunktionen $(F_n)_{n\in\mathbb{N}}$ und F. Dann sind folgende Aussagen äquivalent:

(i) *Es gilt $\mu_n \to \mu$ schwach.*

(ii) *Es gilt $F_n(x) \to F(x)$ für alle $x \in \Delta_F^c$.*

▶ **Beweis** (i) ⇒ (ii): Es sei $x \in \Delta_F^c$ beliebig. Dann gilt

$$\mu(\partial(-\infty, x]) = \mu(\{x\}) = 0.$$

Nach dem Satz von Portmanteau (Satz 10.15) folgt

$$F_n(x) = \mu_n((-\infty, x]) \to \mu((-\infty, x]) = F(x).$$

(ii) ⇒ (i): Es sei $f : \mathbb{R} \to \mathbb{R}$ eine stetige, beschränkte Funktion. Wir definieren die Konstante $c \geq 1$ durch $c := \max\{\sup_{x \in \mathbb{R}} |f(x)|, 1\}$. Weiterhin sei $\epsilon > 0$ beliebig. Da die Menge Δ_F höchstens abzählbar ist, existieren wegen $F(-\infty) = 0$ und $F(\infty) = 1$ reelle Zahlen $y, z \in \Delta_F^c$ mit $y < z$, so dass

$$F(y) \leq \frac{\epsilon}{18c} \quad \text{und} \quad F(z) \geq 1 - \frac{\epsilon}{18c}.$$

Hieraus folgt mit Satz 5.16, dass

$$\mu((y, z]^c) = 1 - (F(z) - F(y)) \leq \frac{\epsilon}{9c}.$$

Da nach Voraussetzung $F_n(x) \to F(x)$ für alle $x \in \Delta_F^c$, existiert ein Index $n_1 \in \mathbb{N}$, so dass

$$|F_n(y) - F(y)| \leq \frac{\epsilon}{18c} \quad \text{und} \quad |F_n(z) - F(z)| \leq \frac{\epsilon}{18c} \quad \text{für alle } n \geq n_1.$$

Daraus folgt für alle $n \geq n_1$, dass

$$
\begin{aligned}
\mu_n((y, z]^c) &= 1 - (F_n(z) - F_n(y)) \\
&\leq 1 - (F(z) - F(y)) + |F_n(y) - F(y)| + |F_n(z) - F(z)| \\
&\leq \frac{\epsilon}{9c} + \frac{\epsilon}{18c} + \frac{\epsilon}{18c} = \frac{2\epsilon}{9c}.
\end{aligned}
$$

Die stetige Funktion f ist auf dem kompakten Intervall $[y, z]$ gleichmäßig stetig. Folglich existieren ein $k \in \mathbb{N}$ und $x_0, \ldots, x_k \in \Delta_F^c$ mit $y = x_0 < x_1 < \ldots < x_k = z$, so dass für alle $j = 1, \ldots, k$ gilt

$$|f(x) - f(x_j)| \leq \frac{\epsilon}{9}, \quad x \in [x_{j-1}, x_j].$$

Nun definieren wir die neue Funktion $g : \mathbb{R} \to \mathbb{R}$ durch

$$g := \sum_{j=1}^{k} f(x_j) \mathbb{1}_{(x_{j-1}, x_j]}.$$

Dann erhalten wir

$$|f(x) - g(x)| \leq \frac{\epsilon}{9} \quad \text{für alle } x \in (y, z].$$

Es folgt für alle $n \geq n_1$, dass

$$\left| \int_{\mathbb{R}} f(x) \mu_n(dx) - \int_{\mathbb{R}} g(x) \mu_n(dx) \right| \leq \int_{\mathbb{R}} |f(x) - g(x)| \mu_n(dx)$$

$$= \int_{(y,z]} |f(x) - g(x)| \mu_n(dx) + \int_{(y,z]^c} |f(x)| \mu_n(dx)$$

$$\leq \frac{\epsilon}{9} \cdot \mu_n((y,z]) + c \cdot \mu_n((y,z]^c) \leq \frac{\epsilon}{9} + \frac{2\epsilon}{9} = \frac{\epsilon}{3}.$$

Analog erhalten wir

$$\left| \int_{\mathbb{R}} f(x) \mu(dx) - \int_{\mathbb{R}} g(x) \mu(dx) \right| \leq \frac{\epsilon}{3}.$$

Nach Satz 5.16 gilt für alle $n \in \mathbb{N}$, dass

$$\int_{\mathbb{R}} g(x) \mu_n(dx) = \sum_{j=1}^{k} f(x_j) \mu_n((x_{j-1}, x_j]) = \sum_{j=1}^{k} f(x_j)(F_n(x_j) - F_n(x_{j-1}))$$

und analog

$$\int_{\mathbb{R}} g(x) \mu(dx) = \sum_{j=1}^{k} f(x_j) \mu((x_{j-1}, x_j]) = \sum_{j=1}^{k} f(x_j)(F(x_j) - F(x_{j-1})).$$

Da nach Voraussetzung $F_n(x) \to F(x)$ für alle $x \in \Delta_F^c$, existiert ein Index $n_2 \in \mathbb{N}$, so dass für alle $n \geq n_2$ gilt

$$|F_n(x_j) - F(x_j)| \leq \frac{\epsilon}{6ck}, \quad j = 1, \ldots, k.$$

Also gilt für alle $n \geq n_2$, dass

$$\left| \int_{\mathbb{R}} g(x) \mu_n(dx) - \int_{\mathbb{R}} g(x) \mu(dx) \right|$$

$$\leq c \sum_{j=1}^{k} \left(|F_n(x_j) - F(x_j)| + |F_n(x_{j-1}) - F(x_{j-1})| \right) \leq \frac{\epsilon}{3}.$$

Nun definieren wir den Index $n_0 := \max\{n_1, n_2\}$. Dann folgt für alle $n \geq n_0$, dass

$$\left| \int_{\mathbb{R}} f d\mu_n - \int_{\mathbb{R}} f d\mu \right|$$

$$\leq \left| \int_{\mathbb{R}} f d\mu_n - \int_{\mathbb{R}} g d\mu_n \right| + \left| \int_{\mathbb{R}} g d\mu_n - \int_{\mathbb{R}} g d\mu \right| + \left| \int_{\mathbb{R}} g d\mu - \int_{\mathbb{R}} f d\mu \right|$$

$$\leq \frac{\epsilon}{3} + \frac{\epsilon}{3} + \frac{\epsilon}{3} = \epsilon.$$

Da $\epsilon > 0$ beliebig gewesen ist, folgt $\int_{\mathbb{R}} f d\mu_n \to \int_{\mathbb{R}} f d\mu$, womit wir $\mu_n \to \mu$ schwach bewiesen haben. q.e.d.

Im Folgenden wird das Konzept der Straffheit einer Folge von Wahrscheinlichkeitsmaßen eine wesentliche Rolle spielen. Dazu machen wir uns zunächst die folgende Eigenschaft von Wahrscheinlichkeitsmaßen klar:

Lemma 10.19 *Es sei μ ein Wahrscheinlichkeitsmaß auf $(\mathbb{R}, \mathcal{B}(\mathbb{R}))$. Dann existiert zu jedem $\epsilon > 0$ eine kompakte Menge $K \subset \mathbb{R}$, so dass $\mu(K^c) \leq \epsilon$.*

▶ **Beweis** Es sei $\epsilon > 0$ beliebig. Wegen $[-n, n]^c \downarrow \emptyset$ folgt mit der Stetigkeit des Wahrscheinlichkeitsmaßes μ (Satz 2.23), dass $\mu([-n, n]^c) \downarrow 0$. Also existiert ein $n \in \mathbb{N}$, so dass für die kompakte Menge $K := [-n, n]$ gilt $\mu(K^c) \leq \epsilon$. q.e.d.

Die Eigenschaft aus Lemma 10.19 wird nun auf eine beliebige Menge von Wahrscheinlichkeitsmaßen übertragen, was zum Begriff der Straffheit führt:

Definition 10.20
Eine Menge $\mathcal{P}$ von Wahrscheinlichkeitsmaßen auf $(\mathbb{R}, \mathcal{B}(\mathbb{R}))$ heißt *straff*, falls zu jedem $\epsilon > 0$ eine kompakte Menge $K \subset \mathbb{R}$ existiert, so dass $\mu(K^c) \leq \epsilon$ für alle $\mu \in \mathcal{P}$.

Lemma 10.21

(a) *Es sei $\mathcal{P}$ eine straffe Menge von Wahrscheinlichkeitsmaßen auf $(\mathbb{R}, \mathcal{B}(\mathbb{R}))$. Dann ist jede Teilmenge $\mathcal{Q} \subset \mathcal{P}$ ebenfalls straff.*

(b) *Für zwei straffe Mengen $\mathcal{P}$ und $\mathcal{Q}$ von Wahrscheinlichkeitsmaßen auf $(\mathbb{R}, \mathcal{B}(\mathbb{R}))$ ist die Vereinigung $\mathcal{P} \cup \mathcal{Q}$ ebenfalls straff.*

(c) *Jede endliche Menge $\mathcal{P}$ von Wahrscheinlichkeitsmaßen auf $(\mathbb{R}, \mathcal{B}(\mathbb{R}))$ ist straff.*

▶ **Beweis**

(a) Es ist klar, dass Definition 10.20 für jede Teilmenge $\mathcal{Q} \subset \mathcal{P}$ ebenfalls erfüllt ist.

(b) Es sei $\epsilon > 0$ beliebig. Dann existieren kompakte Mengen $K_{\mathcal{P}}, K_{\mathcal{Q}} \subset \mathbb{R}$, so dass $\mu(K_{\mathcal{P}}^c) \leq \epsilon$ für alle $\mu \in \mathcal{P}$ und $\mu(K_{\mathcal{Q}}^c) \leq \epsilon$ für alle $\mu \in \mathcal{Q}$. Die Menge $K := K_{\mathcal{P}} \cup K_{\mathcal{Q}}$ ist ebefalls kompakt, und mit Satz 2.18 gilt

$$\mu(K^c) \leq \mu(K_{\mathcal{P}}^c) \leq \epsilon \quad \text{für alle } \mu \in \mathcal{P},$$
$$\mu(K^c) \leq \mu(K_{\mathcal{Q}}^c) \leq \epsilon \quad \text{für alle } \mu \in \mathcal{Q}.$$

Also gilt $\mu(K^c) \leq \epsilon$ für alle $\mu \in \mathcal{P} \cup \mathcal{Q}$.

(c) Dies folgt aus Teil (b) und Lemma 10.19. q.e.d.

Satz 10.22

Jede schwach konvergente Folge $(\mu_n)_{n\in\mathbb{N}}$ von Wahrscheinlichkeitsmaßen auf $(\mathbb{R}, \mathcal{B}(\mathbb{R}))$ ist auch straff.

▶ **Beweis** Nach Voraussetzung existiert ein Wahrscheinlichkeitsmaß μ auf $(\mathbb{R}, \mathcal{B}(\mathbb{R}))$, so dass $\mu_n \to \mu$ schwach. Es sei $\epsilon > 0$ beliebig. Nach Satz 5.17 besitzt die Verteilungsfunktion von μ höchstens abzählbar viele Unstetigkeitsstellen. Also existiert nach Lemma 10.19 eine kompakte Menge $K \subset \mathbb{R}$ mit $\mu(\partial K^c) = 0$, so dass $\mu(K^c) \leq \frac{\epsilon}{2}$. Nach dem Satz von Portmanteau (Satz 10.15) folgt $\mu_n(K^c) \to \mu(K^c)$. Also existiert ein Index $n_0 \in \mathbb{N}$, so dass

$$|\mu_n(K^c) - \mu(K^c)| \leq \frac{\epsilon}{2} \quad \text{für alle } n \geq n_0.$$

Somit erhalten wir

$$\mu_n(K^c) \leq |\mu_n(K^c) - \mu(K^c)| + \mu(K^c) \leq \frac{\epsilon}{2} + \frac{\epsilon}{2} = \epsilon \quad \text{für alle } n \geq n_0.$$

Dies beweist, dass die Folge $(\mu_n)_{n \geq n_0}$ straff ist. Zusammen mit Lemma 10.21 erhalten wir die behauptete Straffheit der Folge $(\mu_n)_{n\in\mathbb{N}}$.   q.e.d.

Der folgende Satz von Helly wird ein wichtiges Hilfsmittel für den Beweis des Stetigkeitssatzes von Lévy sein.

Satz 10.23 (Satz von Helly)

Es sei $(\mu_n)_{n\in\mathbb{N}}$ eine straffe Folge von Wahrscheinlichkeitsmaßen auf $(\mathbb{R}, \mathcal{B}(\mathbb{R}))$. Dann existiert eine Teilfolge $(n_k)_{k\in\mathbb{N}}$, so dass $(\mu_{n_k})_{k\in\mathbb{N}}$ schwach konvergiert.

▶ **Beweis** Für jedes $n \in \mathbb{N}$ bezeichnen wir mit F_n die Verteilungsfunktion von μ_n. Es sei $(q_j)_{j\in\mathbb{N}}$ eine Aufzählung der rationalen Zahlen $\mathbb{Q}$. Per Induktion erhalten wir mit dem Satz von Bolzano-Weierstraß (welcher besagt, dass jede beschränkte Folge eine konvergente Teilfolge besitzt) die Existenz einer Doppelfolge $(n_{j,k})_{j,k\in\mathbb{N}}$, so dass $(n_{1,k})_{k\in\mathbb{N}}$ eine Teilfolge der natürlichen Zahlen $\mathbb{N}$ ist, für jedes $j \in \mathbb{N}$ die Folge $(n_{j+1,k})_{k\in\mathbb{N}}$ eine Teilfolge von $(n_{j,k})_{k\in\mathbb{N}}$ ist und für jedes $j \in \mathbb{N}$ der Limes

$$G(q_j) := \lim_{k\to\infty} F_{n_{j,k}}(q_j)$$

existiert. Dies definiert eine Funktion $G : \mathbb{Q} \to \mathbb{R}$. Wir definieren die Teilfolge $(n_k)_{k\in\mathbb{N}}$ durch $n_k := n_{k,k}$. Für jedes $j \in \mathbb{N}$ gilt dann

$$G(q_j) = \lim_{k\to\infty} F_{n_k}(q_j),$$

da $(n_k)_{k\geq j}$ eine Teilfolge von $(n_{j,k})_{k\geq j}$ ist. Folglich ist die Funktion G monoton wachsend. Also ist die Funktion

$$F : \mathbb{R} \to [0,1], \quad F(x) := \inf_{\substack{y\in\mathbb{Q} \\ y>x}} G(y)$$

per Konstruktion monoton wachsend und rechtsstetig, so dass die ersten beiden Eigenschaften (V1) und (V2) von Definition 5.11 einer Verteilungsfunktion erfüllt sind. Um zu zeigen, dass F eine Verteilungsfunktion ist, muss noch Eigenschaft (V3) nachgewiesen werden. Dazu sei $\epsilon > 0$ beliebig. Wegen der Straffheit der Folge $(\mu_n)_{n\in\mathbb{N}}$ existiert ein kompaktes Intervall $[a,b] \subset \mathbb{R}$, so dass $\mu_n([a,b]^c) \leq \epsilon$ für alle $n \in \mathbb{N}$. Also gilt für alle $n \in \mathbb{N}$ mit Satz 2.18, dass

$$F_n(x) = \mu_n((-\infty,x]) \leq \mu_n([a,b]^c) \leq \epsilon, \quad x < a,$$
$$F_n(x) = \mu_n((-\infty,x]) \geq \mu_n([a,b]) = 1 - \mu_n([a,b]^c) \geq 1 - \epsilon, \quad x \geq b.$$

Also gilt

$$G(x) \leq \epsilon \quad \text{für alle } x \in \mathbb{Q} \text{ mit } x < a,$$
$$G(x) \geq 1 - \epsilon \quad \text{für alle } x \in \mathbb{Q} \text{ mit } x \geq b,$$

und damit auch

$$F(x) \leq \epsilon \quad \text{für alle } x \in \mathbb{Q} \text{ mit } x < a,$$
$$F(x) \geq 1 - \epsilon \quad \text{für alle } x \in \mathbb{Q} \text{ mit } x \geq b.$$

Dies beweist $F(-\infty) = 0$ und $F(\infty) = 1$, so dass Eigenschaft (V3) aus Definition 5.11 verifiziert ist. Folglich ist F eine Verteilungsfunktion, und nach Satz 5.13 existiert ein eindeutig bestimmtes Wahrscheinlichkeitsmaß μ auf $(\mathbb{R}, \mathcal{B}(\mathbb{R}))$, so dass F die Verteilungsfunktion von μ ist.

Nun sei $x \in \Delta_F^c$ beliebig. Weiterhin sei $\epsilon > 0$ beliebig. Dann existieren $y, z \in \mathbb{Q}$ mit $y < x < z$, so dass

$$F(x) - \frac{\epsilon}{2} \leq G(y) \leq F(x) \leq G(z) \leq F(x) + \frac{\epsilon}{2}.$$

Folglich existiert ein Index $k_0 \in \mathbb{N}$, so dass für alle $k \geq k_0$ gilt

$$F(x) - \epsilon \leq F_{n_k}(y) \leq F_{n_k}(x) \leq F_{n_k}(z) \leq F(x) + \epsilon.$$

Hieraus erhalten wir

$$F(x) - \epsilon \leq F(y) \leq \liminf_{k\to\infty} F_{n_k}(x) \leq \limsup_{k\to\infty} F_{n_k}(x) \leq F(z) \leq F(x) + \epsilon.$$

Da $\epsilon > 0$ beliebig gewesen ist, konvergiert die Folge $(F_{n_k}(x))_{k \in \mathbb{N}}$ mit $F_{n_k}(x) \to F(x)$ für $k \to \infty$. Nach Satz 10.18 folgt, dass $\mu_{n_k} \to \mu$ schwach für $k \to \infty$.   q.e.d.

Satz 10.24

Es seien $(\mu_n)_{n \in \mathbb{N}}$ und μ Wahrscheinlichkeitsmaße auf $(\mathbb{R}, \mathcal{B}(\mathbb{R}))$. Wir nehmen an, dass zu jeder Teilfolge $(n_k)_{k \in \mathbb{N}}$ eine weitere Teilfolge$(n_{k_l})_{l \in \mathbb{N}}$ existiert, so dass $\mu_{n_{k_l}} \to \mu$ schwach für $l \to \infty$. Dann gilt $\mu_n \to \mu$ schwach.

▶ **Beweis** Es sei $f : \mathbb{R} \to \mathbb{R}$ eine stetige, beschränkte Funktion. Wir definieren die reelle Zahlenfolge $(x_n)_{n \in \mathbb{N}} \subset \mathbb{R}$ und die reelle Zahl $x \in \mathbb{R}$ durch

$$x_n := \int_{\mathbb{R}} f d\mu_n \quad \text{und} \quad x := \int_{\mathbb{R}} f d\mu.$$

Nun sei $(n_k)_{k \in \mathbb{N}}$ eine beliebige Teilfolge. Nach Voraussetzung existiert eine weitere Teilfolge $(n_{k_l})_{l \in \mathbb{N}}$, so dass $\mu_{n_{k_l}} \to \mu$ schwach für $l \to \infty$. Also gilt

$$x_{n_{k_l}} = \int_{\mathbb{R}} f d\mu_{n_{k_l}} \to \int_{\mathbb{R}} f d\mu = x \quad \text{für } l \to \infty.$$

Nach Lemma 10.6 folgt $x_n \to x$ für $n \to \infty$, und damit

$$\int_{\mathbb{R}} f d\mu_n \to \int_{\mathbb{R}} f d\mu \quad \text{für } n \to \infty.$$

Da die Funktion f beliebig gewesen ist, folgt $\mu_n \to \mu$ schwach.   q.e.d.

Nun haben wir alle Vorbereitungen getroffen, um den Stetigkeitssatz von Lévy zu beweisen. Dieser Satz stellt den Zusammenhang zwischen schwacher Konvergenz von Wahrscheinlichkeitsmaßen und der Konvergenz der Fouriertransformierten her.

Satz 10.25 (Stetigkeitssatz von Lévy)

Es sei $(\mu_n)_{n \in \mathbb{N}}$ eine Folge von Wahrscheinlichkeitsmaßen auf $(\mathbb{R}, \mathcal{B}(\mathbb{R}))$.
(a) Gilt $\mu_n \to \mu$ schwach für ein Wahrscheinlichkeitsmaß μ auf $(\mathbb{R}, \mathcal{B}(\mathbb{R}))$, dann gilt $\mathcal{F}\mu_n \to \mathcal{F}\mu$, und zwar gleichmäßig auf jeder kompakten Teilmenge $K \subset \mathbb{R}$.
(b) Gilt $\mathcal{F}\mu_n \to f$ für eine Funktion $f : \mathbb{R} \to \mathbb{C}$, die stetig im Punkte 0 ist, dann existiert ein Wahrscheinlichkeitsmaß μ auf $(\mathbb{R}, \mathcal{B}(\mathbb{R}))$, so dass $\mathcal{F}\mu = f$ und $\mu_n \to \mu$ schwach.

▶ **Beweis**

(a) Die trigonometrischen Funktionen Sinus und Kosinus sind stetig und beschränkt. Wegen $\mu_n \to \mu$ schwach erhalten wir also für jedes $u \in \mathbb{R}$, dass

$$(\mathcal{F}\mu_n)(u) = \int_{\mathbb{R}} e^{iux}\mu_n(dx) = \int_{\mathbb{R}} \cos(ux)\mu_n(dx) + i\int_{\mathbb{R}} \sin(ux)\mu_n(dx)$$

$$\to \int_{\mathbb{R}} \cos(ux)\mu(dx) + i\int_{\mathbb{R}} \sin(ux)\mu(dx)$$

$$= \int_{\mathbb{R}} e^{iux}\mu(dx) = (\mathcal{F}\mu)(u),$$

womit die punktweise Konvergenz $\mathcal{F}\mu_n \to \mathcal{F}\mu$ bewiesen ist. Es bleibt zu zeigen, dass diese Konvergenz gleichmäßig auf kompakten Teilmengen stattfindet. Dazu sei $\epsilon > 0$ beliebig. Da die Folge $(\mu_n)_{n\in\mathbb{N}}$ nach Satz 10.22 straff ist, existiert eine kompakte Menge $K_\mu \subset \mathbb{R}$, so dass

$$\mu_n(K_\mu^c) \leq \frac{\epsilon}{9} \quad \text{für alle } n \in \mathbb{N}.$$

Nach Lemma 9.5 gilt

$$|e^{iux} - 1| \leq |u| \cdot |x| \quad \text{für alle } u, x \in \mathbb{R}.$$

Also existiert ein $\delta > 0$, so dass

$$|e^{iux} - 1| \leq \frac{\epsilon}{9} \quad \text{für alle } x \in K_\mu \text{ und alle } u \in \mathbb{R} \text{ mit } |u| \leq \delta.$$

Mit der Dreiecksungleichung (Satz 6.52) folgt für alle $u, v \in \mathbb{R}$ mit $|u - v| \leq \delta$, dass

$$|(\mathcal{F}\mu_n)(u) - (\mathcal{F}\mu_n)(v)| = \left| \int_{\mathbb{R}} (e^{iux} - e^{ivx})\mu_n(dx) \right|$$

$$= \left| \int_{\mathbb{R}} (e^{i(u-v)x} - 1)e^{ivx}\mu_n(dx) \right| \leq \int_{\mathbb{R}} |e^{i(u-v)x} - 1|\mu_n(dx)$$

$$= \int_{K_\mu} \underbrace{|e^{i(u-v)x} - 1|}_{\leq \frac{\epsilon}{9}} \mu_n(dx) + \int_{K_\mu^c} \underbrace{|e^{i(u-v)x} - 1|}_{\leq 2} \mu_n(dx)$$

$$\leq \frac{\epsilon}{9}\mu_n(K_\mu) + 2\mu_n(K_\mu^c) \leq \frac{\epsilon}{9} + \frac{2\epsilon}{9} = \frac{\epsilon}{3}.$$

Wegen der punktweisen Konvergenz $\mathcal{F}\mu_n \to \mathcal{F}\mu$ folgt

$$|(\mathcal{F}\mu)(u) - (\mathcal{F}\mu)(v)|$$

$$= \lim_{n\to\infty} |(\mathcal{F}\mu_n)(u) - (\mathcal{F}\mu_n)(v)| \leq \frac{\epsilon}{3} \quad \text{für alle } u, v \in \mathbb{R} \text{ mit } |u - v| \leq \delta.$$

Nun sei $K \subset \mathbb{R}$ eine beliebige kompakte Teilmenge. Dann existieren ein $m \in \mathbb{N}$ und reelle Zahlen $v_1, \ldots, v_m \in \mathbb{R}$, so dass

$$K \subset \bigcup_{k=1}^{m} [v_k - \delta, v_k + \delta].$$

Wegen der punktweisen Konvergenz $\mathcal{F}\mu_n \to \mathcal{F}\mu$ existiert ein Index $n_0 \in \mathbb{N}$, so dass

$$|(\mathcal{F}\mu_n)(v_k) - (\mathcal{F}\mu)(v_k)| \leq \frac{\epsilon}{3} \quad \text{für alle } n \geq n_0 \text{ und } k = 1, \ldots, m.$$

Nun sei $u \in K$ beliebig. Dann existiert ein $k \in \{1, \ldots, m\}$ mit $|u - v_k| \leq \delta$, und für jedes $n \geq n_0$ folgt

$$\begin{aligned}
&|(\mathcal{F}\mu_n)(u) - (\mathcal{F}\mu)(u)| \\
&\leq |(\mathcal{F}\mu_n)(u) - (\mathcal{F}\mu_n)(v_k)| + |(\mathcal{F}\mu_n)(v_k) - (\mathcal{F}\mu)(v_k)| \\
&\quad + |(\mathcal{F}\mu)(v_k) - (\mathcal{F}\mu)(u)| \\
&\leq \frac{\epsilon}{3} + \frac{\epsilon}{3} + \frac{\epsilon}{3} = \epsilon.
\end{aligned}$$

Also gilt die Konvergenz $\mathcal{F}\mu_n \to \mathcal{F}\mu$ gleichmäßig auf der kompakten Teilmenge K.

(b) Unser erstes Ziel ist, die Straffheit der Folge $(\mu_n)_{n \in \mathbb{N}}$ zu beweisen. Dazu sei $\epsilon > 0$ beliebig. Wegen $f(0) = \lim_{n \to \infty} (\mathcal{F}\mu_n)(0) = 1$ und der Stetigkeit von f im Punkte 0 existiert ein $\delta > 0$, so dass

$$|1 - f(u)| \leq \frac{\epsilon}{4} \quad \text{für alle } u \in \mathbb{R} \text{ mit } |u| \leq \delta.$$

Weiterhin gilt nach Satz 9.4, dass

$$|(\mathcal{F}\mu_n)(u)| \leq 1 \quad \text{für alle } n \in \mathbb{N} \text{ und } u \in \mathbb{R}.$$

Also folgt mit dem Konvergenzsatz von Lebesgue (Satz 6.56), dass

$$\int_{-\delta}^{\delta} (1 - (\mathcal{F}\mu_n)(u)) du \to \int_{-\delta}^{\delta} (1 - f(u)) du.$$

Folglich existiert ein Index $n_0 \in \mathbb{N}$, so dass für alle $n \geq n_0$ gilt

$$\left| \int_{-\delta}^{\delta} (1 - (\mathcal{F}\mu_n)(u)) du - \int_{-\delta}^{\delta} (1 - f(u)) du \right| \leq \frac{\delta \epsilon}{2}.$$

Es sei $n \geq n_0$ beliebig. Wegen der Abschätzungen

$$2\left(1 - \frac{\sin v}{v}\right) \geq 0 \quad \text{für alle } v \in \mathbb{R},$$

$$2\left(1 - \frac{\sin v}{v}\right) \geq 1 \quad \text{für alle } v \in \mathbb{R} \text{ mit } |v| \geq 2$$

erhalten wir

$$\mu_n\left(\left[-\frac{2}{\delta}, \frac{2}{\delta}\right]^c\right) = \int_{\mathbb{R}} \mathbb{1}_{[-2/\delta, 2/\delta]^c}(x)\mu_n(dx) = \int_{\mathbb{R}} \mathbb{1}_{[-2,2]^c}(\delta x)\mu_n(dx)$$

$$\leq 2\int_{\mathbb{R}}\left(1 - \frac{\sin(\delta x)}{\delta x}\right)\mu_n(dx) = 2 - \int_{\mathbb{R}} \frac{2\sin(\delta x)}{\delta x}\mu_n(dx).$$

Außerdem gilt nach dem Satz von Fubini (Satz 7.11), dass

$$\int_{-\delta}^{\delta} (\mathcal{F}\mu_n)(u)du = \int_{-\delta}^{\delta}\left(\int_{\mathbb{R}} e^{iux}\mu_n(dx)\right)du = \int_{\mathbb{R}}\left(\int_{-\delta}^{\delta} e^{iux}du\right)\mu_n(dx)$$

$$= \int_{\mathbb{R}}\left(\int_{-\delta}^{\delta} \cos(ux)du + i\underbrace{\int_{-\delta}^{\delta} \sin(ux)du}_{=0}\right)\mu_n(dx)$$

$$= \int_{\mathbb{R}} \frac{\sin(ux)}{x}\Big|_{u=-\delta}^{u=\delta}\mu_n(dx) = \int_{\mathbb{R}} \frac{2\sin(\delta x)}{x}\mu_n(dx).$$

Somit folgt für alle $n \geq n_0$, dass

$$\mu_n\left(\left[-\frac{2}{\delta}, \frac{2}{\delta}\right]^c\right) \leq 2 - \frac{1}{\delta}\int_{-\delta}^{\delta}(\mathcal{F}\mu_n)(u)du = \frac{1}{\delta}\int_{-\delta}^{\delta}(1 - (\mathcal{F}\mu_n)(u))du$$

$$\leq \underbrace{\frac{1}{\delta}\int_{-\delta}^{\delta}|1 - f(u)|du}_{2\delta \cdot \frac{\epsilon}{4}} + \underbrace{\frac{1}{\delta}\left|\int_{-\delta}^{\delta}(1 - (\mathcal{F}\mu_n)(u))du - \int_{-\delta}^{\delta}(1 - f(u))du\right|}_{\leq \frac{\delta\epsilon}{2}}$$

$$\leq \frac{\epsilon}{2} + \frac{\epsilon}{2} = \epsilon.$$

Dies beweist, dass die Folge $(\mu_n)_{n\geq n_0}$ straff ist. Zusammen mit Lemma 10.21 erhalten wir die behauptete Straffheit der Folge $(\mu_n)_{n\in\mathbb{N}}$.

Nun sei $(n_k)_{k\in\mathbb{N}}$ eine beliebige Teilfolge. Nach Lemma 10.21 ist die Teilfolge $(\mu_{n_k})_{k\in\mathbb{N}}$ ebenfalls straff. Folglich existiert nach dem Satz von Helly (Satz 10.23) eine weitere Teilfolge $(n_{k_l})_{l\in\mathbb{N}}$, so dass $(\mu_{n_{k_l}})_{l\in\mathbb{N}}$ schwach konvergiert. Es existiert also ein (von der Teilfolge $(n_{k_l})_{l\in\mathbb{N}}$ abhängiges) Wahrscheinlichkeitsmaß μ auf $(\mathbb{R}, \mathcal{B}(\mathbb{R}))$, so dass $\mu_{n_{k_l}} \to \mu$ schwach für $l \to \infty$. Nach Teil (a) folgt

$$\mathcal{F}\mu = \lim_{n\to\infty}\mathcal{F}\mu_{n_{k_l}} = f.$$

Nach dem Eindeutigkeitssatz für Fouriertransformierte (Satz 9.10) folgt, dass der Limes μ unabhängig von der Wahl der Teilfolge $(n_{k_l})_{l \in \mathbb{N}}$ ist. Nach Satz 10.24 gilt also $\mu_n \to \mu$ schwach.   q.e.d.

Korollar 10.26

Es seien $(\mu_n)_{n \in \mathbb{N}}$ und μ Wahrscheinlichkeitsmaße auf $(\mathbb{R}, \mathcal{B}(\mathbb{R}))$. Dann sind folgende Aussagen äquivalent:

(a) *Es gilt $\mu_n \to \mu$ schwach.*

(b) *Es gilt $\mathcal{F}\mu_n \to \mathcal{F}\mu$.*

In diesem Fall ist die Konvergenz $\mathcal{F}\mu_n \to \mathcal{F}\mu$ gleichmäßig auf kompakten Teilmengen $K \subset \mathbb{R}$.

▶ **Beweis** Nach Satz 9.4 ist die Fouriertransformierte $\mathcal{F}\mu$ stetig, so dass das Korollar aus dem Stetigkeitssatz von Lévy (Satz 10.25) und dem Eindeutigkeitssatz (Satz 9.10) folgt.   q.e.d.

Nun lassen sich die Beispiele 92 bis 101 auch leicht mit Hilfe von Korollar 10.26 und den in Kap. 9 berechneten Fouriertransformierten beweisen.

Als weitere Folgerung aus Korollar 10.26 ergibt sich, dass der Limes einer schwach konvergenten Folge von Wahrscheinlichkeitsmaßen eindeutig bestimmt ist:

Korollar 10.27

Es seien $(\mu_n)_{n \in \mathbb{N}}$ und μ, ν Wahrscheinlichkeitsmaße auf $(\mathbb{R}, \mathcal{B}(\mathbb{R}))$, so dass $\mu_n \to \mu$ schwach und $\mu_n \to \nu$ schwach. Dann gilt $\mu = \nu$.

▶ **Beweis** Mit Korollar 10.26 erhalten wir

$$\mathcal{F}\mu = \lim_{n \to \infty} \mathcal{F}\mu_n = \mathcal{F}\nu.$$

Nun ergibt der Eindeutigkeitssatz für Fouriertransformierte (Satz 9.10), dass $\mu = \nu$. q.e.d.

Korollar 10.28

Es seien $(X_n)_{n \in \mathbb{N}}$ und X reellwertige Zufallsvariablen. Dann sind folgende Aussagen äquivalent:

(a) *Es gilt $X_n \overset{\mathcal{D}}{\to} X$.*

(b) *Es gilt $\varphi_{X_n} \to \varphi_X$.*

In diesem Fall ist die Konvergenz $\varphi_{X_n} \to \varphi_X$ gleichmäßig auf kompakten Teilmengen $K \subset \mathbb{R}$.

▶ **Beweis**   Dies ist eine unmittelbare Folgerung aus Korollar 10.26.   q.e.d.

Als weitere Anwendung des Stetigkeitssatzes von Lévy erhalten wir den Satz von Slutsky:

Satz 10.29 (Satz von Slutsky)

Es sei $(X_n)_{n\in\mathbb{N}}$ eine Folge von Zufallsvariablen, so dass $X_n \overset{\mathcal{D}}{\to} X$ für eine weitere Zufallsvariable X.

(a) *Es sei $(Y_n)_{n\in\mathbb{N}}$ eine weitere Folge von Zufallsvariablen, so dass $Y_n \overset{\mathcal{D}}{\to} Y$ für eine Zufallsvariable Y. Die Zufallsvariablen X_n und Y_n seien für jedes $n \in \mathbb{N}$ unabhängig, und die Zufallsvariablen X und Y seien unabhängig. Dann gilt $X_n + Y_n \overset{\mathcal{D}}{\to} X + Y$.*

(b) *Es sei $(c_n)_{n\in\mathbb{N}} \subset \mathbb{R}$ eine reelle Folge mit $c_n \to c$ für ein $c \in \mathbb{R}$. Dann gilt $X_n + c_n \overset{\mathcal{D}}{\to} X + c$.*

(c) *Es sei $(c_n)_{n\in\mathbb{N}} \subset \mathbb{R}$ eine reelle Folge mit $c_n \to c$ für ein $c \in \mathbb{R}$. Dann gilt $c_n X_n \overset{\mathcal{D}}{\to} cX$.*

▶ **Beweis**

(a) Nach Satz 9.14 und dem Stetigkeitssatz von Lévy (Korollar 10.28) gilt

$$\varphi_{X_n + Y_n} = \varphi_{X_n} \cdot \varphi_{Y_n} \to \varphi_X \cdot \varphi_Y = \varphi_{X+Y}.$$

Nun ergibt eine weitere Anwendung des Stetigkeitssatzes von Lévy (Korollar 10.28), dass $X_n + Y_n \overset{\mathcal{D}}{\to} X + Y$.

(b) Nach Korollar 9.12 sind für jedes $n \in \mathbb{N}$ die Zufallsvariablen X_n und c_n unabhängig, und die Zufallsvariablen X und c sind unabhängig. Also folgt aus Teil (a), dass $X_n + c_n \overset{\mathcal{D}}{\to} X + c$.

(c) Es sei $u \in \mathbb{R}$ beliebig. Weiterhin sei $\epsilon > 0$ beliebig. Dann existiert eine kompakte Teilmenge $K \subset \mathbb{R}$, so dass $c_n u \in K$ für alle $n \in \mathbb{N}$, und damit auch $cu \in K$. Nach dem Stetigkeitssatz von Lévy (Korollar 10.28) gilt $\varphi_{X_n} \to \varphi_X$ gleichmäßig auf K. Also existiert ein Index $n_1 \in \mathbb{N}$, so dass

$$|\varphi_{X_n}(v) - \varphi_X(v)| < \frac{\epsilon}{2} \quad \text{für alle } n \geq n_1 \text{ und alle } v \in K.$$

Wegen der Stetigkeit von φ_X (siehe Satz 9.4) existiert außerdem ein Index $n_2 \in \mathbb{N}$, so dass

$$|\varphi_X(c_n u) - \varphi_X(cu)| < \frac{\epsilon}{2} \quad \text{für alle } n \geq n_2.$$

Nun setzen wir $n_0 := \max\{n_1, n_2\}$ und erhalten mit Satz 9.8, dass für alle $n \geq n_0$ gilt

$$|\varphi_{c_n X_n}(u) - \varphi_{cX}(u)| = |\varphi_{X_n}(c_n u) - \varphi_X(cu)|$$
$$\leq |\varphi_{X_n}(c_n u) - \varphi_X(c_n u)| + |\varphi_X(c_n u) - \varphi_X(cu)| < \frac{\epsilon}{2} + \frac{\epsilon}{2} = \epsilon.$$

Also gilt $\varphi_{c_n X_n} \to \varphi_{cX}$, und mit dem Stetigkeitssatz von Lévy (Korollar 10.28) folgt $c_n X_n \xrightarrow{\mathcal{D}} cX$.

q.e.d.

Grenzwertsätze

11

In diesem Kapitel werden wir die beiden wichtigsten Grenzwertsätze der Wahrscheinlichkeitstheorie – das Gesetz der großen Zahlen und den zentralen Grenzwertsatz – vorstellen. Abschließend werden wir auf den Grenzwertsatz von Poisson, der manchmal auch das Gesetz der seltenen Ereignisse genannt wird, zu sprechen kommen.

11.1 Das Gesetz der großen Zahlen

In diesem Abschnitt werden wir mehrere Varianten des Gesetzes der großen Zahlen vorstellen. Im Folgenden sei $(\Omega, \mathcal{F}, \mathbb{P})$ ein Wahrscheinlichkeitsraum. Es sei $(X_j)_{j \in \mathbb{N}} \subset \mathcal{L}^1$ eine Folge von integrierbaren Zufallsvariablen. Wir nehmen an, dass die Zufallsvariablen $(X_j)_{j \in \mathbb{N}}$ identisch verteilt sind, das heißt $\mathbb{P}^{X_1} = \mathbb{P}^{X_j}$ für alle $j \in \mathbb{N}$. Es sei $\mu \in \mathbb{R}$ der Erwartungswert $\mu := \mathbb{E}[X_1]$. Wir definieren die Zufallsvariablen $(S_n)_{n \in \mathbb{N}}$ und $(Y_n)_{n \in \mathbb{N}}$ durch

$$S_n := \sum_{j=1}^{n} X_j \quad \text{und} \quad Y_n := \frac{S_n}{n} \quad \text{für } n \in \mathbb{N}.$$

Was das Gesetz der großen Zahlen im Wesentlichen besagt, ist, dass die Folge $(Y_n)_{n \in \mathbb{N}}$ der arithmetischen Mittel gegen den Erwartungswert μ konvergiert. Wir werden nun mehrere Varianten dieses Resultates präsentieren.

Satz 11.1
Wir nehmen an, dass die Zufallsvariablen $(X_j)_{j \in \mathbb{N}} \subset \mathcal{L}^1$ unabhängig sind. Dann gilt $Y_n \xrightarrow{\mathcal{D}} \mu$ und $Y_n \xrightarrow{\mathbb{P}} \mu$.

S. Tappe, *Einführung in die Wahrscheinlichkeitstheorie*,
DOI: 10.1007/978-3-642-37544-6_11, © Springer-Verlag Berlin Heidelberg 2013

▶ **Beweis** Wir bezeichnen mit $\varphi : \mathbb{R} \to \mathbb{C}$ die charakteristische Funktion von X_1. Nach Satz 9.6 gilt $\varphi \in C^1(\mathbb{R}; \mathbb{C})$ mit

$$\varphi'(0) = i \cdot \mathbb{E}[X_1] = i\mu.$$

Nach Satz 9.4 gilt außerdem $\varphi(0) = 1$. Nach dem Satz von Taylor (Satz A.46 aus Anhang A.5) existiert eine Funktion $h : \mathbb{R} \to \mathbb{C}$ mit $h(u) \to 0$ für $z \to 0$, so dass

$$\varphi(u) = \varphi(0) + (\varphi'(0) + h(u))u = 1 + (i\mu + h(u))u, \quad u \in \mathbb{R}.$$

Es sei $G \subset \mathbb{C}$ das Gebiet $G = \{z \in \mathbb{C} : \operatorname{Re} z > -1\}$. Wiederum nach dem Satz von Taylor (Satz A.46 aus Anhang A.5) existiert eine Funktion $g : G \to \mathbb{C}$ mit $g(z) \to 0$ für $z \to 0$, so dass

$$\ln(1 + z) = \ln(1) + (\ln'(1) + g(z))z = (1 + g(z))z, \quad z \in G.$$

Zusammen mit den Sätzen 9.8 und 9.14 folgt für jedes $u \in \mathbb{R}$, dass

$$\varphi_{Y_n}(u) = \varphi_{S_n}\left(\frac{u}{n}\right) = \prod_{j=1}^{n} \varphi\left(\frac{u}{n}\right) = \left(\varphi\left(\frac{u}{n}\right)\right)^n = \exp\left[n \cdot \ln \varphi\left(\frac{u}{n}\right)\right]$$

$$= \exp\left[n \cdot \ln\left(1 + \left(i\mu + h\left(\frac{u}{n}\right)\right)\frac{u}{n}\right)\right]$$

$$= \exp\left[n \cdot \left(1 + g\left(\left(i\mu + h\left(\frac{u}{n}\right)\right)\frac{u}{n}\right)\right) \cdot \left(i\mu + h\left(\frac{u}{n}\right)\right)\frac{u}{n}\right]$$

$$= \exp\left[\left(1 + g\left(\underbrace{\left(i\mu + h\left(\frac{u}{n}\right)\right)\frac{u}{n}}_{\to 0}\right)\right) \cdot \left(i\mu + \underbrace{h\left(\frac{u}{n}\right)}_{\to 0}\right)u\right]$$

$$\to \exp(i u \mu) \quad \text{für } n \to \infty.$$

Dies ist nach Beispiel 69 die Fouriertransformierte einer Dirac-Verteilung δ_μ, und somit gilt $\mathcal{F}\mathbb{P}^{Y_n} \to \mathcal{F}\delta_\mu$. Nach dem Stetigkeitssatz von Lévy (Korollar 10.26) folgt, dass $\mathbb{P}^{Y_n} \to \delta_\mu$ schwach, das heißt $Y_n \xrightarrow{\mathcal{D}} \mu$. Die stochastische Konvergenz $Y_n \xrightarrow{\mathbb{P}} \mu$ folgt nach Satz 10.14.   q.e.d.

Wir kommen nun zu weiteren Varianten des Gesetzes der großen Zahlen. Dazu stellen wir einen Hilfssatz bereit.

Lemma 11.2

(a) *Es gilt $\mathbb{E}[Y_n] = \mu$ für alle $n \in \mathbb{N}$.*

(b) *Sind die Zufallsvariablen $(X_j)_{j \in \mathbb{N}} \subset \mathcal{L}^2$ quadratintegrierbar und paarweise unkorreliert, dann gilt $\operatorname{Var}[Y_n] = \frac{\sigma^2}{n}$ für alle $n \in \mathbb{N}$, wobei $\sigma^2 := \operatorname{Var}[X_1]$.*

▶ **Beweis**

(a) Wegen der Linearität des Erwartungswertes (Satz 6.50) gilt für alle $n \in \mathbb{N}$, dass

$$\mathbb{E}[Y_n] = \mathbb{E}\left[\frac{1}{n}\sum_{j=1}^{n}X_j\right] = \frac{1}{n}\sum_{j=1}^{n}\mathbb{E}[X_j] = \frac{1}{n}\cdot n\mu = \mu.$$

(b) Nach Satz 6.67 und Korollar 7.29 gilt für alle $n \in \mathbb{N}$, dass

$$\mathrm{Var}[Y_n] = \mathrm{Var}\left[\frac{1}{n}\sum_{j=1}^{n}X_j\right] = \frac{1}{n^2}\sum_{j=1}^{n}\mathrm{Var}[X_j] = \frac{1}{n^2}\cdot n\sigma^2 = \frac{\sigma^2}{n}.$$

q.e.d.

Satz 11.3 (Schwaches Gesetz der großen Zahlen)
Wir nehmen an, dass die Zufallsvariablen $(X_j)_{j\in\mathbb{N}} \subset \mathcal{L}^2$ quadratintegrierbar und paarweise unkorreliert sind. Dann gilt $Y_n \xrightarrow{\mathbb{P}} \mu$.

▶ **Beweis** Wir setzen $\sigma^2 := \mathrm{Var}[X_1]$. Nach der Chebyshev-Ungleichung (Satz 6.69) und Lemma 11.2 gilt für jedes $\epsilon > 0$ die Abschätzung

$$\mathbb{P}(|Y_n - \mu| \ge \epsilon) \le \frac{\mathrm{Var}[Y_n]}{\epsilon^2} = \frac{\sigma^2}{n\epsilon^2} \to 0 \quad \text{für } n \to \infty,$$

und damit $Y_n \xrightarrow{\mathbb{P}} \mu$. q.e.d.

Häufig sind wir daran interessiert, wie schnell die Folge $(Y_n)_{n\in\mathbb{N}}$ der arithmetischen Mittel gegen den Erwartungswert μ konvergiert. Zu dieser Fragestellung gibt es folgende Zusatzaussage zum schwachen Gesetz der großen Zahlen.

Satz 11.4
Es seien $n \in \mathbb{N}$ und $q \in (0, 1)$ beliebig. Dann gilt für jedes

$$\epsilon \ge \sqrt{\frac{\sigma^2}{n(1-q)}},$$

wobei $\sigma^2 := \mathrm{Var}[X_1]$, dass

$$\mathbb{P}(|Y_n - \mu| < \epsilon) \ge q.$$

Abb. 11.1 Der Chebyshev-Trichter für $q = \frac{95}{100}$ und eine Trajektorie der arithmetischen Mittel für eine Folge Bernoulli-verteilter Zufallsvariablen mit Erfolgswahrscheinlichkeit $p = \frac{1}{2}$

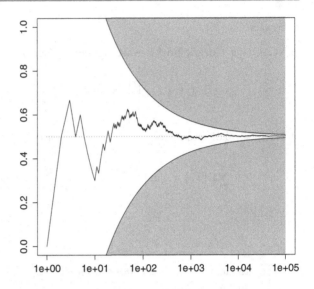

▶ **Beweis** Nach der Chebyshev-Ungleichung (Satz 6.69) und Lemma 11.2 gilt

$$\mathbb{P}(|Y_n - \mu| \geq \epsilon) \leq \frac{\text{Var}[Y_n]}{\epsilon^2} = \frac{\sigma^2}{n\epsilon^2} \leq \frac{\sigma^2}{n} \cdot \frac{n(1-q)}{\sigma^2} = 1 - q.$$

Folglich erhalten wir die Abschätzung $\mathbb{P}(|Y_n - \mu| < \epsilon) \geq q$.   q.e.d.

Zu einer vorgegebenen Wahrscheinlichkeit q liefert Satz 11.4 eine Konstante $\epsilon > 0$, so dass die Wahrscheinlichkeit, dass das arithmetische Mittel Y_n um weniger als ϵ vom Erwartungswert μ abweicht, mindestens q ist. Die Konstante ϵ wird mit wachsender Zahl n an Beobachtungen immer kleiner. Zeichnen wir den entsprechenden Bereich, in den die Zufallsvariablen Y_n mit einer Wahrscheinlichkeit von mindestens q hereinfallen, so erhalten wir einen Trichter, der manchmal auch *Chebyshev-Trichter* genannt wird. Für das folgende Beispiel 102 ist ein solcher Trichter zusammen mit dem Verlauf einer Trajektorie der arithmetischen Mittel $(Y_n)_{n \in \mathbb{N}}$ in Abb. 11.1 gezeichnet.

▶ **Beispiel 102** Wir nehmen an, dass $X_j \sim \text{Ber}(p)$ für all $j \in \mathbb{N}$. Nach Beispiel 17 gilt für jedes $j \in \mathbb{N}$, dass $X_j \in \mathcal{L}^2$ mit

$$\mathbb{E}[X_j] = p \quad \text{und} \quad \text{Var}[X_j] = p(1 - p).$$

Weiterhin nehmen wir an, dass die Zufallsvariablen $(X_j)_{j \in \mathbb{N}}$ paarweise unkorreliert sind. Dann folgt nach dem schwachen Gesetz der großen Zahlen (Satz 11.3), dass $Y_n \overset{\mathbb{P}}{\to} p$. Außerdem erhalten wir nach Satz 11.4 für beliebige $n \in \mathbb{N}$ und $q \in (0, 1)$, dass für jedes

$$\epsilon \geq \sqrt{\frac{p(1-p)}{n(1-q)}}$$

die Abschätzung $\mathbb{P}(|Y_n - p| < \epsilon) \geq q$ gilt. Eine Trajektorie der arithmetischen Mittel $(Y_n)_{n\in\mathbb{N}}$ und der Chebyshev-Trichter für $p = \frac{1}{2}$ und $q = \frac{95}{100}$ sind in Abb. 11.1 gezeichnet.

Satz 11.5

Wir nehmen an, dass die Zufallsvariablen $(X_j)_{j\in\mathbb{N}} \subset \mathcal{L}^2$ quadratintegrierbar und paarweise unkorreliert sind. Dann gilt $Y_n \overset{\mathcal{L}^2}{\to} \mu$.

▶ **Beweis** Mit Lemma 11.2 erhalten wir

$$\mathbb{E}[(Y_n - \mu)^2] = \mathbb{E}[(Y_n - \mathbb{E}[Y_n])^2] = \mathrm{Var}[Y_n] = \frac{\sigma^2}{n} \to 0 \quad \text{für } n \to \infty,$$

und damit $Y_n \overset{\mathcal{L}^2}{\to} \mu$.   q.e.d.

Satz 11.6

Wir nehmen an, dass die Zufallsvariablen $(X_j)_{j\in\mathbb{N}} \subset \mathcal{L}^2$ quadratintegrierbar und paarweise unkorreliert sind. Dann gilt $Y_n \overset{f.s.}{\to} \mu$.

▶ **Beweis** Wir setzen $\sigma^2 := \mathbb{E}[X_1]$ und unterteilen den Beweis in zwei Schritte:

(a) Zunächst nehmen wir an, dass $\mu = 0$. Nach Lemma 11.2 gilt dann

$$\sum_{n=1}^{\infty} \mathbb{E}[Y_{n^2}^2] = \sum_{n=1}^{\infty} \mathrm{Var}[Y_{n^2}] = \sum_{n=1}^{\infty} \frac{\sigma^2}{n^2} < \infty.$$

Nach Korollar 6.57 existiert eine Zufallsvariable $S \in \mathcal{L}^1$, so dass $\sum_{k=1}^{n} Y_{k^2} \overset{f.s.}{\to} S$, und damit $Y_{n^2} \overset{f.s.}{\to} 0$. Als Nächstes möchten wir zeigen, dass sogar $Y_n \overset{f.s.}{\to} 0$ gilt. Dazu sei $n \in \mathbb{N}$ beliebig. Wir bezeichnen mit $p_n \in \mathbb{N}$ die eindeutig bestimmte natürliche Zahl, so dass

$$p_n^2 < n \leq (p_n + 1)^2.$$

Dann erhalten wir durch eine einfache Rechnung

$$Y_n - \frac{p_n^2}{n} Y_{p_n^2} = \frac{1}{n} \sum_{j=1}^{n} X_j - \frac{p_n^2}{n} \cdot \frac{1}{p_n^2} \sum_{j=1}^{p_n^2} X_j = \frac{1}{n} \sum_{j=p_n^2+1}^{n} X_j$$

$$= \frac{n - p_n^2}{n} \cdot \frac{1}{n - p_n^2} \sum_{j=p_n^2+1}^{n} X_j.$$

Mit Lemma 11.2 folgt, dass

$$\mathbb{E}\left[\left(Y_n - \frac{p_n^2}{n} Y_{p_n^2}\right)^2\right] = \left(\frac{n - p_n^2}{n}\right)^2 \mathrm{Var}\left[\frac{1}{n - p_n^2} \sum_{j=p_n^2+1}^{n} X_j\right]$$

$$= \left(\frac{n - p_n^2}{n}\right)^2 \frac{\sigma^2}{n - p_n^2} = \frac{n - p_n^2}{n^2} \cdot \sigma^2 \le \frac{(p_n + 1)^2 - p_n^2}{n^2} \cdot \sigma^2$$

$$= \frac{2p_n + 1}{n^2} \cdot \sigma^2 \le \frac{2\sqrt{n} + 1}{n^2} \cdot \sigma^2 \le \frac{2\sqrt{n} + \sqrt{n}}{n^2} \cdot \sigma^2 \le \frac{3\sigma^2}{n^{3/2}}.$$

Also erhalten wir

$$\sum_{n=1}^{\infty} \mathbb{E}\left[\left(Y_n - \frac{p_n^2}{n} Y_{p_n^2}\right)^2\right] \le 3\sigma^2 \sum_{n=1}^{\infty} \frac{1}{n^{3/2}} < \infty.$$

Wie zu Beginn des Beweises folgt mit Korollar 6.57, dass

$$Y_n - \frac{p_n^2}{n} Y_{p_n^2} \xrightarrow{\text{f.s.}} 0.$$

Wegen $\frac{p_n^2}{n} \to 1$ für $n \to \infty$ gilt außerdem

$$\lim_{n\to\infty} \frac{p_n^2}{n} Y_{p_n^2} = \lim_{n\to\infty} Y_{n^2} = 0 \quad \text{fast sicher.}$$

Insgesamt folgt, dass

$$Y_n = \underbrace{Y_n - \frac{p_n^2}{n} Y_{p_n^2}}_{\to 0} + \underbrace{\frac{p_n^2}{n} Y_{p_n^2}}_{\to 0} \xrightarrow{\text{f.s.}} 0.$$

(b) Nun sei $\mu \in \mathbb{R}$ beliebig. Dann ist $(X_j - \mu)_{j\in\mathbb{N}}$ eine Folge identisch verteilter, quadratintegrierbarer und paarweise unkorrelierter Zufallsvariablen mit

$$\mathbb{E}[X_j - \mu] = 0 \quad \text{und} \quad \mathrm{Var}[X_j - \mu] = \sigma^2 \quad \text{für alle } j \in \mathbb{N}.$$

Nach dem Teil (a) des Beweises folgt

$$Y_n - \mu = \frac{1}{n}\sum_{j=1}^{n} X_j - \mu = \frac{1}{n}\sum_{j=1}^{n}(X_j - \mu) \overset{\text{f.s.}}{\to} 0,$$

und somit $Y_n \overset{\text{f.s.}}{\to} \mu$. q.e.d.

▶ **Beispiel 103** Wir nehmen an, dass die Zufallsvariablen $(X_j)_{j\in\mathbb{N}}$ wie in Beispiel 102 Bernoulli-verteilt mit Parameter p und paarweise unkorreliert sind. Aus den Sätzen 11.5 und 11.6 folgt, dass $Y_n \overset{\mathcal{L}^2}{\to} p$ und $Y_n \overset{\text{f.s.}}{\to} p$. Dies bedeutet

$$Y_n \approx p \quad \text{für große } n \in \mathbb{N}.$$

Also ist bei sehr häufiger Ausführung unabhängiger Bernoulli-Experimente das arithmetische Mittel eine gute Näherung für die Erfolgswahrscheinlichkeit p.

Abschließend erwähnen wir eine wichtige Verschärfung der bisherigen Varianten des Gesetzes der großen Zahlen. Dieses sogenannte starke Gesetz der großen Zahlen von Kolmogorov lässt sich beispielsweise mit dem Null-Eins-Gesetz von Kolmogorov (genauer: Satz 7.53) und einem Resultat aus der Theorie der stochastischen Prozesse, dem sogannten Konvergenzsatz für Rückwärtsmartingale, beweisen. Der interessierte Leser sei auf [JP04, Theorem 27.5] verwiesen.

Satz 11.7 (Starkes Gesetz der großen Zahlen von Kolmogorov)
Wir nehmen an, dass die Zufallsvariablen $(X_j)_{j\in\mathbb{N}}$ unabhängig sind. Dann gilt $Y_n \overset{f.s.}{\to} \mu$ und $Y_n \overset{\mathcal{L}^1}{\to} \mu$.

Wir kommen noch zu einer Folgerung aus dem starken Gesetz der großen Zahlen:

Korollar 11.8
Es seien $f \in \mathcal{L}^1(\mathbb{R}^n, \mathcal{B}(\mathbb{R}^n), \lambda^n)$ eine integrierbare Funktion und $B \in \mathcal{B}(\mathbb{R}^n)$ eine Borel-Menge mit $\lambda^n(B) = 1$. Weiterhin sei $(U_j)_{j\in\mathbb{N}}$ eine Folge unabhängiger, gleichverteilter Zufallsvariablen $U_j \sim UC(B)$. Dann gilt

$$\frac{1}{n}\sum_{j=1}^{n} f(U_j) \overset{\text{f.s.}}{\to} \int_B f(x)\,dx.$$

▶ **Beweis** Für jedes $j \in \mathbb{N}$ ist die Funktion $\mathbb{1}_B$ eine Dichte der Zufallsvariablen U_j. Nach der Transformationsformel für Zufallsvariablen mit Dichten (Satz 6.92) folgt für jedes $j \in \mathbb{N}$, dass $f(U_j) \in \mathcal{L}^1(\Omega, \mathcal{F}, \mathbb{P})$ mit

$$\mathbb{E}[f(U_j)] = \int_B f(x)dx.$$

Also folgt nach dem starken Gesetz der großen Zahlen von Kolmogorov (Satz 11.7), dass

$$\frac{1}{n} \sum_{j=1}^n f(U_j) \overset{\text{f.s.}}{\to} \mathbb{E}[f(U_1)] = \int_B f(x)dx.$$

Dies beendet den Beweis.   q.e.d.

Korollar 11.8 zeigt, dass für große $n \in \mathbb{N}$ die Approximation

$$\int_B f(x)dx \approx \frac{1}{n} \sum_{j=1}^n f(U_j)$$

gilt. Diese Erkenntnis liefert ein Verfahren zur näherungsweisen Berechnung mehrdimensionaler Integrale durch die Simulation unabhängiger, gleichverteilter Zufallsvariablen. Derartige Verfahren sind in der Literatur als *Monte-Carlo-Approximationen* bekannt.

11.2 Der zentrale Grenzwertsatz

In diesem Abschnitt präsentieren wir den zentralen Grenzwertsatz, der zeigt, dass die Summe mehrerer unabhängiger, identisch verteilter Zufallsvariablen stets näherungsweise normalverteilt ist. Im Folgenden sei $(\Omega, \mathcal{F}, \mathbb{P})$ ein Wahrscheinlichkeitsraum.

Satz 11.9 (Zentraler Grenzwertsatz)

Es sei $(X_j)_{j \in \mathbb{N}} \subset \mathcal{L}^2$ eine Folge unabhängiger, identisch verteilter Zufallsvariablen mit $\mu := \mathbb{E}[X_1]$ und $\sigma^2 := \text{Var}[X_1] > 0$. Wir setzen

$$S_n := \sum_{j=1}^n X_j \quad \text{und} \quad Y_n := \frac{S_n - n\mu}{\sqrt{n\sigma^2}} \quad \text{für } n \in \mathbb{N}.$$

Dann gilt $\mathbb{P}^{Y_n} \to N(0, 1)$ schwach.

▶ **Beweis** Wir bezeichnen mit $\varphi : \mathbb{R} \to \mathbb{C}$ die charakteristische Funktion von $X_1 - \mu$. Nach Satz 9.6 gilt $\varphi \in C^2(\mathbb{R}; \mathbb{C})$ mit

$$\varphi'(0) = i \cdot \mathbb{E}[X_1 - \mu] = 0,$$
$$\varphi''(0) = -\mathbb{E}[(X_1 - \mu)^2] = -\sigma^2.$$

Nach Satz 9.4 gilt außerdem $\varphi(0) = 1$. Nach dem Satz von Taylor (Satz A.47 aus Anhang A.5) existiert eine Funktion $h : \mathbb{R} \to \mathbb{C}$ mit $h(u) \to 0$ für $u \to 0$, so dass

$$\varphi(u) = \varphi(0) + \varphi'(0)u + \left(\frac{\varphi''(0)}{2} + h(u)\right)u^2 = 1 + \left(h(u) - \frac{\sigma^2}{2}\right)u^2, \quad u \in \mathbb{R}.$$

Es sei $G \subset \mathbb{C}$ das Gebiet $G = \{z \in \mathbb{C} : \operatorname{Re} z > -1\}$. Nach dem Satz von Taylor (Satz A.46 aus Anhang A.5) existiert eine Funktion $g : G \to \mathbb{C}$ mit $g(z) \to 0$ für $z \to 0$, so dass

$$\ln(1 + z) = \ln(1) + (\ln'(1) + g(z))z = (1 + g(z))z, \quad z \in G.$$

Für alle $n \in \mathbb{N}$ gilt außerdem

$$Y_n = \frac{S_n - n\mu}{\sqrt{n\sigma^2}} = \frac{1}{\sqrt{n\sigma^2}} \sum_{j=1}^{n} (X_j - \mu).$$

Zusammen mit den Sätzen 9.8 und 9.14 folgt für jedes $u \in \mathbb{R}$, dass

$$\varphi_{Y_n}(u) = \varphi_{\sum_{j=1}^{n}(X_j - \mu)}\left(\frac{u}{\sqrt{n\sigma^2}}\right) = \prod_{j=1}^{n} \varphi\left(\frac{u}{\sqrt{n\sigma^2}}\right) = \left(\varphi\left(\frac{u}{\sqrt{n\sigma^2}}\right)\right)^n$$

$$= \exp\left(n \cdot \ln \varphi\left(\frac{u}{\sqrt{n\sigma^2}}\right)\right) = \exp\left[n \cdot \ln\left(\left(1 + \left(h\left(\frac{u}{\sqrt{n\sigma^2}}\right) - \frac{\sigma^2}{2}\right)\frac{u^2}{n\sigma^2}\right)\right]$$

$$= \exp\left[n \cdot \ln\left(1 + \left(\frac{u^2}{n\sigma^2}h\left(\frac{u}{\sqrt{n\sigma^2}}\right) - \frac{u^2}{2n}\right)\right)\right]$$

$$= \exp\left[n \cdot \left(\frac{u^2}{n\sigma^2}h\left(\frac{u}{\sqrt{n\sigma^2}}\right) - \frac{u^2}{2n}\right) \cdot \left(1 + g\left(\frac{u^2}{n\sigma^2}h\left(\frac{u}{\sqrt{n\sigma^2}}\right) - \frac{u^2}{2n}\right)\right)\right]$$

$$= \exp\left[\underbrace{\left(\frac{u^2}{\sigma^2}h\left(\frac{u}{\sqrt{n\sigma^2}}\right) - \frac{u^2}{2}\right)}_{\to 0} \cdot \left(1 + g\underbrace{\left(\frac{u^2}{n\sigma^2}h\left(\frac{u}{\sqrt{n\sigma^2}}\right) - \frac{u^2}{2n}\right)}_{\to 0}\right)\right]$$

$$\to \exp\left(-\frac{u^2}{2}\right) \quad \text{für } n \to \infty.$$

Dies ist nach Beispiel 74 die Fouriertransformierte der Standardnormalverteilung N(0, 1), und somit gilt $\mathcal{F}\mathbb{P}^{Y_n} \to \mathcal{F}N(0, 1)$. Nach dem Stetigkeitssatz von Lévy (Korollar 10.26) folgt, dass $\mathbb{P}^{Y_n} \to N(0, 1)$ schwach.   q.e.d.

Als unmittelbare Folgerung aus dem zentralen Grenzwertsatz erhalten wir das klassische Resultat von Moivre-Laplace.

Korollar 11.10 (Satz von Moivre-Laplace)
Es sei $(X_j)_{j\in\mathbb{N}}$ eine Folge unabhängiger, Bernoulli-verteilter Zufallsvariablen $X_j \sim$ Ber(p). Wir setzen

$$S_n := \sum_{j=1}^{n} X_j \quad und \quad Y_n := \frac{S_n - np}{\sqrt{np(1-p)}} \quad \text{für } n \in \mathbb{N}.$$

Dann gilt $\mathbb{P}^{Y_n} \to N(0,1)$ schwach.

▶ **Beweis** Nach Beispiel 17 gilt für jedes $j \in \mathbb{N}$, dass

$$\mathbb{E}[X_j] = p \quad und \quad \text{Var}[X_j] = p(1-p).$$

Also folgt nach dem zentralen Grenzwertsatz (Satz 11.9), dass $\mathbb{P}^{Y_n} \to N(0,1)$ schwach.
q.e.d.

Nun werden wir auf die fundamentale Bedeutung des zentralen Grenzwertsatzes näher eingehen. Wie in Satz 11.9 sei $(X_j)_{j\in\mathbb{N}} \subset \mathcal{L}^2$ eine Folge unabhängiger, identisch verteilter Zufallsvariablen mit $\mu := \mathbb{E}[X_1]$ und $\sigma^2 := \text{Var}[X_1] > 0$. Wir setzen

$$S_n := \sum_{j=1}^{n} X_j \quad und \quad Y_n := \frac{S_n - n\mu}{\sqrt{n\sigma^2}} \quad \text{für } n \in \mathbb{N}.$$

Nach dem zentralen Grenzwertsatz (Satz 11.9) gilt

$$\mathbb{P}^{Y_n} \approx N(0,1) \quad \text{für große } n \in \mathbb{N},$$

das heißt, für große $n \in \mathbb{N}$ ist die Zufallsvariable Y_n annähernd standardnormalverteilt. Eine einfache Umformung zeigt, dass

$$S_n = \sqrt{n\sigma^2} Y_n + n\mu \quad \text{für alle } n \in \mathbb{N}.$$

Nach Beispiel 56 gilt also

$$\mathbb{P}^{S_n} \approx N(n\mu, n\sigma^2) \quad \text{für große } n \in \mathbb{N}.$$

Mit anderen Worten, die Verteilung der Summe S_n ist – unabhängig von der Verteilung der Folge $(X_j)_{j\in\mathbb{N}}$ – für große $n \in \mathbb{N}$ annähernd normalverteilt. Die einzige wesentliche Annahme ist, dass die Zufallsvariablen $(X_j)_{j\in\mathbb{N}}$ quadratintegrierbar sind. Sofern wir den Erwartungswert μ und die Varianz σ^2 kennen, können wir leicht eine Approximation für die Verteilungsfunktion von S_n angeben. Dazu bezeichnen wir mit $\Phi : \mathbb{R} \to [0,1]$ die Verteilungsfunktion der Standardnormalverteilung $N(0,1)$. Dann gilt für große $n \in \mathbb{N}$, dass

$$F_{S_n}(x) = \mathbb{P}(S_n \leq x) = \mathbb{P}(\sqrt{n\sigma^2}\, Y_n + n\mu \leq x) = \mathbb{P}(\sqrt{n\sigma^2}\, Y_n \leq x - n\mu)$$

$$= \mathbb{P}\left(Y_n \leq \frac{x - n\mu}{\sqrt{n\sigma^2}}\right) \approx \Phi\left(\frac{x - n\mu}{\sqrt{n\sigma^2}}\right), \quad x \in \mathbb{R}.$$

Also können wir Wahrscheinlichkeiten bezüglich der Zufallsvariablen S_n näherungsweise ausrechnen. Beispielsweise erhalten wir für $x, y \in \mathbb{R}$ mit $x < y$ für die Wahrscheinlichkeit, dass S_n im Intervall $[x, y]$ landet, die Näherung

$$\mathbb{P}(S_n \in [x, y]) \approx \Phi\left(\frac{y - n\mu}{\sqrt{n\sigma^2}}\right) - \Phi\left(\frac{x - n\mu}{\sqrt{n\sigma^2}}\right) \quad \text{für große } n \in \mathbb{N}.$$

Bemerkung 11.11 *In der Situation des Satzes von Moivre-Laplace (Korollar 11.10) sind die Zufallsvariablen $(X_j)_{j\in\mathbb{N}}$ Bernoulli-verteilt mit Parameter p. Nach Satz 7.34 gilt $S_n \sim \mathrm{Bi}(n, p)$ für alle $n \in \mathbb{N}$, und nach Beispiel 17 gilt*

$$\mu = p \quad \text{und} \quad \sigma^2 = p(1 - p).$$

Also erhalten wir

$$\mathrm{Bi}(n, p) \approx N(np, np(1 - p)) \quad \text{für große } n \in \mathbb{N},$$

das heißt, für große $n \in \mathbb{N}$ können wir die Wahrscheinlichkeiten binomialverteilter Zufallsvariablen durch die Standardnormalverteilung approximieren. Dies ist eine nützliche Erkenntnis, da die bei der Binomialverteilung auftretenden Binomialkoeffizienten $\binom{n}{k}$ für große $n \in \mathbb{N}$ sehr mühselig zu berechnen sind. Für $k_1, k_2 \in \mathbb{N}$ mit $k_1 < k_2$ erhalten wir beispielsweise die Näherung

$$\mathbb{P}(k_1 \leq S_n \leq k_2) \approx \Phi\left(\frac{k_2 - np}{\sqrt{np(1 - p)}}\right) - \Phi\left(\frac{k_1 - np}{\sqrt{np(1 - p)}}\right) \quad \text{für große } n \in \mathbb{N},$$

wobei $\Phi : \mathbb{R} \to [0, 1]$ die Verteilungsfunktion der Standardnormalverteilung $N(0, 1)$ beizeichnet.

▶ **Beispiel 104** Es sei $X \sim \mathrm{Bi}(500, \frac{95}{100})$ eine binomialverteilte Zufallsvariable. Dann ist eine Approximation für die Wahrscheinlichkeit, dass das Ereignis $\{470 \leq X \leq 485\}$ eintritt, gegeben durch

$$\mathbb{P}(470 \leq X \leq 485) \approx \Phi\left(\frac{485 - 475}{\sqrt{23,75}}\right) - \Phi\left(\frac{470 - 475}{\sqrt{23,75}}\right)$$

$$\approx \Phi(2, 05) - \Phi(-1, 03) \approx 0,9798 - 0,1515 = 0,8283.$$

Also tritt das Ereignis $\{470 \leq X \leq 485\}$ mit einer Wahrscheinlichkeit von etwa 83 % ein.

Abschließend werden wir auf den Zusammenhang zwischen dem Gesetz der großen Zahlen und dem zentralen Grenzwertsatz eingehen. Es sei $(X_j)_{j\in\mathbb{N}} \subset \mathcal{L}^2$ eine Folge unabhängiger, identisch verteilter Zufallsvariablen mit $\mu := \mathbb{E}[X_1]$ und $\sigma^2 := \text{Var}[X_1] > 0$. Wir setzen

$$S_n := \sum_{j=1}^{n} X_j \quad \text{für } n \in \mathbb{N}.$$

Dann gilt nach dem Gesetz der großen Zahlen (Satz 11.6), dass

$$\frac{S_n}{n} \xrightarrow{\text{f.s.}} \mu.$$

Bezüglich der Konvergenzgeschwindigkeit sind wir an einer *Konvergenzrate* interessiert, das heißt an einer Konstanten $\alpha > 0$, so dass

$$n^{\alpha} \left(\frac{S_n}{n} - \mu \right) \xrightarrow{\text{f.s.}} c \quad \text{für eine Konstante } c \neq 0.$$

Wie sich herausstellt, existiert eine solche Konstante $\alpha > 0$ nicht. Was jedoch nach dem zentralen Grenzwertsatz (Satz 11.9) gilt, ist die Konvergenz in Verteilung

$$\sqrt{n} \left(\frac{S_n}{n} - \mu \right) \xrightarrow{\mathcal{D}} Y$$

mit einer normalverteilten Zufallsvariablen $Y \sim \text{N}(0, \sigma^2)$. Also können wir in einem weiter gefassten Sinne $\alpha = \frac{1}{2}$ als Konvergenzrate für die Konvergenzgeschwindigkeit beim Gesetz der großen Zahlen auffassen.

11.3   Der Grenzwertsatz von Poisson

In diesem Abschnitt stellen wir einen weiteren Grenzwertsatz aus der Wahrscheinlichkeitstheorie, den sogenannten Grenzwertsatz von Poisson, vor.

> **Satz 11.12 (Grenzwertsatz von Poisson)**
> *Für jedes* $\lambda > 0$ *gilt* $\text{Bi}(n, \frac{\lambda}{n}) \to \text{Pois}(\lambda)$ *schwach.*

▶ **Beweis** Wir werden zwei Wege aufzeigen, um diesen Satz zu beweisen; in Teil (a) eine Variante mit Hilfe von Fouriertransformierten und dem Stetigkeitssatz von Lévy und in Teil (b) eine andere Variante, bei der wir zeigen, dass die zugehörigen stochastischen Vektoren gegeneinander konvergieren.

(a) Wir setzen $\mu_n := \text{Bi}(n, \frac{\lambda}{n})$ für $n \in \mathbb{N}$ mit $n > \lambda$. Nach Satz A.14 aus Anhang A.1 (dieses Resultat gilt auch im Komplexen) gilt

$$e^z = \lim_{n \to \infty} \left(1 + \frac{z}{n}\right)^n \quad \text{für alle } z \in \mathbb{C}.$$

Mit Beispiel 70 folgt für jedes $u \in \mathbb{R}$, dass

$$(\mathcal{F}\mu_n)(u) = \left(\frac{\lambda}{n} e^{iu} + 1 - \frac{\lambda}{n}\right)^n = \left(1 + \frac{\lambda(e^{iu} - 1)}{n}\right)^n$$
$$\to \exp(\lambda(e^{iu} - 1)) \quad \text{für } n \to \infty.$$

Nach Beispiel 72 ist dies die Fouriertransformierte der Poisson-Verteilung $\text{Pois}(\lambda)$, und somit gilt $\mathcal{F}\mu_n \to \mathcal{F}\text{Pois}(\lambda)$. Nach dem Stetigkeitssatz von Lévy (Korollar 10.26) folgt, dass $\text{Bi}(n, \frac{\lambda}{n}) \to \text{Pois}(\lambda)$ schwach.

(b) Für $n \in \mathbb{N}$ mit $n > \lambda$ bezeichnen wir mir $\pi_n : \mathbb{N}_0 \to [0, 1]$ den stochastischen Vektor der Binomialverteilung $\text{Bi}(n, \frac{\lambda}{n})$. Dann erhalten wir für alle $k = 0, 1, \ldots, n$, dass

$$\pi_n(k) = \binom{n}{k} \left(\frac{\lambda}{n}\right)^k \left(1 - \frac{\lambda}{n}\right)^{n-k}$$
$$= \left(1 - \frac{\lambda}{n}\right)^n \frac{n!}{k!(n-k)!} \left(\frac{\lambda}{n}\right)^k \left(1 - \frac{\lambda}{n}\right)^{-k}$$
$$= \frac{\lambda^k}{k!} \left(1 - \frac{\lambda}{n}\right)^n \left(\frac{n(n-1) \cdot \ldots \cdot (n-(k-1))}{n \cdot n \cdot \ldots \cdot n}\right) \left(1 - \frac{\lambda}{n}\right)^{-k}$$
$$= \frac{\lambda^k}{k!} \left(1 - \frac{\lambda}{n}\right)^n \left(\frac{n-1}{n} \cdot \ldots \cdot \frac{n-k+1}{n}\right) \left(1 - \frac{\lambda}{n}\right)^{-k}.$$

Nach Satz A.14 aus Anhang A.1 gilt

$$e^x = \lim_{n \to \infty} \left(1 + \frac{x}{n}\right)^n \quad \text{für alle } x \in \mathbb{R}.$$

Also folgt für alle $k \in \mathbb{N}_0$, dass

$$\lim_{n \to \infty} \pi_n(k) = \frac{\lambda^k}{k!} e^{-\lambda} = \pi(k),$$

wobei $\pi : \mathbb{N}_0 \to [0, 1]$ den stochastischen Vektor der Poisson-Verteilung $\text{Pois}(\lambda)$ bezeichnet. Also gilt nach Satz 10.16, dass $\text{Bi}(n, \frac{\lambda}{n}) \to \text{Pois}(\lambda)$ schwach.

q.e.d.

Bemerkung 11.13 *Der Grenzwertsatz von Poisson (Satz 11.12) zeigt, dass*

$$Bi(n, p) \approx Pois(np) \quad \text{für große } n \in \mathbb{N} \text{ und kleine } p \in (0, 1).$$

Mit anderen Worten, die Wahrscheinlichkeiten binomialverteilter Zufallsvariablen mit einer hohen Anzahl n an Durchführungen des Experimentes und mit einer geringen Erfolgswahrscheinlichkeit p können wir durch die Poisson-Verteilung approximieren. Dies ist eine nützliche Erkenntnis, da die bei der Binomialverteilung auftretenden Binomialkoeffizienten $\binom{n}{k}$ für große $n \in \mathbb{N}$ sehr mühselig zu berechnen sind.

Nun sei $(\Omega, \mathcal{F}, \mathbb{P})$ ein Wahrscheinlichkeitsraum.

▶ **Beispiel 105** Es sei $X \sim \mathrm{Bi}(70, \frac{3}{100})$ eine binomialverteilte Zufallsvariable. Dann ist eine Approximation für die Wahrscheinlichkeit, dass das Ereignis $\{X = 4\}$ eintritt, gegeben durch

$$\mathbb{P}(X = 4) \approx \mathrm{Pois}\left(\frac{21}{10}\right)(\{4\}) = 0{,}0992.$$

Also tritt das Ereignis $\{X = 4\}$ mit einer Wahrscheinlichkeit von etwa 10 % ein.

Es seien $X_1, \ldots, X_n \sim \mathrm{Ber}(p)$ unabhängige, Bernoulli-verteilte Zufallsvariablen. Wir definieren die Summe

$$S_n := \sum_{j=1}^{n} X_j.$$

Nach Satz 7.34 gilt, dass $S_n \sim \mathrm{Bi}(n, p)$. Also erhalten wir mit Bemerkung 11.13, dass

$$\mathbb{P}^{S_n} \approx \mathrm{Pois}(np) \quad \text{für große } n \in \mathbb{N} \text{ und kleine } p \in (0, 1),$$

das heißt, die Wahrscheinlichkeiten bei der Durchführung einer hohen Anzahl unabhängiger Bernoulli-Experimenten mit einer geringen Erfolgswahrscheinlichkeit p lassen sich durch die Poisson-Verteilung approximieren. Aus diesem Grund wird der Grenzwertsatz von Poisson (Satz 11.12) auch manchmal das *Gesetz der seltenen Ereignisse* genannt.

Gauß'sche Zufallsvektoren

12

Die fundamentale Bedeutung der Normalverteilung hat der zentrale Grenzwertsatz im letzten Kapitel belegt. Das Ziel dieses Kapitels ist das Studium von Gauß'schen Zufallsvektoren und mehrdimensionalen Normalverteilungen. Zum Abschluss werden wir eine Mehrdimensionale Version des zentralen Grenzwertsatzes präsentieren.

12.1   Eindimensionale Normalverteilungen

In diesem Abschnitt werden wir unsere Aufmerksamkeit auf eindimensionale Normalverteilungen richten und die frühere Definition in geeigneter Weise verallgemeinern. Dies ist erforderlich, da die Familie der Normalverteilungen, wie wir sie bisher kennengelernt haben, bezüglich schwacher Konvergenz nicht abgeschlossen ist. Dazu betrachten wir folgendes Beispiel.

▶ **Beispiel 106**   Es gilt $N(0, \frac{1}{n}) \to \delta_0$ schwach. In der Tat, nach den Beispielen 74 und 69 gilt für jedes $u \in \mathbb{R}$, dass

$$\left(\mathcal{F}N\left(0, \frac{1}{n}\right) \right)(u) = \exp\left(iu\mu - \frac{u^2}{2n} \right) \to \exp(iu\mu) = (\mathcal{F}\delta_\mu)(u) \quad \text{für } n \to \infty.$$

Also gilt $\mathcal{F}N(0, \frac{1}{n}) \to \mathcal{F}\delta_\mu$. Nach dem Stetigkeitssatz von Lévy (Korollar 10.26) folgt, dass $N(0, \frac{1}{n}) \to \delta_0$ schwach.

Diese fehlende Abgeschlossenheit der Normalverteilungen werden wir durch folgende Definition beheben.

S. Tappe, *Einführung in die Wahrscheinlichkeitstheorie*,
DOI: 10.1007/978-3-642-37544-6_12, © Springer-Verlag Berlin Heidelberg 2013

Definition 12.1

Eine Verteilung ν auf $(\mathbb{R}, \mathcal{B}(\mathbb{R}))$ heißt eine *Normalverteilung* mit Parametern $\mu \in \mathbb{R}$ und $\sigma^2 \geq 0$, falls ihre Fouriertransformierte gegeben ist durch

$$(\mathcal{F}\nu)(u) = \exp\left(iu\mu - \frac{u^2\sigma^2}{2}\right), \quad u \in \mathbb{R}.$$

Wir bezeichnen eine solche Verteilung mit $\nu = N(\mu, \sigma^2)$.

Bemerkung 12.2 *Bei der Definition 12.1 haben wir zwei Fälle zu unterscheiden:*

(a) *Für $\sigma^2 > 0$ haben wir nach Beispiel 74 die bekannte Normalverteilung $N(\mu, \sigma^2)$ aus Definition 4.10 vorliegen, das heißt, ν ist absolutstetig mit Dichte*

$$f : \mathbb{R} \to \mathbb{R}, \quad f(x) = \frac{1}{\sqrt{2\pi\sigma^2}} \exp\left(-\frac{(x-\mu)^2}{2\sigma^2}\right).$$

(b) *Für $\sigma^2 = 0$ haben wir nach Beispiel 69 eine Dirac-Verteilung im Punkte μ vorliegen, das heißt $N(\mu, 0) = \delta_\mu$. Wir sprechen in diesem Fall auch von einer entarteten Normalverteilung.*

Nun sei $(\Omega, \mathcal{F}, \mathbb{P})$ ein Wahrscheinlichkeitsraum.

Satz 12.3

Für eine normalverteilte Zufallsvariable $X \sim N(\mu, \sigma^2)$ gilt

$$\mathbb{E}[X] = \mu \quad und \quad \mathrm{Var}[X] = \sigma^2.$$

▶ **Beweis** Dies ist eine direkte Folgerung aus Beispiel 17 und Korollar 8.6.   q.e.d.

Mit unserer verallgemeinerten Definition der Normalverteilung können wir Beispiel 99 leicht verallgemeinern:

Satz 12.4

Es seien $(\mu_n)_{n\in\mathbb{N}} \subset \mathbb{R}$ und $(\sigma_n^2)_{n\in\mathbb{N}} \subset \mathbb{R}_+$ Folgen, so dass $\mu \in \mathbb{R}$ und $\sigma^2 \in \mathbb{R}_+$ mit $\mu_n \to \mu$ und $\sigma_n^2 \to \sigma^2$ existieren. Dann gilt $N(\mu_n, \sigma_n^2) \to N(\mu, \sigma^2)$ schwach.

▶ **Beweis** Wegen $\mu_n \to \mu$ und $\sigma_n^2 \to \sigma^2$ gilt

$$(\mathcal{F}\mathrm{N}(\mu_n, \sigma_n^2))(u) = \exp\left(iu\mu_n - \frac{u^2\sigma_n^2}{2}\right) \to \exp\left(iu\mu - \frac{u^2\sigma^2}{2}\right)$$

$$= (\mathcal{F}\mathrm{N}(\mu, \sigma^2))(u).$$

Also gilt $\mathcal{F}\mathrm{N}(\mu_n, \sigma_n^2) \to \mathcal{F}\mathrm{N}(\mu, \sigma^2)$. Nach dem Stetigkeitssatz von Lévy (Korollar 10.26) folgt, dass $\mathrm{N}(\mu_n, \sigma_n^2) \to \mathrm{N}(\mu, \sigma^2)$ schwach.   q.e.d.

Satz 12.4 hat eine Verschärfung, auf die wir nun zu sprechen kommen.

Satz 12.5

Es seien $(\mu_n)_{n\in\mathbb{N}} \subset \mathbb{R}$ und $(\sigma_n^2)_{n\in\mathbb{N}} \subset \mathbb{R}_+$ Folgen, so dass eine Verteilung ν auf $(\mathbb{R}, \mathcal{B}(\mathbb{R}))$ mit $\mathrm{N}(\mu_n, \sigma_n^2) \to \nu$ schwach existiert. Dann gibt es Konstanten $\mu \in \mathbb{R}$ und $\sigma^2 \in \mathbb{R}_+$, so dass $\mu_n \to \mu, \sigma_n^2 \to \sigma^2$ und $\nu = \mathrm{N}(\mu, \sigma^2)$.

▶ **Beweis** Für jedes $n \in \mathbb{N}$ gilt

$$(\mathcal{F}\mathrm{N}(\mu_n, \sigma_n^2))(u) = \exp\left(iu\mu_n - \frac{u^2\sigma_n^2}{2}\right), \quad u \in \mathbb{R}.$$

Wegen $\mathrm{N}(\mu_n, \sigma_n^2) \to \nu$ gilt nach dem Stetigkeitssatz von Lévy (Korollar 10.26), dass $\mathcal{F}\mathrm{N}(\mu_n, \sigma_n^2) \to \mathcal{F}\nu$. Es folgt

$$\exp(\sigma_n^2) = \exp\left(-\mu_n + \frac{\sigma_n^2}{2}\right) \cdot \exp\left(\mu_n + \frac{\sigma_n^2}{2}\right)$$

$$= (\mathcal{F}\mathrm{N}(\mu_n, \sigma_n^2))(i) \cdot (\mathcal{F}\mathrm{N}(\mu_n, \sigma_n^2))(-i) \to (\mathcal{F}\nu)(i) \cdot (\mathcal{F}\nu)(-i).$$

Also gilt $\sigma_n^2 \to \sigma^2$, wobei

$$\sigma^2 := \ln\left((\mathcal{F}\nu)(i) \cdot (\mathcal{F}\nu)(-i)\right).$$

Weiterhin gilt, dass

$$\exp(\mu_n) = \exp\left(\mu_n + \frac{\sigma_n^2}{2}\right) \cdot \exp\left(-\frac{\sigma_n^2}{2}\right)$$

$$= (\mathcal{F}\mathrm{N}(\mu_n, \sigma_n^2))(-i) \cdot \exp\left(-\frac{\sigma_n^2}{2}\right) \to (\mathcal{F}\nu)(-i) \cdot \exp\left(-\frac{\sigma^2}{2}\right).$$

Also gilt $\mu_n \to \mu$, wobei

$$\mu := \ln\left((\mathcal{F}\nu)(-i) \cdot \exp\left(-\frac{\sigma^2}{2}\right)\right).$$

Nach Satz 12.4 folgt $N(\mu_n, \sigma_n^2) \to N(\mu, \sigma^2)$ schwach. Da der Limes einer schwach konvergenten Folge von Wahrscheinlichkeitsmaßen eindeutig bestimmt ist (siehe Korollar 10.27), folgt $\nu = N(\mu, \sigma^2)$.   q.e.d.

12.2   Mehrdimensionale Normalverteilungen

In diesem Abschnitt werden wir Gauß'sche Zufallsvektoren einführen. Dazu sei $(\Omega, \mathcal{F}, \mathbb{P})$ ein Wahrscheinlichkeitsraum. Nun wäre es naheliegend, einen Zufallsvektor $X = (X_1, \dots, X_n) : \Omega \to \mathbb{R}^n$ einen Gauß'schen Zufallsvektor zu nennen, falls seine Komponenten $X_1, \dots, X_n$ normalverteilt sind. Diese Definition wäre für unsere Zwecke jedoch nicht ausreichend. Wir benötigen sogar, dass für jedes lineare Funktional $\varphi : \mathbb{R}^n \to \mathbb{R}$ die Zufallsvariable $\varphi(X)$ normalverteilt ist. Um diese Idee zu präzisieren, bezeichnen wir im Folgenden mit

$$\langle x, y \rangle = \sum_{j=1}^n x_j y_j, \quad x, y \in \mathbb{R}^n$$

das euklidische Skalarprodukt und mit

$$\|x\| = \sqrt{\langle x, x \rangle} = \sqrt{\sum_{j=1}^n x_j^2}, \quad x \in \mathbb{R}^n$$

die euklidische Norm im $\mathbb{R}^n$. Für die im Folgenden benötigten Resultate über quadratische Matrizen verweisen wir auf Anhang B.

Definition 12.6

Ein $\mathbb{R}^n$-wertiger Zufallsvektor X heißt ein *Gauß'scher Zufallsvektor*, falls für jedes $a \in \mathbb{R}^n$ die Linearkombination $\langle a, X \rangle = \sum_{j=1}^n a_j X_j$ normalverteilt ist.

Wir beachten, dass Definition 12.6 dank der in Definition 12.1 zusätzlich eingeführten entarteten Normalverteilungen sinnvoll ist. Außerdem halten wir fest, dass jede der Komponenten $X_1, \dots, X_n$ eines Gauß'schen Zufallsvektors X normalverteilt ist, was wir durch Einsetzen der Einheitsvektoren $e_1, \dots, e_n$ für a sehen. Die Umkehrung dieser Feststellung gilt im Allgemeinen nicht, wie folgendes Beispiel zeigt.

▶ **Beispiel 107** Es seien $X, Z : \Omega \to \mathbb{R}$ zwei unabhängige Zufallsvariablen, so dass $X \sim N(0, 1)$ standardnormalverteilt ist und $Z \sim UD(\{-1, 1\})$ eine diskrete Gleichverteilung auf der Menge $\{-1, 1\}$ besitzt. Wir definieren die neue Zufallsvariable $Y := ZX$. Bezeichnen wir mit $F_X : \mathbb{R} \to [0, 1]$ die Verteilungsfunktion von X, so ist die Verteilungsfunktion $F_{-X} : \mathbb{R} \to [0, 1]$ gegeben durch

$$F_{-X}(x) = \mathbb{P}(-X \le x) = \mathbb{P}(X \ge -x) = \int_{-x}^{\infty} \frac{1}{\sqrt{2\pi}} \exp\left(-\frac{y^2}{2}\right) dy$$

$$= \int_{-\infty}^{x} \frac{1}{\sqrt{2\pi}} \exp\left(-\frac{y^2}{2}\right) dy = F_X(x), \quad x \in \mathbb{R},$$

das heißt, es gilt $-X \sim N(0, 1)$. Mit Hilfe von Satz 7.17 erkennen wir, dass die Verteilungsfunktion $F_Y : \mathbb{R} \to [0, 1]$ von Y gegeben ist durch

$$F_Y(y) = \mathbb{P}(Y \le y) = \mathbb{P}(XZ \le y) = \mathbb{P}(X \le y, Z = 1) + \mathbb{P}(-X \le y, Z = -1)$$

$$= \mathbb{P}(X \le y) \cdot \mathbb{P}(Z = 1) + \mathbb{P}(-X \le y) \cdot \mathbb{P}(Z = -1)$$

$$= \frac{1}{2} F_X(y) + \frac{1}{2} F_{-X}(y) = \frac{1}{2} F_X(y) + \frac{1}{2} F_X(y) = F_X(y), \quad y \in \mathbb{R},$$

das heißt, wir erhalten $Y \sim N(0, 1)$. Nach Satz 7.17 gilt jedoch

$$\mathbb{P}(X + Y = 0) = \mathbb{P}(X + ZX = 0) = \mathbb{P}((1 + Z)X = 0)$$

$$= \mathbb{P}(Z = 1, X = 0) + \mathbb{P}(Z = -1)$$

$$= \mathbb{P}(Z = 1) \cdot \mathbb{P}(X = 0) + \mathbb{P}(Z = -1) = \frac{1}{2} \mathbb{P}(X = 0) + \frac{1}{2} = \frac{1}{2},$$

was zeigt, dass die Linearkombination $X + Y$ nicht normalverteilt ist. Folglich ist (X, Y) ein Zufallsvektor mit normalverteilten Komponenten, der jedoch kein Gauß'scher Zufallsvektor ist.

Da die Komponenten $X_1, \ldots, X_n$ eines Gauß'schen Zufallsvektors X normalverteilt sind, handelt es sich um quadratintegrierbare Zufallsvariablen, das heißt, es gilt $X_j \in \mathcal{L}^2$ für $j = 1, \ldots, n$. Also ist folgende Definition insbesondere für Gauß'sche Zufallsvektoren anwendbar.

Definition 12.7

Es sei $X \in \mathcal{L}^2$ ein $\mathbb{R}^n$-wertiger, quadratintegrierbarer Zufallsvektor, das heißt, es gilt $X_j \in \mathcal{L}^2$ für alle $j = 1, \ldots, n$.

(a) Wir definieren den *Erwartungswert* $\mu_X \in \mathbb{R}^n$ durch

$$\mu_X := \left(\mathbb{E}[X_1], \ldots, \mathbb{E}[X_n]\right)^\top.$$

(b) Wir definieren die *Kovarianzmatrix* $\Sigma_X^2 \in \mathbb{R}^{n \times n}$ durch

$$\Sigma_X^2 := \left(\text{Cov}(X_i, X_j)\right)_{i,j=1,\ldots,n}.$$

Wir beachten, dass Definition 12.7 in Einklang mit Definition 7.25 steht. Gemäß Satz 7.26 ist die Kovarianzmatrix Σ_X^2 symmetrisch und positiv semidefinit. Bezüglich des Begriffs einer positiv semidefiniten Matrix verweisen wir auf Anhang B.2.

Satz 12.8

Für einen $\mathbb{R}^n$-wertigen Zufallsvektor X sind folgende Aussagen äquivalent:

(i) *X ist ein Gauß'scher Zufallsvektor.*

(ii) *Es existieren ein Vektor $\mu \in \mathbb{R}^n$ und eine symmetrische, positiv semidefinite Matrix $\Sigma^2 \in \mathbb{R}^{n\times n}$, so dass*

$$\varphi_X(u) = \exp\left(i\langle u, \mu\rangle - \frac{1}{2}\langle \Sigma^2 u, u\rangle\right), \quad u \in \mathbb{R}^n.$$

▶ **Beweis** (i) $\Rightarrow$ (ii): Wir definieren den Vektor $\mu \in \mathbb{R}^n$ und die symmetrische, positiv semidefinite Matrix $\Sigma^2 \in \mathbb{R}^{n\times n}$ durch $\mu := \mu_X$ und $\Sigma^2 := \Sigma_X^2$. Es sei $a \in \mathbb{R}^n$ beliebig. Da X ein Gauß'scher Zufallsvektor ist, ist die Zufallsvariable $\langle a, X\rangle$ normalverteilt. Wir werden nun ihren Erwartungswert und ihre Varianz bestimmen. Wegen der Linearität des Erwartungswertes (Satz 6.50) gilt

$$\mathbb{E}[\langle a, X\rangle] = \mathbb{E}\left[\sum_{j=1}^{n} a_j X_j\right] = \sum_{j=1}^{n} a_j\mathbb{E}[X_j] = \langle a, \mu\rangle,$$

und mit Satz 7.24 erhalten wir

$$\mathrm{Var}[\langle a, X\rangle] = \mathrm{Var}\left[\sum_{j=1}^{n} a_j X_j\right] = \mathrm{Cov}\left(\sum_{j=1}^{n} a_j X_j, \sum_{k=1}^{n} a_k X_k\right)$$

$$= \sum_{j=1}^{n}\sum_{k=1}^{n} a_j a_k \mathrm{Cov}(X_j, X_k) = \langle \Sigma^2 a, a\rangle.$$

Also haben wir gezeigt, dass $\langle a, X\rangle \sim \mathrm{N}(\langle a, \mu\rangle, \langle \Sigma^2 a, a\rangle)$. Nach Beispiel 74 folgt

$$\varphi_{\langle a, X\rangle}(u) = \exp\left(iu\langle a, \mu\rangle - \frac{u^2}{2}\langle \Sigma^2 a, a\rangle\right),$$

und somit erhalten wir

$$\varphi_X(a) = \mathbb{E}\left[e^{i\langle a, X\rangle}\right] = \varphi_{\langle a, X\rangle}(1) = \exp\left(i\langle a, \mu\rangle - \frac{1}{2}\langle \Sigma^2 a, a\rangle\right).$$

(ii) $\Rightarrow$ (i): Es sei $a \in \mathbb{R}^n$ beliebig. Dann gilt für jedes $u \in \mathbb{R}$, dass

$$\varphi_{\langle a, X \rangle}(u) = \mathbb{E}\big[e^{iu\langle a, X \rangle}\big] = \varphi_X(ua) = \exp\left(i\langle ua, \mu \rangle - \frac{1}{2}\langle \Sigma^2(ua), ua \rangle\right)$$

$$= \exp\left(iu\langle a, \mu \rangle - \frac{u^2}{2}\langle \Sigma^2 a, a \rangle\right).$$

Nach Beispiel 74 und dem Eindeutigkeitssatz (Satz 9.10) folgt, dass $\langle a, X \rangle \sim \mathrm{N}(\langle a, \mu \rangle,$ $\langle \Sigma^2 a, a \rangle)$, und somit ist $\langle a, X \rangle$ normalverteilt. q.e.d.

In Analogie zu Definition 12.1 führen wir nun den Begriff der mehrdimensionalen Normalverteilung ein

---

Definition 12.9

Es seien $\mu \in \mathbb{R}^n$ ein Vektor und $\Sigma^2 \in \mathbb{R}^{n \times n}$ eine symmetrische, positiv semidefinite Matrix. Eine Verteilung ν auf $(\mathbb{R}^n, \mathcal{B}(\mathbb{R}^n))$ heißt eine *mehrdimensionale Normalverteilung* mit Parametern μ und Σ^2, falls ihre Fouriertransformierte gegeben ist durch

$$(\mathcal{F}\nu)(u) = \exp\left(i\langle u, \mu \rangle - \frac{1}{2}\langle \Sigma^2 u, u \rangle\right), \quad u \in \mathbb{R}^n.$$

Wir bezeichnen eine solche Verteilung mit $\nu = \mathrm{N}(\mu, \Sigma^2)$.

Satz 12.8 zeigt, dass die Verteilung eines Gauß'schen Zufallsvektors eine mehrdimensionale Normalverteilung ist. Wir können nun weitere Aussagen über die Kenngrößen Gauß'scher Zufallsvektoren treffen:

Satz 12.10

Es sei $X \sim \mathrm{N}(\mu, \Sigma^2)$ ein Gauß'scher Zufallsvektor.
(a) *Für jedes $a \in \mathbb{R}^n$ gilt $\langle a, X \rangle \sim \mathrm{N}(\langle a, \mu \rangle, \langle \Sigma^2 a, a \rangle)$.*
(b) *Es gilt $\mu_X = \mu$ und $\Sigma_X^2 = \Sigma^2$.*

▶ **Beweis** Beide Aussagen folgen aus dem Beweis von Satz 12.8. q.e.d.

Das nächste Resultat zeigt, wie sich die Kovarianzmatrix unter affinen Transformationen ändert.

Satz 12.11

Es sei $X \sim \mathrm{N}(\mu, \Sigma^2)$ ein $\mathbb{R}^n$-wertiger Gauß'scher Zufallsvektor. Weiterhin seien $A \in \mathbb{R}^{m \times n}$ eine Matrix und $b \in \mathbb{R}^m$ ein Vektor. Dann ist $AX + b$ ein $\mathbb{R}^m$-wertiger Gauß'scher Zufallsvektor mit Verteilung

$$AX + b \sim \mathrm{N}(A\mu + b, A\Sigma^2 A^\top).$$

▶ **Beweis** Da X ein Gauß'scher Zufallsvektor ist, ist für jedes $a \in \mathbb{R}^m$ die Zufallsvariable

$$\langle a, AX + b \rangle = \langle A^\top a, X \rangle + \langle a, b \rangle$$

normalverteilt, was beweist, dass $AX + b$ ebenfalls ein Gauß'scher Zufallsvektor ist. Mit der Linearität des Erwartungswertes (Satz 6.50) und Satz 7.27 gilt außerdem

$$\mu_{AX+b} = A\mu_X + b \quad \text{und} \quad \Sigma^2_{AX+b} = A\Sigma^2_X A^\top,$$

was den Beweis abschließt.   q.e.d.

Im Folgenden werden wir mehrdimensionale Varianten von Satz 9.11 für die Unabhängigkeit von Zufallsvariablen verwenden. Dieses Resultat haben wir der Einfachheit halber nur für zwei Zufallsvariablen formuliert, es gilt jedoch auch für endlich viele.

Satz 12.12

Es seien $X_j \sim N(\mu_j, \sigma_j^2)$ für $j = 1, \ldots, n$ unabhängige, normalverteilte Zufallsvariablen. Dann ist $X = (X_1, \ldots, X_n)$ ein Gauß'scher Zufallsvektor mit Verteilung $X \sim N(\mu, \Sigma^2)$, wobei $\mu = (\mu_1, \ldots, \mu_n)^\top$ und $\Sigma^2 = \operatorname{diag}(\sigma_1^2, \ldots, \sigma_n^2)$.

▶ **Beweis** Da $X_1, \ldots, X_n$ unabhängig sind, gilt nach Satz 9.11 und Beispiel 74 für jedes $u \in \mathbb{R}^n$, dass

$$\varphi_X(u) = \prod_{j=1}^n \varphi_{X_j}(u_j) = \prod_{j=1}^n \exp\left(i u_j \mu_j - \frac{u_j^2 \sigma_j^2}{2} \right)$$

$$= \exp\left(i \sum_{j=1}^n u_j \mu_j - \frac{1}{2} \sum_{j=1}^n u_j^2 \sigma_j^2 \right) = \exp\left(i \langle u, \mu \rangle - \frac{1}{2} \langle \Sigma^2 u, u \rangle \right).$$

Also ist X nach Satz 12.8 ein Gauß'scher Zufallsvektor mit Verteilung $X \sim N(\mu, \Sigma^2)$.

q.e.d.

Beispiel 52 hatte uns gelehrt, dass aus der Unkorreliertheit eines Zufallsvektors im Allgemeinen nicht die Unabhängigkeit seiner Komponenten folgt. Erstaunlicherweise gilt dies jedoch für Gauß'sche Zufallsvektoren, wie wir nun sehen werden.

Satz 12.13

Für einen $\mathbb{R}^n$-wertigen Gauß'schen Zufallsvektor $X \sim N(\mu, \Sigma^2)$ sind folgende Aussagen äquivalent:

(i) *$X_1, \ldots, X_n$ sind unabhängig.*

(ii) *$X_1, \ldots, X_n$ sind paarweise unkorreliert.*

(iii) *Σ^2 ist eine Diagonalmatrix.*

▶ **Beweis** (ii) ⇔ (iii): Diese Äquivalenz ist klar aufgrund der Definition der Kovarianz-matrix.

(i) ⇒ (iii): Diese Implikation folgt aus Satz 12.12.

(iii) ⇒ (i): Es sei $\Sigma^2 = \text{diag}(\sigma_1^2, \ldots, \sigma_n^2)$ eine Diagonalmatrix. Dann gilt nach Satz 12.10, dass $X_j \sim N(\mu_j, \sigma_j^2)$ für $j = 1, \ldots, n$. Also folgt mit Beispiel 74, dass für jedes $u \in \mathbb{R}^n$ gilt

$$\varphi_X(u) = \exp\left(i\langle u, \mu\rangle - \frac{1}{2}\langle \Sigma^2 u, u\rangle\right) = \exp\left(i\sum_{j=1}^{n} u_j\mu_j - \frac{1}{2}\sum_{j=1}^{n} u_j^2\sigma_j^2\right)$$

$$= \prod_{j=1}^{n} \exp\left(iu_j\mu_j - \frac{u^2\sigma_j^2}{2}\right) = \prod_{j=1}^{n} \varphi_{X_j}(u_j).$$

Also sind $X_1, \ldots, X_n$ nach Satz 9.11 unabhängig. q.e.d.

Nun können wir auf einem eleganten Wege das Resultat von Beispiel 62 herleiten:

▶ **Beispiel 108** Es seien $X, Y \sim N(0, 1)$ unabhängige, standardnormalverteilte Zufalls-variablen und $(Z, W) := (X + Y, X - Y)$. Dann sind $Z, W \sim N(0, 2)$ unabhängige, normalverteilte Zufallsvariablen.

▶ **Beweis** Nach Satz 12.12 ist der Zufallsvektor (X, Y) ein Gauß'scher Zufallsvektor mit Verteilung $(X, Y) \sim N(0, \text{diag}(1, 1))$. Es gilt $(Z, W)^\top = A \cdot (X, Y)^\top$, wobei die Matrix $A \in \mathbb{R}^{2 \times 2}$ gegeben ist durch

$$A = \begin{pmatrix} 1 & 1 \\ 1 & -1 \end{pmatrix}.$$

Also ist (Z, W) nach Satz 12.11 ein Gauß'scher Zufallsvektor mit Verteilung

$$(Z, W) \sim N(0, A \cdot \text{diag}(1, 1) \cdot A^\top) = N(0, A \cdot A^\top) = N(0, \text{diag}(2, 2)).$$

Aus Satz 12.13 folgt, dass $Z, W \sim N(0, 2)$ unabhängige, normalverteilte Zufallsvariablen sind. q.e.d.

Satz 12.14

Es seien $Y \sim N(\mu_Y, \Sigma_Y^2)$ *ein* $\mathbb{R}^n$-*wertiger Gauß'scher Zufallsvekor und* $Z \sim N(\mu_Z, \Sigma_Z^2)$ *ein* $\mathbb{R}^m$-*wertiger Gauß'scher Zufallsvektor, so dass* Y *und* Z *unabhängig sind. Dann ist* $X := (Y, Z)$ *ein* $\mathbb{R}^{n+m}$-*wertiger Gauß'scher Zufallsvektor mit Verteilung* $X \sim N(\mu, \Sigma^2)$, *wobei*

$$\mu = \begin{pmatrix} \mu_Y \\ \mu_Z \end{pmatrix} \quad und \quad \Sigma^2 = \begin{pmatrix} \Sigma_Y^2 & 0 \\ 0 & \Sigma_Z^2 \end{pmatrix}.$$

▶ **Beweis** Da Y und Z unabhängig sind, gilt nach Satz 9.11 und Beispiel 74 für alle $u = (v, w) \in \mathbb{R}^{m+n}$, dass

$$\varphi_X(u) = \varphi_{(Y,Z)}(v, w) = \varphi_Y(v) \cdot \varphi_Z(w)$$

$$= \exp\left(i\langle v, \mu_Y \rangle - \frac{1}{2}\langle \Sigma_Y^2 v, v \rangle\right) \cdot \exp\left(i\langle w, \mu_Z \rangle - \frac{1}{2}\langle \Sigma_Z^2 w, w \rangle\right)$$

$$= \exp\left(i\langle u, \mu \rangle - \frac{1}{2}\langle \Sigma^2 u, u \rangle\right).$$

Also ist X nach Satz 12.8 ein Gauß'scher Zufallsvektor mit Verteilung $Z \sim N(\mu, \Sigma^2)$. q.e.d.

Satz 12.15

Es sei $X = (Y, Z) \sim N(\mu, \Sigma^2)$ ein $\mathbb{R}^{n+m}$-wertiger Gauß'scher Zufallsvektor mit einem $\mathbb{R}^n$-wertigen Gauß'schen Zufallsvektor $Y \sim N(\mu_Y, \Sigma_Y^2)$ und einem $\mathbb{R}^m$-wertigen Gauß'schen Zufallsvektor $Z \sim N(\mu_Z, \Sigma_Z^2)$. Dann sind folgende Aussagen äquivalent:
  (i) *Y und Z sind unabhängig.*
  (ii) *Es gilt $\mathrm{Cov}(Y_j, Z_k) = 0$ für alle $j = 1, \ldots, n$ und $k = 1, \ldots, m$.*

▶ **Beweis** (i) $\Rightarrow$ (ii): Diese Implikation folgt aus Satz 12.14.
(ii) $\Rightarrow$ (i): Nach Voraussetzung erhalten wir

$$\mu = \begin{pmatrix} \mu_Y \\ \mu_Z \end{pmatrix} \quad \text{und} \quad \Sigma^2 = \begin{pmatrix} \Sigma_Y^2 & 0 \\ 0 & \Sigma_Z^2 \end{pmatrix}.$$

Es folgt für alle $u = (v, w) \in \mathbb{R}^{n+m}$, dass

$$\varphi_X(u) = \exp\left(i\langle u, \mu \rangle - \frac{1}{2}\langle \Sigma^2 u, u \rangle\right)$$

$$= \exp\left(i\big(\langle v, \mu_Y \rangle + \langle w, \mu_Z \rangle\big) - \frac{1}{2}\big(\langle \Sigma_Y^2 v, v \rangle + \langle \Sigma_Z^2 w, w \rangle\big)\right)$$

$$= \exp\left(i\langle v, \mu_Y \rangle - \frac{1}{2}\langle \Sigma_Y^2 v, v \rangle\right) \cdot \exp\left(i\langle w, \mu_Z \rangle - \frac{1}{2}\langle \Sigma_Z^2 w, w \rangle\right)$$

$$= \varphi_Y(v) \cdot \varphi_Z(w).$$

Also sind Y und Z nach Satz 9.11 unabhängig.   q.e.d.

▶ **Beispiel 109** Es seien $X_1, \ldots, X_n \sim N(\mu, \sigma^2)$ unabhängige, normalverteilte Zufallsvariablen. Wir definieren das arithmetische Mittel $\overline{x}$ und die sogenannte Stichprobenvarianz S^2 durch

$$\overline{x} := \frac{1}{n} \sum_{j=1}^{n} X_j \quad \text{und} \quad S^2 := \frac{1}{n} \sum_{j=1}^{n} (X_j - \overline{x})^2.$$

Dann sind $\overline{x}$ und S^2 unabhängige Zufallsvariablen.

▶ **Beweis** Nach Satz 12.12 ist $X = (X_1, \ldots, X_n)$ ein $\mathbb{R}^n$-wertiger Gauß'scher Zufallsvektor. Folglich ist $\overline{x}$ eine normalverteilte Zufallsvariable. Der Zufallsvektor

$$X - \overline{x} := (X_1 - \overline{x}, \ldots, X_n - \overline{x})$$

ist ebenfalls ein $\mathbb{R}^n$-wertiger Gauß'scher Zufallsvektor, da für jedes $a \in \mathbb{R}^n$ die Zufallsvariable

$$\langle a, X - \overline{x} \rangle = \sum_{j=1}^{n} a_j (X_j - \overline{x}) = \sum_{j=1}^{n} a_j \left(X_j - \frac{1}{n} \sum_{k=1}^{n} X_k \right)$$

$$= \sum_{j=1}^{n} a_j X_j - \frac{1}{n} \sum_{j=1}^{n} \sum_{k=1}^{n} a_k X_j = \sum_{j=1}^{n} \left(a_j - \frac{1}{n} \sum_{k=1}^{n} a_k \right) X_j$$

normalverteilt ist. Außerdem ist $(\overline{x}, X)$ ist ein $\mathbb{R}^{n+1}$-wertiger Gauß'scher Zufallsvektor, da für jedes $a = (a_0, a_1, \ldots, a_n) \in \mathbb{R}^{n+1}$ die Zufallsvariable

$$\langle a, (\overline{x}, X - \overline{x}) \rangle = a_0 \overline{x} + \sum_{j=1}^{n} \left(a_j - \frac{1}{n} \sum_{k=1}^{n} a_k \right) X_j$$

$$= \frac{a_0}{n} \sum_{j=1}^{n} X_j + \sum_{j=1}^{n} \left(a_j - \frac{1}{n} \sum_{k=1}^{n} a_k \right) X_j = \sum_{j=1}^{n} \left(\frac{a_0}{n} + a_j - \frac{1}{n} \sum_{k=1}^{n} a_k \right) X_j$$

normalverteilt ist. Für jedes $k = 1, \ldots, n$ gilt mit Hilfe von Satz 7.24 und Korollar 7.29, dass

$$\text{Cov}(\overline{x}, X_k - \overline{x}) = \text{Cov}(\overline{x}, X_k) - \text{Var}[\overline{x}]$$

$$= \text{Cov}\left(\frac{1}{n} \sum_{j=1}^{n} X_j, X_k \right) - \text{Var}\left[\frac{1}{n} \sum_{j=1}^{n} X_j \right]$$

$$= \frac{1}{n} \sum_{j=1}^{n} \text{Cov}(X_j, X_k) - \frac{1}{n^2} \sum_{j=1}^{n} \text{Var}[X_j] = \frac{\sigma^2}{n} - \frac{n\sigma^2}{n^2} = 0.$$

Also sind die Zufallsvektoren $\overline{x}$ und X nach Satz 12.15 unabhängig. Nun liefert Satz 7.17 die Unabhängigkeit der Zufallsvariablen $\overline{x}$ und S^2. q.e.d.

In Beispiel 56 hatten wir gesehen, dass sich jede reellwertige normalverteilte Zufallsvariable $X \sim \text{N}(\mu, \sigma^2)$ darstellen lässt als $X = \sigma Y + \mu$ mit einer standardnormalverteilten Zufallsvariablen $Y \sim \text{N}(0, 1)$. Im Mehrdimensionalen erhalten wir das folgende Resultat, wobei wir bezüglich des Begriffs einer orthogonalen Matrix auf Anhang B.1 verweisen.

Satz 12.16

Es sei $X \sim N(\mu, \Sigma^2)$ ein Gauß'scher Zufallsvektor. Dann existieren eine orthogonale Matrix $Q \in \mathbb{R}^{n \times n}$ und ein Gauß'scher Zufallsvektor $Y \sim N(0, \Lambda^2)$ mit einer positiv semidefiniten Diagonalmatrix $\Lambda^2 \geq 0$, so dass $X = QY + \mu$.

▶ **Beweis** Nach Satz B.5 aus Anhang B.1 existieren eine orthogonale Matrix $Q \in \mathbb{R}^{n \times n}$ und eine Diagonalmatrix $\Lambda^2 \in \mathbb{R}^{n \times n}$, so dass

$$\Sigma^2 = Q\Lambda^2 Q^\top,$$

wobei die Diagonalmatrix Λ aus den Eigenwerten von Σ^2 besteht. Da Σ^2 positiv semidefinit ist, sind nach Satz B.7 aus Anhang B.2 sämtliche Eigenwerte nichtnegativ, das heißt, es gilt $\Lambda^2 \geq 0$. Wir setzen

$$Y := Q^\top (X - \mu).$$

Nach Satz 12.11 ist Y ein Gauß'scher Zufallsvektor mit Verteilung

$$Y \sim N(0, Q^\top \Sigma^2 Q) = N(0, \Lambda^2).$$

Außerdem erhalten wir

$$QY + \mu = QQ^\top (X - \mu) + \mu = X,$$

was den Beweis beendet.   q.e.d.

Ist die Kovarianzmatrix sogar positiv definit, dann können wir den vorhergehenden Satz 12.16 verschärfen. Bezüglich des Begriffes einer positiv definiten Matrix verweisen wir auf Anhang B.3.

Satz 12.17

Es sei $X \sim N(\mu, \Sigma^2)$ ein Gauß'scher Zufallsvektor mit positiv definiter Kovarianzmatrix $\Sigma^2 > 0$. Dann existiert eine Gauß'scher Zufallsvektor $Y \sim N(0, \mathrm{diag}(1, \ldots, 1))$, so dass $X = \Sigma Y + \mu$.

▶ **Beweis** Wir setzen $Y := \Sigma^{-1}(X - \mu)$. Nach Satz 12.11 ist Y ein Gauß'scher Zufallsvektor mit Verteilung

$$Y \sim N(0, \Sigma^{-1} \Sigma^2 \Sigma^{-1}) = N(0, \mathrm{diag}(1, \ldots, 1)).$$

Außerdem folgt aufgrund der Definition von Y, dass $X = \Sigma Y + \mu$.   q.e.d.

Das folgende Resultat zeigt, dass ein Gauß'scher Zufallsvektor genau dann eine Dichte besitzt, wenn seine Kovarianzmatrix positiv definit ist.

Satz 12.18

Es sei $X \sim N(\mu, \Sigma^2)$ ein Gauß'scher Zufallsvektor. Dann sind folgende Aussagen äquivalent:

(i) Der Zufallsvektor X ist absolutstetig.

(ii) Σ^2 ist positiv definit, das heißt, es gilt $\Sigma^2 > 0$.

In diesem Fall ist die Funktion

$$f_X : \mathbb{R}^n \to \mathbb{R}, \quad f_X(x) = \frac{1}{\sqrt{(2\pi)^n \det \Sigma^2}} \exp\left(-\frac{1}{2}\langle \Sigma^{-2}(x - \mu), x - \mu\rangle\right)$$

eine Dichte des Zufallsvektors X.

▶ **Beweis** (i) $\Rightarrow$ (ii): Wir führen den Beweis dieser Implikation indirekt und nehmen an, dass $\det \Sigma^2 = 0$ gilt und dass der Zufallsvektor X eine Dichte f_X besitzt. Da die Matrix Σ^2 nicht invertierbar ist, existiert ein Vektor $a \in \mathbb{R}^n$ mit $a \neq 0$, so dass $\Sigma^2 a = 0$. Mit Satz 12.10 folgt also

$$\langle a, X\rangle \sim N(\langle a, \mu\rangle, \langle \Sigma^2 a, a\rangle) = N(\langle a, \mu\rangle, 0) = \delta_{\langle a, \mu\rangle}.$$

Wir definieren definieren die Hyperebene $H \subset \mathbb{R}^n$ durch

$$H := \{x \in \mathbb{R}^n : \langle x - \mu, a\rangle = 0\}.$$

Nach Satz 6.80 gilt $\lambda^n(H) = 0$, und es ergibt sich der Widerspruch

$$1 = \mathbb{P}(\langle X, a\rangle = \langle \mu, a\rangle) = \mathbb{P}(\langle X - \mu, a\rangle = 0) = \mathbb{P}(X \in H) = \int_H f_X(x)dx = 0.$$

(ii) $\Rightarrow$ (i): Es gelte $\det \Sigma^2 > 0$. Nach Satz 12.17 existiert eine Gauß'sche Zufallsvariable $Y \sim N(0, \mathrm{diag}(1, \ldots, 1))$, so dass $X = \Sigma Y + \mu$. Aus Satz 12.13 folgt, dass die Komponenten $Y_1, \ldots, Y_n \sim N(0, 1)$ unabhängig sind. Bezeichnen wir mit $f_{Y_1}, \ldots, f_{Y_n} : \mathbb{R} \to \mathbb{R}$ die Dichten dieser Zufallsvariablen, so folgt mit Satz 7.44, dass die Funktion $f_Y : \mathbb{R}^n \to \mathbb{R}$ gegeben durch

$$f_Y(y) = \prod_{j=1}^n f_{Y_j}(y_j) = \prod_{j=1}^n \frac{1}{\sqrt{2\pi}} \exp\left(-\frac{y_j^2}{2}\right) = \frac{1}{(2\pi)^{n/2}} \exp\left(-\frac{1}{2}\sum_{j=1}^n y_j^2\right)$$

$$= \frac{1}{(2\pi)^{n/2}} \exp\left(-\frac{1}{2}\|y\|^2\right).$$

eine Dichte des Zufallsvektors Y ist. Nach Korollar 8.8 ist der Zufallsvektor X absolutstetig und die Funktion $f_X : \mathbb{R}^n \to \mathbb{R}$ gegeben durch

$$f_X(x) = \frac{1}{|\det \Sigma|} f_Y(\Sigma^{-1}(x - \mu))$$

$$= \frac{1}{(2\pi)^{n/2} \det \Sigma} \exp\left(-\frac{1}{2} \|\Sigma^{-1}(x - \mu)\|^2 \right)$$

$$= \frac{1}{\sqrt{(2\pi)^n \det \Sigma^2}} \exp\left(-\frac{1}{2} \langle \Sigma^{-2}(x - \mu), x - \mu \rangle \right)$$

ist eine Dichte von X.   q.e.d.

12.3 Zweidimensionale Normalverteilungen

Nun werden wir die im letzten Abschnitt erarbeitete Theorie für den Spezialfall zwei-dimensionaler Gauß'scher Zufallsvektoren anwenden. Die zugehörigen zweidimensionalen Normalverteilungen nennen wir auch bivariate Normalverteilungen.

Im Folgenden sei $(\Omega, \mathcal{F}, \mathbb{P})$ ein Wahrscheinlichkeitsraum. Weiterhin sei $(X, Y) \sim N(\mu, \Sigma^2)$ ein zweidimensionaler Gauß'scher Zufallsvektor. Dann sind der Erwartungswert $\mu \in \mathbb{R}^2$ und die Kovarianzmatrix $\Sigma^2 \in \mathbb{R}^{2 \times 2}$ gegeben durch

$$\mu = \begin{pmatrix} \mu_X \\ \mu_Y \end{pmatrix} \quad \text{und} \quad \Sigma^2 = \begin{pmatrix} \sigma_X^2 & \sigma_{X,Y} \\ \sigma_{X,Y} & \sigma_Y^2 \end{pmatrix}.$$

Im Folgenden nehmen wir an, dass $\sigma_X^2, \sigma_Y^2 > 0$. Gemäß Definition 7.31 ist der Korrelations-koeffizient $\rho \in [-1, 1]$ gegeben durch

$$\rho := \rho_{X,Y} := \frac{\sigma_{X,Y}}{\sigma_X \sigma_Y}.$$

In Satz 7.33 hatten wir gesehen, dass stets $-1 \leq \rho \leq 1$ gilt. Mit Hilfe des Korrelations-koeffizienten können wir die Kovarianzmatrix $\Sigma^2 \in \mathbb{R}^{2 \times 2}$ schreiben als

$$\Sigma^2 = \begin{pmatrix} \sigma_X^2 & \rho \sigma_X \sigma_Y \\ \rho \sigma_X \sigma_Y & \sigma_Y^2 \end{pmatrix}.$$

Der folgende Satz liefert Kriterien für die Unabhängigkeit von X und Y.

Satz 12.19
Folgende Aussagen sind äquivalent:
  (i) *X und Y sind unabhängig.*
 (ii) *X und Y sind unkorreliert.*
(iii) *Es gilt $\rho = 0$.*

▶ **Beweis** Die Kovarianzmatrix Σ^2 ist genau dann eine Diagonalmatrix, wenn $\rho = 0$. Also folgen die behaupteten Äquivalenzen aus Satz 12.13.   q.e.d.

Das folgende Resultat zeigt, wann ein bivariater Gauß'scher Zufallsvekor eine Dichte besitzt.

Satz 12.20

Folgende Aussagen sind äquivalent:

  (i) *Der Zufallsvektor (X, Y) ist absolutstetig.*
 (ii) *Σ^2 ist positiv definit, das heißt, es gilt $\Sigma^2 > 0$.*
(iii) *Es gilt $\rho \in (-1, 1)$.*
In diesem Fall ist die Funktion $f_{(X,Y)} : \mathbb{R}^2 \to \mathbb{R}$ gegeben durch

$$f_{(X,Y)}(x, y) = \frac{1}{2\pi\sigma_X\sigma_Y\sqrt{1-\rho^2}}$$

$$\times \exp\left(-\frac{1}{2(1-\rho^2)}\left[\left(\frac{x-\mu_X}{\sigma_X}\right)^2 - \frac{2\rho(x-\mu_X)(y-\mu_Y)}{\sigma_X\sigma_Y} + \left(\frac{y-\mu_Y}{\sigma_Y}\right)^2\right]\right)$$

eine Dichte des Zufallsvektors (X, Y).

▶ **Beweis** Eine einfache Rechnung zeigt

$$\det \Sigma^2 = \sigma_X^2\sigma_Y^2 - \rho^2\sigma_X^2\sigma_Y^2 = (1-\rho^2)\sigma_X^2\sigma_Y^2,$$

so dass die behaupteten Äquivalenzen aus Satz 12.18 folgen. Außerdem ist nach Satz 12.18 die Funktion $f_{(X,Y)} : \mathbb{R}^2 \to \mathbb{R}$ gegeben durch

$$f_{(X,Y)}(x, y) = \frac{1}{\sqrt{(2\pi)^2 \det \Sigma^2}}$$

$$\times \exp\left(-\frac{1}{2}\left\langle\Sigma^{-2}\begin{pmatrix} x-\mu_X \\ y-\mu_Y \end{pmatrix}, \begin{pmatrix} x-\mu_X \\ y-\mu_Y \end{pmatrix}\right\rangle\right)$$

eine Dichte des Zufallsvektors (X, Y). Elementare Rechnungen zeigen, dass

$$\sqrt{(2\pi)^2 \det \Sigma^2} = 2\pi\sigma_X\sigma_Y\sqrt{1-\rho^2},$$

$$\Sigma^{-2} = \frac{1}{(1-\rho^2)\sigma_X^2\sigma_Y^2}\begin{pmatrix} \sigma_Y^2 & -\rho\sigma_X\sigma_Y \\ -\rho\sigma_X\sigma_Y & \sigma_X^2 \end{pmatrix},$$

und somit folgt

$$-\frac{1}{2}\left\langle \Sigma^{-2}\begin{pmatrix} x-\mu_X \\ y-\mu_Y \end{pmatrix}, \begin{pmatrix} x-\mu_X \\ y-\mu_Y \end{pmatrix} \right\rangle$$

$$= -\frac{\sigma_Y^2(x-\mu_X)^2 - 2\rho\sigma_X\sigma_Y(x-\mu_X)(y-\mu_Y) + \sigma_X^2(y-\mu_Y)^2}{2(1-\rho^2)\sigma_X^2\sigma_Y^2}$$

$$= -\frac{1}{2(1-\rho^2)}\left[\left(\frac{x-\mu_X}{\sigma_X}\right)^2 - \frac{2\rho(x-\mu_X)(y-\mu_Y)}{\sigma_X\sigma_Y} + \left(\frac{y-\mu_Y}{\sigma_Y}\right)^2\right],$$

was den Beweis abschließt.   q.e.d.

Im folgenden Resultat betrachten wir den standardisierten Fall.

Korollar 12.21

Für $\mu_X = \mu_Y = 0$, $\sigma_X^2 = \sigma_Y^2 = 1$ und $\rho \in (-1,1)$ ist die Funktion $f_{(X,Y)} : \mathbb{R}^2 \to \mathbb{R}$ gegeben durch

$$f_{(X,Y)}(x,y) = \frac{1}{2\pi\sqrt{1-\rho^2}} \exp\left(-\frac{x^2 - 2\rho xy + y^2}{2(1-\rho^2)}\right)$$

eine Dichte des Gauß'schen Zufallsvektors (X,Y).

▶ **Beweis** Dies ist eine unmittelbare Konsequenz aus Satz 12.20.   q.e.d.

Die Dichten aus Korollar 12.21 mit Korrelationskoeffizienten $\rho = -\frac{4}{5}, 0, \frac{4}{5}$ haben wir in Abb. 12.1 gezeichnet.

Das folgende Resultat zeigt, wie wir die Simulation beliebiger zweidimensionaler Gauß'scher Zufallsvektoren auf die Erzeugung unabhängiger, standardnormalverteilter Zufallsvariablen zurückführen können.

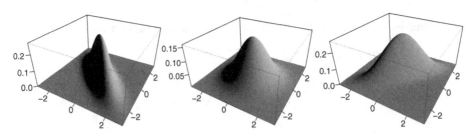

Abb. 12.1 Die Dichten von standardisierten, bivariaten Normalverteilungen mit Korrelations-koeffizienten $\rho = -\frac{4}{5}, 0, \frac{4}{5}$

Satz 12.22

Es seien $\mu_X, \mu_Y \in \mathbb{R}$, $\sigma_X^2, \sigma_Y^2 > 0$ und $\rho \in [-1, 1]$ beliebig. Weiterhin seien $Z, W \sim N(0, 1)$ zwei unabhängige standardnormalverteilte Zufallsvariablen. Dann ist der Zufallsvektor

$$(X, Y) := \left(\mu_X + \sigma_X Z, \mu_Y + \sigma_Y(\rho Z + \sqrt{1 - \rho^2} W)\right)$$

eine Gauß'scher Zufallsvektor mit $X \sim N(\mu_X, \sigma_X^2)$, $Y \sim N(\mu_Y, \sigma_Y^2)$ und Korrelationskoeffizient ρ.

▶ **Beweis** Nach Satz 12.12 ist der Zufallsvektor (Z, W) ein zweidimensionaler Gauß'scher Zufallsvektor mit Verteilung $(Z, W) \sim N(0, \operatorname{diag}(1, 1))$. Es gilt $(X, Y)^\top = A \cdot (Z, W)^\top + \mu$, wobei der Vektor $\mu \in \mathbb{R}^2$ und die Matrix $A \in \mathbb{R}^{2 \times 2}$ gegeben sind durch

$$\mu = \begin{pmatrix} \mu_X \\ \mu_Y \end{pmatrix} \quad \text{und} \quad A = \begin{pmatrix} \sigma_X & 0 \\ \rho \sigma_Y & \sqrt{1 - \rho^2}\sigma_Y \end{pmatrix}.$$

Also ist (X, Y) nach Satz 12.11 ein Gauß'scher Zufallsvektor mit Verteilung $(X, Y) \sim N(\mu, \Sigma^2)$, wobei die Kovarianzmatrix $\Sigma^2 \in \mathbb{R}^{2 \times 2}$ gegeben ist durch

$$\Sigma^2 = A \cdot \operatorname{diag}(1, 1) \cdot A^\top = A \cdot A^\top = \begin{pmatrix} \sigma_X^2 & \rho \sigma_X \sigma_Y \\ \rho \sigma_X \sigma_Y & \sigma_Y^2 \end{pmatrix}.$$

Folglich ist (X, Y) ein Gauß'scher Zufallsvektor mit $X \sim N(\mu_X, \sigma_X^2)$, $Y \sim N(\mu_Y, \sigma_Y^2)$ und Korrelationskoeffizient ρ.   q.e.d.

Mit Hilfe von Satz 12.22 haben wir Stichproben von Zufallsvektoren mit den in Abb. 12.1 skizzierten Normalverteilungen simuliert. Das Ergebnis ist in Abb. 7.3 zu sehen.

Nun erinnern wir uns an den Begriff der bedingten Dichte aus Definition 7.46. Wie das folgende Resultat zeigt, sind die bedingten Dichten zweidimensionaler Normalverteilungen die Dichten von eindimensionalen Normalverteilungen.

Satz 12.23

Es sei $(X, Y) \sim N(\mu, \Sigma^2)$ ein zweidimensionaler Gauß'scher Zufallsvektor mit Kovarianzmatrix $\Sigma^2 > 0$.

(a) Für jedes $y \in \mathbb{R}$ ist die bedingte Dichte $f_{Y=y}$ die Dichte der Normalverteilung $N(\mu_Z, \sigma_Z^2)$ mit Parametern

$$\mu_Z = \mu_X + \frac{\rho \sigma_X}{\sigma_Y}(y - \mu_Y) \quad \text{und} \quad \sigma_Z^2 = \sigma_X^2(1 - \rho^2).$$

(b) *Für jedes $x \in \mathbb{R}$ ist die bedingte Dichte $f_{X=x}$ die Dichte der Normalverteilung* $\mathrm{N}(\mu_W, \sigma_W^2)$ *mit Parametern*

$$\mu_W = \mu_Y + \frac{\rho \sigma_Y}{\sigma_X}(x - \mu_X) \quad \text{und} \quad \sigma_W^2 = \sigma_Y^2(1 - \rho^2).$$

▶ **Beweis** Aus Symmetriegründen genügt der Beweis der ersten Aussage. Es sei $f : \mathbb{R} \to \mathbb{R}$ die Dichte der Normalverteilung $\mathrm{N}(\mu_Z, \sigma_Z^2)$. Dann gilt für jedes $x \in \mathbb{R}$, dass

$$
\begin{aligned}
f(x) &= \frac{1}{\sqrt{2\pi\sigma_Z^2}} \exp\left(-\frac{(x - \mu_Z)^2}{2\sigma_Z^2}\right) \\
&= \frac{1}{\sqrt{2\pi\sigma_X^2(1 - \rho^2)}} \exp\left(-\frac{(x - \mu_X - \frac{\rho\sigma_X}{\sigma_Y}(y - \mu_Y))^2}{2\sigma_X^2(1 - \rho^2)}\right) \\
&= \frac{1}{\sqrt{2\pi\sigma_X^2(1 - \rho^2)}} \\
&\quad \times \exp\left(-\frac{1}{2(1 - \rho^2)}\left[\left(\frac{x - \mu_X}{\sigma_X}\right)^2 - \frac{2\rho(x - \mu_X)(y - \mu_Y)}{\sigma_X\sigma_Y} + \rho^2\left(\frac{y - \mu_Y}{\sigma_Y}\right)^2\right]\right).
\end{aligned}
$$

Weiterhin gilt nach Satz 12.20 für jedes $x \in \mathbb{R}$, dass

$$
\begin{aligned}
f_{Y=y}(x) &= \frac{f_{(X,Y)}(x, y)}{f_Y(y)} = \frac{\sqrt{2\pi\sigma_Y^2}}{2\pi\sigma_X\sigma_Y\sqrt{1 - \rho^2}} \exp\left(\frac{(y - \mu_Y)^2}{2\sigma_Y^2}\right) \\
&\quad \times \exp\left(-\frac{1}{2(1 - \rho^2)}\left[\left(\frac{x - \mu_X}{\sigma_X}\right)^2 - \frac{2\rho(x - \mu_X)(y - \mu_Y)}{\sigma_X\sigma_Y} + \left(\frac{y - \mu_Y}{\sigma_Y}\right)^2\right]\right) \\
&= \frac{1}{\sqrt{2\pi\sigma_X^2(1 - \rho^2)}} \exp\left(-\frac{1}{2(1 - \rho^2)}(\rho^2 - 1)\left(\frac{y - \mu_Y}{\sigma_Y}\right)^2\right) \\
&\quad \times \exp\left(-\frac{1}{2(1 - \rho^2)}\left[\left(\frac{x - \mu_X}{\sigma_X}\right)^2 - \frac{2\rho(x - \mu_X)(y - \mu_Y)}{\sigma_X\sigma_Y} + \left(\frac{y - \mu_Y}{\sigma_Y}\right)^2\right]\right) \\
&= f(x).
\end{aligned}
$$

Also gilt $f_{Y=y} = f$, was den Beweis beendet.   q.e.d.

12.4   Der mehrdimensionale zentrale Grenzwertsatz

Abschließend kommen wir zu einer mehrdimensionalen Version des zentralen Grenzwert-satzes. Dazu benötigen wir den Begriff der schwachen Konvergenz von Wahrscheinlich-keitsmaßen auf $(\mathbb{R}^d, \mathcal{B}(\mathbb{R}^d))$. Dies definieren wir wie in Definition 10.11, das heißt, es gilt $\mu_n \to \mu$ schwach, falls

$$\int_{\mathbb{R}^d} f d\mu_n \to \int_{\mathbb{R}^d} f d\mu$$

für jede stetige, beschränkte Funktion $f : \mathbb{R}^d \to \mathbb{R}$. Die für uns relevanten Resultate aus Abschn. 10.2, insbesondere der Stetigkeitssatz von Lévy, sind auch im mehrdimensionalen gültig. Im Folgenden sei $(\Omega, \mathcal{F}, \mathbb{P})$ ein Wahrscheinlichkeitsraum.

Satz 12.24 (Mehrdimensionaler zentraler Grenzwertsatz)

Es sei $(X_j)_{j\in\mathbb{N}} \subset \mathcal{L}^2$ eine Folge unabhängiger, identisch verteilter $\mathbb{R}^d$-wertiger Zufalls-vektoren mit Erwartungswert $\mu \in \mathbb{R}^d$ und Kovarianzmatrix $\Sigma^2 \in \mathbb{R}^{d\times d}$. Wir setzen

$$S_n := \sum_{j=1}^n X_j \quad und \quad Y_n := \frac{S_n - n\mu}{\sqrt{n}} \quad für\, n \in \mathbb{N}.$$

Dann gilt $\mathbb{P}^{Y_n} \to \mathrm{N}(0, \Sigma^2)$ schwach.

▶ **Beweis**   Wir bezeichnen mit $\varphi : \mathbb{R}^d \to \mathbb{C}$ die charakteristische Funktion von $X_1 - \mu$. Nach Satz 9.6 gilt $\varphi \in C^2(\mathbb{R}^d; \mathbb{C})$ mit

$$\mathrm{grad}\, \varphi(0) = i \cdot \mathbb{E}[X_1 - \mu] = 0,$$
$$H_\varphi(0) = -\Sigma^2,$$

wobei $\mathrm{grad}\, \varphi$ den Gradienten und H_φ die Hesse-Matrix von φ bezeichnet. Nach Satz 9.4 gilt außerdem $\varphi(0) = 1$. Nach dem Satz von Taylor (Satz A.47 aus Anhang A.5) existiert eine Funktion $h : \mathbb{R}^d \to \mathbb{C}^{d\times d}$ mit $h(u) \to 0$ für $u \to 0$, so dass

$$\varphi(u) = \varphi(0) + \langle \mathrm{grad}\, \varphi(0), u \rangle + \left\langle \left(\frac{1}{2}H_\varphi(0) + h(u)\right)u, u \right\rangle$$

$$= 1 + \left\langle \left(h(u) - \frac{\Sigma^2}{2}\right)u, u \right\rangle, \quad u \in \mathbb{R}^d.$$

Es sei $G \subset \mathbb{C}$ das Gebiet $G = \{z \in \mathbb{C} : \mathrm{Re}\, z > -1\}$. Nach dem Satz von Taylor (Satz A.46 aus Anhang A.5) existiert eine Funktion $g : G \to \mathbb{C}$ mit $g(z) \to 0$ für $z \to 0$, so dass

$$\ln(1 + z) = \ln(1) + (\ln'(1) + g(z))z = (1 + g(z))z, \quad z \in G.$$

Für alle $n \in \mathbb{N}$ gilt außerdem

$$Y_n = \frac{S_n - n\mu}{\sqrt{n}} = \frac{1}{\sqrt{n}} \sum_{j=1}^{n} (X_j - \mu).$$

Zusammen mit den Sätzen 9.8 und 9.14 folgt für jedes $u \in \mathbb{R}^n$, dass

$$\varphi_{Y_n}(u) = \varphi_{\sum_{j=1}^{n}(X_j-\mu)}\left(\frac{u}{\sqrt{n}}\right) = \prod_{j=1}^{n} \varphi\left(\frac{u}{\sqrt{n}}\right) = \left(\varphi\left(\frac{u}{\sqrt{n}}\right)\right)^n$$

$$= \exp\left(n \cdot \ln\varphi\left(\frac{u}{\sqrt{n}}\right)\right) = \exp\left[n \cdot \ln\left(\left(1 + \left\langle\left(h\left(\frac{u}{\sqrt{n}}\right) - \frac{\Sigma^2}{2}\right)\frac{u}{\sqrt{n}}, \frac{u}{\sqrt{n}}\right\rangle\right)\right)\right]$$

$$= \exp\left[n \cdot \ln\left(1 + \left(\frac{1}{n}\left\langle h\left(\frac{u}{\sqrt{n}}\right)u, u\right\rangle - \frac{1}{2n}\langle\Sigma^2 u, u\rangle\right)\right)\right]$$

$$= \exp\left[n \cdot \left(\frac{1}{n}\left\langle h\left(\frac{u}{\sqrt{n}}\right)u, u\right\rangle - \frac{1}{2n}\langle\Sigma^2 u, u\rangle\right)\right.$$

$$\left. \times \left(1 + g\left(\frac{1}{n}\left\langle h\left(\frac{u}{\sqrt{n}}\right)u, u\right\rangle - \frac{1}{2n}\langle\Sigma^2 u, u\rangle\right)\right)\right]$$

$$= \exp\left[\left(\underbrace{\left\langle h\left(\frac{u}{\sqrt{n}}\right)u, u\right\rangle}_{\to 0} - \frac{1}{2}\langle\Sigma^2 u, u\rangle\right)\right.$$

$$\left. \times \left(1 + g\left(\underbrace{\frac{1}{n}\left\langle h\left(\frac{u}{\sqrt{n}}\right)u, u\right\rangle - \frac{1}{2n}\langle\Sigma^2 u, u\rangle}_{\to 0}\right)\right)\right]$$

$$\to \exp\left(-\frac{1}{2}\langle\Sigma^2 u, u\rangle\right) \quad \text{für } n \to \infty.$$

Dies ist die Fouriertransformierte der mehrdimensionalen Normalverteilung $N(0, \Sigma^2)$, und somit gilt $\mathcal{F}\mathbb{P}^{Y_n} \to \mathcal{F}N(0, \Sigma^2)$. Nach dem Stetigkeitssatz von Lévy (Korollar 10.26) folgt, dass $\mathbb{P}^{Y_n} \to N(0, \Sigma^2)$ schwach.   q.e.d.

Anhang A
Analysis

Das Ziel dieses Abschnittes ist, die in diesem Buch benötigten Resultate aus der Analysis zusammenzufassen. Wir verweisen den Leser für ausführliche Darstellungen auf Lehrbücher wie [AE06a, AE06b, AE01], [For11a, For11b, For11c], [Heu09, Heu08], [KÖ4a, KÖ4b], [Wal04, Wal02] oder [MK11, MK12].

A.1 Reihen und Summenformeln

In diesem Abschnitt wiederholen wir die Konvergenzbegriffe für Reihen und geben eine Übersicht über die in diesem Buch benötigten Reihen und Summenformeln.

> **Definition A.1**
> Es sei $(x_n)_{n \in \mathbb{N}} \subset \mathbb{R}$ eine Folge reeller Zahlen. Dann *konvergiert* die Reihe $\sum_{n=1}^{\infty} x_n$ gegen eine reelle Zahl $x \in \mathbb{R}$, falls $\lim_{k \to \infty} S_k = x$, wobei $(S_k)_{k \in \mathbb{N}}$ die Folge der Partialsummen $S_k := \sum_{n=1}^{k} x_n$ bezeichnet. In diesem Fall benutzen wir die Schreibweise
>
> $$\sum_{n=1}^{\infty} x_n = x.$$

Im Folgenden sei I eine höchstens abzählbare Indexmenge, das heißt, I ist endlich oder es existiert eine Bijektion zwischen I und den natürlichen Zahlen $\mathbb{N}$.

S. Tappe, *Einführung in die Wahrscheinlichkeitstheorie*,
DOI: 10.1007/978-3-642-37544-6, © Springer-Verlag Berlin Heidelberg 2013

Definition A.2

Es seien $(x_i)_{i \in I} \subset \mathbb{R}$ reelle Zahlen. Dann konvergiert die Reihe $\sum_{i \in I} x_i$ *unbedingt* gegen eine reelle Zahl $x \in \mathbb{R}$, falls für jede Aufzählung $I = \{i_1, i_2, \ldots\}$ gilt $\sum_{n=1}^{\infty} x_{i_n} = x$. In diesem Fall benutzen wir die Schreibweise

$$\sum_{i \in I} x_i = x.$$

Die unbedingte Konvergenz einer Reihe ist natürlich anhand der Definition schwer nachzuprüfen. Ein geeignetes Hilfsmittel ist der folgende Begriff der absoluten Konvergenz.

Definition A.3

Es seien $(x_i)_{i \in I} \subset \mathbb{R}$ reelle Zahlen. Dann ist die Reihe $\sum_{i \in I} x_i$ *absolut konvergent*, falls eine Aufzählung $I = \{i_1, i_2, \ldots\}$ existiert, so dass

$$\sum_{n=1}^{\infty} |x_{i_n}| < \infty.$$

Wir erhalten ein handliches Kriterium für die unbedingte Konvergenz einer Reihe.

Satz A.4

Es seien $(x_i)_{i \in I} \subset \mathbb{R}$ reelle Zahlen. Dann sind folgende Aussagen äquivalent:
(a) Die Reihe $\sum_{i \in I} x_i$ konvergiert unbedingt.
(b) Die Reihe $\sum_{i \in I} x_i$ konvergiert absolut.

Das folgende Beispiel zeigt, dass auch die Symbole $\sum_{n=1}^{\infty}$ und $\sum_{n \in \mathbb{N}}$ im Allgemeinen zu unterscheiden sind.

▶ **Beispiel 110** Für die alternierende harmonische Reihe gilt bekanntlich

$$\sum_{n=1}^{\infty} \frac{(-1)^{n+1}}{n} = \ln 2.$$

Sie ist jedoch nicht absolut konvergent, da die harmonische Reihe

$$\sum_{n=1}^{\infty} \frac{1}{n}$$

divergiert. Nach Satz A.4 ist die Reihe

$$\sum_{n \in \mathbb{N}} \frac{(-1)^{n+1}}{n}$$

also nicht unbedingt konvergent.

In der Wahrscheinlichkeitstheorie haben wir es oft mit Folgen der Art $(\mathbb{P}(A_n))_{n \in \mathbb{N}}$ mit Ereignissen A_n zu tun, und dann ist das folgende Korollar anwendbar.

Korollar A.5
Es seien $(x_i)_{i \in I} \subset \mathbb{R}_+$ nichtnegative reelle Zahlen. Dann sind folgende Aussagen äquivalent:
(a) Die Reihe $\sum_{i \in I} x_i$ konvergiert unbedingt.
(b) Die Reihe $\sum_{i \in I} x_i$ konvergiert.

Im Falle der Konvergenz einer aus Wahrscheinlichkeiten bestehenden Reihe gilt also stets

$$\sum_{n=1}^{\infty} \mathbb{P}(A_n) = \sum_{n \in \mathbb{N}} \mathbb{P}(A_n).$$

Im Weiteren zeigen wir einige bekannte Reihen und Summenformeln, die für das Studium von diskreten Verteilungen von Interesse sind. Von grundlegender Bedeutung sind die Gauß'schen Summenformeln.

Satz A.6 (Gauß'sche Summenformeln)
Für alle $n \in \mathbb{N}$ gilt

$$\sum_{k=1}^{n} k = \frac{n(n+1)}{2} \quad und \quad \sum_{k=1}^{n} k^2 = \frac{n(n+1)(2n+1)}{6}.$$

Ebenfalls von grundlegender Bedeutung ist der binomische Lehrsatz.

Satz A.7 (Binomischer Lehrsatz)
Für alle $x, y \in \mathbb{R}$ und $n \in \mathbb{N}$ gilt

$$(x+y)^n = \sum_{k=0}^{n} \binom{n}{k} x^k y^{n-k}.$$

Hierbei bezeichnet der *Binomialkoeffizient*

$$\binom{n}{k} = \frac{n!}{k! \cdot (n-k)!}$$

die Anzahl aller k-elementigen Teilmengen einer n-elementigen Grundmenge. Für das Rechnen mit Binomialkoeffizienten werden wir folgende Rechenregel benutzen.

Satz A.8
Für alle $x, y \in \mathbb{N}_0$ und $n \in \mathbb{N}$ gilt

$$\binom{x+y}{n} = \sum_{k=0}^{n} \binom{x}{k}\binom{y}{n-k}.$$

In diesem Buch wird auch die binomische Reihe von Interesse sein.

Satz A.9 (Binomische Reihe)
Für alle $x \in (-1, 1)$ und $\alpha \in \mathbb{R}$ gilt

$$(1+x)^{\alpha} = \sum_{k=0}^{\infty} \binom{\alpha}{k} x^k.$$

Hierbei betrachten wir die verallgemeinerten Binomialkoeffizienten

$$\binom{\alpha}{k} = \prod_{j=1}^{k} \frac{\alpha - j + 1}{j} = \frac{\alpha(\alpha - 1) \cdot \ldots \cdot (\alpha - k + 1)}{1 \cdot 2 \cdot \ldots \cdot k}.$$

Für das Rechnen mit verallgemeinerten Binomialkoeffizienten gilt folgende Regel.

Satz A.10
Für alle $\alpha \in \mathbb{R} \setminus \{0\}$ und alle $k \in \mathbb{N}_0$ gilt

$$\binom{\alpha + k - 1}{k} = (-1)^k \binom{-\alpha}{k}.$$

Eine Identität, die häufig in der Analysis auftaucht, ist die geometrische Summenformel.

Satz A.11 (Geometrische Summenformel)
Für alle $x \in \mathbb{R}$ mit $x \neq 1$ und alle $n \in \mathbb{N}_0$ gilt

$$\sum_{k=0}^{n} x^k = \frac{1 - x^{n+1}}{1 - x}.$$

Von der geometrischen Summenformel kommen wir zur geometrischen Reihe.

Satz A.12 (Geometrische Reihe)
Für alle $x \in (-1, 1)$ *gilt*

$$\sum_{k=0}^{\infty} x^k = \frac{1}{1-x}.$$

In diesem Buch werden wir folgende Identitäten benötigen, die sich durch gliedweises Ableiten der geometrischen Reihe ergeben.

Satz A.13 (Ableitungen der geometrischen Reihe)
Für alle $x \in (-1, 1)$ *gilt*

$$\sum_{k=1}^{\infty} kx^{k-1} = \frac{1}{(1-x)^2} \quad und \quad \sum_{k=2}^{\infty} k(k-1)x^{k-2} = \frac{2}{(1-x)^3}.$$

Von fundamentaler Bedeutung in der Analysis ist die aus der Exponentialreihe resultierende Exponentialfunktion.

Satz A.14 (Exponentialfunktion)
(a) *Für alle* $x \in \mathbb{R}$ *ist die Exponentialreihe*

$$e^x := \exp(x) := \sum_{k=0}^{\infty} \frac{x^k}{k!}$$

absolut konvergent.
(b) *Für jedes* $x \in \mathbb{R}$ *gilt*

$$e^x = \lim_{n \to \infty} \left(1 + \frac{x}{n}\right)^n.$$

Die folgende Reihe wird für die Definition der Riemann'schen Zetafunktion benötigt.

Satz A.15 (Riemann'sche Zetafunktion)
Für jedes $s \in (1, \infty)$ *ist die Reihe*

$$\sum_{k=1}^{\infty} \frac{1}{k^s}$$

absolut konvergent. Wir nennen die Funktion

$$\zeta : (1, \infty) \to \mathbb{R}, \quad \zeta(s) := \sum_{k=1}^{\infty} \frac{1}{k^s}$$

die Riemann'sche Zetafunktion.

A.2 Das Riemann-Integral für Funktionen einer Veränderlichen

In diesem Abschnitt wiederholen wir das Riemann-Integral für Funktionen einer Verän-derlichen. Es seien $a, b \in \mathbb{R}$ reelle Zahlen mit $a < b$ und $f : [a, b] \to \mathbb{R}$ eine beschränkte Funktion. Eine Unterteilung $\mathcal{Z} = \{x_0, x_1, \ldots, x_n\}$ mit

$$a = x_0 < x_1 < \ldots < x_n = b$$

heißt eine *Zerlegung* des Intervalls $[a, b]$. Für eine Zerlegung $\mathcal{Z}$ definieren wir die *Obersumme*

$$\overline{S}(f, \mathcal{Z}) := \sum_{k=1}^{n} \sup_{x \in [x_{k-1}, x_k]} f(x)(x_k - x_{k-1})$$

und die *Untersumme*

$$\underline{S}(f, \mathcal{Z}) := \sum_{k=1}^{n} \inf_{x \in [x_{k-1}, x_k]} f(x)(x_k - x_{k-1}).$$

Weiterhin definieren wir das *Oberintegral*

$$\overline{\int_a^b} f(x)dx := \inf_{\mathcal{Z}} \overline{S}(f, \mathcal{Z})$$

und das *Unterintegral*

$$\underline{\int_a^b} f(x)dx := \sup_{\mathcal{Z}} \underline{S}(f, \mathcal{Z}),$$

wobei das Infimum und das Supremum jeweils über alle Zerlegungen $\mathcal{Z}$ des Intervalls $[a, b]$ gebildet wird. Wir beachten, dass stets gilt

$$\underline{\int_a^b} f(x)dx \leq \overline{\int_a^b} f(x)dx.$$

Abbildung A.1 zeigt die Ober- und Untersumme einer Funktion f zu einer Zerlegung $\mathcal{Z}$.

Abb. A.1 Die Ober- und
Untersumme einer Funkti-
on f zu einer Zerlegung $\mathcal{Z}$

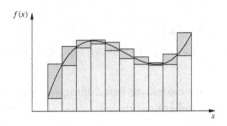

Definition A.16

Die Funktion $f : [a, b] \to \mathbb{R}$ heißt *Riemann-integrierbar*, falls ihr Oberintegral und
ihr Unterintegral übereinstimmen. In diesem Fall heißt der gemeinsame Wert

$$\int_a^b f(x)dx := \underline{\int_a^b} f(x)dx = \overline{\int_a^b} f(x)dx$$

das *Riemann-Integral* von f über $[a, b]$.

Für eine Riemann-integrierbare Funktion $f : [a, b] \to \mathbb{R}$ setzen wir auch

$$\int_a^a f(x)dx := 0 \quad \text{und} \quad \int_b^a f(x)dx := -\int_a^b f(x)dx.$$

Wir erinnern an einige grundlegende Sätze:

Satz A.17

Für zwei Riemann-integrierbare Funktionen $f, g : [a, b] \to \mathbb{R}$ und zwei reelle Konstanten $\lambda, \mu \in \mathbb{R}$ gilt

$$\int_a^b (\lambda f(x) + \mu g(x))dx = \lambda \int_a^b f(x)dx + \mu \int_a^b g(x)dx.$$

Satz A.17 besagt mit anderen Worten, dass das Riemann-Integral linear ist.

Satz A.18

*Ist eine Funktion $f : [a, b] \to \mathbb{R}$ Riemann-integrierbar, so ist f auch für jedes $c \in \mathbb{R}$
mit $a < c < b$ auf den Intervallen $[a, c]$ und $[c, b]$ Riemann-integrierbar, und es gilt*

$$\int_a^b f(x)dx = \int_a^c f(x)dx + \int_c^b f(x)dx.$$

Satz A.19
Jede stetige Funktion $f : [a, b] \to \mathbb{R}$ ist Riemann-integrierbar.

Für die konkrete Berechnung von Riemann-Integralen ist der Begriff der Stammfunktion von hoher Bedeutung.

Definition A.20
Eine stetig differenzierbare Funktion $F : [a, b] \to \mathbb{R}$ heißt eine *Stammfunktion* einer Funktion $f : [a, b] \to \mathbb{R}$, falls $F' = f$.

Satz A.21 (Hauptsatz der Differential- und Integralrechnung)
Es seien $f : [a, b] \to \mathbb{R}$ eine stetige Funktion und $F : [a, b] \to \mathbb{R}$ eine Stammfunktion von f. Dann gilt

$$\int_a^b f(x)dx = F(b) - F(a).$$

Bei der Berechnung von Riemann-Integralen finden die beiden folgenden Resultate häufig Anwendung.

Satz A.22 (Partielle Integration)
Es seien $f, g : [a, b] \to \mathbb{R}$ zwei stetig differenzierbare Funktionen. Dann gilt

$$\int_a^b f(x)g'(x) = f(x)g(x)\Big|_{x=a}^{x=b} - \int_a^b f'(x)g(x)dx.$$

Für das folgende Resutat seien $c, d \in \mathbb{R}$ zwei reelle Zahlen mit $c < d$.

Satz A.23 (Substitutionsregel)
Es seien $f : [c, d] \to \mathbb{R}$ eine stetige Funktion und $\varphi : [a, b] \to \mathbb{R}$ eine stetig differenzierbare Funktion mit $\varphi([a, b]) \subset [c, d]$. Dann gilt

$$\int_a^b f(\varphi(t))\varphi'(t)dt = \int_{\varphi(a)}^{\varphi(b)} f(x)dx.$$

Die folgende Definition des uneigentlichen Riemann-Integrals spielt bei dem in Kap. 4 eingeführten Begriff der Dichte eine zentrale Rolle.

Definition A.24

Eine Funktion $f : \mathbb{R} \to \mathbb{R}$ heißt *uneigentlich Riemann-integrierbar*, falls ein $c \in \mathbb{R}$ existiert, so dass für alle $a, b \in \mathbb{R}$ mit $a < c < b$ die Funktion f auf $[a, c]$ und $[c, b]$ Riemann-integrierbar ist und die Grenzwerte $\lim_{a \to -\infty} \int_a^c f(x)dx$ und $\lim_{b \to \infty} \int_c^b f(x)dx$ existieren. In diesem Fall setzen wir

$$\int_{-\infty}^{\infty} f(x)dx := \lim_{a \to -\infty} \int_a^c f(x)dx + \lim_{b \to \infty} \int_c^b f(x)dx.$$

Diese Definition hängt nicht von der Wahl von c ab. Das uneigentliche Riemann-Integral auf anderen Intervallen $I \subset \mathbb{R}$ wird analog definiert.

Ein Beispiel für eine Funktion, die durch ein uneigentliches Riemann-Integral definiert ist, ist die *Gammafunktion*

$$\Gamma : (0, \infty) \to (0, \infty), \quad \Gamma(\alpha) := \int_0^{\infty} x^{\alpha-1} e^{-x} dx.$$

Hier sind einige relevante Eigenschaften der Gammafunktion:

Satz A.25

(a) *Es gilt* $\Gamma(n) = (n-1)!$ *für alle* $n \in \mathbb{N}$.
(b) *Es gilt* $\Gamma(\frac{1}{2}) = \sqrt{\pi}$.
(c) *Es gilt* $\Gamma(\alpha + 1) = \alpha \cdot \Gamma(\alpha)$ *für alle* $\alpha \in (0, \infty)$.

Die Gammafunktion erweitert also die für natürliche Zahlen $n \in \mathbb{N}_0$ definierte Fakultät $n!$.

A.3 Das Riemann-Integral für Funktionen mehrerer Veränderlicher

In diesem Abschnitt wiederholen wir das Riemann-Integral für Funktionen mehrerer Veränderlicher. Es sei $Q \subset \mathbb{R}^n$ ein kompakter Quader der Form $Q = [a_1, b_1] \times \ldots \times [a_n, b_n]$ mit $a_j, b_j \in \mathbb{R}$ und $a_j < b_j$ für $j = 1, \ldots, n$. Weiterhin sei $f : Q \to \mathbb{R}$ eine beschränkte Funktion.

Wie in Abschn. A.2 definieren wir Obersummen, Untersummen, Oberintegral und Unterintegral von f, wobei wir Zerlegungen von Q in kompakte Teilquader betrachten. Die Funktion $f : Q \to \mathbb{R}$ heißt *Riemann-integrierbar* auf Q, falls ihr Oberintegral und ihr Unterintegral übereinstimmen. In diesem Fall bezeichnen wir den gemeinsamen Wert

$$\int_Q f(x)dx = \int_{a_1}^{b_1} \dots \int_{a_n}^{b_n} f(x_1, \dots, x_n)dx_1 \dots dx_n$$

als das *Riemann-Integral* von f über Q.

Da es für Anwendungen nicht ausreichend ist, Funktionen nur über kompakte Quader zu integrieren, betrachten wir im Folgenden allgemeinere Integrationsbereiche. Dies führt auf den Begriff der Jordan-messbaren Menge.

Definition A.26

Eine nichtleere, beschränkte Menge $B \subset \mathbb{R}^n$ heißt *Jordan-messbar*, falls die Indikatorfunktion $\mathbb{1}_B : Q \to \mathbb{R}$ Riemann-integrierbar über Q ist. Hierbei bezeichnet $Q \subset \mathbb{R}^n$ einen kompakten Quader mit $B \subset Q$.

Der Leser wird sich schnell davon überzeugen, dass diese Definition nicht von der Wahl des kompakten Quaders Q abhängt.

Definition A.27

Es seien $B \subset \mathbb{R}^n$ eine Jordan-messbare Menge und $f : B \to \mathbb{R}$ eine beschränkte Funktion. Dann heißt f *Riemann-integrierbar* auf B, falls die Funktion $f\mathbb{1}_Q : Q \to \mathbb{R}$ Riemann-integrierbar auf Q ist, und in diesem Fall setzen wir

$$\int_B f(x)dx := \int_Q f(x)\mathbb{1}_B(x)dx.$$

Hierbei bezeichnet $Q \subset \mathbb{R}^n$ einen kompakten Quader mit $B \subset Q$.

Auch diese Definition ist unabhängig von der Wahl des kompakten Quaders Q.

Wir kommen nun zu einigen nützlichen Rechenregeln für das mehrdimensionale Riemann-Integral. Dazu erinnern wir an den Begriff der Jacobi-Matrix. Es seien $U \subset \mathbb{R}^n$ eine offene Menge und $f : U \to \mathbb{R}^m$ eine differenzierbare Funktion. Dann ist die *Jacobi-Matrix* von f in einem Punkt $x \in U$ gegeben durch

$$J_f(x) := \begin{pmatrix} \frac{\partial f_1(x)}{\partial x_1} & \dots & \frac{\partial f_1(x)}{\partial x_n} \\ \vdots & \ddots & \vdots \\ \frac{\partial f_m(x)}{\partial x_1} & \dots & \frac{\partial f_m(x)}{\partial x_n} \end{pmatrix}.$$

Satz A.28 (Substitutionsregel)

Es seien $G \subset \mathbb{R}^n$ eine offene Menge und $g : G \to \mathbb{R}^n$ eine stetig differenzierbare Funktion, so dass die Funktionaldeterminante $\det J_g$ keine Nullstelle auf G besitzt. Weiterhin seien $T \subset G$ eine kompakte, Jordan-messbare Teilmenge und $f : g(T) \to \mathbb{R}$ eine stetige Funktion. Dann ist $g(T)$ Jordan-messbar, die Funktion f ist auf $g(T)$ Riemann-integrierbar, und es gilt

$$\int_{g(T)} f(x)dx = \int_T f(g(t)) |\det J_g(t)| dt.$$

Für die Berechnung zweidimensionaler Integrale ist mitunter der Übergang zu Polarkoordinaten von Vorteil. Dazu betrachten wir die Funktion

$$g : [0, \infty) \times [0, 2\pi) \to \mathbb{R}^2, \quad g(r, \varphi) := (r \cos \varphi, r \sin \varphi).$$

Satz A.29 (Polarkoordinaten)

Es seien $T \subset [0, \infty) \times [0, 2\pi)$ eine kompakte, Jordan-messbare Teilmenge und $f : g(T) \to \mathbb{R}$ eine stetige Funktion. Dann ist $g(T)$ Jordan-messbar, die Funktion f ist auf $g(T)$ Riemann-integrierbar, und es gilt

$$\int_{g(T)} f(x, y)dxdy = \int_T f(r \cos \varphi, r \sin \varphi)rdrd\varphi.$$

Abschließend erwähnen wir, dass sich die Definition des mehrdimensionalen Riemann-Integrals, ähnlich wie im vorherigen Abschnitt, auf unbeschränkte Integrationsbereiche erweitern lässt.

A.4   Topologische Begriffe

In diesem Abschnitt geben wir eine Übersicht über die in diesem Buch benötigten topologischen Grundlagen. Im Folgenden betrachten wir den $\mathbb{R}^n$ versehen mit der euklidischen Norm

$$\|x\| = \sqrt{\sum_{j=1}^n x_j^2}, \quad x \in \mathbb{R}^n.$$

Definition A.30

Für $x \in \mathbb{R}^n$ und $\epsilon > 0$ bezeichnet die Menge

$$U_\epsilon(x) := \{y \in \mathbb{R}^n : \|x - y\| < \epsilon\}$$

die *offene Kugel* um den Punkt x mit Radius ϵ.

Nun können wir offene Menge einführen.

Definition A.31

Eine Menge $O \subset \mathbb{R}^n$ heißt *offen*, falls zu jedem $x \in O$ ein Radius $\epsilon > 0$ mit $U_\epsilon(x) \subset O$ existiert.

Hier sind einige grundlegende Eigenschaften offener Mengen:

Satz A.32

Es gelten folgende Aussagen:
(a) $\emptyset$ und $\mathbb{R}^n$ sind offen.
(b) Für zwei offene Mengen O_1 und O_2 ist auch der Schnitt $O_1 \cap O_2$ offen.
(c) Es seien I eine beliebige Indexmenge und $(O_i)_{i \in I}$ eine Familie offener Mengen. Dann ist auch die Vereinigung $\bigcup_{i \in I} O_i$ offen.

Das folgende Resultat zeigt, dass sich jede offene Menge als abzählbare Vereinigung offener Quader schreiben lässt.

Satz A.33 (Lemma von Lindelöf)

Für jede offene Menge $O \subset \mathbb{R}^n$ existieren reelle Zahlenfolgen $(a_j^k)_{k \in \mathbb{N}}, (b_j^k)_{k \in \mathbb{N}} \subset \mathbb{R}$ für $j = 1, \dots, n$ mit $a_j^k < b_j^k$ für $j = 1, \dots, n$ und $k \in \mathbb{N}$, so dass

$$O = \bigcup_{k \in \mathbb{N}} (a_1^k, b_1^k) \times \dots \times (a_n^k, b_n^k).$$

Nun kommen wir zu abgeschlossenen Mengen.

Definition A.34

Eine Menge $A \subset \mathbb{R}^n$ heißt *abgeschlossen*, falls ihr Komplement $\mathbb{R}^n \setminus A$ offen ist.

Hier sind einige grundlegende Eigenschaften abgeschlossener Mengen.

Satz A.35

Es gelten folgende Aussagen:

(a) *$\emptyset$ und $\mathbb{R}^n$ sind abgeschlossen.*

(b) *Für zwei abgeschlossene Mengen A_1 und A_2 ist auch die Vereinigung $A_1 \cup A_2$ abgeschlossen.*

(c) *Es seien I eine beliebige Indexmenge und $(A_i)_{i \in I}$ eine Familie abschlossener Mengen. Dann ist auch der Schnitt $\bigcap_{i \in I} A_i$ abgeschlossen.*

Als Nächstes kommen wir zum Begriff des Inneren einer Menge.

Definition A.36

Für eine Teilmenge $M \subset \mathbb{R}^n$ heißt

$$\operatorname{Int} M := \bigcup_{\substack{O \subset M \\ O \text{ ist offen}}} O$$

das *Innere* von M.

Nach Satz A.32 ist das Innere $\operatorname{Int} M$ eine offene Menge. Es handelt sich um die größte offene Menge, die in M liegt.

▶ **Beispiel 111** Für zwei reelle Zahlen $a, b \in \mathbb{R}$ mit $a < b$ gilt

$$\operatorname{Int}(a, b) = \operatorname{Int}[a, b] = \operatorname{Int}(a, b] = \operatorname{Int}[a, b) = (a, b).$$

Satz A.37

Es gelten folgende Aussagen:

(a) *Für jede offene Menge $M \subset \mathbb{R}^n$ gilt $\operatorname{Int} M = M$.*

(b) *Für zwei Teilmengen $M \subset N \subset \mathbb{R}^n$ gilt $\operatorname{Int} M \subset \operatorname{Int} N$.*

(c) *Für endlich viele Teilmengen $M_1, \ldots, M_n \subset \mathbb{R}^n$ gilt*

$$\operatorname{Int} M_1 \cup \ldots \cup \operatorname{Int} M_n \subset \operatorname{Int}(M_1 \cup \ldots \cup M_n).$$

Als Nächstes kommen wir zum Begriff des Abschlusses einer Menge.

Definition A.38

Für eine Teilmenge $M \subset \mathbb{R}^n$ heißt

$$\overline{M} := \bigcap_{\substack{A \supset M \\ A \text{ ist abgeschlossen}}} A$$

der *Abschluss* von M.

Nach Satz A.35 ist der Abschluss $\overline{M}$ eine abgeschlossene Menge. Es handelt sich um die kleinste abgeschlossene Menge, die M umfasst.

▶ **Beispiel 112**   Für zwei reelle Zahlen $a, b \in \mathbb{R}$ mit $a < b$ gilt

$$\overline{(a, b)} = \overline{[a, b]} = \overline{(a, b]} = \overline{[a, b)} = [a, b].$$

Satz A.39

Es gelten folgende Aussagen:
(a) *Für jede abgeschlossene Menge $A \subset \mathbb{R}^n$ gilt $\overline{A} = A$.*
(b) *Für zwei Teilmengen $M \subset N \subset \mathbb{R}^n$ gilt $\overline{M} \subset \overline{N}$.*
(c) *Für endlich viele Teilmengen $M_1, \ldots, M_n \subset \mathbb{R}^n$ gilt*

$$\overline{M_1 \cap \ldots \cap M_n} \subset \overline{M_1} \cap \ldots \cap \overline{M_n}.$$

Der Rand einer Menge ist wie folgt definiert.

Definition A.40

Für eine Teilmenge $M \subset \mathbb{R}^n$ heißt $\partial M := \overline{M} \setminus \text{Int } M$ der *Rand* von M.

Kompakte Mengen, die wir in der folgenden Definition kennenlernen, spielen in der Analysis eine große Rolle.

Definition A.41

Eine Teilmenge $K \subset \mathbb{R}^n$ heißt *kompakt*, falls jede offene Überdeckung von K eine endliche Teilüberdeckung besitzt, das heißt, für eine beliebige Indexmenge I und eine Familie $(O_i)_{i \in I}$ von offenen Mengen mit $K \subset \bigcup_{i \in I} O_i$ existiert eine endliche Teilmenge $J \subset I$ mit $K \subset \bigcup_{j \in J} O_j$.

Definition A.42
Eine Teilmenge $B \subset \mathbb{R}^n$ heißt *beschränkt*, falls ein $N \in \mathbb{N}$ mit $B \subset U_N(0)$ existiert.

Eine wichtige Charakterisierung kompakter Teilmengen des $\mathbb{R}^n$ ist durch den Satz von Heine-Borel gegeben.

Satz A.43 (Satz von Heine-Borel)
Für eine Teilmenge $K \subset \mathbb{R}^n$ sind folgende Aussagen äquivalent:
(i) K ist kompakt.
(ii) K ist beschränkt und abgeschlossen.

In diesem Buch werden wir außerdem die endliche Durchschnittseigenschaft kompakter Mengen benötigen.

Satz A.44 (Endliche Durchschnittseigenschaft kompakter Mengen)
Für eine Teilmenge $K \subset \mathbb{R}^n$ sind folgende Aussagen äquivalent:
(i) K ist kompakt.
(ii) Für jede Indexmenge I und jede Familie $(A_i)_{i \in I} \subset K$ abgeschlossener Mengen mit
   $\bigcap_{i \in I} A_i = \emptyset$ existiert eine endliche Teilmenge $J \subset I$ mit $\bigcap_{j \in J} A_j = \emptyset$.

Eine Funktion $f : \mathbb{R}^n \to \mathbb{R}^m$ heißt bekanntlich *stetig*, falls für alle $x \in \mathbb{R}^n$ und für jede Folge $(x_k)_{k \in \mathbb{N}} \subset \mathbb{R}^n$ mit $x_k \to x$ gilt $f(x_k) \to f(x)$. Im folgenden Resultat sind einige Kriterien für die Stetigkeit einer Funktion aufgelistet.

Satz A.45
Für eine Funktion $f : \mathbb{R}^n \to \mathbb{R}^m$ sind folgende Aussagen äquivalent:
(i) f ist stetig.
(ii) Für jede offene Menge $O \subset \mathbb{R}^m$ ist das Urbild $f^{-1}(O)$ offen in $\mathbb{R}^n$.
(iii) Für jede abgeschlossene Menge $A \subset \mathbb{R}^m$ ist das Urbild $f^{-1}(A)$ abgeschlossen in $\mathbb{R}^n$.

A.5   Der Satz von Taylor

Der Satz von Taylor wird für unsere Anwendungen von Bedeutung sein. In diesem Abschnitt stellen wir die für uns relevanten Varianten mit Restgliedern erster und zweiter Ordnung vor. Es seien $G \subset \mathbb{R}^n$ eine offene Menge und $f : G \to \mathbb{R}$ eine Funktion. Wir erinnern an folgende Begriffe:

- Gilt $f \in C^1(G)$, dann definieren wir den *Gradienten* durch

$$\operatorname{grad} f : G \to \mathbb{R}^n, \quad \operatorname{grad} f(x) := \left(\frac{\partial f}{\partial x_1}, \ldots, \frac{\partial f}{\partial x_n} \right).$$

- Gilt $f \in C^2(G)$, dann definieren wir die *Hesse-Matrix* durch

$$H_f : G \to \mathbb{R}^{n \times n}, \quad H_f(x) := \begin{pmatrix} \frac{\partial^2 f(x)}{\partial x_1^2} & \cdots & \frac{\partial^2 f(x)}{\partial x_n \partial x_1} \\ \vdots & & \vdots \\ \frac{\partial^2 f(x)}{\partial x_1 \partial x_n} & \cdots & \frac{\partial^2 f(x)}{\partial x_n^2} \end{pmatrix}.$$

Das folgende Resultat liefert die Taylor-Approximation erster Ordnung.

Satz A.46

Falls $f \in C^1(G)$, dann existiert zu jedem $x_0 \in G$ und zu jeder offenen Menge $U \subset \mathbb{R}^n$ mit $0 \in U$ und

$$x_0 + x \in G \quad \text{für alle } x \in U$$

eine Funktion $h : U \to \mathbb{R}^n$ mit $h(x) \to 0$ für $x \to 0$, so dass

$$f(x_0 + x) = f(x_0) + \langle \operatorname{grad} f(x_0) + h(x), x \rangle, \quad x \in U.$$

Für uns ebenfalls von Interesse ist die Taylor-Approximation zweiter Ordnung.

Satz A.47

Falls $f \in C^2(G)$, dann existiert zu jedem $x_0 \in G$ und zu jeder offenen Menge $U \subset \mathbb{R}^n$ mit $0 \in U$ und

$$x_0 + x \in G \quad \text{für alle } x \in U$$

eine Funktion $h : U \to \mathbb{R}^{n \times n}$ mit $h(x) \to 0$ für $x \to 0$, so dass

$$f(x_0 + x) = f(x_0) + \langle \operatorname{grad} f(x_0), x \rangle + \left\langle \left(\frac{1}{2} H_f(x_0) + h(x) \right) x, x \right\rangle, \quad x \in U.$$

In Hinlick auf die Anwendungen in diesem Buch merken wir an, dass die beiden gerade formulierten Versionen des Satzes von Taylor auch im Komplexen gelten.

Anhang B
Lineare Algebra

Ziel dieses Anhanges ist es, einige für uns relevante Tatsachen aus der linearen Algebra zusammenzufassen. Der Leser kann diese in jedem Lehrbuch zur linearen Algebra, wie etwa [Bos08], [Fis10] oder [MK11, MK12], nachlesen.

Eine besondere Rolle spielen symmetrische, positiv semidefinite und positiv definite Matrizen, da diese als Kovarianzmatrizen von Zufallsvektoren auftauchen. Im Folgenden bezeichnen wir mit

$$\langle x, y \rangle = \sum_{j=1}^{n} x_j y_j, \quad x, y \in \mathbb{R}^n$$

das euklidische Skalarprodukt im $\mathbb{R}^n$ und mit

$$\|x\| = \sqrt{\langle x, x \rangle} = \sqrt{\sum_{j=1}^{n} x_j^2}, \quad x \in \mathbb{R}^n$$

die euklidische Norm im $\mathbb{R}^n$.

B.1 Symmetrische Matrizen

Zunächst wiederholen wir, was wir unter einer symmetrischen und unter einer orthogonalen Matrix verstehen werden.

Definition B.1
Für eine Matrix $A = (a_{ij})_{i,j=1,\ldots,n} \in \mathbb{R}^{n \times n}$ bezeichnen wir mit $A^\top = (a_{ji})_{i,j=1,\ldots,n} \in \mathbb{R}^{n \times n}$ die *zu A transponierte Matrix*.

S. Tappe, *Einführung in die Wahrscheinlichkeitstheorie*,
DOI: 10.1007/978-3-642-37544-6, © Springer-Verlag Berlin Heidelberg 2013

Definition B.2
Eine Matrix $A \in \mathbb{R}^{n \times n}$ heißt *symmetrisch*, falls $A = A^\top$.

Definition B.3
Eine Matrix $Q \in \mathbb{R}^{n \times n}$ heißt *orthogonal*, falls $QQ^\top = Q^\top Q = \mathrm{diag}(1, \ldots, 1)$.

Zum besseren Verständnis sei daran erinnert, dass eine Basis $\{f_1, \ldots, f_n\}$ des $\mathbb{R}^n$ eine *Orthonormalbasis* heißt, falls gilt:

- $\|f_j\| = 1$ für $j = 1, \ldots, n$.
- $\langle f_j, f_k \rangle = 0$ für $j \neq k$.

Satz B.4
Für eine Matrix $Q \in \mathbb{R}^{n \times n}$ sind folgende Aussagen äquivalent:
  (i) *Q ist orthogonal.*
 (ii) *Die Zeilen von Q bilden eine Orthonormalbasis des $\mathbb{R}^n$.*
(iii) *Die Spalten von Q bilden eine Orthonormalbasis des $\mathbb{R}^n$.*
(iv) *Es gilt $\|Qx\| = \|x\|$ für alle $x \in \mathbb{R}^n$ (Längentreue).*
 (v) *Es gilt $\langle Qx, Qy \rangle = \langle x, y \rangle$ für alle $x, y \in \mathbb{R}^n$ (Winkeltreue).*

Das folgende Resultat wird machmal als Hauptachsentransformation symmetrischer Matrizen bezeichnet.

Satz B.5
Es sei $A \in \mathbb{R}^{n \times n}$ eine symmetrische Matrix. Dann existieren eine orthogonale Matrix $Q \in \mathbb{R}^{n \times n}$ und eine Diagonalmatrix $\Lambda \in \mathbb{R}^{n \times n}$, so dass

$$A = Q \Lambda Q^\top,$$

wobei die Diagonalmatrix $\Lambda = \mathrm{diag}(\lambda_1, \ldots, \lambda_n)$ aus den Eigenwerten von A besteht.

B.2   Positiv semidefinite Matrizen

In diesem Abschnitt beschäftigen wir uns mit positiv semidefiniten Matrizen.

Definition B.6

Eine Matrix $A \in \mathbb{R}^{n \times n}$ heißt *positiv semidefinit*, falls $\langle Au, u \rangle \geq 0$ für alle $u \in \mathbb{R}^n$. In diesem Fall schreiben wir $A \geq 0$.

Im Fall $n = 1$ ist $A \in \mathbb{R}$ eine reelle Zahl, und A ist genau dann positiv semidefinit, falls $A \geq 0$. Also verallgemeinert das Konzept einer positiv semidefiniten Matrix die Nichtnegativität reeller Zahlen.

Das folgende Resultat charakterisiert alle symmetrischen Matrizen, die positiv semidefinit sind.

Satz B.7

Für eine symmetrische Matrix $A \in \mathbb{R}^{n \times n}$ sind folgende Aussagen äquivalent:
(i) *A ist positiv semidefinit.*
(ii) *Alle Eigenwerte von A sind nichtnegativ.*

Wir sammeln noch einige Eigenschaften positiv semidefiniter Matrizen.

Satz B.8

Es sei $A \in \mathbb{R}^{n \times n}$ eine symmetrische, positiv semidefinite Matrix.
(a) *Es gilt $\det A \geq 0$.*
(b) *Es existiert eine eindeutig bestimmte symmetrische, positiv semidefinite Matrix $B \in \mathbb{R}^{n \times n}$ mit $A = B^2$.*

Die letzte Teilaussage besagt, dass aus einer positiv semidefiniten Matrix in eindeutiger Weise die Wurzel gezogen werden kann. Dies rechtfertigt die Bezeichnung Σ^2, die wir in Kap. 12 für die Kovarianzmatrix eines Gauß'schen Zufallsvektors verwenden.

B.3   Positiv definite Matrizen

In diesem Abschnitt beschäftigen wir uns mit positiv definiten Matrizen.

Definition B.9

Eine Matrix $A \in \mathbb{R}^{n \times n}$ heißt *positiv definit*, falls $\langle Au, u \rangle > 0$ für alle $u \in \mathbb{R}^n$ mit $u \neq 0$. In diesem Fall schreiben wir $A > 0$.

Im Fall $n = 1$ ist $A \in \mathbb{R}$ eine reelle Zahl, und A ist genau dann positiv definit, falls $A > 0$. Also verallgemeinert das Konzept einer positiv semidefiniten Matrix die Positivität reeller Zahlen.

Das folgende Resultat charakterisiert die positiv semidefiniten Matrizen, die sogar positiv definit sind.

Satz B.10

Für eine symmetrische, positiv semidefinite Matrix $A \in \mathbb{R}^{n \times n}$ sind folgende Aussagen äquivalent:

(i) *A ist positiv definit.*

(ii) *Alle Eigenwerte von A sind positiv.*

(iii) *Es gilt $\det A > 0$.*

Die Wurzel einer positiv definiten Matrix ist wieder positiv definit; dies zeigt das folgende Resultat.

Satz B.11

Es sei $A \in \mathbb{R}^{n \times n}$ eine symmetrische, positiv definite Matrix. Dann existiert eine eindeutig bestimmte symmetrische, positiv definite Matrix $B \in \mathbb{R}^{n \times n}$ mit $A = B^2$.

Literaturverzeichnis

[AE01]   H. Amann und J. Escher. *Analysis III*. Basel: Birkhäuser Verlag, 2001.

[AE06a] H. Amann und J. Escher. *Analysis I*. 3. Aufl. Basel: Birkhäuser Verlag, 2006.

[AE06b] H. Amann und J. Escher. *Analysis II*. 2. Aufl. Basel: Birkhäuser Verlag, 2006.

[Ban89] C. Bandelow. *Einführung in die Wahrscheinlichkeitstheorie*. 2. Aufl. Mannheim: BI-Wiss.-Verlag, 1989.

[Bau02] H. Bauer. *Wahrscheinlichkeitstheorie*. 5. Aufl. Berlin:Walter de Gruyter & Co., 2002.

[Bau92] H. Bauer. *Maß- und Integrationstheorie*. 2. Aufl. Berlin: Walter de Gruyter & Co., 1992.

[Bau87] E. Behrends. *Maß- und Integrationstheorie*. Berlin: Springer-Verlag, 1987.

[Bos08] S. Bosch. *Lineare Algebra*. 4. Aufl. Berlin: Springer-Verlag, 2008.

[DH04]   H. Dehling und B. Haupt. *Einführung in die Wahrscheinlichkeitstheorie und Statistik*. 2. Aufl. Berlin: Springer-Verlag, 2004.

[Els11] J. Elstrodt. *Maß- und Integrationstheorie*. 7. Aufl. Berlin: Springer- Verlag, 2011.

[FB06]   E. Freitag und R. Busam. *Funktionentheorie 1*. 4. Aufl. Berlin: Springer-Verlag, 2006.

[Fis10] G. Fischer. *Lineare Algebra*. 17. Aufl. Wiesbaden: Springer Vieweg, 2010.

[Flo81] K. Floret. *Maß- und Integrationstheorie*. Stuttgart: Teubner, 1981.

[For11a] O. Forster. *Analysis 1*. 10. Aufl. Wiesbaden: Springer Vieweg, 2011.

[For11b] O. Forster. *Analysis 2*. 9. Aufl. Wiesbaden: Springer Vieweg, 2011.

[For11c] O. Forster. *Analysis 3*. 6. Aufl. Wiesbaden: Springer Vieweg, 2011.

[Geo09] H. O. Georgii. *Stochastik*. 4. Aufl. Berlin: Walter de Gruyter & Co., 2009.

[GS77]   P. Gänßler und W. Stute. *Wahrscheinlichkeitstheorie*. Berlin: Springer-Verlag, 1977.

[Hen12] N. Henze. *Stochastik für Einsteiger*. 9. Aufl. Wiesbaden: Springer Vieweg, 2012.

[Hes09] C. Hesse. *Wahrscheinlichkeitstheorie*. 2. Aufl. Wiesbaden: Springer Vieweg, 2009.

[Heu08] H. Heuser. *Lehrbuch der Analysis Teil 2*. 14. Aufl. Wiesbaden: Springer Vieweg, 2008.

S. Tappe, *Einführung in die Wahrscheinlichkeitstheorie*,
DOI: 10.1007/978-3-642-37544-6, © Springer-Verlag Berlin Heidelberg 2013

[Heu09] H. Heuser. *Lehrbuch der Analysis Teil 1*. 17. Aufl. Wiesbaden: Springer Vieweg, 2009.

[Irl05] A. Irle. *Wahrscheinlichkeitstheorie und Statistik*. 2. Aufl. Wiesbaden: Teubner, 2005.

[JP04] J. Jacod und P. Protter. *Probability Essentials*. 2. Aufl. Berlin: Springer-Verlag, 2004.

[KÖ4a] K. Königsberger. *Analysis 1*. 6. Aufl. Berlin: Springer-Verlag, 2004.

[KÖ4b] K. Königsberger. *Analysis 2*. 5. Aufl. Berlin: Springer-Verlag, 2004.

[Kar93] A. F. Karr. *Probability*. New York: Springer-Verlag, 1993.

[Kle08] A. Klenke. *Wahrscheinlichkeitstheorie*. 2. Aufl. Berlin: Springer- Verlag, 2008.

[Kre05] U. Krengel. *Einführung in die Wahrscheinlichkeitstheorie und Statistik*. 8. Aufl. Wiesbaden: Springer Vieweg, 2005.

[Kri63] K. Krickeberg. *Wahrscheinlichkeitstheorie*. Stuttgart: Teubner, 1963.

[Kus11] N. Kusolitsch. *Maß- und Wahrscheinlichkeitstheorie*. Wien: Springer- Verlag, 2011.

[MK11] F. Modler und M. Kreh. *Tutorium Analysis 1 und Lineare Algebra 1*. 2. Aufl. Heidelberg: Springer Spektrum, 2011.

[MK12] F. Modler und M. Kreh. *Tutorium Analysis 2 und Lineare Algebra 2*. 2. Aufl. Heidelberg: Springer Spektrum, 2012.

[Sch11] K. D. Schmidt. *Maß und Wahrscheinlichkeit*. 2. Aufl. Berlin: Springer- Verlag, 2011.

[Sch98] K. Schürger. *Wahrscheinlichkeitstheorie*. München: Oldenbourg, 1998.

[Shi96] A. N. Shiryaev. *Probability*. 2. Aufl. New York: Springer-Verlag, 1996.

[SS88] A. Schmid und W. Schweizer. *Stochastik Leistungskurs*. Stuttgart: Ernst Klett Schulbuchverlag, 1988.

[Vog70] W. Vogel. *Wahrscheinlichkeitstheorie*. Göttingen: Vandenhoeck & Ruprecht, 1970.

[Wal02] W. Walter. *Analysis 2*. 5. Aufl. Berlin: Springer-Verlag, 2002.

[Wal04] W. Walter. *Analysis 1*. 7. Aufl. Berlin: Springer-Verlag, 2004.

[Wen08] H. Wengenroth. *Wahrscheinlichkeitstheorie*. Berlin: Walter de Gruyter & Co., 2008.

Sachverzeichnis

S. Tappe, *Einführung in die Wahrscheinlichkeitstheorie*,
DOI: 10.1007/978-3-642-37544-6, © Springer-Verlag Berlin Heidelberg 2013

Printed in the United States
By Bookmasters